# 绿色食品生产操作规程（一）

陈兆云　张　宪　张志华　主编

中国农业出版社

北 京

**图书在版编目 (CIP) 数据**

绿色食品生产操作规程. 一/陈兆云，张宪，张志
华主编. —北京：中国农业出版社，2018.9
ISBN 978-7-109-24577-8

Ⅰ. ①绿… Ⅱ. ①陈… ②张… ③张… Ⅲ. ①绿色食
品—生产技术—技术操作规程 Ⅳ. ①TS2-65

中国版本图书馆 CIP 数据核字 (2018) 第 206782 号

中国农业出版社出版
（北京市朝阳区麦子店街 18 号楼）
（邮政编码 100125）
责任编辑 刘 伟 廖 宁

中国农业出版社印刷厂印刷　　新华书店北京发行所发行
2018 年 9 月第 1 版　　2018 年 9 月北京第 1 次印刷

开本：880mm×1230mm 1/16　印张：27
字数：900 千字
定价：138.00 元
（凡本版图书出现印刷、装订错误，请向出版社发行部调换）

# 本书编委会

主　任　张华荣

副主任　刘　平　杨培生　陈兆云

成　员　张志华　张　宪　王蕴琦　朱建湘

　　　　张建树　杨毅哲　闫志农　张　勤

　　　　雷召云　王　林　赵春山　迟　斌


主　　编　陈兆云　张　宪　张志华

副主编　唐　伟　刘艳辉　刘　忠　张　玮

技术编审　胡琪琳　周绪宝　滕锦程

编写人员（按姓氏笔画排序）

　　　　万文根　王　莹　冯世勇　任　伶

　　　　任旭东　刘培源　杜先云　邱　纯

　　　　张凤娇　陈　倩　林静雅　周白娟

　　　　梁　玉

# 序

绿色食品标准体系是绿色食品发展理念的技术载体，是绿色食品事业发展的根基。参照国际上发达国家和地区食品质量安全的先进标准，结合我国国情、农情，按照"安全与优质并重、先进性与实用性相结合"的原则和全程质量控制技术路线，我们建立了一套特色鲜明、先进实用、科学管用的绿色食品标准体系，包括产地质量环境标准、生产技术标准、产品质量标准和包装储运标准。截至 2017 年年底，经农业农村部发布的现行有效绿色食品标准 141 项，其中，通用技术类标准 15 项，产品类标准 126 项。这些标准的发布实施，为指导绿色食品生产、规范产品标志许可审查和证后监管提供了重要依据。

绿色食品生产操作规程是绿色食品标准体系的重要组成部分，是落实绿色食品标准化生产的重要手段，是解决标准化生产"最后一公里"问题的关键。2017 年，中国绿色食品发展中心启动了首批区域性绿色食品生产操作规程的制定工作，组织部分绿色食品工作机构、相关科研机构、高等院校及农技推广部门，在各地原有相关工作的基础上，结合各地实际，充分融入绿色食品的理念和标准要求，按不同区域、不同作物品种、不同生产模式等生产条件，制定了 50 项绿色食品生产操作规程，涵盖水稻、小麦、玉米、大豆、苹果、梨、葡萄、柑橘、韭菜、辣椒、番茄、白菜、黄瓜和茶叶 14 种作物。这些规程内容丰富，科学严谨，务实管用，可操作性强，必将对指导企业和农户按标生产、提升绿色食品标准化生产水平、促进绿色食品事业高质量发展发挥积极作用。

本书汇总了 2017 年制定的首批 50 项区域性绿色食品生产操作规程，旨在为相关地区绿色食品生产提供规范指导，为绿色食品标准化生产提供重要依据。本书可作为绿色食品生产企业和农民作业指导书，也可作为各级绿色食品工作机构的工具书，同时可为其他农业企业提供技术参考，助推规程入企进户、落地生根，推动绿色食品事业高质量发展。

中国绿色食品发展中心主任 张华荣

2018 年 5 月

# 目　　录

序

东北地区绿色食品水稻生产操作规程 ································· 1

长江中下游地区绿色食品水稻生产操作规程 ······················· 11

云贵高原绿色食品水稻生产操作规程 ····························· 21

黄淮海北部地区绿色食品小麦生产操作规程 ······················· 29

东北地区绿色食品春小麦生产操作规程 ··························· 37

黄淮海南部地区绿色食品小麦生产操作规程 ······················· 45

西北地区绿色食品小麦生产操作规程 ····························· 53

黄淮海地区绿色食品夏玉米生产操作规程 ························· 59

东北地区绿色食品玉米生产操作规程 ····························· 67

南方丘陵地区绿色食品鲜食玉米生产操作规程 ····················· 75

西南地区绿色食品玉米生产操作规程 ····························· 81

西北地区绿色食品灌溉籽粒玉米生产操作规程 ····················· 89

东北地区绿色食品大豆生产操作规程 ····························· 97

南方地区绿色食品秋大豆生产操作规程 ··························· 105

黄淮海地区绿色食品夏大豆生产操作规程 ························· 113

长江流域绿色食品夏大豆生产操作规程 ··························· 121

渤海湾地区绿色食品苹果生产操作规程 ··························· 129

西南冷凉高地地区绿色食品苹果生产操作规程 ····················· 137

西北黄土高原地区绿色食品苹果生产操作规程 ····················· 147

黄河故道绿色食品梨生产操作规程 ······························· 159

长江中下游地区绿色食品梨生产操作规程 ························· 169

渤海湾地区绿色食品梨生产操作规程 ····························· 179

西南地区绿色食品梨生产操作规程 ······························· 187

西北黄土高原地区绿色食品梨生产操作规程 ······················· 195

新疆地区绿色食品香梨生产操作规程 ····························· 203

渤海湾地区绿色食品葡萄生产操作规程 ··························· 211

西南地区绿色食品葡萄生产操作规程 ····························· 219

西北黄土高原地区绿色食品葡萄生产操作规程 ····················· 227

新疆地区绿色食品露地鲜食葡萄生产操作规程 ·················································· 235

赣南湘南桂北地区绿色食品脐橙生产操作规程 ·················································· 245

鄂西湘西绿色食品宽皮柑橘生产操作规程 ·························································· 255

长江上中游绿色食品甜橙生产操作规程 ································································ 265

西南地区绿色食品柠檬生产操作规程 ···································································· 275

北方地区绿色食品露地大白菜生产操作规程 ······················································ 283

南方地区绿色食品露地大白菜生产操作规程 ······················································ 291

东北地区绿色食品露地番茄生产操作规程 ·························································· 299

西北地区绿色食品加工番茄生产操作规程 ·························································· 307

北方地区绿色食品设施黄瓜生产操作规程 ·························································· 315

长江流域绿色食品塑料大棚黄瓜生产操作规程 ·················································· 323

长江中下游绿色食品塑料大棚辣椒生产操作规程 ·············································· 333

西南地区绿色食品露地鲜食辣椒生产操作规程 ·················································· 341

北方地区绿色食品设施辣椒生产操作规程 ·························································· 349

西北地区绿色食品食用干制辣椒生产操作规程 ·················································· 357

长江流域绿色食品塑料拱棚韭菜生产操作规程 ·················································· 365

北方地区绿色食品塑料大棚韭菜生产操作规程 ·················································· 373

北方地区绿色食品露地韭菜生产操作规程 ·························································· 379

长江流域绿色食品绿茶生产操作规程 ································································ 385

湖南湖北绿色食品黑茶生产操作规程 ································································ 395

云南地区绿色食品普洱茶生产操作规程 ···························································· 407

西南地区绿色食品红茶生产操作规程 ································································ 415

# 绿色食品生产操作规程

LB/T 001—2018

# 东 北 地 区
## 绿色食品水稻生产操作规程

2018-04-03 发布　　　　　　　　　　　2018-04-03 实施

中国绿色食品发展中心 发布

# 前　言

本规程由中国绿色食品发展中心提出并归口。

本规程起草单位:黑龙江省绿色食品发展中心、黑龙江省农业科学院耕作栽培研究所、中国农业科学院作物科学研究所、辽宁省绿色食品发展中心、吉林省绿色食品办公室、内蒙古自治区绿色食品发展中心、中国绿色食品发展中心。

本规程主要起草人:徐晓伟、张志华、杨成刚、冯延江、张俊、夏丽梅、宋剑锐、韩明钊、李月欣、宋秋来、叶博、李岩、包力高、周君、刘强、尹明浩。

# 东北地区绿色食品水稻生产操作规程

## 1 范围

本规程规定了东北地区绿色食品水稻的产地环境、品种选择、育种、本田耕整地及插秧技术、本田管理、采收、生产废弃物处理、储藏及生产档案管理。

本规程适用于内蒙古、辽宁、吉林和黑龙江的绿色食品水稻生产。

## 2 规范性引用文件

下列文件对于本文件的应用是必不可少的。凡是注日期的引用文件,仅注日期的版本适用于本文件。凡是不注日期的引用文件,其最新版本(包括所有的修改单)适用于本文件。

GB 4404.1　粮食作物种子　第 1 部分:禾谷类

NY/T 391　绿色食品　产地环境质量

NY/T 393　绿色食品　农药使用准则

NY/T 394　绿色食品　肥料使用准则

NY/T 593　食用稻品种品质

NY/T 1056　绿色食品　贮藏运输准则

## 3 产地环境

产地环境应符合 NY/T 391 要求。选择地势平坦、排灌方便、耕层深厚、土壤肥沃、理化性状良好的地块。

## 4 品种选择

### 4.1 选择原则

选择经国家或本省审定推广的适合本地种植的抗逆性强、丰产性好、生育期适宜的非转基因品种,品种品质达到 NY/T 593 中规定的 3 级以上。

### 4.2 品种选用

辽宁省推荐选用辽星 13、沈农 9816、辽粳 401、盐丰 47 等品种;吉林省推荐选用吉粳 511、吉粳 809、吉粳 88、松粳 22、五优稻 4 号等品种;黑龙江省第 1 积温带推荐选用龙稻 18、龙稻 21,第 2 积温带推荐选用绥粳 18、绥稻 3 号,第 3 积温带推荐选用龙粳 31、龙庆稻 3 号,第 4 积温带推荐选用龙庆稻 5 号、龙粳 47 等品种;内蒙古东部地区可参考黑龙江相应积温区进行选择。

## 5 育苗

### 5.1 育苗前准备

#### 5.1.1 秧田地选择

选择背风、向阳、水源方便、地势高燥、排水良好、土质疏松肥沃的地块做育苗田。

#### 5.1.2 秧田规范化建设

秧田内建成具有井(水源)、池(晒水池)、床(秧床地)、路(运输道路)、沟(排水及引水沟)、场(堆肥场、堆床土场)、林(防风林)等基本设施。秧田常年固定,常年培肥地力,常年制造有机肥和培养床土。

#### 5.1.3 秧本田比例

秧本田比例 1∶80～1∶120。

### 5.1.4　苗棚规格

采用开闭式大棚育苗,床宽 6 m～7 m,床长 40 m～60 m,高 2.2 m;步行道宽 30 cm～40 cm。通风口高度以距地面 1 m 为宜。

### 5.1.5　整地做床

秋整地做床,高出地面 8 cm～10 cm;早春除雪晾地,3 月下旬扣膜,清除根茬,打碎坷垃,整平床面。每平方米施腐熟优质有机肥 5 kg～10 kg。

### 5.1.6　床土配制

床土选 3 份过筛的旱田土或水田土,与 1 份充分腐熟过筛有机肥混拌均匀。调制时,先将符合NY/T 393 中要求的壮秧营养剂与 1/4 左右的床土混拌均匀做成小样,再用小样与其余床土充分拌匀,堆好盖严备用,2 d 后摆盘装土,测 pH,未达到标准用酸水补调至 pH 4.5～5.5,选用 30% 甲霜·噁霉灵水剂 1.2 mL/m²～1.6 mL/m²,在播种前兑水喷雾,对床土消毒。

### 5.1.7　浇底水

播种前一次浇透底水。

## 5.2　种子选择及处理

### 5.2.1　种子质量

种子质量应符合 GB 4404.1 的要求。纯度不小于 98%、净度不小于 97%、发芽率不小于 93%、含水量不大于 14.5%。

### 5.2.2　晒种

浸种前 7 d 选晴天将种子晒 1 d～2 d,然后将晒好的种子放在阴凉、干燥处存放。

### 5.2.3　盐水选种

选种用的盐水或黄泥水比重为 1.13,每选一次,都要测试调整盐水或黄泥水比重。可用鲜鸡蛋测定,鸡蛋在溶液中露出一元硬币大小即可。选好的种子用清水漂洗 1 次～2 次,洗去附着盐分或黄泥。

### 5.2.4　浸种

用 1% 石灰水澄清液浸种,15℃～20℃ 时浸 5 d～7 d,积温达到 100℃。水层要淹没种子 10 cm～15 cm,避免直射光,浸后将稻种洗净或播前用 25 g/L 咯菌腈悬浮 200 mL/100 kg～300 mL/100 kg 浸种,直接催芽。

### 5.2.5　催芽

将浸泡好的稻种置于 28℃～32℃ 条件下破胸,时间 24 h～36 h,以芽长 1 mm 为宜。

## 5.3　播种

### 5.3.1　播期

当地日平均气温稳定通过 5℃～6℃ 时开始播种。

### 5.3.2　播量

一般手插旱育中苗,每平方米(6 盘)芽种 500 g～600 g,盘育机插秧每平方米播芽种 600 g～750 g。抛秧或摆栽用旱育钵苗,其播种量按每个钵体播芽种 3 粒～5 粒确定播种量。

### 5.3.3　覆土

播后压种,使种子三面着土,然后用过筛细土盖严种子,覆土厚度 0.7 cm～1 cm,覆土厚度一致。

## 5.4　秧田管理

### 5.4.1　温度管理

播种至出苗期,以密封保温为主,如遇 33℃ 以上高温,应打开秧棚两头通风降温,最适温度 25℃～28℃,最低温度不低于 10℃。出苗达 80% 时及时揭膜。

出苗至3.0叶期,晴好天气自8:00～15:00,要打开苗棚两侧或设通风口,炼苗控长,如遇冻害早晨提早通风,缓解冻叶萎枯。出苗至1.0叶期,苗尖下1 cm处的温度控制在22℃～25℃,最高不宜超过28℃,2叶期苗尖下1 cm处温度控制在22℃～24℃,最高不超过25℃;3叶期苗尖下1 cm处温度控制在20℃～22℃,最高不超过25℃。

3.1叶～3.5叶期全揭膜,炼苗3 d以上,遇到低温时,增加覆盖物,及时保温。

### 5.4.2 水分管理

播种至出苗期,在浇足底水的前提下,一般不浇水。如发现地膜下有积水或土壤过湿,在白天移开地膜,尽快蒸发撤水,晚上再盖上地膜。如发现出苗顶盖现象或床土变白水分不足时,要敲落顶盖,露种处适当覆土,用细嘴喷壶适量补水,接上底墒,再覆以地膜。

出苗至1.0叶期,在撤地膜后,床土过干处用喷壶适量补水,这段时间耗水量较少,一般要少浇水或不浇水,床土保持旱田状况。

秧苗1.1叶～3.5叶期,遵循三看浇水,一看土面是否发白和根系生长状况;二看早、晚叶尖吐水珠大小;三看昼间高温时新叶是否卷曲,如床土发白、早晚吐水珠变小或午间新叶卷曲,要在早晨8时左右,用16℃以上的水适当浇水,1次浇足。

### 5.4.3 苗床灭草

稗草出土后,可在水稻1.5叶期,选用10%氰氟草酯,每亩* 60 g～75 g进行茎叶喷雾处理。

### 5.4.4 苗床追肥

若秧苗2.5叶龄期发现脱肥,应使用符合NY/T 394要求的肥料。如每平方米用硫酸铵1.5 g～2.0 g,硫酸锌0.25 g,稀释100倍液叶面喷肥。喷后及时用清水冲洗叶面。

### 5.4.5 移栽前准备

适龄秧苗在移栽前3 d～4 d进入移栽前准备期,在不使秧苗萎蔫的前提下,进一步控制秧田水分,蹲苗、壮根,使秧苗处于饥渴状态,以利于移栽后发根好、返青快、分蘖早。起秧前,带肥,每平方米苗床施磷酸二铵125 g～150 g;带药,每100 m² 用10%啶虫脒乳油3 mL～3.5 mL防治潜叶蝇。

## 6 本田耕整地及插秧技术

### 6.1 本田耕整地

#### 6.1.1 准备

整地前要清理和维修好灌排水渠,保证畅通。

#### 6.1.2 修建方条田

实行单排单灌、排灌自如,减少池埂占地。

#### 6.1.3 耕翻地

实行秋翻地,土壤适宜含水量为25%～30%,耕深15 cm～20 cm;采用耕翻、旋耕、深松及耙耕相结合的方法。以翻一年,松旋二年的周期为宜。秋翻地来不及时则要春翻地,耕深15 cm左右,具体掌握的原则是,肥地宜深,瘦地宜浅;不破坏犁底层,保水保肥。

#### 6.1.4 泡田

早放水、早泡田,节约用水;井灌稻区要灌、停结合,苏达盐碱土稻区要大水泡田洗碱。

#### 6.1.5 整地

旱整地与水整地相结合,旋耕田只进行水整地。旱整地要旱耙、旱平、整平埝沟,结合泡田打好池埂;水整地要在插秧前5 d～7 d进行,整平耙细,做到池内高低不过寸,肥水不溢出。

### 6.2 插秧

---

* 亩为非法定计量单位。1亩≈667 m²。

### 6.2.1 插秧时期

日平均气温稳定通过13℃时开始插秧,插秧期一般在5月10日至5月末。

### 6.2.2 插秧规格

插秧密度以肥地宜稀,瘦地宜密的原则。一般行距30 cm,穴距10 cm～16.5 cm,根据当地土壤实际情况确定,每穴3株～5株。

### 6.3 插秧质量

做到行直、穴匀、棵准,不漂苗,插秧深度不超过2 cm,插后补苗。

## 7 本田管理

### 7.1 本田施肥

#### 7.1.1 施肥原则

增施农家肥,少施化肥。化肥应使用符合NY/T 394要求的肥料。

#### 7.1.2 施肥量

每亩施充分腐熟有机肥2 000 kg～3 000 kg,三年轮施一次。根据土壤肥力的差异,施用化肥的量也不同,一般情况下施化肥总量为每亩纯氮(N)7 kg～10 kg(尿素或硫酸铵),五氧化二磷含量($P_2O_5$) 4 kg～5 kg(磷酸二铵),氧化钾($K_2O$)2 kg～3 kg(硫酸钾),氮、磷、钾比例为1:0.5:0.3(～0.5)。

#### 7.1.3 底肥

化肥用氮肥总量的50%～65%,钾肥的50%～80%,磷肥100%做底肥。翻后耙前施入。

#### 7.1.4 蘖肥

返青后立即追蘖肥,施肥量为氮肥总量的15%～20%。6月中下旬秧苗脱肥地块,追施调节肥,施肥量为氮肥总量的5%～10%。

#### 7.1.5 穗肥

倒2叶展开时,追施氮肥总量的15%～25%和剩余的钾肥,在7月20日前追完,水稻长势过旺或遇到低温、多雨寡照或发生病害时,只施钾肥。

#### 7.1.6 粒肥

齐穗期追施氮肥总量的5%。贪青晚熟地块不施氮肥。

### 7.2 灌溉

#### 7.2.1 插秧至返青期的水层管理

插秧时要做到花达水,插后要灌3 cm～4 cm水层。返青期的水层,在正常年份内3 cm～4 cm深,低温年为5 cm深,如在返青期遇上寒潮,水层可加深到6 cm～7 cm,提高温度,以水护苗。低温过后要立即排水,正常管理。

#### 7.2.2 分蘖期的水层管理

有效分蘖期灌3 cm浅稳水,增温促蘖。苏达盐碱土区每7 d～10 d换1次水,并实行整个生育期浅水管理,9月初撒水。有效分蘖中期前3 d～5 d排水晒田。晒田达到池面有裂缝,地面见白根,叶挺色淡,晒5 d～7 d,晒后恢复正常水层。苏达盐碱土区和长势差的地块不宜晒田。

#### 7.2.3 拔节孕穗期水层管理

孕穗至抽穗前,灌6 cm～7 cm活水,井灌稻区应实行间歇灌溉,遇到低温灌15 cm～20 cm深水护胎。

#### 7.2.4 抽穗开花期到成熟期水层管理

抽穗前3 d～5 d,可以进行间歇性灌水。抽穗扬花期,灌5 cm～7 cm活水,灌浆到蜡熟间歇灌水,干干湿湿,以湿为主。黄熟初期开始排水,洼地可适当提早排水,漏水地可适当晚排。

### 7.3 病虫草害防治

#### 7.3.1 防治原则

坚持"预防为主,综合防治"的植保方针,以农业防治为基础,优先采用物理和生物防治技术,辅之化学防治措施。应使用高效、低毒、低残留农药品种,药剂选择和使用应符合 NY/T 393 的要求。

#### 7.3.2 常见病虫草害

恶苗病、立枯病、稻瘟病、纹枯病、稻曲病、负泥虫、二化螟、杂草等。

#### 7.3.3 防治措施

##### 7.3.3.1 农业防治

选择具有多抗性品种,实行品种轮作、间作。

清除菌源:将当年稻瘟病重地块的稻草及病秕粒及时清除掉;纹枯病和稻曲病重地块,泡田时在下水口打捞菌核;稻曲病发现中心病株时要及时拔掉病株。

清除虫源:负泥虫,结合积肥清除田边杂草,清晨浓露时用小扫帚将叶片上幼虫扫落,连续扫 3 d～4 d 即可灭虫;潜叶蝇,秋末、早春清除田间杂草,移栽后浅水灌溉,排水晒田。

消灭草源:秋后深翻抑制草籽发芽;清除水渠、池埂、田边杂草;在稗草成熟前将稗穗剪掉;中耕消灭杂草;苗床采用隔年土,苗床保护措施和人工除草。

##### 7.3.3.2 物理防治

用频振式杀虫灯对村屯稻草垛进行灯光封锁,要求开灯时间从 6 月下旬二化螟成虫始现开始,至 9 月中旬二化螟成虫终现止。水稻本田每 30 亩～45 亩设 1 台杀虫灯诱杀二化螟成虫。

##### 7.3.3.3 生物防治

防治稻瘟病:采用 1 000 亿芽孢杆菌/g 枯草芽孢杆菌可湿性粉剂每亩 20 g～30 g 防治稻瘟病。

防治稻曲病:10 亿芽孢杆菌/g 枯草芽孢杆菌可湿性粉剂每亩 100 g～125 g 喷雾,于水稻孕穗末期和抽穗初期各用药 1 次。

防治二化螟:用赤眼蜂在二化螟成虫高峰期分两次放蜂每次每亩放蜂 1 万头,间隔 5 d～7 d;或用性诱剂在稻田内每亩设 1 个诱芯。

##### 7.3.3.4 化学防治

具体化学防治方案参见附录 A。

## 8 采收

### 8.1 采收时间

95％以上的粒颖壳变黄,2/3 以上穗轴变黄,95％的小穗轴和副护颖变黄,即黄化完熟率达 95％为收割适期。

### 8.2 晾晒烘干

水分降到 16％以内,经机械收获后晾晒使水分达到 14.5％的标准。如用烘干机干燥,每小时水分降低一个百分点,温度控制 45℃以内,以免降低品质。整个晾晒过程,防止湿、干反复,增加裂纹米率。

### 8.3 储藏

与常规生产的水稻分开进行,工具清洁,且储藏处应远离污染源,通风、无虫害和鼠害。严禁与有毒、有害、有腐蚀性、发潮、有异味的物品混存。储藏处须设有明显标识,应按 NY/T 1056 的规定执行。

## 9 生产废弃物处理

除草剂、杀菌剂、杀虫剂、种衣剂以及包衣种子的包装物不得重复使用,使用后应深埋或集中处理,且不能引起环境污染。收获后的水稻秸秆应粉碎抛洒还田,不得在田间焚烧,也可将其收集整理后用于其他用途。

## 10 生产档案管理

生产全过程,要建立生产记录档案,包括地块档案和整地、播种、铲趟、灌溉情况、施肥情况、病虫草害防治、采收等。记录保存期限不少于 3 年。

附 录 A

（资料性附录）

东北地区绿色食品水稻生产主要病虫草害化学防治方案

东北地区绿色食品水稻生产主要病虫草害化学防治方案见表 A.1。

表 A.1 东北地区绿色食品水稻生产主要病虫草害化学防治方案

| 防治对象 | 防治时期 | 农药名称 | 使用剂量 | 施药方法 | 安全间隔期，d |
|---|---|---|---|---|---|
| 恶苗病 | 播种前 | 62.5 g/L 精甲·咯菌腈悬浮种衣剂 | 每 100 kg 种子 300 mL～400 mL | 包衣 | — |
| | | 25 g/L 咯菌腈悬浮种衣剂 | 每 100 kg 种子 400 mL～600 mL | 包衣 | — |
| | | | 每 100 kg 种子 200 mL～300 mL | 浸种 | — |
| 立枯病 | 苗期 | 30%甲霜·噁霉灵水剂 | 800 g/亩～1 200 g/亩 | 苗床浇施 | — |
| | | 0.3%多抗霉素水剂 | 3 300 mL/亩～6 600 mL/亩 | 苗床浇施 | — |
| 稻瘟病 | 分蘖至拔节期 | 2%春雷霉素可湿性粉剂 | 80 g/亩～100 g/亩 | 喷雾 | 21 |
| | 抽穗期 | 2%春雷霉素可湿性粉剂 | 80 g/亩～100 g/亩 | 喷雾 | 21 |
| 纹枯病 | 拔节期至抽穗期 | 5%井冈霉素水剂 | 200 g/亩～250 g/亩 | 喷雾 | 14 |
| 稻曲病 | 抽穗前 7 d～10 d | 20%井冈霉素水溶性粉剂 | 25 g/亩～37.5 g/亩 | 喷雾 | 14 |
| 二化螟 | 7月上旬 | 2%苏云·吡虫啉可湿性粉剂 | 50 g/亩～100 g/亩 | 喷雾 | 14 |
| | 卵孵化高峰期 | 200 g/L 氯虫苯甲酰胺悬浮剂 | 5 mL/亩～10 mL/亩 | 喷雾 | 7 |
| | 低龄幼虫（3 龄前）始发期 | 8 000 IU/mg 苏云金杆菌可湿性粉剂 | 200 g/亩～300 g/亩 | 喷雾 | — |
| 稗草 | 稗草 2 叶～3 叶期 | 45%二氯喹啉酸可溶粉剂 | 30 g/亩～50 g/亩 | 喷雾 | 每季最多使用 1 次 |
| 阔叶杂草及莎草科杂草 | 杂草 2 叶～4 叶期 | 480 g/L 灭草松水剂 | 150 mL/亩～200 mL/亩 | 喷雾 | 每季最多使用 1 次 |
| 一年生杂草 | 移栽前 | 240 g/L 乙氧氟草醚乳油 | 10 mL/亩～20 mL/亩 | 毒土 | 每季最多使用 1 次 |
| 移栽水稻田一年生杂草 | 移栽前 | 26%噁草酮乳油 | 100 mL/亩～150 mL/亩 | 喷雾 | 每季最多使用 1 次 |

注：农药使用以最新版本 NY/T 393 的规定为准。

# 绿 色 食 品 生 产 操 作 规 程

LB/T 002—2018

# 长江中下游地区
# 绿色食品水稻生产操作规程

2018-04-03 发布　　　　　　　　　　2018-04-03 实施

中国绿色食品发展中心 发布

# 前　言

本规程由中国绿色食品发展中心提出并归口。

本规程起草单位：安徽省绿色食品管理办公室、安徽省农业科学院水稻研究所、中国农业科学院作物科学研究所、中国绿色食品发展中心、江苏省绿色食品办公室、湖北省绿色食品管理办公室、江西省绿色食品发展中心。

本规程主要起草人：张勤、吴文革、胡琪琳、高照荣、许有尊、张俊、张虎、邱兆义、郭征球、杜志明。

# 长江中下游地区绿色食品水稻生产操作规程

## 1 范围

本规程规定了长江中下游地区绿色食品水稻的产地环境,茬口类型及栽培方式,品种选择及种子处理,育秧、整田、移栽,田间管理,收获储藏,生产废弃物处理及生产档案管理。

本规程适用于上海、江苏、浙江、安徽、江西、河南、湖北、湖南和重庆的绿色食品水稻生产。

## 2 规范性引用文件

下列文件对于本文件的应用是必不可少的。凡是注日期的引用文件,仅注日期的版本适用于本文件。凡是不注日期的引用文件,其最新版本(包括所有的修改单)适用于本文件。

GB 4404.1 粮食作物种子 第1部分:禾谷类

NY/T 391 绿色食品 产地环境质量

NY/T 393 绿色食品 农药使用准则

NY/T 394 绿色食品 肥料使用准则

NY/T 1056 绿色食品 贮藏运输准则

## 3 产地环境

绿色食品水稻生产应选择生态环境良好,空气清新、水质纯净、土壤未受污染、农业生态环境良好的稻区,产地以平原、丘陵为主;土壤肥力中上等;产地周边没有金属或非金属矿山,地表水、地下水水质要清洁无污染;周边水域或水域上游没有对该产地构成污染威胁的污染源;满足水稻生产温度、光照和灌溉水条件。产地环境质量应符合NY/T 391的要求。

## 4 茬口类型及栽培方式

### 4.1 茬口类型

单季稻:一年种植一季水稻,其前作包括冬闲田、绿肥茬、油菜茬或小麦茬,类型有一季中籼(粳)、单季晚粳(籼)等。

双季稻:主要指双季早稻-双季晚稻类型,其前茬有冬闲田、绿肥或油菜、蔬菜等,还有早熟中稻-再生季水稻类型。

### 4.2 栽培方式

可选择毯苗机插和钵苗机插、塑盘抛秧和无盘旱育抛秧、人工育插、机条播或机穴播等。

## 5 品种选择及种子处理

### 5.1 品种选择

#### 5.1.1 选择原则

选择适宜本区域种植的优质、抗逆性强、高产水稻品种。种子质量符合GB 4404.1的要求,种子纯度≥98％、净度≥97％、发芽率≥93％;含水量≤14.5％(粳稻)或≤13.5％(籼稻)。

#### 5.1.2 推荐品种

中稻品种:徽两优6号、皖稻153、新两优6号等;单晚稻品种:宁粳4号、南粳9108、武运粳23等;双早稻品种:中嘉早17、中早39、浙辐203等;双晚稻品种:镇稻18、武运粳31、苏秀867等;再生稻品种:准两优608、丰两优香1号等。

## 5.2 种子处理

### 5.2.1 晒种

选择晴朗微风的天气,把种子摊在干燥向阳的土地、席垫上,连续晒1 d~2 d,增强种皮的透气性,提高发芽势和出苗率。

### 5.2.2 选种

利用风选净度仪、簸箕等去除杂质和空瘪粒即可。

### 5.2.3 拌种消毒

使用70%吡虫啉种子处理可分散粉剂8 g~12 g拌种1 kg,使用350 g/L的精甲霜灵种子处理乳剂5.28 g~12 g拌种100 kg,促进发芽和壮苗。

### 5.2.4 催芽

双季早稻、一季早中稻:采取保温催芽方式进行,提高种子发芽的整齐度。

单季单晚、双季双晚:浸种、催芽同步进行,采取日浸夜露、三起三落方式进行。

常规温室控温催芽:将吸足水分的种子堆放催芽,在堆放处铺上约10 cm厚稻草,再在上面铺上塑料薄膜,种子摊匀,上盖麻袋或塑料布,每3 h~5 h翻动1次,注意控制温度在30℃左右,温度低时用32℃~40℃温水淋堆增温,至90%左右的种子露白(芽长不超过1 mm)即可进行播种作业。

规模化、专业化浸种催芽:按种子催芽机(设备)的产品说明书进行。

## 6 育秧、整田、移栽

### 6.1 育秧

#### 6.1.1 秧床准备

依据不同育秧方式,进行秧床选择、培肥、苗床准备及管理,旱育秧、机插秧、抛秧均按旱育秧苗床要求进行。

#### 6.1.2 播种量

根据不同育秧方式和水稻类型合理选择适宜播种量。

人工育秧(包括旱育秧和湿润育秧):秧床常规稻播种量为45 g/m²~60 g/m²,杂交稻为30 g/m²~40 g/m²。

抛秧育秧:塑盘育秧播种量常规稻为90 g/盘~110 g/盘,杂交稻为70 g/盘~90 g/盘,无盘旱育秧秧田播种量常规稻为45 g/m²~60 g/m²,杂交稻为30 g/m²~40 g/m²。

毯苗机插育秧:常规稻播种量为90 g/盘~110 g/盘,杂交稻为70 g/盘~90 g/盘。

钵苗机插育秧:一季中稻、单季晚稻和双季晚稻的常规稻播种量为3粒/钵~4粒/钵,杂交稻为2粒/钵左右,双季早稻常规稻播量为4粒/钵左右,杂交稻为2粒/钵~3粒/钵。

机械穴直播:一季中稻和单季晚稻播量常规稻为2粒/穴~3粒/穴,杂交稻为1粒/穴~2粒/穴,双季早稻常规稻和杂交稻播量均为2粒/穴~3粒/穴。

机械条直播:一季中稻和单季晚稻播量常规稻为3.0 kg/亩~4.0 kg/亩,一季杂交中稻播种量为1.5 kg/亩~2.0 kg/亩,单季晚稻杂交稻播种量为2.0 kg/亩~3.0 kg/亩,双季早稻常规稻和杂交稻播量分别为4.0 kg/亩~5.0 kg/亩和2.5 kg/亩~3.5 kg/亩。

### 6.2 整田

依据茬口类型,空闲田适当提早翻耕或旋耕,以耕作灭茬除草为主;前茬为油菜、小麦、双季早稻茬的田块,在机械收获时同步秸秆粉碎还田,并添加秸秆腐熟剂及时耕旋,适当施用少量速效氮肥调节碳氮比。提倡一年深翻耕、二年旋耕,旋翻结合、加深耕层。实行旱耕旱整,适时泡田耙平,田面高度差≤3 cm。

#### 6.3 播栽期与秧龄

根据生态区光温资源、育秧方式和水稻类型,合理选择适宜的播种期以及移栽秧龄。

一季中稻:人工育秧播种时间和移栽时间分别为4月上旬至5月中旬和5月中旬至6月上旬,移栽秧龄为25 d～35 d;抛秧播种时间和抛秧时间分别为4月上旬至5月中旬和5月中旬至6月上旬,抛秧秧龄为25 d～35 d;毯苗机插育秧播种时间和机插时间分别为4月中旬至5月上旬和5月下旬至6月中旬,秧龄为15 d～25 d;钵苗机插育秧播种时间和机插时间分别为4月下旬至5月下旬和5月下旬至6月下旬,秧龄为25 d～35 d;机直播播种时间为3月中旬至5月上旬。

单季晚稻:人工育秧播种时间和移栽时间分别为5月中旬至6月上旬和6月上旬至6月下旬,移栽秧龄为25 d～35 d;抛秧播种时间和抛秧时间分别为5月中旬至6月上旬和6月上旬至6月下旬,抛秧秧龄为25 d～35 d;毯苗机插育秧播种时间和机插时间分别为5月下旬至6月上旬和6月上旬至6月中旬,秧龄为15 d～20 d;钵苗机插育秧播种时间和机插时间分别为5月中旬至6月上旬和6月上旬至6月中旬,秧龄为25 d～35 d;机直播播种时间为5月上旬至6月中旬。

双季早稻:人工育秧播种时间和移栽时间分别为3月中旬至4月上旬和4月上旬至5月上旬,移栽秧龄为30 d～40 d;抛秧播种时间和抛秧时间分别为3月中旬至4月上旬和4月上旬至5月上旬,抛秧秧龄为25 d～35 d;毯苗机插育秧播种时间和机插时间分别为3月中旬至4月上旬和4月中旬至5月上旬,秧龄为25 d～35 d;机直播播种时间为3月下旬至4月中旬。

双季晚稻:人工育秧播种时间和移栽时间分别为6月上旬至6月下旬和7月上旬至8月上旬,移栽秧龄为25 d～35 d;抛秧播种时间和抛秧时间分别为6月上旬至6月下旬和7月上旬至8月上旬,抛秧秧龄为25 d～35 d;毯苗机插育秧播种时间和机插时间分别为6月中旬至7月上旬和7月上旬至8月上旬,秧龄为15 d～25 d。

再生稻:头季人工育秧播种时间和移栽时间分别为3月上旬至3月下旬和4月上旬至4月下旬,移栽秧龄为30 d～40 d;抛秧播种时间和抛秧时间分别为3月上旬至3月下旬和4月上旬至4月下旬,抛秧秧龄为25 d～35 d;毯苗机插育秧播种时间和机插时间分别为3月上旬至3月下旬和4月上旬至4月中旬,秧龄为20 d～25 d;钵苗机插育秧播种时间和机插时间分别为3月上旬至3月下旬和4月上旬至4月中旬,秧龄为25 d～35 d;机直播播种时间为3月上旬至4月上旬。

#### 6.4 移栽密度

根据水稻品种类型和基础地力情况,精确计算基本苗和栽插规格,并高质量(浅、稳、匀、直)适时栽插。

大穗型品种(穗粒数≥180):中等肥力田块行距为30.0 cm,株距13.0 cm～14.0 cm,穴苗数为1苗/穴～2苗/穴;高等肥力田块行距为30.0 cm,株距14.0 cm～16.0 cm,穴苗数为1苗/穴～2苗/穴。

穗粒兼顾型品种(穗粒数为140粒～179粒):中等肥力田块,行距为25.0 cm～26.7 cm,株距为13.0 cm～14.0 cm,穴苗数为2苗/穴～3苗/穴;高等肥力田块行距为26.7 cm,株距为14.0 cm～16.0 cm,穴苗数为2苗/穴～3苗/穴。

多穗型品种(穗粒数为110粒～139粒):中等肥力田块,行距为20.0 cm～25.0 cm,株距为13.0 cm～14.0 cm,穴苗数为3苗/穴～4苗/穴;高等肥力田块行距为25.0 cm,株距为14.0 cm～15.0 cm,穴苗数为3苗/穴～4苗/穴。

## 7 田间管理

### 7.1 水浆管理

管理原则:浅一露一晒一湿结合,间歇灌溉,充分利用降水补充灌溉。

沟渠配套:田间做到沟渠系配套,灌排分开,每隔15 m～20 m开丰产沟(20 cm～30 cm深,30 cm宽),田块周围开围沟(深20 cm～30 cm,宽30 cm)。

管理技术:薄水至无水层栽插,插秧后保持3 cm的水层3 d～5 d,促进秧苗返青,自然落干露田

1 d～2 d 后复 2 cm～3 cm 的浅水至湿润;浅水勤灌促分蘖,够苗(预期有效穗的 80%～90%)晒田,拔节前复水,浅水湿润间歇灌溉,足水孕穗;穗期浅水－湿润,遇高温灌深水调温,后期间歇灌溉,干湿交替,收获前 7 d～10 d 断水,不宜过早。

## 7.2 施肥

### 7.2.1 施肥原则

肥料使用应符合 NY/T 394 的要求,坚持安全优质、化肥减控、有机为主的肥料施用原则。有机氮和无机氮的比例须超过 1∶1;根据测土配方结果增施 Zn、Si 等中微量元素肥料;改进施肥方式,氮磷钾大量元素肥料运筹按照基肥和追肥结合,速效肥和缓效肥结合的方式进行;化肥施用时须与有机肥或生物肥等配合使用。

### 7.2.2 施肥

根据当地土壤肥力水平和产量目标确定施肥量。

一季中稻:目标产量 550 kg/亩～600 kg/亩,氮肥(N)、磷肥($P_2O_5$)和钾肥($K_2O$)每亩用量分别为 13 kg～15 kg(尿素 28 kg～32 kg)、6 kg～8 kg(过磷酸钙 37 kg～50 kg)和 8 kg～12 kg(硫酸钾 16 kg～24 kg)。

单季晚稻:目标产量 600 kg/亩～650 kg/亩,氮肥(N)、磷肥($P_2O_5$)和钾肥($K_2O$)每亩用量分别为 14 kg～15 kg(尿素 30 kg～32 kg)、6 kg～8 kg(过磷酸钙 37 kg～50 kg)和 8 kg～12 kg(硫酸钾 16 kg～24 kg)。

双季早稻:目标产量 400 kg/亩～450 kg/亩,氮肥(N)、磷肥($P_2O_5$)和钾肥($K_2O$)每亩用量分别为 12 kg～13 kg(尿素 26 kg～28 kg)、5 kg～6 kg(过磷酸钙 31 kg～37 kg)和 8 kg～10 kg(硫酸钾 16 kg～20 kg)。

双季晚稻:目标产量 450 kg/亩～500 kg/亩,氮肥(N)、磷肥($P_2O_5$)和钾肥($K_2O$)每亩用量分别为 13 kg～14 kg(尿素 28 kg～32 kg)、5 kg～6 kg(过磷酸钙 31 kg～37 kg)和 8 kg～10 kg(硫酸钾 16 kg～20 kg)。

再生稻:头季稻目标产量 500 kg/亩～550 kg/亩,氮肥(N)、磷肥($P_2O_5$)和钾肥($K_2O$)每亩用量分别为 13 kg～14 kg(尿素 28 kg～32 kg)、6 kg～8 kg(过磷酸钙 37 kg～50 kg)和 8 kg～12 kg(硫酸钾 16 kg～24 kg);再生季目标产量 200 kg～250 kg,氮肥(N)和钾肥($K_2O$)每亩用量分别为 6 kg～8 kg(尿素 13 kg～18 kg)和 3 kg～5 kg(硫酸钾 6 kg～10 kg)。

肥料运筹:氮肥(N)基肥∶分蘖肥∶穗粒追肥比例,一季中籼稻为 5∶2∶3,单季中晚粳稻为 4∶2∶4,双季早籼稻为 6∶2∶2,双季晚粳稻为 5∶2∶3。其中氮肥(N)分为底肥(移栽前)、分蘖肥(栽后 5 d 左右)和穗肥(拔节后 7 d～12 d)磷肥($P_2O_5$)全部基施,钾肥($K_2O$)按照基肥∶穗粒肥为 5∶5～6∶4 施用。

整田时施足基肥,基肥以经无害化处理的有机肥为主,翻耕前每亩施腐熟农家肥(绿肥、厩肥)2 000 kg,或腐熟的饼肥或商品有机肥 50 kg,秸秆还田条件下适当配施少量化学氮肥促进秸秆腐解,也可以配施少量有机无机复混肥或者专用配方缓控释/失肥等,其中有机肥用量占基肥总量的 70%～80%,化肥用量(缓控释/失肥、专用配方肥等)占基肥总量的 20%～30%,另外每亩可施用硫酸锌 1 kg、硅肥($SiO_2$ 20%)20 kg～50 kg;分蘖肥以生物菌肥为主,可以少量施用复合肥或者专用配方肥;穗肥施用以生物有机肥为主,配施少量(占穗肥总量 20% 以下)速效化肥;抽穗后一般不施肥,如有个别明显脱肥田块,可及时施用适量速效生物肥或者喷施叶面肥。

## 7.3 病虫草害防治

### 7.3.1 防治原则

坚持预防为主,综合防治原则。推广绿色防控技术,优先采用农业防控、理化诱控、生态调控、生物防控,结合总体开展化学防控;农药使用应符合 NY/T 393 的要求。

### 7.3.2 常见病虫害

病害:稻瘟病、纹枯病、稻曲病;虫害:二化螟、稻纵卷叶螟、稻飞虱。

### 7.3.3 防治措施

#### 7.3.3.1 农业防治

选用抗性强的品种,品种定期轮换,保持品种抗性。合理耕作,轮作换茬,冬闲田种绿肥作物,耕作除草,打捞残渣,合理施肥、培育壮秧、健身栽培,减少有害生物的发生。

#### 7.3.3.2 物理防治

采用黑光灯、色光板、频振式杀虫灯等物理装置诱杀。在稻飞虱或稻蓟马发生田块,利用黄板(蓝板)黏虫板诱杀;或用捕虫器具捕杀稻蓟马;根据害虫趋光性特点,每15亩安装1盏黑光灯或频振式杀虫灯诱杀螟虫和稻纵卷叶螟成虫。

#### 7.3.3.3 生物防治

利用及释放天敌(赤眼蜂等)控制有害生物的发生;同时要保护天敌,严禁捕杀蛙类,保护田间蜘蛛;通过选择对天敌杀伤力小的低毒性农药,避开自然天敌对农药的敏感期,创造适宜自然天敌繁殖的环境。使用香根草、性诱剂控制二化螟、稻纵卷叶螟的发生和危害,采取稻鸭共育,稻田养鱼(蟹、虾)等方式控制虫害的发生。

#### 7.3.3.4 化学防治

主抓秧田期和破口期前后两次用药、总体防治。秧田期,注意防治二化螟、稻蓟马;分蘖到拔节期防治二化螟、大螟、稻飞虱、稻纵卷叶螟、白叶枯病等;拔节期到孕穗期防治稻苞虫、稻纵卷叶螟、稻瘟病、纹枯病;孕穗到抽穗期防治稻纵卷叶螟、稻苞虫、二化螟、稻曲病、稻瘟病;始穗期至齐穗期防治穗颈瘟和白叶枯病;灌浆期防治稻褐飞虱。具体防治措施参见附录A。

### 7.3.4 杂草防控

优先采用农业防控、生态生物防控、机械物理防控,科学开展化学防控,着力提高稻田杂草防控技术到位率,保证水稻品质和环境友好。

## 8 收获储藏

### 8.1 收获

在米粒失水硬化、90％稻谷黄熟时,及时用联合收割机收获,收获机械、器具应保持洁净、无污染,存放于干燥、无虫鼠害和禽畜的场所。

### 8.2 烘干

绿色食品稻谷与普通稻谷要分收、分晒、分藏;禁止在公路上及粉尘污染较重的地方脱粒、晒谷。可选择专用烘干设备,采用低温循环式烘干后储藏。

### 8.3 储藏

在避光、常温、干燥有防潮设施的地方储藏。储藏设施应清洁、干燥、通风、无虫害和鼠害。严禁与有毒、有害、有腐蚀性、发潮、有异味的物品混存。若进行仓库消毒、熏蒸处理,严禁使用高毒、高残留农药防治稻谷储藏期病虫害,所用药剂应符合NY/T 393的要求,具体要求应符合NY/T 1056的要求。

## 9 生产废弃物处理

生产过程中产生的农药包装袋、包装纸、塑料/玻璃瓶等应该统一回收,妥善处理,不能随地丢弃,以免污染环境和对人、畜产生危害;产生的副产品包括秸秆、砻糠、米皮糠等应综合利用;收获后的秸秆严禁焚烧、丢弃,提倡秸秆全量还田或者秸秆综合利用。

## 10 生产档案管理

建立水稻生产档案,包括生产投入品采购、出入库、使用记录,农事、收获、储运记录。所有记录应真实、准确、规范,并可追溯。档案记录应至少保存 3 年,资料应有专人保管。

附 录 A

（资料性附录）

长江中下游地区绿色食品水稻生产主要病虫草害化学防治方案

长江中下游地区绿色食品水稻生产主要病虫草害化学防治方案见表 A.1。

表 A.1 长江中下游地区绿色食品水稻生产主要病虫草害化学防治方案

| 防治对象 | 防治时期 | 农药名称 | 使用剂量 | 施药方法 | 安全间隔期,d |
|---|---|---|---|---|---|
| 稻瘟病 | 秧田期至灌浆期 | 25%嘧菌酯悬浮剂 | 40 mL/亩～60 mL/亩 | 喷雾 | 28 |
| 稻曲病 | 孕穗期至成熟期 | 430 g/L戊唑醇悬浮剂 | 10 mL/亩～20 mL/亩 | 喷雾 | 21 |
| 纹枯病 | 拔节至抽穗扬花期 | 25%丙环唑乳油 | 30 mL/亩～40 mL/亩 | 喷雾 | 28 |
| 稻飞虱 | 秧田期至成熟期 | 10%吡虫啉可湿性粉剂 | 10 g/亩～20 g/亩 | 喷雾 | 20 |
| 稻蓟马 | 秧田至抽穗扬花期 | 50%吡蚜酮可湿性粉剂 | 15 g/亩～20 g/亩 | 喷雾 | 21 |
| 螟虫 | 秧田至抽穗扬花期 | 苏云金杆菌可湿性粉剂（8 000 IU/μL） | 200 g/亩～400 g/亩 | 喷雾 | |
| | 孕穗至灌浆期 | 20%氯虫苯甲酰胺悬浮剂 | 5 mL/亩～10 mL/亩 | 喷雾 | 7 |
| 稻田杂草 | 移栽前 | 33%二甲戊灵乳油 | 150 mL/亩～200 mL/亩 | 喷雾（土壤封闭） | 45 |
| 稗草/千金 | 返青期至拔节期 | 25%二氯喹啉酸悬浮剂 | 50 g/亩～100 g/亩 | 喷雾 | 28 |
| 一年生杂草 | 杂草1叶期～4叶期 | 10%氰氟草酯水乳油 | 50 mL/亩～70 mL/亩 | 喷雾 | 45 |
| 阔叶杂草及莎草科杂草 | 水稻5叶期～8叶期 | 480 g/L灭草松水剂 | 160 mL/亩～200 mL/亩 | 喷雾 | 45 |
| 注:农药使用以最新版本 NY/T 393 的规定为准。 | | | | | |

# 绿色食品生产操作规程

LB/T 003—2018

# 云贵高原
# 绿色食品水稻生产操作规程

2018-04-03 发布

2018-04-03 实施

中国绿色食品发展中心 发布

# 前　　言

本规程由中国绿色食品发展中心提出并归口。

本规程起草单位:昆明市农产品质量安全中心、云南省绿色食品发展中心、中国绿色食品发展中心、中国农业科学院作物科学研究所、云南省农业科学院粮食作物研究所、四川省绿色食品发展中心、贵州省绿色食品发展中心。

本规程主要起草人:鲁惠珍、张俊、胡琪琳、赵春山、丁永华、邱纯、宋振伟、邓彬、李丽菊、赵国珍、吴叔康、陈曦、康敏、刘萍、张剑勇、代振江。

# 云贵高原绿色食品水稻生产操作规程

## 1 范围

本规程规定了云贵高原绿色食品水稻的产地环境、品种选择、培育壮秧、大田移栽、田间管理、病虫草害防治、收获、生产废弃物处理、运输储藏及生产档案管理的技术要求和操作方法。

本标准适用于四川西昌地区、贵州、云南和西藏的绿色食品高原一季中稻生产。

## 2 规范性引用文件

下列文件对于本文件的应用是必不可少的。凡是注日期的引用文件，仅注日期的版本适用于本文件。凡是不注日期的引用文件，其最新版本（包括所有的修改单）适用于本文件。

NY/T 391 绿色食品 产地环境质量

NY/T 393 绿色食品 农药使用准则

NY/T 394 绿色食品 肥料使用准则

## 3 产地环境

### 3.1 产地选择

3.1.1 产地环境条件应符合 NY/T 391 的要求，选择生态环境良好、无污染的地区，远离工矿区和公路干线，避开工业和城市污染源的影响。

3.1.2 产地应选择在水源入口上游处。

3.1.3 绿色食品生产和常规生产之间应设置有效地缓冲带或物理屏障，防止常规生产使用的投入品对绿色食品水稻产地造成污染。

3.1.4 水稻产地应具有可持续生产能力，不对环境或周边其他生物产生污染。

### 3.2 空气、灌溉用水、土壤及土壤肥力

绿色食品水稻产地空气、灌溉用水、土壤及土壤肥力应符合 NY/T 391 的要求。

## 4 品种选择

### 4.1 选择原则

选择通过审定的适宜于本区域种植的优质、丰产性好、抗逆性强、生育期合适的水稻品种。种子质量应符合 GB 4044.1 的要求。种子的纯度应达 99% 以上，净度应达 98% 以上，发芽率不低于 85%，种子含水量籼稻不高于 13%，粳稻不高于 14.5%。

### 4.2 推荐品种

一季粳稻区：云南省可选用云粳 19 号、云粳 25 号、云粳 39 号、楚粳 28 号、靖粳 20 号等；贵州省可选用毕粳 40、毕粳 43、毕粳 44、毕粳 45 等；四川省可选用楚粳 28 号、楚粳 29 号、香粳 3 号等。

一季籼稻区：云南省可选用滇屯 502、红优 4 号、宜香优 1108、文稻 16 号、德优 12 号等；贵州省可选用宜香优 2115、黔优 108、成优 981、川香优 569、中优 808、香早优 2017、渝香 203、科优 21 等；四川省可选用昌米 011 号、凉籼 3 号、宜香优 2115、宜香优 3774 等。

### 4.3 种子处理

#### 4.3.1 晒种

薄薄地摊开在晒垫上，晒 2 d～3 d，做到勤翻，使种子干燥度一致。

#### 4.3.2 精选

用食盐水或泥水选种,将种子倒入配制成的液体中漂洗,捞出上浮的秕粒、杂质等,然后用清水冲洗3遍。

#### 4.3.3 浸种

选种后用50%多菌灵2 000倍~3 000倍液浸种60 h,杀灭种子传播病害。经过消毒的种子,如已吸足水分,可不再浸种,未吸足水分的,在播种前仍须浸种,一般浸24 h~48 h。

#### 4.3.4 催芽

可用塑料薄膜、木桶等进行,先加50℃左右温水预热15 min~20 min,然后加覆盖物,使谷堆温度保持在35℃~38℃,破胸露白即可播种。

## 5 培育壮秧

### 5.1 秧田育秧

#### 5.1.1 秧田选择

选择无污染的地势平坦、背风向阳、排水良好、水源方便、土质疏松肥沃的地块做育苗田。秧田长期固定,连年培肥。

#### 5.1.2 育秧方式

可采取湿润育秧、湿润薄膜育秧、旱育秧、塑盘育秧等方式。人工移栽秧龄:籼稻25 d~35 d、粳稻35 d~45 d,机插秧龄1 d~20 d。

#### 5.1.3 秧本田比例

手插:1:(10~15),每亩大田须育秧田45 m²~67 m²。

机插:1:(60~80),每亩大田须育秧田8 m²~12 m²。

### 5.2 适时播种

根据当地海拔、气候特点和作物茬口适时播种。粳稻在3月中旬至4月上旬播种;籼稻在3月下旬至4月上旬播种。

### 5.3 苗床施肥

#### 5.3.1 冬前培肥

每亩苗床施农家肥2 000 kg~3 000 kg、过磷酸钙80 kg~100 kg,耕耙均匀,肥土交混,冬种一季蔬菜或绿肥,2月底清园。

#### 5.3.2 播前施肥

播种前10 d~15 d,每亩苗床施腐熟农家肥1 500 kg~2 000 kg,硝酸铵5 kg~30 kg,过磷酸钙60 kg~90 kg,硫酸钾13 kg~17 kg。按耕翻、施肥、碎土的顺序再翻锄3次(深度为10 cm~15 cm),将肥料表土充分拌匀。

#### 5.3.3 苗期追肥

秧苗2叶期或2叶1心时,每亩追施尿素7 kg~10 kg或腐熟人畜粪尿500 kg~750 kg。移栽前3 d~5 d,施一次"送嫁肥",每亩施尿素7 kg。

## 6 大田移栽

适当提早翻地,前茬收获后应适时翻地,结合施肥,适时泡田,耙田,做到田平泥化、寸土不露。一般5月移栽,根据品种丰产性及目标产量确定栽插密度,杂交稻一般每亩插1.8万丛~2.5万丛;常规稻一般每亩2.5万丛~3.5万丛,栽插应浅、稳、匀、直。

## 7 田间管理

### 7.1 灌溉

采用"浅—搁—湿"的水管方式。即浅水插秧、插秧后保持 3 cm 的水层 3 d~5 d,促进秧苗返青,自然落干后露田 1 d~2 d 覆 2 cm~3 cm 的浅水至湿润;80%够苗晒田,不可过早。灌溉水应湿润间歇灌溉,足水孕穗,后期湿润间歇灌溉,收获前 7 d~10 d 断水。

## 7.2 施肥

### 7.2.1 施肥原则

以"有机为主、化肥为辅"为原则,减量施用化肥。肥料施用应符合 NY/T 394 的要求。

### 7.2.2 肥料施用

基肥:根据土壤肥力状况,确定施肥量和肥料比例,一般每亩施用腐熟有机肥 2 000 kg~2 500 kg,复合肥(N:P:K 含量 15:15:15)30 kg~35 kg。

追肥:移栽后 7 d~10 d 每亩施用碳酸氢铵 40 kg(或尿素 10 kg~15 kg)作分蘖肥;孕穗期视长势情况每亩可施尿素 5 kg、硫酸钾 7 kg~10 kg;灌浆期叶面喷施磷酸二氢钾 0.15 kg。

## 8 病虫草害防治

### 8.1 防治原则

应坚持"预防为主,综合防治"的原则,推广绿色防控技术,优先采用农业防治、物理防治和生物防治措施,配合使用化学防治措施。农药的使用应符合 NY/T 393 的规定。

### 8.2 主要病虫草害

水稻主要病害有恶苗病、青(立)枯病、稻瘟病、纹枯病、稻曲病和黑条矮缩病等;虫害有稻飞虱、稻纵卷叶螟、二化螟、三化螟;杂草有稗草、眼子菜、鸭舌草、牛毛毡、矮慈姑等。

### 8.3 防治措施

#### 8.3.1 农业防治

选用抗病虫品种、培育壮苗、加强栽培管理、中耕除草、翻耕晒垡、清洁田园、轮作倒茬、水旱轮作、用养结合、稻田养鸭、稻田养鱼等一系列的措施,减少病虫草害发生。

#### 8.3.2 物理防治

采用黑光灯、频振式太阳能杀虫灯等物理装置诱杀二化螟、三化螟、稻纵卷叶螟、稻飞虱等害虫,一般每 35 亩~50 亩稻田安装一盏杀虫灯,杀虫灯底部一般距地面 1.5 m。杂草清除可采用人工除草和机械除草措施。

#### 8.3.3 生物防治

利用及释放天敌(如赤眼蜂等)控制有害生物,创造自然天敌繁殖环境,避开天敌对农药的敏感期,以保护天敌。每亩可放置诱捕器 1 个,用性引诱剂诱杀稻纵卷叶螟和三化螟。

#### 8.3.4 化学防治

病虫草害具体防治措施可参照附录 A 执行。

## 9 收获

收获应在水稻黄熟期,根据各地气候差异,一般在 8 月至 10 月底。收获机械、器具要清洁,收割、脱粒时要与常规稻谷进行严格区分,不允许使用未清洁的肥料、饲料编织袋装运稻谷。收获后应及时晾晒,晒场场地应清洁卫生,地面应为水泥地面,要与常规稻谷区分晾晒;禁止在公路及粉尘污染较重的地方晾晒。

## 10 生产废弃物的处理

收获后产生的秸秆可还田作肥料,或作为饲料及其他原料,不应将秸秆进行焚烧;农药包装物统一回收集中,选择远离水源的地方深埋。

## 11 运输储藏

### 11.1 运输

运输稻谷的车辆应专车专用,装运稻谷前应清理干净,如遇雨天,车辆应有防雨设施。

### 11.2 储藏

#### 11.2.1 仓库要求

仓库周围环境应清洁和卫生,并远离污染源;建筑材料应无毒,不会对稻谷产生污染;库房应避光、常温、干燥(有防潮设施),窗户应安装铁丝网或纱窗,大门应安装防鼠板,库房应具有防虫、防鼠、防鸟的功能。

#### 11.2.2 储藏要求

建立出入库管理制度,经检验合格的稻谷才能入库,入库的绿色食品稻谷要单独堆放,不应与常规稻谷在同一仓库内进行堆放。严禁与有毒、有害、有腐蚀性、发潮、有异味的物品混存;储藏的稻谷要定期检查温度和湿度,防止稻谷发生霉变。仓库消毒、杀虫处理所用药剂,应符合 NY/T 393 和 NY/T 472 的规定。

## 12 生产档案管理

生产记录包括种子购买、肥料购买、农药购买、肥料使用、农药使用、水稻种植全过程农事记录,收获记录、运输记录、储藏记录等,记录应真实、准确。生产记录应集中由专人进行管理,并至少保存 3 年。

附　录　A

（资料性附录）

云贵高原绿色食品水稻生产主要病虫害防治方案

云贵高原绿色食品水稻生产主要病虫害防治方案见表 A.1。

表 A.1　云贵高原绿色食品水稻生产主要病虫害防治方案

| 防治对象 | 防治时期 | 农药名称 | 使用剂量 | 施药方法 | 安全间隔期,d |
|---|---|---|---|---|---|
| 恶苗病 | 苗期 | 50%多菌灵可湿性粉剂 | 2 000 倍～3 000 倍液 | 浸种 | 未规定 |
| | | 70%噁霉灵种子处理干粉剂 | 1:（500～1 000）（药种比） | 种子包衣 | 未规定 |
| 青（立）枯病 | 苗期 | 45%甲霜·噁霉灵可湿性粉剂 | 2.2 g/m²～3.3 g/m² | 苗床喷雾 | 未规定 |
| | | 15%噁霉灵水剂 | 6 g/m²～12 g/m² | 土壤喷雾 | 未规定 |
| 稻瘟病 | 苗期 始穗期 齐穗期 | 2%春雷霉素水剂 | 100 mL/亩～150 mL/亩 | 喷雾 | 21 |
| | | 50%多菌灵可湿性粉剂 | 100 g/亩 | 喷雾 | 30 |
| | | 250 g/L嘧菌酯悬浮剂 | 30 mL/亩～40 mL/亩 | 喷雾 | 10 |
| 纹枯病 | 拔节期 | 13%井冈霉素水剂 | 42 mL/亩～50 mL/亩 | 喷雾 | 14 |
| | | 250 g/L嘧菌酯悬浮剂 | 30 mL/亩～40 mL/亩 | 喷雾 | 10 |
| | | 50%多菌灵可湿性粉剂 | 90 g/亩～120 g/亩 | 喷雾 | 30 |
| 稻曲病 | 孕穗后期 | 20%井冈霉素可溶性粉剂 | 30 mL/亩～40 mL/亩 | 喷雾 | 14 |
| | | 430 g/L戊唑醇悬浮剂 | 10 mL/亩～20 mL/亩 | 喷雾 | 35 |
| 黑条矮缩病 | | 2%香菇多糖水剂 | 100 mL/亩～120 mL/亩 | 喷雾 | 10 |
| 稻飞虱 | 分蘖盛期 | 30%吡虫啉微乳剂 | 4 mL/亩～5 mL/亩 | 喷雾 | 14 |
| | | 25%噻嗪酮可湿性粉剂 | 20 g/亩～30 g/亩 | 喷雾 | 14 |
| 稻纵卷叶螟 | 发生初期 | 苏云金杆菌可湿性粉剂（16 000 IU/mg） | 100 g/亩～150 g/亩 | 喷雾 | 未规定 |
| | | 5%甲氨基阿维菌素苯甲酸盐悬浮剂 | 10 mL/亩～20 mL/亩 | 喷雾 | 21 |
| 二化螟 | 幼虫高峰期 | 2%甲氨基阿维菌素苯甲酸盐微乳剂 | 35 mL/亩～50 mL/亩 | 喷雾 | 21 |
| 三化螟 | 中期 后期 | 苏云金杆菌悬浮剂（8 000 IU/μL） | 200 mL/亩～400 mL/亩 | 喷雾 | 20 |
| | | 2%甲氨基阿维菌素苯甲酸盐微乳剂 | 35 mL/亩～50 mL/亩 | 喷雾 | 21 |
| 一年生杂草 | 移栽后 5 d～7 d | 50%禾草丹乳油 | 266 mL/亩～400 mL/亩 | 茎叶喷雾 | 未规定 |
| | | 20%乙氧氟草醚乳油 | 12 mL/亩～25 mL/亩 | 兑细土15 kg撒施 | 未规定 |
| 稗草 | 2 叶期～4 叶期 | 90%二氯喹啉酸水分散粒剂 | 15 g/亩～25 g/亩 | 茎叶喷雾 | 未规定 |

注:农药使用以最新版本 NY/T 393 为准。

# 绿色食品生产操作规程

LB/T 004—2018

# 黄淮海北部地区
# 绿色食品小麦生产操作规程

2018-04-03 发布　　　　　　　　　　　　　2018-04-03 实施

中国绿色食品发展中心 发布

# 前　　言

本规程由中国绿色食品发展中心提出并归口。

本规程起草单位：天津市乳品食品监测中心、中国绿色食品发展中心、中国农业科学院作物科学研究所、天津市绿色食品办公室、黑龙江省绿色食品发展中心。

本规程主要起草人：刘忠、张志华、郑成岩、张玮、马文宏、张凤娇、王莹、任伶、刘烨潼、邓艾兴、张凤媛、刘培源、赵荣、张雪涛。

# 黄淮海北部地区绿色食品小麦生产操作规程

## 1 范围

本规程规定了黄淮海北部地区绿色食品小麦的产地环境、品种选择、整地与播种、田间管理、采收、生产废弃物处理、储藏、包装与运输和生产档案管理。

本规程适用于北京市、天津市、河北省和山西省绿色小麦的生产。

## 2 规范性引用文件

下列文件对于本文件的应用是必不可少的。凡是注日期的引用文件，仅注日期的版本适用于本文件。凡是不注日期的引用文件，其最新版本（包括所有的修改单）适用于本文件。

GB 4404.1 粮食作物种子

NY/T 391 绿色食品 产地环境质量

NY/T 393 绿色食品 农药使用准则

NY/T 394 绿色食品 肥料使用准则

NY/T 658 绿色食品 包装通用准则

NY/T 1056 绿色食品 贮藏运输准则

NY/T 1118 测土配方施肥技术规范

## 3 产地环境

产地环境条件应符合 NY/T 391 的要求，选择在无污染和生态条件良好的地区。基地选点应远离工矿区和公路铁路干线，避开工业和城市污染源的影响，地块应土壤肥沃，土层深厚，灌排便利。选择区域的全年≥10℃的积温在 3 500℃以上，小麦播种至成熟期＞0℃积温在 2 200℃以上，生育期日照时数在 2 000 h 以上。全年无霜期大于 135 d，降水量 440 mm。

## 4 品种选择

### 4.1 选择原则

种子质量应符合 GB 4404.1 的要求。选用经过国家或者黄淮海北部省份农作物品种审定委员会审定，优质、节水、高产、稳产、抗病、抗倒的小麦品种。

### 4.2 品种选用

北京市小麦种植可选用农大 211、农大 212、轮选 987、中麦 175 和农大 5181，天津市可选用津农 6号、中麦 996 和津麦 0108，河北省可选用观 35、石麦 15、石新 828、邯麦 13、河农 6425 和衡 4399，山西省可选用临丰 3 号、运旱 20410、临汾 8050、鑫麦 296 和长 6878。上述品种建议选择种衣剂（含吡虫啉）包衣的种子。

### 4.3 种子处理

播种前一周进行种子精选，将麦种晾晒 2 d～3 d，剔除碎粒、秕粒、杂质等。种子的纯度和净度应达 98％以上，发芽率不低于 85％，种子含水量不高于 13％。

## 5 整地与播种

### 5.1 整地

前茬玉米成熟后，用联合作业机械收获玉米，同时将玉米秸秆切碎均匀撒到田间，秸秆切碎后的长度在 3 cm～5 cm,割茬高度小于 5 cm,漏切率小于 2%。前茬玉米收获后,深耕 18 cm～24 cm,打破犁底层;耕后耙地,达到地面平整、上松下实。

## 5.2 播种

### 5.2.1 播种期

小麦播种至越冬开始,有 0℃以上积温 600℃～650℃为宜。黄淮海北部区域小麦适宜的播种期是 10 月 2 日至 10 月 10 日。冬性品种应早播,半冬性品种可适当晚播。

### 5.2.2 播种量

在适宜播种期内,分蘖成穗率低的大穗型品种,每公顷要求基本苗 225 万株～300 万株;分蘖成穗率高的中穗型品种,每公顷要求基本苗 180 万株～240 万株。在适宜播种期内的前几天,地力水平高的地块取下限基本苗;在适宜播种期的后几天,地力水平一般的地块取上限基本苗。如果因为干旱等原因推迟播种期,要适当增加基本苗,要求每晚播 2 d,每公顷增加基本苗 15 万株～30 万株。

### 5.2.3 播种方式

采用小麦精量条播机播种,行距一般 18 cm～25 cm,播种深度要求 3 cm～5 cm。

### 5.2.4 播种后镇压

用带镇压装置的小麦播种机械,在小麦播种时镇压;没有灌水造墒的秸秆还田地块,播种后再用镇压器镇压 1 遍～2 遍,以保证小麦出苗后根系正常生长,提高抗旱能力。

## 6 田间管理

### 6.1 灌溉

小麦灌溉关键期为越冬期、拔节期和开花期。每次喷灌水量 600 m³/h m²。灌溉推荐采用微喷灌的节水灌溉方式。

### 6.2 施肥

提倡增施有机肥,控施化肥,合理施用中量和微量元素肥料。施用的肥料应符合 NY/T 394 的要求。施肥量应符合 NY/T 1118 进行测土配方施肥,根据土壤肥力状况,确定施肥量和肥料比例。一般每亩基施腐熟有机肥 2 000 kg～4 000 kg,每亩总施肥量:尿素 7 kg～12 kg,磷酸二铵 11 kg～15 kg,硫酸钾 10 kg～14 kg,硫酸锌(ZnSO₄)1.5 kg～2.0 kg。全部有机肥、磷酸二铵、硫酸钾、硫酸锌作底肥,尿素的 50%作底肥,结合整地一次性施入。翌年春季小麦拔节期再施余下的 50%的尿素。

### 6.3 病虫草害防治

#### 6.3.1 防治原则

应坚持"预防为主,综合防治"的原则,推广绿色防控技术,优先采用农业防治、物理防治和生物防治措施,配合使用化学防治措施。

#### 6.3.2 主要病虫草害

小麦主要病害有锈病、白粉病、纹枯病和赤霉病等;害虫有蚜虫、麦蜘蛛等;杂草有看麦娘、节节麦、荠菜、播娘蒿、猪秧秧等。

#### 6.3.3 病虫害防治

##### 6.3.3.1 农业防治措施

选用丰产抗病性好的小麦品种,轮作换茬,适期播种,合理施肥,培育壮苗,以压低病原菌及虫口数量,减少初侵染源,同时增强小麦的抗病虫能力。

##### 6.3.3.2 物理防治措施

根据害虫趋光、趋化等行为习性,采用杀虫灯诱杀、色板诱杀、防虫网诱杀等。杀虫灯有太阳能和交流电两种,主要用于小麦蚜虫、麦叶蜂等害虫的防治,田间设置 15 盏/h m²。色板诱杀是利用害虫对颜色的趋向性,应用黄板、蓝板及信息素板,通过板上黏虫胶防治虫害,悬挂高度距离作物上部 15 cm～

20 cm。防治麦叶蜂开始可以悬挂 5 片～6 片诱虫板,以监测虫口密度,当诱虫板上诱虫量增加时,每公顷地悬挂规格为 25 cm×40 cm 的蓝色诱虫板 300 片;防治蚜虫开始可以悬挂 3 片～5 片诱虫板,以监测虫口密度,当诱虫板上诱虫量增加时,每公顷地悬挂规格为 25 cm×30 cm 的黄色诱虫板 450 片。

#### 6.3.3.3 生物防治措施

保护利用麦田自然天敌,在小麦开花和灌浆期释放食蚜蝇、瓢虫等防治蚜虫。

#### 6.3.3.4 化学防治措施

农药的使用应符合 NY/T 393 的要求。防治白粉病和条锈病,掌握在麦田出现中心病团时,每亩可用 25％丙环唑乳油 30 mL～35 mL 或 20％三唑酮乳油 45 mL～60 mL,兑水 60 kg～75 kg 喷雾;防治纹枯病每亩可用 5％井冈霉素水剂 100 mL～150 mL,兑水 40 kg 喷施到植株下部。防治赤霉病每亩可用 50％多菌灵可湿性粉剂 100 g 兑水 50 kg,在始花前喷雾,可兼治白粉病;防治蚜虫每亩可用 10％吡虫啉 10 g～20 g 或 50％抗蚜威 6 g～8 g 等杀虫剂,在百株蚜虫量 800 头～1 000 头时施药。病虫害具体化学防治方案参见附录 A。

#### 6.3.4 草害防治

#### 6.3.4.1 农业防治措施

小麦出苗后,在 2 叶 1 心至 3 叶时,及时进行人工除草。春季在土壤化冻 2 cm 时及时划锄松土,防治田间杂草。

#### 6.3.4.2 化学防治措施

农药的使用应符合 NY/T 393 的要求。防治播娘蒿、荠菜等阔叶杂草,可在冬小麦分蘖初至分蘖末期,每亩用 70％2 甲 4 氯粉剂 55 g～85 g,或是 20％2 甲 4 氯水剂 200 mL～300 mL,加水 30 kg～50 kg 均匀喷雾;防治看麦娘、节节麦等禾本科杂草,可在禾本科杂草 2 叶～4 叶期,每亩用 36％禾草灵乳油 130 mL～180 mL,加水 30 kg～40 kg 喷雾防治。喷药时一定要均匀,做到不重喷、不漏喷。杂草具体化学防治方案参见附录 A。

#### 6.4 其他管理措施

#### 6.4.1 冬前管理

出苗后及时查苗补种。雨后或灌水后的地块,及时划锄,破除板结,划锄时要防止拉伤根系。对群体偏大、生长过旺的麦田,可采取深中耕断根或镇压措施,控旺转壮,保苗安全越冬。

#### 6.4.2 返青期管理

返青期的肥水管理要看苗分类管理,对于群体大,叶色浓绿,有旺长趋势的麦田,应采取深耕断根,在拔节中后期进行肥水管理,控旺防倒。对于群体小,叶色较淡的麦田,应在起身初期进行肥水管理,促弱转壮,以巩固冬前分蘖,提高分蘖成穗率。

#### 6.4.3 灌浆期管理

在灌浆前中期,推荐每亩用尿素 0.5 kg,磷酸二氢钾 0.1 kg 加水 50 kg 进行叶面喷洒,以预防干热风和延缓衰老,增加粒重,提高籽粒品质。

### 7 采收

在蜡熟末期适时采用联合收割机收获。收获的小麦籽粒应做到单收、单晒,选择无污染的晒场晾晒、清除杂质。当水分含量降到 12％以下时,粮温上升到 45℃～48℃时起堆,趁热入仓。

### 8 生产废弃物处理

除草剂、杀菌剂、杀虫剂、种衣剂以及包衣种子的包装物不得重复使用,使用后应深埋或集中处理,且不能引起环境污染。秸秆要求粉碎还田,将小麦秸秆切碎均匀抛撒到田间,秸秆切碎后的长度8 cm～10 cm,漏切率小于 2％。

## 9 储藏

### 9.1 库房质量

库房符合 NY/T 1056 要求,到达屋面不漏雨,地面不返潮,墙体无裂缝,门窗能密闭,具有坚固、防潮、隔热、通风和密闭等性能。

### 9.2 防虫措施

在粮堆和表面每 1 000 kg 粮食使用 1 kg～2 kg 辣蓼碎段防虫。

### 9.3 防鼠措施

粮库外围靠墙设置一定数量的鼠饵盒,内放做成蜡块的诱饵,药物成分为法律法规允许使用于食品工厂灭鼠的药物。粮库出入口和窗户设置挡鼠板或挡鼠网。粮库内每隔 15 m 靠墙设置一个鼠笼,鼠笼中的诱饵不得使用易变质食物,要求使用无污染的鼠饵球。根据需要可增设黏鼠板。

### 9.4 防潮措施

热入仓密闭保管小麦使用的仓房、器材、工具和压盖物均须事先彻底消毒,充分干燥,做到粮热、仓热、工具和器材热,防止结露现象的发生。聚热缺氧杀虫过程结束后,将小麦进行自然通风或机械通风充分散热祛湿,经常翻动粮面或开沟,防止后熟期间可能引起的水分分层和上层"结顶"现象。

## 10 包装与运输

所用包装材料或容器应采用单一材质的材料,方便回收或可生物降解的材料,符合 NY/T 658 的要求。在运输过程中禁止与其他有毒有害、易污染环境等物质一起运输,以防污染。

## 11 生产档案管理

建立绿色食品小麦生产档案。应详细记录产地环境条件、生产技术、肥水管理、病虫草害的发生和防治、采收及采后处理等情况并保存记录 3 年以上。

附　录　A

（资料性附录）

黄淮海北部地区绿色食品小麦生产主要病虫草害化学防治方案

黄淮海北部地区绿色食品小麦生产主要病虫草害化学防治方案见表A.1。

表 A.1　黄淮海北部地区绿色食品小麦生产主要病虫草害化学防治方案

| 防治对象 | 防治时期 | 农药名称 | 使用剂量 | 施药方法 | 安全间隔期,d |
|---|---|---|---|---|---|
| 白粉病和 条锈病 | 拔节至灌浆期 | 25％丙环唑乳油 | 30 mL/亩～35 mL/亩 | 喷雾 | 42 |
| | | 20％三唑酮乳油 | 45 mL/亩～60 mL/亩 | 喷雾 | 20 |
| 纹枯病 | 拔节至灌浆期 | 5％井冈霉素水剂 | 100 mL/亩～150 mL/亩 | 喷雾 | 14 |
| 赤霉病 | 齐穗至盛花期 | 50％多菌灵可湿性粉剂 | 100 g/亩 | 喷雾 | 20 |
| 蚜虫 | 发生期 | 10％吡虫啉 | 10 g/亩～20 g/亩 | 喷雾 | 20 |
| | | 50％抗蚜威 | 6 g/亩～8 g/亩 | 喷雾 | 6 |
| 娘蒿、荠菜等 阔叶杂草 | 冬小麦分蘖初 至分蘖末期 | 70％2甲4氯粉剂 | 55 g/亩～85 g/亩 | 喷雾 | 30 |
| | | 20％2甲4氯水剂 | 200 mL/亩～300 mL/亩 | 喷雾 | 30 |
| 看麦娘、节节麦 等禾本科杂草 | 禾本科杂草2 叶～4叶期 | 36％禾草灵乳油 | 130 mL/亩～180 mL/亩 | 喷雾 | 30 |
| 注:农药使用以最新版本NY/T 393为准。 | | | | | |

# 绿 色 食 品 生 产 操 作 规 程

LB/T 005—2018

# 东 北 地 区
# 绿色食品春小麦生产操作规程

2018-04-03 发布

2018-04-03 实施

中国绿色食品发展中心 发布

# 前　言

本规程由中国绿色食品发展中心提出并归口。

本规程起草单位：黑龙江省绿色食品发展中心、东北农业大学、辽宁省绿色食品发展中心、吉林省绿色食品办公室、内蒙古自治区绿色食品发展中心、中国绿色食品发展中心。

本规程主要起草人：刘培源、李钢、张宪、付连双、王焕群、王然、韩玉龙、张雪晗、叶博、李岩、郝贵宾、刘明贤、崔爱文、王桂梅。

# 东北地区绿色食品春小麦生产操作规程

## 1 范围

本规程规定了东北地区绿色食品春小麦的产地环境、品种选择、整地、播种、田间管理、采收、生产废弃物处理、储藏及生产档案管理。

本规程适用于内蒙古、辽宁、吉林和黑龙江的绿色食品春小麦生产。

## 2 规范性引用文件

下列文件对于本文件的应用是必不可少的。凡是注日期的引用文件,仅注日期的版本适用于本文件。凡是不注日期的引用文件,其最新版本(包括所有的修改单)适用于本文件。

GB 4404.1 粮食作物种子 第 1 部分:禾谷类

NY/T 391 绿色食品 产地环境质量

NY/T 393 绿色食品 农药使用准则

NY/T 394 绿色食品 肥料使用准则

NY/T 1056 绿色食品 贮藏运输准则

## 3 产地环境

### 3.1 环境条件

应符合 NY/T 391 的要求。生态环境良好、无污染,远离工矿区和公路、铁路干线,避开污染源。与常规生产区域之间应设置有效的缓冲带或物理屏障。

### 3.2 气候条件

因品种早、中、晚熟期不同,要求≥0℃年活动积温在 1 600℃以上,年降水量 450 mm 以上。

### 3.3 土壤条件

土层较深厚、有机质丰富、结构良好、养分充足、保肥水强、通气性良好,pH 为 6.5～7.5。

## 4 品种选择

### 4.1 选择原则

选择适应当地生态条件且经审定推广的优质、抗逆性强的适合本区域种植的高产品种,如黑龙江北部和内蒙古地区可选用龙麦 35 号、巴丰 5 号、克春 4 号、垦九 10 号、辽春 18 号等。种子每 2 年～3 年更新一次。

### 4.2 种子质量

种子质量应符合 GB 4404.1 的要求。种子纯度≥99%,净度≥99%,发芽率≥85%,种子含水量≤13.0%。种子经机械分级精选,利用 1、2 级种子,栽培面积较小的农户,也可以进行人工筛选,剔出秕粒、杂质等。

### 4.3 种子处理

应使用符合 NY/T 393 要求的农药拌种,如用种子量 0.2% 的 50% 多菌灵粉剂拌种;拌种要均匀,并闷种 20 h～24 h。

## 5 整地

### 5.1 选茬

在合理轮作基础上,应选择地势平坦、相对连片、排灌方便,宜为大豆、玉米或马铃薯等茬口,勿重茬。

### 5.2 整地

#### 5.2.1 整地方式

前茬无深翻、深松基础的地块,要进行伏、秋翻地或耙茬深松。前茬有深翻、深松基础地块,可进行秋耙茬。

#### 5.2.2 翻地质量

伏秋翻地耕深为18 cm~22 cm,耕深一致,误差不大于±1 cm。翻垡整齐严密,不重耕,不漏耕。每隔3年深松深翻一次,深松深翻35 cm以上,打破犁底板结层。

#### 5.2.3 耙地深度

耙地深度要根据翻地质量和土壤墒情确定,轻耙8 cm~10 cm,重耙为12 cm~15 cm。耙深误差±1 cm。

#### 5.2.4 耙茬质量

耙茬要采用对角线法,不漏耙,不拖耙,耙后地表平整,垄沟与垄台无明显差别,沿作业垂直方向在4 m宽的地面上,高低差不大于3 cm。

#### 5.2.5 镇压质量

除土壤含水量过大的地块外,应及时镇压,以防跑墒。

#### 5.2.6 整地质量

要达到上虚下实,地面平整,表土无大土块,耙层无大坷垃,每平方米大于3 cm直径土块不超过3个。

## 6 播种

### 6.1 播期

在保证播种质量前提下,适期早播,表土化冻4 cm~5 cm,机械能进地作业即可播种。

### 6.2 播法

可采用7.5 cm,15 cm单条或30 cm双条机械播种。

### 6.3 播深

播种镇压后种子距地表3 cm,误差不大于±0.5 cm。

### 6.4 密度

播种密度应根据品种、地势和茬口而定。一般优质麦保苗40万株/亩~43万株/亩。

### 6.5 播量

按每亩保苗株数、千粒重、发芽率、清洁率和田间保苗率90%~95%计算播量。

### 6.6 播种质量

播种要做到不重播、不漏播,深浅一致,覆土严密,播后及时镇压。

## 7 田间管理

### 7.1 灌溉

有灌水条件的地块,在小麦出苗期、分蘖期和灌浆期如遇干旱,及时灌溉,做到一次灌足。

### 7.2 施肥

应符合NY/T 394的要求。以有机肥为主,化肥为辅。当季无机氮与有机氮用量比不超过1:1。根据土壤供肥能力和土壤养分的平衡状况,以及气候、栽培等因素,进行测土配方平衡施肥,做到氮、磷、钾及中、微量元素合理搭配。

根据土壤肥力状况，每亩施用腐熟有机肥 2 000 kg，结合翻地或耙地一次施入；每亩施用尿素3 kg～3.5 kg，磷酸二铵 5.4 kg～7 kg，硫酸钾 2.4 kg～3.5 kg。磷钾肥作基肥，最好于秋整地时全部施入，氮肥总量的 3/4 作基肥秋施，1/4 作种肥春天播种时施入。种肥分箱播下，切勿种肥混拌。

### 7.3 压青苗

小麦 3 叶期压青苗。用 V 形镇压器或石滚子压 1 次～2 次。采用顺垄压法，禁止高速作业。地硬、地湿、苗弱忌压。

### 7.4 病虫草害防治

#### 7.4.1 防治原则

坚持"预防为主，综合防治"的植保方针，以农业防治为基础，优先采用物理和生物防治技术，辅之化学防治措施。应使用高效、低毒、低残留农药品种，药剂选择和使用应符合 NY/T 393 的要求。

#### 7.4.2 常见病虫草害

赤霉病、叶枯病、白粉病、锈病；黏虫、蚜虫、麦秆蝇；禾本科杂草、阔叶杂草等。

#### 7.4.3 防治措施

##### 7.4.3.1 农业防治

选用多抗品种，合理轮作和耕作，合理密植和施肥，精细管理，培育壮苗等。

##### 7.4.3.2 物理防治

采用太阳能杀虫灯、黄板等诱杀害虫。如每公顷设置一盏杀虫灯，诱杀黏虫成虫；每亩悬挂黄板 20 片左右，悬挂高度超过植株 15 cm～20 cm 处。

##### 7.4.3.3 生物防治

保护利用麦田自然天敌，选用植物源农药等生物农药防治病虫害。

##### 7.4.3.4 化学防治

具体化学防治方案参见附录 A。

## 8 采收

### 8.1 采收时期

蜡熟末期进行割晒，3 d 后拾禾脱粒，或在完熟期根据天气情况进行机械直接采收。

### 8.2 采收要求

割晒后熟作用完成后，及时脱谷，拉运。采用拾禾脱粒或联合收割机作业时损失不得超过 3%，破碎率不得超过 1%，清洁率要达到 95% 以上。机械采收不应造成二次污染。

## 9 生产废弃物处理

除草剂、杀菌剂、杀虫剂、种衣剂以及包衣种子的包装物不得重复使用，使用后深埋或集中处理，不能引起环境污染。采收后的小麦秸秆应粉碎抛洒还田，也可将其收集整理后用于其他用途。

## 10 储藏

储藏时，籽粒含水量要在 13.0% 以下。储藏设施、周围环境、卫生要求、出入库、堆放等应符合 NY/T 1056 的要求。储藏设施应具有防虫、防鼠、防鸟的功能，储藏条件应符合相应食品的温度、湿度和通风等储藏要求。

### 10.1 防虫措施

可采用日晒杀虫。选择晴朗无风的天气，9:00 以后，将小麦薄摊在晒场上进行晾晒，小麦厚度不超过 10 cm，15:00 后将小麦收拢，热闷 1 h～2 h 后入仓。

## 10.2 防鼠措施

仓库的地基、墙壁、墙面、门窗、房顶和管道等,都做防鼠处理,所有的缝隙不超过1 cm。仓库内保持整洁,各种用具杂物收拾整齐,储粮周围洒落的小麦清理干净,死角处经常检查,不使老鼠做窝。当老鼠大量发生时,选择对人畜安全无害的方法进行灭鼠。

## 10.3 防潮措施

加强仓间管理,经常翻动,自然通风,必要时采取机械通风,确保小麦处于低温干燥环境。

## 11 生产档案管理

生产全过程,要建立生产记录档案,包括地块档案和整地、播种、铲耥、灌溉情况、施肥情况、病虫草害防治、采收等记录。生产记录档案保存期限不少于3年。

附 录 A

（资料性附录）

东北地区绿色食品春小麦生产主要病虫草害化学防治方案

东北地区绿色食品春小麦生产主要病虫草害化学防治方案见表A.1。

表A.1 东北地区绿色食品春小麦生产主要病虫草害化学防治方案

| 防治对象 | 防治时期 | 农药名称 | 使用剂量 | 施药方法 | 安全间隔期,d |
|---|---|---|---|---|---|
| 赤霉病 | 齐穗至盛花期 | 50%多菌灵可湿性粉剂 | 100 g/亩～150 g/亩 | 喷雾 | 28 |
| 白粉病、锈病 | 发病初期 | 15%三唑酮可湿性粉剂 | 60 g/亩～80 g/亩 | 喷雾1次～2次 | 20 |
| 蚜虫、麦秆蝇、黏虫 | 发病初期 | 1.5%苦参碱可溶液剂 | 30 mL/亩～40 mL/亩 | 喷雾 | 14 |
| 禾本科杂草 | 小麦3叶～5叶期,禾本科杂草2叶～3叶期 | 36%的禾草灵乳油 | 180 mL/亩～200 mL/亩 | 喷雾 | 每季最多1次 |
| 阔叶杂草 | 杂草2叶～3叶期 | 40%唑草酮水分散粒剂 | 5 g/亩～6 g/亩 | 喷雾 | 每季最多1次 |
| 注:农药使用以最新版本NY/T 393的规定为准。 | | | | | |

# 绿色食品生产操作规程

LB/T 006—2018

# 黄淮海南部地区
# 绿色食品小麦生产操作规程

2018-04-03 发布　　　　　　　　　　　　　　　2018-04-03 实施

中国绿色食品发展中心 发布

# 前　言

本规程由中国绿色食品发展中心提出并归口。

本规程起草单位：安徽省绿色食品管理办公室、安徽省农业科学院作物研究所、中国农业科学院作物科学研究所、中国绿色食品发展中心、江苏省绿色食品办公室、山东省绿色食品发展中心。

本规程主要起草人：张勤、曹承富、唐伟、高照荣、杜世州、郑成岩、邱祥松、孙玲玲、孟浩。

# 黄淮海南部地区绿色食品小麦生产操作规程

## 1 范围

本规程规定了黄淮海南部小麦绿色生产栽培的产地环境、品种选择、整地播种、施肥、田间灌溉、田间管理、收获、生产废弃物处理、储藏、包装与运输及生产档案管理。

本规程适用于江苏北部、安徽和山东的绿色食品小麦生产。

## 2 规范性引用文件

下列文件对于本文件的应用是必不可少的。凡是注日期的引用文件,仅注日期的版本适用于本文件。凡是不注日期的引用文件,其最新版本(包括所有的修改单)适用于本文件。

GB 4404.1　粮食作物种子　第1部分:禾谷类

GB 20287　农用微生物菌剂

NY/T 391　绿色食品　产地环境质量

NY/T 393　绿色食品　农药使用准则

NY/T 394　绿色食品　肥料使用准则

NY/T 658　绿色食品　包装通用准则

NY/T 1056　绿色食品　贮藏运输准则

## 3 产地环境

产地环境条件应符合NY/T 391的要求,选择生态环境良好、无污染的地区,远离工矿区和公路、铁路干线,避开污染源,距离医院和公路、铁路干线等有明显污染源地域1 km以上。在绿色食品和常规生产区域之间设置有效的缓冲带或物理屏障,以防止绿色食品生产产地环境受到污染。

## 4 品种选择

### 4.1 选择原则

选用通过属地省级或全国农作物品种审定委员会审定,且适宜黄淮海南部地区种植的高产、优质、抗逆性强的冬性或半冬性小麦品种。种子质量应符合GB 4404.1的要求,种子纯度不低于99.0%,净度不低于99.0%,发芽率不低于85.0%,水分不高于13.0%。

依据农业部发布《2016年主要农作物主推品种》,适宜黄淮海南部地区种植的丰产抗逆小麦品种主要有:济麦22、百农58、西农979、洛麦23、周麦22、安农0711、鲁原502、山农20、郑麦7698、衡观35、良星66、淮麦22等。

### 4.2 种子处理

选择药剂拌种。100 kg小麦种选用70%噻虫嗪可分散粉剂60 g～120 g,与种子充分搅拌均匀,晾干后即可播种。种子包衣处理适宜在播种前1周～2周进行。地下害虫严重地块,每亩用40%辛硫磷乳油500 mL兑水2 kg,拌细土20 kg,整地前均匀撒施全田。

## 5 整地播种

### 5.1 秸秆还田

前茬为玉米的田块,利用玉米联合收获机械同步秸秆粉碎均匀抛洒还田,或用秸秆还田机粉碎1遍～2遍,均匀平铺,秸秆粉碎长度≤5 cm。

秸秆还田地块,每亩均匀撒施尿素 5 kg,或配合施用符合 GB 20287 要求的有机物料腐熟剂 2 kg~
4 kg,结合深耕翻入土壤。

### 5.2 机械整地

整地时土壤相对含水量应达到 75% 左右,如果土壤墒情较差,要浇水造墒。每 2~3 年结合耕种深
松土壤,采用 85 马力 * 以上动力机械,要求土壤深耕 25 cm 以上,深松应达到 30 cm~35 cm。

旋耕作业应适时适墒进行,土壤墒情不足时应板茬造墒。宜选用带镇压器的旋耕机械,适时适墒旋
耕,旋耕深度达到 12 cm 左右;旋耕田块每 2 年~3 年深耕或深松 1 次。

### 5.3 播期播量

黄淮海南部地区小麦播期自北向南逐渐推迟。中部地区适播期:冬性品种 10 月 5~12 日;半冬性
品种 10 月 8~15 日。黄淮海南部偏北和偏南区域小麦播期相应提前或推迟 3 d~5 d。

适播期内,冬性品种每亩基本苗 14 万株~16 万株,半冬性品种每亩基本苗 16 万株~18 万株;播期
推迟,播种量适当增加,每推迟 3 d,每亩播种量增加 0.5 kg;10 月 30 日后晚播田块,每亩基本苗应控制
在 30 万株以内。

### 5.4 机械播种

整地后立即进行播种,以保证土壤具有足够墒情,可选用小麦精播机或宽幅条播机,行距 20 cm~
23 cm,播种深度 3 cm~5 cm,确保下种均匀,深浅一致,覆土严密,不重播,不漏播。播种时随种随压,未
带镇压装置的要在小麦播种后及时镇压。

## 6 施肥

### 6.1 施肥原则

肥料使用应符合 NY/T 394 的要求,有机肥和无机肥配施,基肥追肥结合,氮素后移;根据土壤硼、
锌、锰等元素含量针对性地补充使用微肥。提倡施用小麦专用型缓(控)释肥。

### 6.2 施肥总量

每亩产量 500 kg 左右田块亩施优质无害化处理土杂肥 3 000 kg 或商品有机肥 100 kg,亩施纯氮
(N)12 kg~14 kg(尿素 26 kg~30 kg),磷($P_2O_5$)5 kg~7 kg(过磷酸钙 30 kg~45 kg),钾($K_2O$)4 kg~6
kg(硫酸钾 8 kg~12 kg)。

每亩产量单产 600 kg 左右田块亩施用优质无害化处理土杂肥 3 000 kg 或商品有机肥 100 kg,亩施
纯氮(N)14 kg~16 kg(尿素 30 kg~35 kg),磷($P_2O_5$)6 kg~7 kg(过磷酸钙 35 kg~45 kg),钾($K_2O$)
5 kg~8 kg(硫酸钾 10 kg~16 kg)。

### 6.3 施肥方式

有机肥、磷、钾肥用作基肥一次性全部施入;氮肥的 50%~60% 作基肥,40%~50% 作拔节肥追施。
推广化肥深施技术,可采用旋耕深施或旋耕施肥播种一体机。小麦专用型缓(控)释肥一次性基施,结合
生育后期叶面肥喷施。

### 6.4 追肥

拔节肥施用时间一般掌握在小麦群体叶色褪淡,小分蘖开始死亡,分蘖高峰已过,基部第一节间定
长时施用。群体偏大、苗情偏旺地块可推迟至旗叶露尖时施用。追施氮肥量为总施氮量的 40%~
50%,趁雨追施或与灌水结合进行。

## 7 田间灌溉

### 7.1 苗期灌溉

浇足播种底墒水或蒙头水。灌溉量 40 $m^3$~50 $m^3$,要求耕作层土壤含水量达到田间最大持水量的

---

\* 马力为非法定计量单位。1 马力=735.499W。

75%～80%,保证出苗均匀、整齐。

### 7.2 越冬灌溉

科学浇好越冬水。秋冬遇旱应浇足越冬水,冬灌时间以日平均气温 3℃ 左右为宜,昼消夜冻前结束,浇水后及时划锄松土。要求土壤耕作层含水量达到田间最大持水量的 60%～80%。

### 7.3 春季灌溉

适时浇好拔节-灌浆水。拔节-灌浆水灌溉一般结合肥料追施,每亩灌溉量 40 m³～50 m³。

## 8 田间管理

### 8.1 叶面喷肥

结合防治赤霉病,进行药肥混喷,实施根外追肥,达到"一喷三防"的效果。小麦孕穗至灌浆期结合防治病虫害,可用 2% 尿素和 0.5% 磷酸二氢钾混合液 50 kg/亩～75 kg/亩喷洒,或选用小麦专用叶面肥。

### 8.2 病虫草害防治

#### 8.2.1 防治原则

坚持"预防为主,综合防治"的植保方针,推广绿色防控技术,优先采用农业防控、理化诱控、生态调控、生物防控,结合总体开展化学防控;遵循 NY/T 393 的规定。

#### 8.2.2 防治措施

##### 8.2.2.1 农业防治

选用抗性强的小麦品种,定期轮换,保持品种抗性,采用合理耕作制度、轮作换茬等农艺措施,减轻病虫害的发生。

##### 8.2.2.2 生物防治

利用天敌防治,控制害虫,蚜茧蜂寄生率超过 30% 或益害比 1:(80～100)时可不用药剂防治。

##### 8.2.2.3 物理防治

利用害虫的趋光性及害虫对色泽的趋性进行诱杀。选用频振式杀虫灯诱杀小麦黏虫,单灯控制面积 30 亩～45 亩;每亩悬挂 40 张～60 张黄板诱杀蚜虫。

##### 8.2.2.4 化学防治

农药使用应符合 NY/T 393 的要求。选择对天敌杀伤力小的中、低毒性化学农药,避开自然天敌对农药的敏感时期。具体防治方法参见附录 A。

##### 8.2.2.5 化学除草

立足春草秋治,注重冬前化学除草;冬前未能及时除草或草害较重的麦田,返青期及时进行化学除草。具体防治方法参见附录 A,具体用药量可根据药剂有效用量折算。

### 8.3 其他管理措施

#### 8.3.1 清理沟系

视情况清理田间沟系 1 次～2 次,保持沟系通畅,达到迅速汇集排出田间积水和耕层滞水。

#### 8.3.2 适时化控

在返青后拔节前,对群体较大或抗倒伏能力差的品种适时化控,用 15% 多效唑 35 g/亩～40 g/亩,兑水 25 kg～30 kg,叶面喷施,预防后期倒伏。

#### 8.3.3 冻冷害补救

小麦拔节期遇"倒春寒"或孕穗期发生低温冷害,应立即补施速效氮肥和浇水,减轻灾害损失,亩用纯氮 2 kg～4 kg(尿素 4 kg～8 kg)。

## 9 收获

收获时期掌握在腊熟末期,选用联合收割机械,做到单收、单储。

## 10 生产废弃物处理

小麦生产的副产品主要包括秸秆、麦糠等,建议加装秸秆切碎喷撒装置,要求粉碎后的麦秸长度≤15 cm,均匀抛撒;或堆制有机肥;或进行秸秆饲料、秸秆气化等综合利用,严禁焚烧、丢弃,防止污染环境。

病虫草害防治过程中使用过的农药瓶、农药袋不得随便丢弃,避免对土壤和水源的二次污染。建立农药瓶、农药袋回收机制,统一销毁或二次利用。

## 11 储藏

### 11.1 入库标准

收获后及时烘干或晾晒,小麦入库的质量标准是:种子含水量12.5%以下,容重750 g/L以上,杂质1.5%以下。

### 11.2 粮库质量

粮库符合 NY/T 1056 要求,到达屋面不漏雨,地面不返潮,墙体无裂缝,门窗能密闭,具有坚固、防潮、隔热、通风和密闭等性能。

### 11.3 防虫措施

在粮堆和表面每1 000 kg粮食使用1 kg～2 kg辣蓼碎段防虫。

### 11.4 防鼠措施

粮库外围靠墙设置一定数量的鼠饵盒,内放做成蜡块的诱饵,药物成分为法律法规允许使用于食品工厂灭鼠的药物。粮库出入口和窗户设置挡鼠板或挡鼠网。粮库内每隔15 m靠墙设置一个鼠笼,鼠笼中的诱饵不得使用易变质食物,要求使用无污染的鼠饵球。根据需要可增设黏鼠板。

### 11.5 防潮措施

热入仓密闭保管小麦使用的仓房、器材、工具和压盖物均须事先彻底消毒,充分干燥,做到粮热、仓热、工具和器材热,防止"结露"现象发生。聚热缺氧杀虫过程结束后,将小麦进行自然通风或机械通风充分散热祛湿,经常翻动粮面或开沟,防止后熟期间可能引起的水分分层和上层"结顶"现象。

## 12 包装与运输

所用包装材料或容器应采用单一材质的材料,方便回收或可生物降解的材料,符合 NY/T 658 的要求。在运输过程中禁止与其他有毒有害、易污染环境等物质一起运输,以防污染。

## 13 生产档案管理

建立生产档案,主要包括生产投入品采购、入库、出库、使用记录,农事操作记录,收获记录及储运记录等,生产档案保存3年以上。

# 附 录 A
## （资料性附录）
## 黄淮海南部地区绿色食品小麦生产主要病虫草害化学防治方案

黄淮海南部地区绿色食品小麦生产主要病虫草害化学防治方案见表 A.1。

表 A.1 黄淮海南部地区绿色食品小麦生产主要病虫草害化学防治方案

| 防治对象 | 防治时期 | 农药名称 | 使用剂量 | 施药方法 | 安全间隔期,d |
|---|---|---|---|---|---|
| 白粉病和条锈病 | 拔节至灌浆期 | 25％丙环唑乳油 | 30 mL/亩～35 mL/亩 | 喷雾 | 42 |
| | | 20％三唑酮乳油 | 45 mL/亩～60 mL/亩 | 喷雾 | 20 |
| 纹枯病 | 拔节至灌浆期 | 5％井冈霉素水剂 | 100 mL/亩～150 mL/亩 | 喷雾 | 14 |
| 赤霉病 | 齐穗至盛花期 | 50％多菌灵可湿性粉剂 | 100 g/亩 | 喷雾 | 20 |
| 蚜虫 | 发生期 | 10％吡虫啉 | 10 g/亩～20 g/亩 | 喷雾 | 20 |
| | | 50％抗蚜威 | 6 g/亩～8 g/亩 | 喷雾 | 6 |
| 播娘蒿、荠菜等阔叶杂草 | 冬小麦分蘖初至分蘖末期 | 70％2甲4氯粉剂 | 55 g/亩～85 g/亩 | 喷雾 | 30 |
| | | 20％2甲4氯水剂 | 200 mL/亩～300 mL/亩 | 喷雾 | 30 |
| 看麦娘、节节麦等禾本科杂草 | 禾本科杂草2叶～4叶期 | 36％禾草灵乳油 | 130 mL/亩～180 mL/亩 | 喷雾 | 30 |
| 注:农药使用以最新版本 NY/T 393 的规定为准。 | | | | | |

# 绿 色 食 品 生 产 操 作 规 程

LB/T 007—2018

# 西 北 地 区
# 绿色食品小麦生产操作规程

2018-04-03发布                                          2018-04-03实施

**中国绿色食品发展中心** 发布

# 前　　言

本规程由中国绿色食品发展中心提出并归口。

本规程起草单位:陕西省绿色食品办公室、陕西省农业技术推广总站、中国绿色食品发展中心、新疆维吾尔自治区绿色食品发展中心、新疆生产建设兵团农产品质量安全中心、青海省绿色食品办公室、甘肃省绿色食品办公室、宁夏回族自治区绿色食品办公室。

本规程主要起草人:杨毅哲、林静雅、王荣成、李文祥、唐伟、翟军海、倪莉莉、玛依拉、张玲、张秉奎、程红兵、荀婷。

# 西北地区绿色食品小麦生产操作规程

## 1 范围

本规程规定了西北地区绿色食品小麦生产的产地环境、品种选择、整地与播种、田间管理、采收、生产废弃物处理、储藏、包装与运输及生产档案管理。

本规程适用于陕西、甘肃、青海、宁夏和新疆的绿色食品小麦生产。

## 2 规范性引用文件

下列文件对于本文件的应用是必不可少的。凡是注日期的引用文件，仅注日期的版本适用于本文件。凡是不注日期的引用文件，其最新版本（包括所有的修改单）适用于本文件。

GB 4404.1  粮食作物种子

NY/T 391  绿色食品  产地环境质量

NY/T 393  绿色食品  农药使用准则

NY/T 394  绿色食品  肥料使用准则

NY/T 658  绿色食品  包装通用准则

NY/T 1056  绿色食品  贮藏运输准则

NY/T 1118  测土配方施肥技术规范

## 3 产地环境

产地环境条件应符合 NY/T 391 的要求，选择在无污染和生态条件良好的地区。基地选点应远离工矿区和公路铁路干线，避开工业和城市污染源的影响，地块应土壤肥沃，土层深厚，灌排便利。年平均气温 8℃以上，绝对低温不低于—20℃，年降水量 450 mm 以上。土壤有机质含量达到 0.8%以上。

## 4 品种选择

### 4.1 选择原则

种子质量应符合 GB 4404.1 的要求。选用经审定的、优质、节水、高产、稳产、抗病、抗倒的小麦品种。

### 4.2 品种选用

以西农 979、小偃 22、阎麦 8911、荔高 6 号、西农 3517 为主栽品种；搭配种植陕垦 6 号、渭丰 151、陕麦 139、西农 2000、西农 889、西农 9871、长丰 2112、西农 538、西农 509、陕农 138、陕麦 139、陕农 33、西农 223、西农 556、西农 938、西农 822、中麦 895、西农 529、西农 20 等。

### 4.3 种子处理

#### 4.3.1 种子精选

播种前 1 周进行种子精选，将麦种晾晒 2 d～3 d，剔除碎粒、秕粒、杂质等。种子的纯度和净度应达 98%以上，发芽率不低于 85%，种子含水量不高于 13%。

#### 4.3.2 种子包衣

防治地下害虫金针虫、蛴螬等，采用 NY/T 393 中允许使用的农药拌种，提倡使用包衣种子。可使用 2%戊唑醇按种子量的 0.1%～0.15%拌种。

## 5 整地与播种

### 5.1 整地

播种前要有适宜的地墒,土壤相对含水量以 70% 为宜,确保出苗整齐。播种前要适时深耕(耕翻),2 年~3 年进行一次。耕翻深度达到 25 cm~35 cm,耕后及时耙磨整平,达到绵软、疏松、平整、无大土块。

### 5.2 播种

小麦播种灌区亩播种量 12 kg~13 kg,播期以 10 月上旬为宜,旱塬区亩播量 11 kg~12 kg,播期以 9 月上中旬为宜。

## 6 田间管理

### 6.1 灌溉

当土壤相对含水量下降到 60% 以下时,有条件的地区可进行灌溉,提倡采用喷灌、微喷灌等节水灌溉技术。灌水应以冬灌为主,时间选择 11 月~12 月,日平均气温 3℃~5℃ 时进行;春灌视苗情、墒情,在 3 月~4 月进行,中后期灌水视土壤墒情而定。

### 6.2 施肥

#### 6.2.1 施肥原则

采用测土配方施肥,以有机肥为主,控施化肥。施用肥料应符合 NY/T 394 的要求。

#### 6.2.2 施肥方法

施肥量应符合 NY/T 1118 进行测土配方施肥,根据土壤肥力状况,确定施肥量和肥料比例。提倡秸秆还田,亩施腐熟农家肥 2 500 kg~3 000 kg,或商品有机肥 50 kg。每亩总施肥量:尿素 7 kg~12 kg、磷酸二铵 11 kg~15 kg、硫酸钾 10 kg~14 kg、硫酸锌($ZnSO_4$)1.5 kg~2.0 kg。全部有机肥、磷酸二铵、硫酸钾、硫酸锌作底肥,尿素的 50% 作底肥,结合整地一次性施入。翌年春季小麦拔节期再施余下的 50% 的尿素。

### 6.3 病虫草害防治

#### 6.3.1 防治原则

坚持预防为主,综合防治,以农业措施、物理措施和生物措施为主,化学防治为辅,应选用符合 NY/T 393 规定的化学农药。强化病虫草害的测报。

#### 6.3.2 常见病虫草害

小麦主要病虫害有蚜虫、红蜘蛛、白粉病、条锈病、赤霉病等;杂草有看麦娘、节节麦、荠菜、播娘蒿、猪秧秧等。

#### 6.3.3 农业防治措施

选用丰产抗病性好的小麦品种,轮作换茬,适期播种,合理施肥,培育壮苗,以压低病原菌及虫口数量,减少初侵染源,同时增强小麦的抗病虫能力。小麦出苗后,在 2 叶 1 心至 3 叶时,及时进行人工除草。春季在土壤化冻 2 cm 时及时划锄松土,防治田间杂草。

#### 6.3.4 物理防治措施

根据害虫趋光、趋化等行为习性,采用杀虫灯诱杀、色板诱杀、防虫网诱杀等。杀虫灯有太阳能和交流电两种,主要用于小麦蚜虫、麦叶蜂等害虫的防治。色板诱杀是利用害虫对颜色的趋向性,应用黄板、蓝板及信息素板,通过板上黏虫胶防治虫害,对小麦蚜虫的防治有较好的效果。

#### 6.3.5 生物防治措施

保护利用麦田自然天敌,选用植物源农药等生物农药防治病虫害。在小麦开花和灌浆期释放食蚜蝇、瓢虫等防治蚜虫。

#### 6.3.6 化学防治措施

农药的使用应符合 NY/T 393 的要求。具体化学防治方案参见附录 A。

### 6.4 其他管理措施

#### 6.4.1 冬前管理

出苗后及时查苗补种。雨后或灌水后的地块，及时划锄，破除板结，划锄时要防止拉伤根系。对群体偏大、生长过旺的麦田，可采取深中耕断根或镇压措施，控旺转壮，保苗安全越冬。

#### 6.4.2 返青期管理

返青期的肥水管理要看苗分类管理，对于群体大，叶色浓绿，有旺长趋势的麦田，应采取深耘断根，在拔节中后期进行肥水管理，控旺防倒。对于群体小，叶色较淡的麦田，应在起身初期进行肥水管理，促弱转壮，以巩固冬前分蘖，提高分蘖成穗率。

#### 6.4.3 灌浆期管理

在孕穗期至灌浆期进行叶面喷肥，推荐喷施 0.3%～0.5%磷酸二氢钾溶液或氨基酸叶面肥，以预防干热风和延缓衰老，增加粒重，提高籽粒品质。浇水时要做到有风不浇，无风抢浇，风过速浇。

## 7 采收

小麦生长至蜡熟末期或完熟初期，穗黄、叶黄、秆黄、节间绿为最佳收获期，收获时要做到分品种单收。收获后，应适时晾晒，使籽粒含水量降到 13%以下，保证小麦安全储藏。

## 8 生产废弃物处理

除草剂、杀菌剂、杀虫剂、种衣剂以及包衣种子的包装物不得重复使用，使用后应深埋或集中处理，且不能引起环境污染。秸秆要求粉碎还田，将小麦秸秆切碎均匀抛撒到田间，秸秆切碎后的长度 8 cm～10 cm，漏切率小于 2%。

## 9 储藏

库房符合 NY/T 1056 要求，到达屋面不漏雨，地面不返潮，墙体无裂缝，门窗能密闭，具有坚固、防潮、隔热、通风和密闭等性能。粮库外围靠墙设置一定数量的鼠饵盒，内放做成蜡块的诱饵。粮库出入口和窗户设置挡鼠板或挡鼠网。根据需要可增设黏鼠板。

## 10 包装与运输

所用包装材料或容器应采用单一材质的材料，方便回收或可生物降解的材料，符合 NY/T 658 的要求。在运输过程中禁止与其他有毒有害、易污染环境等物质一起运输，以防污染。

## 11 生产档案管理

建立绿色食品小麦生产档案。应详细记录产地环境条件、生产技术、肥水管理、病虫草害的发生和防治、采收及采后处理等情况并保存记录 3 年以上。

附　录　A

（资料性附录）

西北地区绿色食品小麦生产主要病虫草害化学防治方案

西北地区绿色食品小麦生产主要病虫草害化学防治方案见表 A.1。

表 A.1　西北地区绿色食品小麦生产主要病虫草害化学防治方案

| 防治对象 | 防治时期 | 农药名称 | 使用剂量 | 施药方法 | 安全间隔期,d |
|---|---|---|---|---|---|
| 白粉病和条锈病 | 拔节至灌浆期 | 25％丙环唑乳油 | 30 mL/亩～35 mL/亩 | 喷雾 | 42 |
| | | 20％三唑酮乳油 | 45 mL/亩～60 mL/亩 | 喷雾 | 20 |
| 赤霉病 | 齐穗至盛花期 | 50％多菌灵可湿性粉剂 | 100 g/亩～150 g/亩 | 喷雾 | 20 |
| 蚜虫 | 发生期 | 10％吡虫啉可湿性粉剂 | 10 g/亩～20 g/亩 | 喷雾 | 20 |
| | | 50％抗蚜威可湿性粉剂 | 15 g/亩～20 g/亩 | 喷雾 | 14 |
| 红蜘蛛 | 初发期 | 4％联苯菊酯微乳剂 | 30 mL/亩～50 mL/亩 | 喷雾 | 15 |
| 播娘蒿、荠菜等阔叶杂草 | 小麦分蘖初至分蘖末期 | 85％ 2 甲 4 氯钠可溶性剂 | 70 g/亩～90 g/亩 | 喷雾 | 30 |
| 看麦娘、节节麦等禾本科杂草 | 禾本科杂草 2～4 叶期 | 36％禾草灵乳油 | 180 mL/亩～200 mL/亩 | 喷雾 | 30 |
| 注:农药使用以最新版本 NY/T 393 的规定为准。 | | | | | |

# 绿色食品生产操作规程

LB/T 008—2018

# 黄淮海地区
# 绿色食品夏玉米生产操作规程

2018-04-03 发布　　　　　　　　　　　　　2018-04-03 实施

中国绿色食品发展中心 发布

# 前　言

本规程由中国绿色食品发展中心提出并归口。

本规程起草单位：天津市绿色食品办公室、中国绿色食品发展中心、中国农业科学院作物科学研究所、河南省绿色食品发展中心、河北省绿色食品办公室、山东省绿色食品发展中心、黑龙江省绿色食品发展中心。

本规程主要起草人：张玮、张宪、郑成岩、张凤娇、王莹、任伶、马文宏、樊恒明、刘远航、刘烨潼、邓艾兴、马磊、孙世德、王洪亮、孟浩、王馨、邱璐。

# 黄淮海地区绿色食品夏玉米生产操作规程

## 1 范围

本规程规定了黄淮海地区绿色食品夏玉米的产地环境、品种选择、整地与播种、田间管理、采收、生产废弃物处理、储藏、包装与运输及生产档案管理。

本规程适用于北京市、天津市、河北省、山西省、江苏省北部地区、安徽省、山东省、河南省和湖北省的绿色夏玉米生产。

## 2 规范性引用文件

下列文件对于本文件的应用是必不可少的。凡是注日期的引用文件，仅注日期的版本适用于本文件。凡是不注日期的引用文件，其最新版本（包括所有的修改单）适用于本文件。

GB 4404.1 粮食作物种子

NY/T 391 绿色食品 产地环境质量

NY/T 393 绿色食品 农药使用准则

NY/T 394 绿色食品 肥料使用准则

NY/T 658 绿色食品 包装通用准则

NY/T 1056 绿色食品 贮藏运输准则

NY/T 1118 测土配方施肥技术规范

## 3 产地环境

产地环境条件应符合 NY/T 391 的要求，选择在无污染和生态条件良好的地区。基地选点应远离工矿区和公路铁路干线，避开工业和城市污染源的影响，地块应肥力较高，耕层深厚，保水保肥，灌排便利。要求土壤耕作层大于 20 cm，耕层有机质含量大于 1.2%，速效氮大于 60 mg/kg，速效磷大于 20 mg/kg，速效钾大于 120 mg/kg。土壤 pH 6.5～7.0，氯化钠含量 0.3% 以下，微量元素充足。选择区域的年平均气温 10℃～14℃，全年无霜期大于 170 d，降水量 500 mm～800 mm，≥10℃ 的积温在 3 600℃～4 700℃，生育期日照时数在 2 000 h～2 800 h。

## 4 品种选择

### 4.1 选择原则

种子质量应符合 GB 4404.1 的要求。根据生态条件，因地制宜选用经过国家或者黄淮海省份农作物品种审定委员会审定，优质、高产、稳产、抗病、抗倒的夏玉米品种，选用的品种生育期所需活动积温比当地常年活动积温少 150℃ 左右。种子的纯度和净度应达 98% 以上，发芽率不低于 90%，种子含水量不高于 16%。

### 4.2 品种选用

选择的品种尽量避免光热资源浪费和成熟度不足等情况的发生，并且建议选用 5.4% 吡·戊（吡虫啉含量 5%，戊唑醇含量 0.4%）玉米种衣剂包衣的种子。黄淮海北部夏玉米可选择品种有郑单 958、浚单 20、京科 68、中单 909、京单 38、中科 11、农华 101 和纪元 1 号等；黄淮海中部可选择的品种有郑单 958、浚单 20、新单 26、伟科 702、吉祥 1 号、登海 605、先玉 335、中单 909、鲁单 981、金海 5 号、中科 11、蠡玉 35、聊玉 22 号、洛玉 8 号等；黄淮海南部可选择的品种有郑单 958、浚单 20、伟科 702、吉祥 1 号、新单 26、先玉 335、金海 5 号、中科 11、蠡玉 16、苏玉 20、隆平 206、登海 605、益丰 29、弘大 8 号等。

### 4.3 种子处理

#### 4.3.1 晒种

播种前 15 d 将玉米种子晾晒 2 d～3 d,并时常翻动种子,使种子晾晒均匀,提高出苗率。

#### 4.3.2 发芽率试验

种子处理完成后,播前 10 d 进行 1 次发芽率试验,保证种子的芽率 90％以上。

## 5 整地与播种

### 5.1 整地

前茬小麦灌好麦黄水,小麦成熟后,用联合作业机械收获小麦,同时将小麦秸秆切碎均匀撒到田间,秸秆切碎后的长度在 5 cm～8 cm,割茬高度小于 10 cm,漏切率小于 2％。前茬小麦收获后,灭茬、施肥、浅耕后播种。

### 5.2 播种

#### 5.2.1 播种期

黄淮海区域夏玉米适宜的播种期是 6 月 5～15 日,即小麦收获后及时抢茬整地播种,以大蒜、豌豆等早熟经济作物为前茬的地块,可视倒茬时间适当早播。

#### 5.2.2 播种量

根据品种特性和种植密度,播种量 45 kg/hm²～52.5 kg/hm²。一般紧凑型玉米品种种植密度 60 000 株/hm²～75 000 株/hm²,大穗型品种种植密度 52 500 株/hm²～60 000 株/hm²。

#### 5.2.3 播种方式

采用筑畦条播,玉米田畦宽 4.8 m,畦埂宽 30 cm～40 cm。采用玉米施肥精量播种机进行等行距或大小行播种。等行距一般应为 60 cm;大小行一般大行距 80 cm,小行距 40 cm。播种深度 3 cm～5 cm。

## 6 田间管理

### 6.1 灌溉

一般年份,黄淮海区域的夏玉米生育期降水与生长需水同步,不进行灌溉。除遇特殊旱情,夏玉米关键生育期田间土壤相对含水量低于 60％时,应及时灌水 600 m³/hm²。夏玉米关键生育期的适宜土壤相对含水量分别为:播种期 75％左右,苗期 60％～75％,拔节期 65％～75％,抽穗期 75％～85％,灌浆期 67％～75％。玉米灌溉采用微喷灌的节水灌溉方式。

### 6.2 施肥

提倡增施有机肥,控施化肥,合理施用中量和微量元素肥料。施用的肥料应符合 NY/T 394 的要求。施肥量应符合 NY/T 1118 进行测土配方施肥,根据土壤肥力状况,确定施肥量和肥料比例。一般每亩基施腐熟有机肥 1 500 kg～2 000 kg,每亩总施肥量:尿素 10 kg～12 kg,磷酸二铵 10 kg～14 kg,硫酸钾 6 kg～8 kg,硫酸锌(ZnSO₄)1.5 kg～2.0 kg。全部有机肥、磷肥、钾肥、锌肥作底肥,氮肥的 30％作底肥,结合整地一次性施入。剩余的 70％的氮肥在 6 月底至 7 月上旬玉米大喇叭口期追施。追肥方式为在距植株根 10 cm～15 cm 处开沟深施,追肥深度为 12 cm～15 cm。

### 6.3 病虫草鼠害防治

应坚持"预防为主,综合防治"的原则,推广绿色防控技术,优先采用农业防治、物理防治和生物防治措施,配合使用化学防治措施。

#### 6.3.1 主要病虫草害

夏玉米主要病害有大斑病、小斑病、锈病、丝黑穗病、粗缩病等;害虫有玉米螟、棉铃虫、二点委夜蛾、黏虫、灰飞虱、玉米叶螨、蛴螬、金针虫、地老虎等;杂草有狗尾草、牛筋草、马齿苋等。

#### 6.3.2 病虫害防治

#### 6.3.2.1 农业防治措施

推广种植抗病虫、耐高温的玉米品种,开展农机农艺结合、精细管理、培育壮苗。小麦收获后深耕灭茬,控制二点委夜蛾的发生和危害。实行精耕细作、测土配方施肥、合理密植、合理水肥管理,培育健壮植株,提高田间通透度,增强植株抗病能力;清除田边地头杂草,做好田间杂草防除,铲除病虫栖息场所和寄主植物。玉米收获后进行秸秆粉碎深翻或腐熟还田处理,降低翌年病虫基数。适期晚播,可使玉米苗期感病阶段,避开粗缩病传毒昆虫灰飞虱一代成虫麦田迁出峰期,从而有效控制玉米粗缩病的发生。

#### 6.3.2.2 物理防治措施

利用害虫的趋光、趋化、趋色习性,在成虫发生期,田间设置黑光灯、频振式杀虫灯、糖醋液、色板、性诱剂等方法诱杀害虫。灯光诱杀架设频振式杀虫灯 0.5 盏/hm²,设置自动控制系统在 20:00 开灯,翌日 2:00 关灯,可以诱杀玉米螟、棉铃虫、二点委夜蛾、黏虫、金龟子、蝼蛄等害虫;在玉米田间分别悬挂相应的性诱剂诱捕器 15 个/hm²～30 个/hm²,高度超过玉米顶部 20 cm～30 cm,每 5 d 清理 1 次诱捕器,每 30 d 左右换 1 次诱芯,可诱杀玉米螟和棉铃虫等害虫。

#### 6.3.2.3 生物防治措施

保护利用自然天敌,释放赤眼蜂防治玉米螟,释放瓢虫防治蚜虫,选用白僵菌对冬季堆垛秸秆内越冬玉米螟进行无害化处理;选用植物源农药等生物农药防治病虫害。

#### 6.3.2.4 化学防治措施

农药的使用应符合 NY/T 393 的要求。防治粗缩病,可在苗期每亩用氨基寡糖素 75 mL～100 mL 兑水 50 kg～75 kg 喷雾。防治玉米大斑病,可在抽雄后每亩用吡唑醚菌酯 40 mL～50 mL,兑水 100 kg,在达到防治指标时开始喷药;间隔 7 d～10 d 喷药 1 次,连续喷 2 次～3 次。防治玉米螟,在心叶期,有虫株率达 5%～10%时,用辛硫磷 1 kg,拌入 50 kg～75 kg 过筛的细沙制成颗粒剂,投撒入玉米心叶内。防治玉米蚜虫,可在开花期每亩用 50%抗蚜威可湿性粉剂 15 g～20 g 兑水 50 kg～75 kg 喷雾防治。病虫害具体化学防治方案参见附录 A。

### 6.3.3 草害防治

#### 6.3.3.1 农业防治措施

播种前,清选种子,使用腐熟的有机肥、有效清除灌溉水中掺杂的杂草种子,防止杂草种子混入玉米田。玉米苗期和拔节期,及时中耕除草。苗期中耕易浅,一般 5 cm 左右;拔节期中耕应深,一般 8 cm～10 cm。

#### 6.3.3.2 化学防治措施

以人工机械中耕除草为主,农药化学除草为辅。农药的使用应符合 NY/T 393 的要求。化学除草要严格选择除草剂种类,准确控制用量和施药时期。播种后,墒情好时可每亩直接喷施 33%二甲戊灵乳油 100 mL 加 72%都尔乳油(异丙甲草胺)75 mL 兑 50 L 水进行封闭式喷雾,喷雾时倒退行走;墒情差时,于玉米幼苗 3 叶～5 叶、杂草 2 叶～5 叶期每亩用 50%乙草胺乳油 80 mL～100 mL 兑水 40 kg～50 kg 喷雾,喷雾时喷在行间杂草上,谨防喷到玉米心叶中。喷药时一定要均匀,做到不重喷、不漏喷。杂草具体化学防治方案参见附录 A。

### 6.4 其他管理措施

#### 6.4.1 苗期管理

出苗后及时查苗补种,在玉米刚出苗时,将种子浸泡 8 h～12 h,捞出晾干后,抢时间播种;在玉米 3 片～4 片可见叶间苗时,带土挖苗移栽。玉米苗期及时中耕松土,破除板结,中耕时要防止拉伤根系。

#### 6.4.2 中期管理

拔节期,及时拔除小株、弱株,提高玉米生长整齐度,培育优良群体。小喇叭口至大喇叭口期间,进行 1 次～2 次中耕培土,促进玉米根系发育,扩大根系吸收范围。

#### 6.4.3 后期管理

人工去雄是一项有效的增产措施,应在雄穗刚抽出而尚未开花散粉时进行,采取隔行或隔株去雄,地边和地头不要去雄,以利于边际玉米雌穗受粉,去雄数不超过全田株数的一半。人工辅助授粉,可减少秃尖、缺粒,一般在盛花末期的晴天 9:00～11:00 进行。玉米后期叶面喷肥,可增加植株穗部水分,能够降温增湿,促进散粉,同时可给叶片提供水分和养分。一般用 1%尿素溶液加 0.2%磷酸二氢钾进行叶面喷洒,防止玉米后期脱肥。如喷洒后 4 h 遇雨须重喷一次。

## 7 采收

### 7.1 收获时间

当植株基部叶片变黄,果穗苞叶呈黄白色而松散,玉米果穗下部籽粒乳线消失,玉米籽粒基部黑色层形成,含水量 30%左右时,应及时收获。

### 7.2 收获方法

采用站秆人工收获或机械收获,不可地面堆放,收获的果穗要单收、单运、单放、单储,防止与非绿色食品玉米混杂。

### 7.3 脱粒与精选

收获后要及时进行晾晒。籽粒含水量达到 20%以下时脱粒,脱粒后进行精选。

## 8 生产废弃物处理

除草剂、杀菌剂、杀虫剂、种衣剂以及包衣种子的包装物不得重复使用,使用后应深埋或集中处理,且不能引起环境污染。玉米收获后,严禁焚烧秸秆,应及时粉碎秸秆还田,以培肥地力。秸秆切碎后的长度在 3 cm～5 cm,割茬高度小于 5 cm,漏切率小于 2%。

## 9 储藏

### 9.1 库房质量

库房符合 NY/T 1056 要求,到达屋面不漏雨,地面不返潮,墙体无裂缝,门窗能密闭,具有坚固、防潮、隔热、通风和密闭等性能。库房内温度必须保持在 10℃以下,相对湿度应控制在 65%以下,储藏种子最安全。

### 9.2 防虫措施

采用气调储藏防虫的方法,冬季通风降温后的玉米仓,门口和通风窗口及时封压防虫网,非通风窗口及时封压薄膜防虫保温。冬尽春来时环境温度逐渐上升,储粮害虫和微生物的活动也日趋频繁,此时对仓内玉米进行粮面薄膜压盖,并充入氮气进行气调储藏,环流均匀后维持仓内氮气浓度长期在 90%左右。春夏交替季节补充仓内氮气至浓度达 98%以上,维持时间 28 d 以上,进行气调杀虫。气调杀虫后长期保持仓内氮气浓度在 95%左右,进行气调防虫,保证仓内玉米安全度夏而不受害虫等感染危害。

### 9.3 防鼠措施

粮库外围靠墙每隔 10 m 设置一个鼠夹,粮库内每隔 15 m 靠墙设置一个鼠笼,鼠夹和鼠笼中的诱饵不得使用易变质食物,可用炒熟的花生作为诱饵。根据需要可增设黏鼠板或黏鼠胶。

### 9.4 防潮措施

将玉米进行自然通风或机械通风充分散热祛湿,经常翻动粮面或开沟,防止粮堆上层"结露"。

## 10 包装与运输

所用包装材料或容器应采用单一材质的材料,方便回收或可生物降解的材料,符合 NY/T 658 的规定。在运输过程中禁止与其他有毒有害、易污染环境等物质一起运输,以防污染。

## 11 生产档案管理

建立绿色食品玉米生产档案。应详细记录产地环境条件、生产技术、肥水管理、病虫草害的发生和防治、采收及采后处理等情况并保存记录 3 年以上。

附　录　A

（资料性附录）

黄淮海地区绿色食品夏玉米生产主要病虫草害化学防治方案

黄淮海地区绿色食品夏玉米生产主要病虫草害化学防治方案见表 A.1。

表 A.1　黄淮海地区绿色食品夏玉米生产主要病虫草害化学防治方案

| 防治对象 | 防治时期 | 农药名称 | 使用剂量 | 施药方法 | 安全间隔期,d |
|---|---|---|---|---|---|
| 粗缩病 | 苗期 | 氨基寡糖素 | 75 mL/亩～100 mL/亩 | 喷雾 | 7 |
| 玉米大斑病 | 抽雄期 | 吡唑醚菌酯 | 40 mL/亩～50 mL/亩 | 喷雾 | 7 |
| 玉米螟 | 心叶期 | 辛硫磷 | 1 kg/亩 | 拌入 50 kg～75 kg 细沙制成颗粒剂,投撒入玉米心叶内 | 7 |
| 蚜虫 | 发生期 | 50%抗蚜威 | 15 g/亩～20 g/亩 | 喷雾 | 6 |
| 杂草 | 播种后 | 33%二甲戊灵乳油＋72%都尔乳油(异丙甲草胺) | 100 mL/亩＋75 mL/亩 | 喷雾 | 7 |
| | 玉米幼苗 3 叶～5 叶期,杂草 2 叶～5 叶期 | 50%乙草胺乳油 | 80 mL/亩～100 mL/亩 | 喷雾 | 7 |

注:农药使用以最新版本 NY/T 393 的规定为准。

# 绿色食品生产操作规程

LB/T 009—2018

# 东 北 地 区
## 绿色食品玉米生产操作规程

2018-04-03 发布

2018-04-03 实施

中国绿色食品发展中心 发布

# 前　言

本规程由中国绿色食品发展中心提出并归口。

本规程起草单位：黑龙江省绿色食品发展中心、黑龙江省农业技术推广站、辽宁省绿色食品发展中心、吉林省绿色食品办公室、内蒙古自治区绿色食品发展中心、中国绿色食品发展中心。

本规程主要起草人：张相英、孙世德、胡琪琳、米强、崔佳欣、陶玥昕、刘胜利、袁克双、刘培源、叶博、李岩、孙丽荣、孙景辉、王桂满、康晓军、王文议。

# 东北地区绿色食品玉米生产操作规程

## 1 范围

本规程规定了东北地区绿色食品玉米的产地环境、品种选择、整地、播种、田间管理、采收、生产废弃物处理、储藏及生产档案管理。

本规程适用于内蒙古、辽宁、吉林和黑龙江的绿色食品玉米生产。

## 2 规范性引用文件

下列文件对于本文件的应用是必不可少的。凡是注日期的引用文件，仅注日期的版本适用于本文件。凡是不注日期的引用文件，其最新版本（包括所有的修改单）适用于本文件。

GB 4404.1 粮食作物种子 第1部分：禾谷类

NY/T 391 绿色食品 产地环境质量

NY/T 393 绿色食品 农药使用准则

NY/T 394 绿色食品 肥料使用准则

NY/T 1056 绿色食品 贮藏运输准则

## 3 产地环境

### 3.1 环境条件

应符合NY/T 391的要求。应选择生态环境良好、无污染的地区，远离工矿区和公路、铁路干线，避开污染源。应与常规生产区域之间设置有效的缓冲带或物理屏障。

### 3.2 气候条件

年≥10℃活动积温宜在2 100℃以上，年降水量在350 mm以上。

### 3.3 土壤条件

宜选用集中连片、地势平坦、排灌方便、耕层深厚肥沃、理化性状和耕性良好的土壤，pH宜在6.5～7.5。

## 4 品种选择

### 4.1 选择原则

选择经国家或和本省审定推广或登记的高产、优质、耐密、抗逆、适合机械化生产等综合性状好，适宜当地生态条件的非转基因玉米优良品种。

### 4.2 品种选用

黑龙江省推荐选用先玉335、吉龙2号、先玉696、鑫鑫2号、大民3307、嫩单18、庆单6、绥育23、龙单76、绿单2号、龙单38、东农254、禾田4号、德美亚3号、龙单59、瑞福尔1号、东农257、克玉16、鑫科玉1号、德美亚1号、华美2号等品种。

吉林省推荐选用良玉99、富民58、京科968、翔玉211、禾育9、优迪919、延科288、雄玉581、裕丰303、翔玉998、先玉335等品种。

辽宁省推荐选用辽单565、良玉88、良玉99、郑单958、先玉335、沈玉21、丹玉405、辽单588、东单6531、金博士717、金博士963、金博士乐农18等品种。

内蒙古自治区推荐选用大民3307、先玉335、先玉696、伟科702、华农101、德美亚1号、京科968、利合 1 号、罕玉 5 号、西盟 6 号、NK718 等品种。

### 4.3 种子质量

种子质量符合 GB 4404.1 的要求。纯度不低于 98%，净度不低于 98%，含水量不高于 16%，发芽率 90%以上。购买已包衣的种子，其种衣剂选用必须符合 NY/T 393 的规定。

### 4.4 种子处理

#### 4.4.1 精选种子

播种前要进行精选种子，剔除病斑粒、虫蚀粒、破碎粒等不合格种子和杂质。

#### 4.4.2 晒种

播前 10 d～15 d，选择晴朗微风天气，将种子摊在干燥向阳的地面或席上，晾晒 2 d～3 d，并经常翻动，白天晾晒、晚上收起。

#### 4.4.3 种子包衣

种衣剂的选用符合 NY/T 393 的要求，按照产品说明书进行包衣操作。

防治蛴螬、金针虫、蝼蛄等地下害虫，可选用 3%辛硫磷水乳种衣剂，按药种比 1∶(30～40)进行种子包衣。

防治丝黑穗病和金针虫，可选用 6.5%戊·氯·吡虫啉悬浮种衣剂，按药种比 1∶(70～80)进行种子包衣。

#### 4.4.4 发芽率测定

播种前进行发芽试验，测定种子发芽率，应达到 90%以上。

## 5 整地

### 5.1 选地

选择地势平坦，耕层深厚，肥力较高，保水保肥性能好，排灌方便的地块。应进行合理轮作，选择大豆、小麦、马铃薯或肥沃的玉米等茬口。

### 5.2 耕整地

实施以大马力拖拉机配套多功能联合整地机械为载体，以深松为基础，松、翻、耙、压相结合的少(免)耕土壤耕作制。

有深松或深翻基础的地块，秋整地可采取耙茬或浅翻、深松整地技术。深松以打破犁底层为原则，深松深度一般 30 cm～35 cm，耙茬或浅翻、深松、夹肥、按要求垄距起垄连续作业，起垄后及时镇压。无深松和深翻地块，三年伏翻或秋翻一次，耕翻深度 25 cm～28 cm，做到无漏耕、无立垡、无坷垃，翻后耙耢，按种植要求垄距及时起垄或夹肥起垄镇压。

春整地地块，可采取灭茬旋耕整地。灭茬旋耕、夹肥起垄、镇压连续作业，达到播种状态。灭茬 7 cm～8 cm，旋耕 10 cm～15 cm。

## 6 播种

### 6.1 播期

4 月中旬至 5 月上旬，当 5 cm～10 cm 耕层地温稳定通过 7℃～8℃时，可抢墒播种，并可根据当年地温、土壤墒情、终霜期等因素的变化适当调整播期。

### 6.2 种植方式

可采用 65 cm～70 cm 标准垄单行或 110 cm～140 cm 大垄双行(通透)密植等方式种植。

### 6.3 播种方法及质量

按种植方式，采用大机械精量点播。要做到深浅一致，覆土均匀。秸秆还田及少免耕地块，应采用免耕播种技术播种，直播的地块播种后及时镇压，坐水种的地块播后隔天镇压。镇压做到不漏压，不拖堆。镇压后覆土深度一般为 3 cm～4 cm,风沙土及土壤干旱可相对深些。

## 6.4 种植密度

65 cm～70 cm 标准垄种植,每亩保苗 4 000 株～5 000 株;110 cm～140 cm 大垄通透密植,每亩保苗 4 666 株～5 666 株。具体实施因品种特性、栽培水平、种植区域等因素,密度适当增减。

## 6.5 播种量

依据测定种子发芽率、种植密度等要求确定播种量。一般每亩播量为 1.7 kg～2 kg。

## 7 田间管理

### 7.1 灌溉

灌溉水质应符合 NY/T 391 要求。在玉米拔节期、大喇叭口期和灌浆至乳熟期,根据旱情、土壤含水量、作物长势等情况,采用滴灌、喷灌、沟灌等方式进行灌溉。

### 7.2 施肥

#### 7.2.1 施肥原则

应符合 NY/T 394 的要求。以有机肥为主,化肥为辅。当季无机氮与有机氮用量比不超过 1∶1。根据土壤供肥能力和土壤养分的平衡状况,以及气候、栽培等因素,进行测土配方平衡施肥,做到氮、磷、钾及中、微量元素合理搭配。

#### 7.2.2 有机肥

每亩基施腐熟有机肥 2 000 kg～2 500 kg,结合整地撒施或条施夹肥。

#### 7.2.3 化肥

每亩施五氧化二磷 4.5 kg～6 kg、氧化钾 3.5 kg～4.0 kg,结合整地做底肥或种肥施入;每亩施纯氮 6.5 kg～10.0 kg,其中 30%～40% 做底肥或种肥,另 60%～70% 做追肥施入。追肥在 7 叶～9 叶期或拔节前进行,追肥部位离植株 10 cm～15 cm,深度 8 cm～10 cm。

### 7.3 病虫草害防治

#### 7.3.1 防治原则

坚持"预防为主,综合防治"的植保方针,以农业防治为基础,优先采用物理和生物防治技术,辅之化学防治措施。应使用高效、低毒、低残留农药品种,药剂选择和使用应符合 NY/T 393 的要求。

#### 7.3.2 常见病虫草害

主要病害:斑病、丝黑穗病、茎腐病等。
主要虫害:玉米螟、黏虫、蚜虫及金针虫、地老虎、蛴螬等。
主要草害:马唐、稗草、牛筋草、鸭跖草等。

#### 7.3.3 防治措施

##### 7.3.3.1 农业防治

选用多抗品种,合理轮作和耕作,合理密植和施肥,精细管理,培育壮苗,清除田间病株、残体等。

##### 7.3.3.2 物理防治

利用灯光、性诱捕器、机械捕捉害虫等。玉米螟防治,可在玉米螟成虫羽化初始期,设置杀虫灯或性诱剂加挂在投射式杀虫灯上进行成虫诱杀。黏虫防治,可在成虫发生期,采取杀虫灯、谷(稻)草把、杨树枝把等措施诱捕成虫和卵。

##### 7.3.3.3 生物防治

选用低毒生物农药,释放天敌等措施。可利用赤眼蜂防治玉米螟,在玉米螟化蛹率达到 20% 时,后推 10 d 为第 1 次放蜂日,间隔 5 d 后第 2 次放蜂,间隔 10 d 后第 3 次放蜂。每亩地总放蜂量为 15 000 头,每次每亩放 5 000 头,每亩每次放 2 个点,每点放 1 块蜂卡。在田间玉米螟卵孵化率达到 30% 时(一般在玉米心叶末期),喷洒 16 000 IU/mg 的苏云金杆菌可湿性粉剂,50 g/亩～100 g/亩防治玉米螟幼虫,在玉米抽丝期可再次用药。黏虫防治,可在幼虫发生期,提前喷洒苏云金杆菌可湿性粉剂。

### 7.3.3.4 化学防治

具体化学防治方案参见附录 A。

## 8 采收

在苞片枯黄变白、松散,籽粒变硬发亮,并呈现本品种固有特征;"乳线"消失;籽粒尖端出现黑色层的完熟后期采收。可采取机械收穗、机械收粒或站秆掰棒。

采收后要及时进行晾晒。收穗或站秆掰棒的,籽粒含水量达到 20% 以下脱粒,高于 20% 以上冻后脱粒。

## 9 生产废弃物处理

除草剂、杀菌剂、杀虫剂、种衣剂以及包衣种子的包装物不得重复使用,深埋或集中处理,且不能引起环境污染。秸秆还田或捡拾打捆用于堆肥、制作燃料等。

## 10 储藏

储藏时,籽粒含水量要在 14% 以下。储藏设施、周围环境、卫生要求、出入库、堆放等应符合 NY/T 1056 的要求。储藏设施要有防虫、防鼠、防潮等功能。

## 11 生产档案管理

生产全过程,要建立生产记录档案,包括地块档案和整地、播种、铲趟、灌溉情况、施肥情况、病虫草害防治、采收等。记录保存期限不少于 3 年。

附　录　A

（资料性附录）

东北地区绿色食品玉米生产主要病虫草害化学防治方案

东北地区绿色食品玉米生产主要病虫草害化学防治方案见表 A.1。

表 A.1　东北地区绿色食品玉米生产主要病虫草害化学防治方案

| 防治对象 | 防治时期 | 农药名称 | 使用剂量 | 施药方法 | 安全间隔期,d |
|---|---|---|---|---|---|
| 玉米螟 | 玉米螟卵孵化高峰期 | 200 g/L 氯虫苯甲酰胺悬浮剂 | 3 mL/亩～5 mL/亩 | 喷雾 | 21 |
| | 喇叭口期 | 3%辛硫磷颗粒剂 | 300 g/亩～400 g/亩 | 心叶撒施（拌细沙） | 每季最多 1 次 |
| 黏虫 | 虫卵孵化初期 | 2.5%高效氯氟氰菊酯水乳剂 | 16 mL/亩～20 mL/亩 | 喷雾 | 7 |
| | 黏虫发生初期 | 200 g/L 氯虫苯甲酰胺悬浮剂 | 10 mL/亩～15 mL/亩 | 喷雾 | 21 |
| 蚜虫 | 播种前 | 30%噻虫嗪种子处理悬浮剂 | 每 100 kg 种子 200 mL～600 mL | 拌种 | — |
| 金针虫、地老虎、蛴螬等地下害虫 | 播种前 | 3%辛硫磷水浮种衣剂 | 药种比 1:（30～40） | 种子包衣 | — |
| 大斑病、小斑病 | 发病初期 | 22%嘧菌·戊唑醇悬浮剂 | 40 mL/亩～60 mL/亩 | 喷雾 | 3 |
| 丝黑穗病 | 播种前 | 6.5%戊·氯·吡虫啉悬浮种衣剂 | 药种比 1:（70～80） | 种子包衣 | — |
| 杂草 | 播种后 1 d～2 d | 50%乙草胺乳油 | 120 g/亩～160 g/亩 | 喷雾 | 每季最多 1 次 |
| | 苗后 3 叶～5 叶期 | 75%噻吩磺隆水分散粒剂 | 1.3 g/亩～2.1 g/亩 | 茎叶喷雾 | 每季最多 1 次 |
| 注:农药使用以最新版本 NY/T 393 的规定为准。 | | | | | |

# 绿 色 食 品 生 产 操 作 规 程

LB/T 010—2018

# 南方丘陵地区
# 绿色食品鲜食玉米生产操作规程

2018-04-03发布

2018-04-03实施

中国绿色食品发展中心 发布

# 前　　言

本规程由中国绿色食品发展中心提出并归口。

本规程起草单位:湖南省绿色食品办公室、湖南省作物研究所、湖南农业大学、中国绿色食品发展中心、江西省绿色食品发展中心。

本规程主要起草人:杨青、尤龙威、罗红兵、张宪、阳小凤、贺良明、严宏玉、邱博、雷召云。

# 南方丘陵地区绿色食品鲜食玉米生产操作规程

## 1 范围

本规程规定了南方丘陵地区绿色食品鲜食玉米生产的产地环境、品种选择、整地与播种、田间管理、采收、玉米保鲜加工、生产废弃物处理、储藏及生产档案管理。

本规程适用于安徽南部、福建、江西和湖南的绿色食品鲜食玉米生产。

## 2 规范性引用文件

下列文件对于本文件的应用是必不可少的。凡是注日期的引用文件，仅注日期的版本适用于本文件，凡是不注日期的引用文件，其最新版本（包括所有的修改单）适用于本文件。

NY/T 391 绿色食品 产地环境质量

NY/T 393 绿色食品 农药使用准则

NY/T 394 绿色食品 肥料使用准则

NY/T 1056 绿色食品 贮藏运输准则

## 3 产地环境

产环境质量应符合 NY/T 391 要求，应在空气清晰、水质纯净、土壤未受污染、农业生态质量良好的地方选择耕层深厚、土壤肥力较高、保水、保肥及排水良好的地块。

## 4 品种选择

### 4.1 选择原则

根据当地生态条件，选用审定推广的高产、优质、适应性强、生育期适宜的鲜食玉米优良品种，主要选用甜玉米和糯玉米。要求品种籽粒皮薄、柔嫩、质脆、风味好、无渣或少渣；果穗大小适宜、籽粒排列整齐一致、饱满，果穗无秃尖、无露尖。

### 4.2 种子质量

种子纯度不低 96％，净度不低于 99％，发芽率不低于 85％，含水量不高于 13％。

### 4.3 种子处理

包衣和拌种的农药应符合 NY/T 393 的要求，建议用 5.4％吡·戊（吡虫啉含量 5％、戊唑醇含量 0.4％）玉米种衣剂包衣，或用戊唑醇拌种，也可用粉锈宁包衣或拌种。

## 5 整地与播种

### 5.1 整地

整地质量力求做到细、碎、平，整地时每亩施用腐熟的畜禽粪有机肥 1 000 kg～1 500 kg，播种前一次施入。

### 5.2 播种期

一般最早的播期从气温稳定在 12℃即可播种；采用地膜覆盖可提早 7 d～10 d 播种；采取薄膜育苗可提早 10 d～15 d 播种。可考虑市场需求，实行分期播种。

### 5.3 播种量

人工播种，每穴 2 粒～3 粒种子，并施种肥磷酸二铵 2.5 kg/亩。

## 5.4 播种深度及密度

播种应做到深浅一致,一般 3 cm～5 cm,覆土均匀。根据生产条件、土壤肥力、品种特性、管理水平等合理确定种植密度,一般每亩种植 3 000 株～3 500 株。

## 6 田间管理

### 6.1 间苗定苗

播种后出苗前及时检查发芽出苗情况,如发现烂种、烂芽,要及时催芽补种。3 叶期间苗,每穴留 2 株,4 叶期定苗,每穴留 1 株。对于易生分蘖的品种,当分蘖出现后及早拔除。

### 6.2 灌溉

南方丘陵降水较多,一般不用灌溉,但在关键生育时期如遇干旱应及时灌溉。灌溉用水坚持以天然无污染水源为主,不使用工业废水和生活废水。同时注意防渍排涝。

### 6.3 施肥

#### 6.3.1 施肥原则

肥料使用应符合 NY/T 394 的要求。

#### 6.3.2 轻施苗肥

3 叶～4 叶期,在定苗后及时追施提苗、壮苗肥。每亩施 3 kg～4 kg 尿素,调腐熟粪水 1 500 kg 淋施。

#### 6.3.3 巧施拔节肥

看苗色确定施肥量,于拔节前在两株中间打穴施肥。每亩施尿素 8 kg～10 kg、氯化钾 12 kg～15kg。

#### 6.3.4 重施穗肥

在大喇叭期,每亩施尿素 10 kg～15 kg、氯化钾 5 kg～10 kg 攻大穗,采用行间打穴或开沟施入,结合培土,防植株倒伏。追肥部位离植株 8 cm～12 cm,深度 10 cm。

### 6.4 病虫草害防治

#### 6.4.1 防治原则

病虫草害防治坚持"预防为主,综合防治"的原则,按照当地常见病虫草害发生的特点,以农业防治为基础,充分采用生物、物理等防治措施,可以有限度地使用部分有机合成农药进行化学防治,有效控制病虫草危害。农药使用应符合 NY/T 393 的要求。

#### 6.4.2 常见病虫草害

玉米大小斑病、玉米蚜虫、黏虫、玉米螟、禾本科杂草等。

#### 6.4.3 防治方法

##### 6.4.3.1 农业防治

栽培抗病品种、种子种苗检疫、培育壮苗、加强栽培管理、中耕除草、耕翻晒垡、清洁田园、轮作倒茬、间作套种等。

##### 6.4.3.2 物理防治

根据害虫生物学特性趋光性强,可选用频振灯、黑光灯诱杀成虫或人工捕杀、清除病株等方法绿色防控。

##### 6.4.3.3 生物防治

依据当地田间调查及预测预报,利用捕食性生物天敌、寄生性生物、病原微生物,如白僵菌和苏云金杆菌等防治病虫害。

##### 6.4.3.4 化学防治

一般不使用化学农药防治,在采收期坚决不用化学农药防治。加强病虫发生的动态的监测与预报,在病虫害较为严重时可采用化学农药防治,具体防治措施参见附录A。

## 7 采收

开花授粉后,要注意观察籽粒灌浆进度,做到适时采收,一般吐丝授粉后20 d~25 d带苞叶收获,若采收期处于高温或低温阶段,应适当提早或推迟收获。

## 8 玉米保鲜加工

8.1 鲜穗采收后及时上市销售或保鲜加工。果穗保鲜加工方法:速冻加工和真空包装。

8.2 速冻加工技术

鲜食玉米的一般冷冻加工工艺流程为:原料果穗—剥皮—检验—浸泡—清洗—漂烫—冷却—沥干—修整—冻结—检验—包装—封口—装箱—入库储存。

8.3 真空包装技术

真空包装鲜食玉米一般工艺流程为:原料采收—整理—漂洗—蒸煮—冷却—装袋—真空密封—高温杀菌—冷却—成品。

## 9 储藏与运输

9.1 储藏原则

鲜食玉米可以在采收后存放库房2 d~3 d,也可保鲜加工,根据需要存放库房。

9.2 库房质量

库房符合NY/T 1056要求,具有坚固、防潮、隔热、通风和密闭等性能。库房内温度必须保持在4℃以下,相对湿度应控制在65%以下。

9.3 运输

运输工具应清洁、干燥、有防雨设施。严禁与有毒、有害、有腐蚀性、有异味物品混运。

## 10 生产废弃物处理

10.1 秸秆综合利用

鲜穗采收后,秸秆可直接用于青贮饲料,过腹还田,也可粉碎后深埋还田,禁止焚烧。

10.2 破损果穗等的处理

在生产过程中,意外破损的果穗应及时收集,可进行家畜喂养、包装时去除的苞叶也可用于饲草加工。

10.3 地膜的处理

地膜尽量减少使用或选择质量较好的地膜重复使用。在翻地、整地时尽早回收,可通过手工或耙子收集残留地膜,减少污染,严禁焚烧地膜。

10.4 生产资料包装的处理

农药、肥料包装袋禁止乱扔,也不应重复使用。农药空包装物应多次清洗,再将其损坏,以防止重复使用,要回收的须及时贴上标签,便于回收处理。肥料包装在符合安全、卫生和环境标准的条件下,须进行分类回收处理。

## 11 生产档案管理

建立绿色食品鲜食玉米生产档案。就详细记录产地环境条件、生产技术、肥水管理、病虫草害的发生和防治、采收及采后的加工、储藏和运输等情况并保存记录3年以上。

附 录 A

（资料性附录）

南方丘陵地区绿色食品鲜食玉米生产主要病虫草害化学防治方案

南方丘陵地区绿色食品鲜食玉米生产主要病虫草害化学防治方案见表 A.1。

表 A.1 南方丘陵地区绿色食品鲜食玉米生产主要病虫草害化学防治方案

| 防治对象 | 防治时期 | 农药名称 | 使用剂量 | 施药方法 | 安全间隔期,d |
|---|---|---|---|---|---|
| 玉米螟 | 心叶末期(5%抽雄) | 苏云金杆菌可湿性粉剂(16 000 IU/mg) | 50 g/亩～100 g/亩 | 加细沙灌心 | 10 |
| 黏虫 | 幼虫低龄期 | 2.5%高效氯氟氰菊酯乳油 | 16 mL/亩～20 mL/亩 | 喷雾 | 7 |
| | | 5%氯虫苯甲酰胺悬浮剂 | 16 mL/亩～20 mL/亩 | 喷雾 | 7 |
| 玉米蚜虫 | 苗期,抽雄初期 | 10%吡虫啉可湿性粉剂 | 10 g/亩～20 g/亩 | 喷雾 | 20 |
| | | 5%啶虫脒乳油 | 40 mL/亩～60 mL/亩 | 喷雾 | 14 |
| | | 10%高效氯氰菊酯乳油 | 0.9 g/亩～1.8 g/亩 | 喷雾 | 15 |
| 大小斑病 | 心叶末期到抽雄期 | 17%吡唑醚菌酯·氟环唑悬乳剂 | 7.3 mL/亩～10.6 mL/亩 | 喷雾 | 35 |
| | | 18.7%丙环唑·嘧菌酯乳油 | 50 mL/亩～70 mL/亩 | 喷雾 | 10 |
| | | 50%多菌灵可湿性粉剂 | 100 g/亩～150 g/亩 | 喷雾 | 28 |
| 杂草 | 苗前 | 50%乙草胺乳剂 | 55 g/亩～90 g/亩 | 喷雾 | 15 |
| | | 72%异丙甲草胺乳剂 | 100 g/亩～150 g/亩 | 喷雾 | 35 |
| | 苗后 | 20%硝磺草酮可分散油悬浮剂 | 42.5 mL/亩～50 mL/亩 | 喷雾 | 15 |
| 注:农药使用以最新版本 NY/T 393 的规定为准。 | | | | | |

# 绿色食品生产操作规程

LB/T 011—2018

# 西 南 地 区
## 绿色食品玉米生产操作规程

2018-04-03发布　　　　　　　　　　　　2018-04-03实施

中国绿色食品发展中心 发布

# 前　言

本规程由中国绿色食品发展中心提出并归口。

本规程起草单位:四川省绿色食品发展中心、四川农业大学、四川省农业厅植物保护站、中国绿色食品发展中心、云南省绿色食品发展中心、贵州省绿色食品发展中心、邛崃市农业和林业局。

本规程主要起草人:王艳蓉、张素芝、张伟、张志华、鲁惠珍、代振江、欧守泓、舒宏义、冯明胜。

# 西南地区绿色食品玉米生产操作规程

## 1 范围

本规程规定了西南地区绿色食品玉米的产地环境、品种选择、整地与播种、田间管理、采收、生产废弃物处理、储藏和生产档案管理。

本规程适用于重庆、四川、贵州和云南的绿色食品玉米生产。

## 2 规范性引用文件

下列文件对于本文件的应用是必不可少的。凡是注日期的引用文件，仅注日期的版本适用于本文件。凡是不注日期的引用文件，其最新版本（包括所有的修改单）适用于本文件。

GB 4404.1 粮食作物种子 第1部分：禾谷类

NY/T 391 绿色食品 产地环境质量

NY/T 393 绿色食品 农药使用准则

NY/T 394 绿色食品 肥料使用准则

NY/T 658 绿色食品 包装通用准则

NY/T 1056 绿色食品 贮藏运输准则

NY/T 1118 测土配方施肥技术规范

## 3 产地环境

### 3.1 气候条件

以年≥10℃有效积温达到1 900℃以上、年降水量800 mm～1 500 mm为宜。

### 3.2 土壤条件

选择土壤结构良好，土质疏松，保水保肥能力强，渗水透气性能好的地块。

### 3.3 产地环境质量

土壤、灌溉水质和大气质量应符合NY/T 391的规定。

## 4 品种选择

### 4.1 选择原则

根据当地的生态条件，因地制宜选用审定推广的优质、抗逆性强、高产的优良玉米品种，种子质量应符合GB 4404.1的有关要求。

### 4.2 品种选用

以川单189、川单428、东单80、雅玉889、成单30、中单808、桂单0810、荃玉9号、云瑞88、苏玉30、正大999、靖丰8号、安单3号、盛农3号、新中玉801、贵卓玉9号、路单3号、路单4号、路单8号、罗单566、华兴单88、红单6号、五谷3861等为推荐品种。若最新公布的淘汰品种名单中有以上品种，则对应品种淘汰。

### 4.3 种子处理

#### 4.3.1 精选种子

采用机械或人工方法，选择有光泽、粒大、饱满、无虫蛀、无霉变、无破损种子。播前10 d，进行1次～2次发芽试验。包衣和拌种的农药应符合NY/T 393的规定，可选用3%辛硫磷水乳种衣剂1：

(30~40)(药种比)或 60 g/L 戊唑醇种子处理悬浮剂 1:(500~1 000)(药种比)等农药处理种子也可直接用包衣种子。

### 4.3.2 晒种

播种前晒种 2 d~3 d。

### 4.3.3 浸种

可用冷水浸种 24 h,或用温水(水温 50℃~55℃)浸种 6 h~8 h。

## 5 整地与播种

### 5.1 整地

整地要精细,达到地面平整,土块细碎,上松下实。秋翻深度,一般以 20 cm~30 cm 为宜,要求耕深均匀一致,土垡翻转完全,垡块松散,田面平整,杂草、残茬、粪肥等全部翻埋土中。耙地和压地要严格掌握土壤湿度,土壤过湿或过干都达不到整地效果。

### 5.2 播种

#### 5.2.1 播期及移栽期

以常年日平均气温稳定通过 10℃为始播期,并结合当地种植制度确定播种期。育苗移栽可比直播提早 10 d~15 d。地膜覆盖栽培可比露地栽培提早 7 d~15 d 播种。育苗移栽玉米 3 叶~4 叶时为移栽适宜期。

#### 5.2.2 播种量

直播每亩用种 2 kg~2.5 kg,育苗移栽每亩用种 1.5 kg~2 kg。

#### 5.2.3 播种与移栽

播种或移栽时,按种植方式规格打窝,窝深 7 cm~13 cm。直播玉米每穴点播 3 粒~5 粒,播后覆土 3 cm~4 cm,覆土要均匀细碎;直播地膜覆盖玉米,播后要立即盖膜,做到盖膜严实;育苗移栽玉米要求带土移栽,栽后立即浇灌定根水;育苗移栽地膜覆盖栽培玉米,整地后,抢墒覆膜,破膜移栽,用细泥土压实破口。

#### 5.2.4 种植方式

##### 5.2.4.1 等行距单株留苗或移栽

行距 50 cm~65 cm,株距 20 cm~30 cm,每穴保留或移栽 1 苗。

##### 5.2.4.2 等行距双株留苗或移栽

行距 60 cm~75 cm,株距 35 cm~60 cm,每穴保留或移栽 2 苗,苗距 6 cm~10 cm,相邻两行以错窝呈三角形为宜。

##### 5.2.4.3 宽窄行

宽行距 85 cm~100 cm,窄行距 30 cm~48 cm,株距视密度而定,为 25 cm~36 cm。

#### 5.2.5 密度

##### 5.2.5.1 净作

紧凑型品种,每亩为 3 500 株~4 500 株;半紧凑型品种,每亩为 3 000 株~4 000 株;平展型品种每亩为 2 800 株~3 500 株。

##### 5.2.5.2 套作

紧凑型品种,每亩为 3 000 株~4 000 株;半紧凑型品种,每亩为 2 800 株~3 500 株;平展型品种每亩为 2 600 株~3 300 株。光照充足的高海拔地区,适当增加种植密度。

## 6 田间管理

### 6.1 灌溉

### 6.1.1 灌溉方式

#### 6.1.1.1 沟灌

在玉米行间开沟灌水,沟灌适宜的坡度为 0.003%～0.008%。灌水沟的间距应结合玉米的行距确定,灌水沟的长度一般为 30 m～50 m。

#### 6.1.1.2 喷灌

为保证喷灌质量,应根据当地土壤和生育时期确定喷灌强度,如沙土、沙壤土、壤土、黏土,其喷灌强度分别为 20 mm/h、15 mm/h、12 mm/h 和 8 mm/h。

#### 6.1.1.3 管道输水灌溉

目前采用的一般是地下硬塑料管,地上软塑料管,一端接在水泵口上,另一端延伸到玉米畦田远端,灌水时,拉动管道出水口,边灌边退。

### 6.1.2 灌溉时期和灌溉量

#### 6.1.2.1 播种期

玉米种子发芽出苗的最适宜土壤含水量为田间持水量的 60%～70%。播种期灌水定额一般以 50 $m^3$/亩～55 $m^3$/亩为宜。

#### 6.1.2.2 拔节至孕穗期

拔节至孕穗期一般土壤含水量应保持在田间持水量的 70% 左右,灌水定额一般以 45 $m^3$/亩～50 $m^3$/亩为宜。同时灌水不能过多,以免引起玉米徒长或倒伏。

#### 6.1.2.3 抽穗至开花期

抽穗至开花期土壤含水量应保持在田间持水量的 70%～80%。可进行沟灌或喷灌,一般墒情下灌水定额为 55 $m^3$/亩～60 $m^3$/亩,不仅保证此时玉米的生长需要,还保证之后的灌浆期玉米能够正常生长。

## 6.2 施肥

### 6.2.1 施肥原则

推行测土配方施肥,施肥技术规范应符合 NY/T 1118 的要求。生产过程中肥料种类的选取应以农家肥料、有机肥料、微生物肥料为主,化学肥料为辅。无机氮素用量不得高于当季作物需求量的一半。使用的肥料应符合 NY/T 394 的规定。

### 6.2.2 施肥时期和施肥量

高产田、地力基础好、基肥数量多的宜采用轻追苗肥、重追穗肥和补追粒肥的追肥法;中产田、地力基础较好、基肥数量较多的宜采用施足苗肥、重追穗肥的二次追肥法。全年参考施肥量为:一般每亩施腐熟农家肥 1 500 kg～2 000 kg,尿素 5 kg～10 kg,复合肥(N:P:K=15:15:15)10 kg～15 kg,硫酸锌 0.5 kg～1 kg,磷酸二铵 10 kg～20 kg,过磷酸钙 20 kg～30 kg。其中,腐熟农家肥、磷酸二铵、过磷酸钙、硫酸锌作底肥施用,尿素在大喇叭口期或抽雄后施入,复合肥的 50% 作底肥,结合整地一次性施入,另外 50% 的复合肥在大喇叭口期或抽雄后施入。

### 6.2.3 施肥方法

#### 6.2.3.1 撒施

有机肥和钙、磷、钾肥等的施用量较大,通常结合耕翻整地撒施,以达到土肥相融。对钙、钾肥等还可借助于土壤酸性提高肥效。

#### 6.2.3.2 穴施

追肥和种肥可采用穴施,使有限的肥料更靠近根系,但要种肥错位,以防烧苗。对过磷酸钙和磷酸二铵等速效性磷肥也可穴施,以减少土壤对磷的固定。

#### 6.2.3.3 条施

追肥和种肥也可采用条施,同样要种肥错位,以防烧苗。对过磷酸钙和磷酸二铵等速效性磷肥也可条施。

### 6.3 病虫草害防治

#### 6.3.1 防治原则

坚持"预防为主,综合防治"的植保方针,优先采用农业防治、物理防治和生物防治技术,配合使用化学防治技术。

#### 6.3.2 主要病虫草害

玉米主要病害:大斑病、小斑病、黑穗病、灰斑病、纹枯病、玉米锈病等。

主要虫害:玉米螟、蚜虫、蛴螬、小地老虎、黏虫、金针虫等。

主要草害:一年生杂草,如马唐、牛筋草、马齿苋等。

#### 6.3.3 防治方法

##### 6.3.3.1 农业防治

禁止从疫区引入种子;因地制宜选用抗病虫品种,轮作倒茬,培育壮苗,加强田间管理,采用间作、套种等农业措施。

##### 6.3.3.2 物理防治

糖醋液诱杀、黄板诱集、安装杀虫灯、人工捕捉害虫等物理措施。

##### 6.3.3.3 生物防治

保护利用天敌,以虫治虫,如人工释放赤眼蜂防治玉米螟;利用自然界微生物来防治害虫,如苏云金杆菌防治玉米螟和玉米黏虫、白僵菌防治玉米螟等;利用性诱剂诱杀害虫,如玉米螟性诱剂等;推广使用生物农药防治病虫害,如印楝素防治玉米象等。

##### 6.3.3.4 化学防治

加强病虫预测预报,选择防治适期,提倡使用高效、低毒、低残留,与环境相容性好的农药,提倡兼治和不同作用机理农药交替使用,严格执行农药安全间隔期,推广使用新型高效施药器械,农药品种的选择和使用应符合 NY／T 393 的规定。西南地区绿色食品玉米生产主要病虫草害化学防治方案参见附录 A。

### 6.4 补种定苗

#### 6.4.1 查苗补种

缺窝、缺苗的直播玉米田块,用催好的大芽及时坐水补种;育苗移栽田块利用预备苗及时补栽。

#### 6.4.2 间苗、定苗

3 叶～4 叶期,要把小苗、病苗、弱苗拔掉;4 叶～5 叶期,定苗,保留壮苗。

### 6.5 中耕

#### 6.5.1 中耕除草

进行 2 次～3 次,第 1 次宜浅,以松土为主;第 2 次在拔节前,可深至 10 cm,并且要做到行间深,苗旁浅。

#### 6.5.2 中耕培土

穗期中耕深度以 2 cm～3 cm 为宜,结合施肥进行培土,培土不宜过早,高度以 6 cm～10 cm 为宜。

## 7 采收

### 7.1 收获时间

在玉米呈现本品种所固有的粒型和颜色,玉米果穗完全成熟时收获。

### 7.2 收获方式

#### 7.2.1 机械收获

集中连片的平原地区,可采用机械收获,分为半机械化收获法和联合收割机收获法。

#### 7.2.1.1 半机械化收获法

在玉米生长状态下,用人工或摘穗机摘穗,然后拉到晒场,用剥皮机剥皮、脱粒,或直接脱粒;也可用人工或割晒机割倒秸秆,晾晒 7 d~8 d,一般籽粒湿度降到 20%~22%后,便可摘穗、剥皮、脱粒。

#### 7.2.1.2 联合收割机收获法

用玉米联合收割机可直接一次性完成摘穗、剥皮、脱粒、割倒秸秆等工作,或将玉米拉到晒场,晾干后再脱粒。

#### 7.2.2 人工收获

面积较小、地势崎岖的地区,可采用人工采收。人工摘穗后,进行手工剥皮、脱粒。

### 8 生产废弃物处理

#### 8.1 地膜

地膜覆盖栽培玉米,揭膜时和玉米收获后,将残膜清除干净。生产中建议采用完全生物降解膜。

#### 8.2 农药包装废弃物

农药包装废弃物不可随意丢弃,应集中收集进行无害化处理。

#### 8.3 秸秆

因地制宜推广秸秆肥料化、饲料化、基料化、能源化和原料化应用。加强秸秆综合利用,推进秸秆机械粉碎还田、快速腐熟还田。

### 9 储藏

#### 9.1 库房质量

绿色食品玉米应单收、单运、单脱粒、单储藏,并储存在清洁、干燥、通风良好、无鼠害、虫害的成品库房中,不得与有毒、有害、有异味和有腐蚀性的其他物质混合存放。库房储藏应符合 NY/T 1056 的要求。库房内温度应控制在 10℃以下,相对湿度控制在 65%以下。包装应符合 NY/T 658 的规定。

#### 9.2 防虫措施

经常、全面、彻底地做好清洁卫生工作。有虫粮食与无虫粮食严格分开储藏,防止交叉污染。储粮仓要求做到不漏不潮,既能通风,又能密闭。保持储粮仓低温、干燥、清洁,不利于害虫生长与繁殖,并消灭一切洞、孔、缝隙,让害虫无藏身栖息之地。

#### 9.3 防鼠措施

应选具有防鼠性能的粮仓,地基、墙壁、墙面、门窗、房顶和管道等都做防鼠处理,所有缝隙不超过 1 cm。在粮仓门口设立挡鼠板,出入仓库养成随手带门的习惯。另设防鼠网、安置鼠夹、黏鼠板、捕鼠笼等防除鼠害。死角处经常检查,及时清理死鼠。

#### 9.4 防潮措施

在春冬交替季节,气温回升,应采取有效的通风措施,降低玉米水分,防止玉米发霉。同时,应加强穗储玉米的检查工作,如此时玉米水分高则应适当摊开晾晒,防止霉变。

### 10 生产档案管理

建立绿色食品玉米生产档案。应详细记录产地环境条件、生产技术、肥水管理、病虫草害的发生和防治措施、采收及采后处理等情况并保存记录 3 年以上。

附 录 A

（资料性附录）

西南地区绿色食品玉米生产主要病虫草害化学防治方案

西南地区绿色食品玉米生产主要病虫草害化学防治方案见表 A.1。

表 A.1 西南地区绿色食品玉米生产主要病虫草害化学防治方案

| 防治对象 | 防治时期 | 农药名称 | 使用剂量 | 施药方法 | 安全间隔期,d |
|---|---|---|---|---|---|
| 玉米螟 | 卵孵化盛期和低龄幼虫发生初期 | 100 亿芽孢/g 苏云金杆菌可湿性粉剂 | 250 g/亩～300 g/亩 | 喷雾 | 7 |
| | | 3%辛硫磷颗粒剂 | 300 g/亩～400 g/亩 | 心叶撒施 | 20 |
| 蛴螬 | 播种时 | 3%辛硫磷颗粒剂 | 4 000 g/亩～5 000 g/亩 | 沟施 | 20 |
| 小地老虎 | 发生初期/玉米 2 叶～3 叶期间 | 200 g/L 氯虫苯甲酰胺悬浮剂 | 3.3 mL/亩～6.6 mL/亩 | 喷雾 | 15 |
| 黏虫 | 发生初期 | 200 g/L 氯虫苯甲酰胺悬浮剂 | 10 mL/亩～15 mL/亩 | 喷雾 | 15 |
| 大斑病 | 发病初期 | 22%嘧菌·戊唑醇悬浮剂 | 40 mL/亩～60 mL/亩 | 喷雾 | 7 |
| | | 18.7%丙环·嘧菌酯悬浮剂 | 50 mL/亩～70 mL/亩 | 喷雾 | 30 |
| | | 250 g/L 吡唑醚菌酯乳油 | 30 mL/亩～50 mL/亩 | 喷雾 | 10 |
| 小斑病 | 发病初期 | 22%嘧菌·戊唑醇悬浮剂 | 40 mL/亩～60 mL/亩 | 喷雾 | 7 |
| | | 18.7%丙环·嘧菌酯悬浮剂 | 50 mL/亩～70 mL/亩 | 喷雾 | 30 |
| 一年生杂草 | 杂草萌芽出土前 | 50%乙草胺乳油 | 120 mL/亩～180 mL/亩 | 土壤喷雾 | 7 |
| 一年生阔叶杂草 | 玉米出苗后 3 叶～5 叶期,杂草 2 叶～4 叶期 | 200 g/L 氯氟吡氧乙酸乳油 | 60 mL/亩～70 mL/亩 | 茎叶喷雾 | 7 |
| 一年生禾本科杂草 | 玉米播种后出苗前 | 720 g/L 异丙甲草胺乳油 | 150 mL/亩～200 mL/亩 | 土壤喷雾 | 7 |
| 注:农药使用以最新版本 NY/T 393 的规定为准。 | | | | | |

# 绿色食品生产操作规程

LB/T 012—2018

# 西 北 地 区
## 绿色食品灌溉籽粒玉米生产操作规程

2018-04-03 发布 2018-04-03 实施

中国绿色食品发展中心 发布

# 前　言

本规程由中国绿色食品发展中心提出并归口。

本规程起草单位：新疆生产建设兵团农产品质量安全中心、中国绿色食品发展中心、新疆农垦科学院、新疆维吾尔自治区绿色食品发展中心、青海省绿色食品办公室、陕西省绿色食品办公室、宁夏回族自治区绿色食品办公室。

本规程主要起草人：陈树宾、王文静、张宪、梁玉、施维新、李静、张玲、李岩、蔡全军、周永峰、杨毅哲、赵泽、郭鹏。

# 西北地区绿色食品灌溉籽粒玉米生产操作规程

## 1 范围

本规程规定了绿色食品灌溉籽粒玉米生产的产地环境、品种选择、整地与播种、田间管理,收获、储藏、生产废弃物处理和生产档案管理。

本规程适用于内蒙古西部、陕西、青海、宁夏和新疆的绿色食品灌溉籽粒玉米生产。

## 2 规范性引用文件

下列文件对于本文件的应用是必不可少的。凡是注日期的引用文件,仅注日期的版本适用于本文件。凡是不注日期的引用文件,其最新版本(包括所有的修改单)适用于本文件。

GB 4404.1 粮食作物种子
GB 13735 聚乙烯吹塑农用地面覆盖薄膜
NY/T 391 绿色食品 产地环境质量
NY/T 393 绿色食品 农药使用准则
NY/T 394 绿色食品 肥料使用准则
NY/T 658 绿色食品 包装通用准则
NY/T 1056 绿色食品 贮藏运输准则

## 3 产地环境

应选择在无污染或不受污染源影响及污染物含量控制在允许范围内,生态环境良好的农业生产区域,地势平坦、土层深厚、土质疏松、肥力中上、土壤理化性状良好、保水保肥能力强的耕地,耕层有机质含量 1.3% 以上,全氮 0.1% 以上,碱解氮 70.0 mg/kg 以上,速效磷 12.0 mg/kg 以上,速效钾 100 mg/kg 以上。其生态环境、空气质量、灌溉水质量、土壤质量等均要符合绿色食品产地质量标准 NY/T 391 的要求。

## 4 品种选择

### 4.1 选择原则

根据市场需求以及种植区域气候特点,选用经当地审定的、适合当地生长、抗逆性强的高产优质玉米品种。

### 4.2 品种选用

选用株型耐密植、抗倒伏,抗病、抗逆性强,后期籽粒脱水快,适合早收籽粒的品种,种子质量符合 GB 4404.1 标准,种子要耐低温、苗势强、易抓苗。推荐使用 kws3376、kws9384、新玉 9 号、新玉 29 号、kws2564、先玉 335、金穗 3 号、酒单 2 号、龙源 3 号、豫玉 2 号、纪元 8 号、迪卡 517、西蒙 6 号、科河 28 号、九原 36、科河 30 及登海 605 等玉米品种。

### 4.3 种子处理

#### 4.3.1 发芽试验

播前 10 d,进行 1 次~2 次。发芽率达到 85% 以上。

#### 4.3.2 种子包衣

包衣和拌种的农药应符合 NY/T 393 绿色食品农药使用准则中对绿色食品的要求。推荐使用玉米专用型包衣剂,主要控制苗期灰飞虱、蚜虫,防治地下害虫、玉米丝黑穗病、玉米瘤黑粉病、粗缩病等病虫危害。种衣剂和拌种剂的使用应严格按产品说明书要求进行。

## 5 整地与播种

### 5.1 整地

前茬收获后及时秋翻冬灌,耕层深 25 cm~30 cm,有条件的地区可采用旋耕机旋耕。播前整地达到"齐、平、松、碎、净、墒"标准。结合犁地每亩施优质有机肥 4 000 kg 以上,磷酸二铵 10 kg,硫酸钾 3 kg~5 kg,硫酸锌 1.0 kg~1.5 kg,深翻入土,全耕层施入。

### 5.2 播期

当土壤耕层 5 cm 地温连续 5 d 稳定通过 10℃ 以上开始播种。春播一般在 4 月 15 日至 5 月 10 日。

### 5.3 播种

#### 5.3.1 播种方法

机械精量播种。选择集播种、覆膜、覆土、镇压、施肥等技术为一体的膜上点播机械,按设定的播种密度、播种深度,在短时间内完成播种任务。

#### 5.3.2 播种方式

可采用 60 cm+40 cm 或 70 cm+40 cm、80 cm+40 cm、90 cm+30 cm 模式宽窄行种植,窄行铺膜;或采用等行距 60 cm 或 50 cm 播种。

#### 5.3.3 起垄覆膜

选择地势平坦土层深厚肥沃的平地或梯田,或坡度小于 15° 的旱坡地。分为秋季覆膜和顶凌覆膜,秋季覆膜时间为 10 月下旬到土壤封冻前;顶凌覆膜时间为 3 月中上旬。地膜质量应符合 GB 13735 的要求。选用 120 cm×0.008 mm 聚乙烯吹塑膜铺膜,小垄宽 40 cm,垄高 15 cm,大垄宽 70 cm,垄高 10 cm,缓坡地要延等高线起垄,也可专用起垄机械起垄。

单垄覆膜幅宽 90 cm~120 cm,起垄时按地膜幅宽起垄,垄宽以地膜幅宽减去 20 cm~30 cm 为准,膜两边各留 10 cm~15 cm 取土压在相邻两垄的垄沟内,垄沟宽 20 cm~30 cm,每隔 2 m~3 m 取土横覆在垄面上,垄高 10 cm~15 cm,保证地膜平整,依次覆完整个地块。

#### 5.3.4 播深、播种量及密度

播种深度应达到 4 cm~5 cm;根据种子籽粒大小,每亩播种量 2.0 kg~3.0 kg;依据种植方式每亩保苗 4 000 株~6 500 株。机械播种随播随压,镇压时不漏压不拖堆。

#### 5.3.5 播种质量

足墒播种,做到膜上精量点播(每穴 1 粒或 2 粒);播种深浅一致,下籽均匀、不漏播、不重播,减少空穴;播行笔直、接茬准确、行距一致;铺膜要做到地膜两侧埋入土中 5 cm,铺膜平展,紧贴地面,压膜严实,覆盖完好,漏覆率小于 5%,膜上膜边采光面大,对每一播幅沿垂直方向每隔 5 m~8 m 压好土,防止大风掀起地膜。

#### 5.3.6 带好种肥

每亩施三料磷肥 10 kg~12 kg 或磷酸二铵 5 kg~8 kg,种子行与肥料行分开。

## 6 田间管理

### 6.1 放苗、查苗、补种

幼苗出土后,及时放苗、查苗、补种,凡漏播、缺种的要及早补种。

### 6.2 定苗

可见叶 4 叶~5 叶时,每穴留一健株,确保苗全、苗齐、苗壮、苗匀。

## 6.3 中耕除草

从现行起即中耕,苗期中耕 2 遍～3 遍,中耕深度 8 cm～15 cm,逐次加深。

## 6.4 开沟培土

大喇叭口期及时开沟培土,结合开沟追施氮肥。

## 6.5 施肥

肥料使用应符合 NY/T 394 的要求。需肥总量按每生产 100 kg 籽粒需纯氮 3 kg、$P_2O_5$ 1.5 kg、$K_2O$ 3 kg 的比例计算。生产 800 kg 玉米籽粒每亩需施 N 24 kg、$P_2O_5$ 12 kg、$K_2O$ 24 kg,即折合尿素(N 46%)52.2 kg,磷肥($P_2O_5$ 12%)100 kg。硫酸钾($K_2O$ 50%)48 kg。如施用复合肥和专用肥可按以上数量和比例进行折算。

施肥总量可按土壤肥力高低情况进行调整。结合整地可将有机肥作为底肥施入,一般每亩施入 4 000 kg。化肥的施用原则为磷钾肥全部作为基肥或种肥。尽可能少用氮素化肥做基肥或种肥,一般以氮肥总施用量的 1/3 左右为宜,其余氮肥作追肥。种肥:每亩施三料磷肥 10 kg～12 kg 或磷酸二铵 5 kg～8 kg,追肥:在拔节期(5 展叶～6 展叶期)每亩施磷酸二铵 10 kg,尿素 5 kg,在大喇叭口期(11 展叶～12 展叶期)每亩施尿素 15 kg～20 kg,在灌浆期每亩施尿素 5 kg。

## 6.6 灌水

全生育期一般灌水 5 次～6 次,每亩总水量 400 $m^3$～450 $m^3$。分别在大喇叭口期(6 月 20 日前后)、抽雄期、吐丝期、灌浆期、乳熟期、蜡熟期,根据田间湿润程度,在第一水后每隔 10 d～12 d 灌水 1 次,每次每亩灌水量 60 $m^3$～70 $m^3$,保持田间湿润。

## 6.7 病虫草害防治

### 6.7.1 防治原则

应坚持"预防为主、综合防治"的原则,优先采用农业防治、物理防治、生物防治措施,在以上措施无法防治病虫害时,可采取化学防治措施。农药使用应符合 NY/T 393 的规定。

### 6.7.2 农业措施

通过深翻和秋耕冬灌压低病虫害基数和减少杂草发生量,耕翻深度宜在 20 cm 以上;选择符合本区域气候条件的高产抗病品种;实施规范化种植,适期早播,合理密植,培养健康植株,提升抗逆能力;科学施肥和中耕管理。收获后及时清理田间玉米残留物、杂草及地膜,集中进行无害化处理,减少病虫害越冬基数,降低杂草发生量。

### 6.7.3 理化诱控措施

推广应用频振式或太阳能杀虫灯,按 40 亩～60 亩一盏安装,杀虫灯高度 1.5 m～1.8 m,在开春玉米出苗前开灯,诱杀小地老虎、玉米螟、棉铃虫等;或配制糖醋毒液,诱杀地老虎及其他害虫;在成虫羽化初,按高于作物 30 cm,每亩挂放 1 个玉米螟信息素诱捕器,诱杀雄成虫,30 d 更换一次诱芯,及时处理诱捕的虫子,并更换黏板和水盆加水。

### 6.7.4 化学防治

化学防治措施措施参见附录 A。

## 7 收获

一般在 9 月下旬至 10 月上旬。在玉米籽粒完熟后期,当植株干枯、苞叶蓬松、籽粒黑层出现,籽粒含水量达到 28% 以下收获。可采用玉米收获机械直接收获籽粒,烘干或晾晒,杜绝地面堆放。

## 8 储藏

包装、储藏和运输应符合 NY/T 658 和 NY/T 1056 的要求。籽粒水分含量应在 14% 以下,储藏场所应为低温干燥、有通风设施和密封的库房,放前要充分清理虫卵和其他杂质,放置老鼠夹等,有条件的库房冬天要通风降温,春季前要密闭防治温度大幅度的变化和升温。

## 9 生产废弃物的处理

收获后可用玉米收获机械田间粉碎秸秆还田改良土壤。地膜、塑料滴灌带回收移出田外,集中处理,农药、肥料包装袋(瓶)集中销毁。

## 10 生产档案管理

生产者需要建立绿色食品生产档案,应详细记录产地环境条件、生产技术、水肥管理、病虫草害防治、采收及生产废弃物处理等情况;所有记录应真实、准确、规范,并具有可追溯性;生产档案应有专人专柜保管,记录文件至少保存3年。

附 录 A

（资料性附录）

西北地区绿色食品灌溉籽粒玉米生产主要虫害化学防治方案

西北地区绿色食品灌溉籽粒玉米生产主要虫害化学防治方案见表 A.1。

表 A.1 西北地区绿色食品灌溉籽粒玉米生产主要虫害化学防治方案

| 病虫害名称 | 使用时间 | 农药名称 | 使用量 | 使用方法 | 安全间隔期,d |
|---|---|---|---|---|---|
| 丝黑穗病 瘤黑粉病 | 播前种子处理 | 15%粉锈宁可湿性粉剂 | 种子量的 0.4%～0.6% | 拌种 | |
| | | 50%甲基托布津可湿性粉剂 | 1 000 倍～2 000 倍液 | 浸种 | |
| 叶斑病 | 发病初期 | 50%多菌灵可湿性粉剂 | 90 g/亩～120 g/亩 | 喷雾 | 30 |
| | | 70%代森锰锌可湿性粉剂 | 40 g/亩～60 g/亩 | 喷雾 | 10 |
| 地老虎 | 苗期 | 20%虫苯甲酰胺悬乳剂 | 3.3 g/亩～6.6 g/亩 | 喷雾 | 21 |
| 玉米螟 | 心叶末期 | 1.5%辛硫磷颗粒剂 | 500 g/亩～750 g/亩 | 1∶15 与细煤渣拌匀,喇叭口撒心 | |
| 三点斑叶蝉 | 发生初期 | 70%吡虫啉水分散粒剂 | 2 g/亩～4 g/亩 | 喷雾 | 20 |
| 蚜虫 | 发生初期 | 10%氯氰菊酯乳油 | 40 mL/亩～60 mL/亩 | 喷雾 | 14 |
| 黏虫 | 发生初期 | 苏云金杆菌可湿性粉剂 (16 000 IU/mg) | 250 g/亩～400 g/亩 | 喷雾 | |
| 杂草 | 播种前 | 50%乙草胺乳油 | 120 mL/亩～180 mL/亩 | 土壤喷雾 | |
| 注:农药使用以最新版本 NY/T393 的规定为准。 | | | | | |

# 绿色食品生产操作规程

LB/T 013—2018

# 东 北 地 区
# 绿色食品大豆生产操作规程

2018-04-03 发布　　　　　　　　　　　2018-04-03 实施

中国绿色食品发展中心 发布

# 前　言

本规程由中国绿色食品发展中心提出并归口。

本规程起草单位:黑龙江省绿色食品发展中心、东北农业大学、辽宁省绿色食品发展中心、吉林省绿色食品办公室、内蒙古自治区绿色食品发展中心、中国绿色食品发展中心。

本规程主要起草人:周东红、董守坤、唐伟、孙德生、胡广欣、王勇男、李宏元、李春英、谷照星、叶博、李岩(吉林)、李岩(内蒙古)、孙景辉、罗旭、王桂玲。

# 东北地区绿色食品大豆生产操作规程

## 1 范围

本规程规定了东北地区绿色食品大豆的产地环境、品种选择、整地、播种、田间管理、采收、生产废弃物处理、储藏及生产档案管理。

本规程适用于内蒙古、辽宁、吉林和黑龙江的绿色食品大豆生产。

## 2 规范性引用文件

下列文件对于本文件的应用是必不可少的。凡是注日期的引用文件，仅注日期的版本适用于本文件。凡是不注日期的引用文件，其最新版本（包括所有的修改单）适用于本文件。

NY/T 391　绿色食品　产地环境质量

NY/T 393　绿色食品　农药使用准则

NY/T 394　绿色食品　肥料使用准则

NY/T 1056　绿色食品　贮藏运输准则

## 3 产地环境

### 3.1 环境条件

应符合 NY/T 391 的要求。种植应选择生态环境良好、无污染的地区，远离工矿区和公路、铁路干线，避开污染源。应在绿色大豆和常规生产区域之间设置有效的缓冲带或物理屏障。

### 3.2 气候条件

年≥10℃的活动积温宜在 1 750℃以上，年降水量在 350 mm 以上。

### 3.3 土壤条件

宜选用集中连片、地势平坦、排灌方便、耕层深厚肥沃、理化性状和耕性良好的土壤，以壤土最为适宜，要求中性土壤，pH 宜在 6.5～7.5。

## 4 品种选择

### 4.1 选择原则

应选择适应当地生态条件，经审定推广的优质、抗逆性强的品种，禁止使用转基因品种，并且保证在初霜前正常成熟。

### 4.2 品种选用

黑龙江地区可选用东农 53 号、黑农 48、黑农 69、合丰 50、合丰 55、合农 95、绥农 26、垦丰 16、黑河 43 号、黑河 49 号等品种。

吉林地区可选用吉林 21、吉育 35、吉育 39、吉育 47、吉育 57、吉育 58、长农 13、长农 15、长农 22、吉科豆 1 号等品种。

辽宁地区可选用辽豆 14、辽豆 15、辽豆 31、铁丰 31、铁豆 37、铁豆 49、丹豆 16、开育 12、沈农 11 号、沈农 12 号等品种。

内蒙古自治区可选用东农 44 号、垦鉴豆 25 号、疆莫豆 1 号、合丰 40、东农 46 号、垦鉴豆 18、黑河 43 号、中黄 901、蒙豆 30 号、蒙豆 36 号等品种。

## 5 整地

### 5.1 选茬

实行科学轮作,不重茬,不迎茬,宜选用玉米、小麦、马铃薯等茬口,实行三年以上轮作。

### 5.2 整地

采取机械联合整地,实行秋翻起垄或秋深松起垄,深松深度 25 cm 以上,耙茬、深松、起垄连续作业。耕层土壤细碎、疏松、地面平整,达到适宜播种状态。

## 6 播种

### 6.1 种子处理

播种前对所选用的种子进行筛选或人工粒选,剔除病斑粒、虫食粒、破碎粒及杂质,并晒种。精选后的种子质量,净度不低于 99%,纯度不低于 98%,发芽率不低于 85%,水分含量不高于 12%。宜对精选后的种子进行包衣处理,种衣剂应符合 NY/T 393 的要求。可选用 62.5 g/L 精甲·咯菌腈悬浮种衣剂按大豆种子重量的 0.3%~0.4% 进行包衣。

### 6.2 播期

当土壤 10 cm 深处地温稳定通过 7℃~8℃ 进行播种。一般在 4 月下旬至 5 月中旬播种,因不同地点积温不同而异。

### 6.3 播法

黑龙江、吉林和内蒙古地区通常采用栽培模式如下:垄三栽培模式,垄距 65 cm~70 cm,机械垄上双行精量点播。大垄窄行密植模式,110 cm 大垄 3 行~4 行种植;种植三行,平均行距 22.5 cm;种植四行,小行距 12 cm,宽行距 21 cm。小垄窄行密植模式,垄距 45 cm~50 cm,机械垄上双行精量点播。

辽宁地区通常采用垄距 55 cm~60 cm,垄上单行精量点播或穴播。

### 6.4 播种量

根据地势、土壤肥水条件、品种特性以及栽培模式确定密度,计算播种量。垄三栽培模式,通常每亩保苗 1.3 万株~2 万株;大垄窄行密植模式,通常每亩保苗 2.8 万株~3 万株;小垄窄行密植模式,通常每亩保苗 2 万株~2.7 万株;垄上单行精量点播或穴播,在辽宁地区通常每亩保苗 1 万株~1.3 万株。

### 6.5 播种质量

总播量误差不超过 2%,单口排量误差不超过 3%,播种均匀,无断条(30 cm 内无籽为断条)。行距开沟器间误差小于 1 cm,往复综合垄误差小于 5 cm。播深 3 cm~5 cm,覆土一致,播后及时镇压。

## 7 田间管理

### 7.1 灌溉

天气干旱情况下,有灌溉条件的地块,应适时浇灌。大豆苗期比较耐旱,只要不特别干旱,一般不用灌溉,苗期适当的抗旱锻炼有利于深扎根。苗期至开花期土壤湿度以 20%~24% 为宜,如低于 18%,须灌溉,灌水量 30 mm;开花至鼓粒期土壤湿度以高于 24% 以上为宜,低于 21% 应及时灌溉,灌水量 30 mm~40 mm。

灌溉方法因各地气候条件、栽培方式、水利设施等情况而定,可采用滴灌、喷灌、沟灌等方式,滴灌效果好于喷灌,喷灌效果好于沟灌,能节约用水 40%~50%。

### 7.2 施肥

#### 7.2.1 总体要求

应符合 NY/T 394 的要求。以有机肥为主,化肥为辅。当季无机氮与有机氮用量比不超过 1:1。根据土壤供肥能力和土壤养分的平衡状况,以及气候、栽培等因素,进行测土配方平衡施肥,做到氮、磷、钾及中、微量元素合理搭配。

### 7.2.2 底肥

根据土壤肥力确定施肥量,结合整地一次施入。宜每亩施用腐熟有机肥 2 000 kg～2 667 kg。

### 7.2.3 种肥

化肥做种肥,根据测土配方结果确定化肥用量。通常每亩施用磷酸二铵 5 kg～6.7 kg,硫酸钾 3.3 kg～5 kg。深施于种下 4 cm～5 cm 处。

### 7.2.4 叶面追肥

大豆前期长势较差时,在大豆初花期,叶面追肥。可选用尿素每亩 0.5 kg～0.7 kg,磷酸二氢钾 0.1 kg,兑水 33.3 kg～40 kg 喷雾。

### 7.3 病虫草害防治

#### 7.3.1 防治原则

坚持"预防为主,综合防治"的植保方针,以农业防治为基础,优先采用物理和生物防治技术,辅之化学防治措施。应使用高效、低毒、低残留农药品种,药剂选择和使用应符合 NY/T 393 的要求。

#### 7.3.2 常见病虫草害

主要病害:灰斑病、病毒病、霜霉病、菌核病、根腐病等。

主要虫害:蚜虫、食心虫、红蜘蛛等。

主要草害:稗草、狗尾草、鸭跖草、刺儿菜、大刺儿菜、问荆、苣荬菜、龙葵、苘麻、苍耳、野黍等。

#### 7.3.3 防治措施

##### 7.3.3.1 农业防治

病虫害防治:选用多抗品种,合理轮作和耕作,合理密植和施肥,精细管理,培育壮苗,清除田间病株、残体等。

草害防治:在苗期进行垄沟深松,深度 20 cm 以上;在初花期前后进行中耕培土 1 次,深度 10 cm～15 cm;在盛花期前后进行第 2 次中耕培土,深度 15 cm 以上。

##### 7.3.3.1 物理防治

利用灯光诱杀、机械和人工捕捉害虫等物理措施防治病虫害。

##### 7.3.3.2 生物防治

选用低毒生物农药,释放天敌等生物措施防治病虫害。在 7 月下旬至 8 月中旬,食心虫雌虫产卵盛期,可释放赤眼蜂进行防治,放蜂量为每亩 2 万头～3 万头。

##### 7.3.3.3 化学防治

具体化学防治方案参见附录 A。

## 8 采收

茎叶及豆荚变黄,在大豆完熟期时采取机械采收,割茬高度以不留底荚为准,不丢枝,不炸荚。采收后的大豆子粒应及时晾干、清选,籽粒水分含量应≤13%,杂质应≤1%,纯粮率应≥95%。

## 9 生产废弃物处理

除草剂、杀菌剂、杀虫剂、种衣剂以及包衣种子的包装物不得重复使用,使用后应焚烧、深埋或集中处理,且不能引起环境污染。采收后的大豆秸秆应粉碎抛洒还田,不得在田间焚烧,也可将其收集整理后用于其他用途。

## 10 储藏

储藏时,籽粒含水量要在 13% 以下。储藏设施、周围环境、卫生要求、出入库、堆放等应符合 NY/T

1056 的要求,储藏设施要有防虫、防鼠、防潮等功能。

## 11 生产记录档案

生产全过程,要建立生产记录档案,包括地块档案和整地、播种、铲趟、灌溉、施肥、病虫草害防治、采收等记录。生产记录档案保存期限不少于 3 年。

附　录　A

（资料性附录）

东北地区绿色食品大豆生产主要病虫草害化学防治方案

东北地区绿色食品大豆生产主要病虫草害化学防治方案见表 A.1。

表 A.1　东北地区绿色食品大豆生产主要病虫草害化学防治方案

| 防治对象 | 防治时期 | 农药名称 | 使用剂量 | 施药方法 | 安全间隔期,d |
|---|---|---|---|---|---|
| 病毒病 | 苗期至鼓粒期 | 2%宁南霉素水剂 | 60 mL/亩～80 mL/亩 | 喷雾 | 10 |
| 霜霉病 | 7月～8月 | 250 g/L 吡唑醚菌酯乳油 | 30 mL/亩～40 mL/亩 | 喷雾 | 21 |
| 菌核病 | 结荚期至鼓粒期 | 250 g/L 嘧菌酯悬浮剂 | 40 mL/亩～60 mL/亩 | 喷雾 | 14 |
| 根腐病 | 发生期 | 250 g/L 吡唑醚菌酯乳油 | 30 mL/亩～40 mL/亩 | 喷雾 | 21 |
| 大豆蚜虫 | 7月～8月 | 高氯·吡虫啉乳油（吡虫啉 1.8%,高效氯氰菊酯 2.2%） | 30 g/亩～40 g/亩 | 喷雾 | 30 |
| 大豆食心虫 | 7月下旬至8月中旬 | 2.5%高效氯氟氰菊酯乳油 | 15 mL/亩～20 mL/亩 | 喷雾 | 30 |
| 大豆红蜘蛛 | 7月中旬至8月中旬 | 50 克/升 S-氰戊菊酯乳油 | 10 mL/亩～20 mL/亩 | 喷雾 | 10 |
| 杂草 | 播前或播后苗前 | 50%乙草胺乳油 | 160 mL/亩～250 mL/亩 | 喷雾 | 当季一次 |
| | | 75%噻吩磺隆水分散粒剂 | 1.8 g/亩～2.2 g/亩 | 喷雾 | 当季一次 |
| | 杂草2叶～4叶期 | 480 g/L 灭草松水剂 | 130 mL/亩～200 mL/亩 | 喷雾 | 当季一次 |
| | | 24%烯草酮乳油 | 20 mL/亩～30 mL/亩 | 喷雾 | 当季一次 |
| 注:农药使用以最新版本 NY/T 393 的规定为准。 | | | | | |

# 绿色食品生产操作规程

LB/T 014—2018

# 南 方 地 区
## 绿色食品秋大豆生产操作规程

2018-04-03 发布　　　　　　　　　　　　　　　　2018-04-03 实施

中国绿色食品发展中心 发布

# 前　言

本规程由中国绿色食品发展中心提出并归口。

本规程起草单位：江西省绿色食品发展中心、江西省农业科学院作物研究所、广西壮族自治区农业科学院经济作物研究所、华南农业大学、中国绿色食品发展中心、广东省绿色食品发展中心、广西壮族自治区绿色食品办公室。

本规程主要起草人：万文根、赵朝森、杜志明、王瑞珍、万其其、赵现伟、熊晓晖、陈渊、姚霖、程艳波、唐伟、汤琼、覃向平。

# 南方地区绿色食品秋大豆生产操作规程

## 1 范围

本规程规定了南方地区绿色食品秋大豆生产的产地环境、品种选择、整地与播种、田间管理、收获、生产废弃物处理、包装与储运和生产档案管理。

本规程适用于福建、江西、湖南、广东和广西的绿色食品秋大豆生产。

## 2 规范性引用文件

下列文件对于本文件的应用是必不可少的。凡是注日期的引用文件,仅注日期的版本适用于本文件。凡是不注日期的引用文件,其最新版本(包括所有的修改单)适用于本文件。

GB 4404.2 粮食作物种子 第2部分:豆类

NY/T 285 绿色食品 豆类

NY/T 391 绿色食品 产地环境质量

NY/T 393 绿色食品 农药使用准则

NY/T 394 绿色食品 肥料使用准则

NY/T 658 绿色食品 包装通用准则

NY/T 1056 绿色食品 贮藏运输准则

NY/T 1276 农药安全使用规范 总则

## 3 产地环境

### 3.1 产地选择

生产基地环境质量应符合 NY/T 391 的要求。选择地下水位较低、排水通畅、不渍水、土壤肥力中等以上的早稻田,或有灌溉条件能保证秋大豆生长发育的坡耕地。基地地块应集中连片、地势平坦、排灌方便、耕层深厚、土壤肥沃、理化性状良好。种植秋大豆与早稻、春玉米等非豆科作物实行三年以上轮作,避免重茬。

## 4 品种选择

### 4.1 选择原则

南方秋大豆指对光照反应敏感,熟期比较晚,适 7 月底至 8 月初种植,11 月上旬收获,生育日数 100 d～115 d 的大豆。

### 4.2 品种选用

选择能够安全成熟、抗逆性强,通过审定的夏秋大豆品种。优先选用适用于该地区的新近审定的夏秋大豆品种。

江西地区选择赣豆 5 号、赣豆 6 号、赣豆 7 号、南农 99 - 10、南农 99 - 6、南农 88 - 31 等夏秋大豆品种。福建地区选择白秋 1 号、雁青、桂夏豆 2 号、华夏 9 号等品种。湖南地区选用湘秋豆 2 号、湘青、秋豆 1 号等。广东地区华夏 1 号、华夏 2 号等系列品种。广西地区选用桂夏 1 号、桂夏 2、桂夏 3 号、桂夏 4 号等系列夏秋大豆品种。

### 4.3 种子处理

#### 4.3.1 种子质量

种子质量应符合 GB 4404.2 的要求,发芽率应在 95％以上。在播种前 10 d,进行发芽试验。

### 4.3.2 种子处理方法

种子播前在太阳光下晾晒 2 d～3 d,但不能直接暴晒。可进行根瘤菌拌种,拌种在避光条件下按每亩用种量 50 mL 菌剂均匀拌种,拌种后不能混用杀菌剂,阴干后 24 h 内播种。

## 5 整地与播种

### 5.1 整地

根据土壤墒情及时旋耕整地,整平整细土地,机械起畦,畦宽 1.6 m～2.0 m,做到三沟(畦沟、腰沟、围沟)通畅,能排能灌。

### 5.2 播种

#### 5.2.1 播期

南方地区 7 月底至 8 月初,伏旱天气频发、气温高,对秋大豆播种出苗影响很大。应根据当地天气预报预测,掌握好土壤墒情,提前在雨前播种,或是雨后土壤墒情好的情况下播种。

#### 5.2.2 种植密度

根据土壤肥力和品种特性确定种植密度。肥地宜稀、薄地宜密。早稻收割后的秋闲田种植秋大豆,种植植株高大、分枝性强的品种每亩保苗 2.0 万株,主茎型、分枝少的品种每亩保苗 2.5 万株;利用早春玉米收获后种植秋大豆的旱地,种植植株高大、分枝性强的品种每亩保苗 2.5 万株,主茎型、分枝少的品种每亩保苗 3.0 万株。

#### 5.2.3 播种方法

##### 5.2.3.1 人工条播

整地起畦的地块,采用人工开沟条播。畦体宽 1.6 m～2.0 m,畦沟宽 0.4 m。畦上条播 4 行～5 行秋大豆,行距 0.4 m,中小粒品种每亩下种量 6 kg,大籽粒品种每亩下种量 7.5 kg。边开沟边播种,随后覆土,覆土深 5 cm 左右。

##### 5.2.3.2 机械精量播种

使用大豆精播机旋耕起垄、开沟播种、覆土镇压,一次性完成播种作业。机械播种,中小粒品种每亩下种量 5 kg,大籽粒品种每亩下种量 7 kg。

## 6 田间管理

### 6.1 施肥

#### 6.1.1 原则

肥料使用应符合 NY/T 394 的要求。以施用有机肥为主,化肥为辅。

#### 6.1.2 方法

##### 6.1.2.1 基肥

结合整地施入基肥。以充分腐熟的有机农家肥作底肥,每亩施自制堆沤有机肥 2 000 kg 以上,或500 kg 商品有机肥加钙镁磷肥 25 kg,结合整地一次性施入。可在耕地或耙地前撒施,常年培肥地力,可显著提高产量。

##### 6.1.2.2 追肥

秋大豆结荚鼓粒期,每亩用尿素 0.6 kg,加磷酸二氢钾 0.1 kg、钼酸铵 20 g、硼砂 30 g,兑水 30 L,叶面喷施。晴天午后喷雾,避免雨后作业。

### 6.2 查苗补苗

出苗后及时查苗补缺,做到不断垄不缺苗。出苗后 10 d,进行间苗,拔除病苗。

## 6.3 中耕除草

秋大豆封行前,在晴天 10:00 前和 16:00 后,进行行间铲草松土,松土深 5 cm 左右。务必将田间杂草铲净除尽,并带出田间集中处理。

## 6.4 灌水抗旱

南方地区秋季常有伏旱高温天气发生,当干旱天气持续长影响秋大豆生长发育,田间观察发现植株上部嫩叶蜷缩下垂时,要及时灌水抗旱。

## 6.5 病虫草害防治

### 6.5.1 防治原则

坚持"预防为主,综合防治"的植保方针,以农业防治为基础,优先采用生物和物理防治技术,辅之化学防治措施。药剂选择和使用应符合 NY/T 393 及 NY/T 1276 的要求。

### 6.5.2 常见病虫草害

大豆常见病虫草害有根腐病、锈病、豆秆黑潜蝇、大豆蚜、豆青虫、斜纹夜蛾、蝽象(稻绿蝽、点蜂缘蝽、斑须蝽、筛豆龟蝽)、豆卷叶螟、豆荚螟、大豆食心虫、杂草等。

### 6.5.2 防治措施

#### 6.5.2.1 生物防治

保护和释放生物天敌防治大豆害虫。释放瓢虫可以消灭和降低大豆蚜虫量;释放赤眼蜂,利用白僵菌可防治大豆食心虫。

#### 6.5.2.2 物理防治

主要方法有人工抹卵、捏杀老龄幼虫,或放鸡鸭群等机械捕杀措施;或每 30 亩安装一盏杀虫灯诱杀小菜蛾、甜菜夜蛾、黏虫、烟青虫、斜纹夜蛾、豆荚螟、金龟子等有翅成虫;或每亩挂放 20 张黄色信息素黏虫板诱杀蚜虫、叶蝉、粉虱、斑潜蝇等害虫的成虫。

#### 6.5.2.3 化学防治

南方地区绿色食品秋大豆主要病虫草害具体防治方案参见附录 A。

## 7 收获

### 7.1 人工收获

在大豆植株变黄,中下部叶片脱落后,豆荚成品种固有颜色,籽粒归圆时,避免雨天,用镰刀快刀低割收获,边收边捆成小把,运回通风处或晒场上晾晒脱粒、去除杂质、风干扬净,籽粒含水量低于 13% 后包装保存。

### 7.2 机械收获

在秋大豆完熟期后期,植株叶片基本脱落,豆荚呈品种固有颜色,植株 95% 豆荚中的籽粒归圆变硬后,用手摇动植株豆荚有响声时,采用联合收割机在晴天午后进行收割。籽粒运回晒场晾晒、去除杂质、风干扬净,待籽粒含水量低于 13% 后进行包装保存。

## 8 生产废弃物处理

在绿色食品秋大豆生产基地内,建立废弃物与污染物收集设施,以便收集垃圾和农药空包装等废弃物与污染物。各种废弃物与污染物分类收集。农药、肥料等空包装废弃物,要集中收集送往废物收购站集中处理。秋大豆的秸秆、落叶是很好的有机质来源,收割后直接还田,通过冬翻压入土壤中腐烂,补充土壤有机质,培肥地力。

## 9 包装与储运

### 9.1 包装

包装前进行产品检测,质量应符合 NY/T 285 的要求;认证产品的包装上应按要求加施绿色食品标识,并严格应按 NY/T 658 执行。

## 9.2 储藏与运输

应与常规生产的大豆分开进行,工具清洁,储藏处要有明显标识。绿色食品秋大豆应尽早销售,不宜长期储藏。需要长期储藏的秋大豆要充分干燥,含水量不得超过 12.5%。储藏须在通风、清洁、卫生的条件下进行,严防雨淋及有毒物质的污染。储藏设施应具有防虫、防鼠、防潮功能,符合绿色食品储藏运输的要求。南方地区绿色食品秋大豆的储藏与运输,按 NY/T 1056 的规定执行。

## 10 生产档案管理

建立绿色食品大豆生产档案。应详细记录产地环境条件、生产技术、肥水管理、病虫害的发生和防治措施、采收及采后处理等情况并保存记录 3 年以上。

# 附　录　A
（资料性附录）
## 南方地区绿色食品秋大豆生产主要病虫草害化学防治方案

南方地区绿色食品秋大豆生产主要病虫草害化学防治方案见表 A.1。

表 A.1　南方地区绿色食品秋大豆生产主要病虫草害化学防治方案

| 防治对象 | 防治时期 | 农药名称 | 使用剂量 | 施药方法 | 安全间隔期,d |
|---|---|---|---|---|---|
| 根腐病 | 播种前 | 2.5%咯菌腈悬浮种衣剂 | 600 mL/亩药剂与100 kg/亩种子拌种 | 拌种处理 | |
| 锈病 | 苗期或花前期 | 25%嘧菌酯悬浮剂 | 40 mL/亩～60 mL/亩 | 喷雾 | 14 |
| 大豆蚜 | 发生期 | 50%抗蚜威水分散粒剂 | 10 mL/亩～15 mL/亩 | 喷雾 | 10 |
| 豆秆黑潜蝇 | 发生期 | 50%灭蝇胺可湿性粉剂 | 20 g/亩～30 g/亩 | 喷雾 | 7 |
| 斜纹夜蛾、豆青虫 | 发生期 | 20%高氯·辛硫磷乳油 | 80 mL/亩～100 mL/亩 | 喷雾 | 15 |
| 蝽象（稻绿蝽、点蜂缘蝽、斑须蝽、筛豆龟蝽）、大豆食心虫 | 发生期 | 2.5%高效氯氟氰菊酯乳油 | 18 mL/亩～20 mL/亩 | 喷雾 | 30 |
| 豆卷叶螟、豆荚螟 | 发生期 | 10%氯氰菊酯乳油 | 10 mL/亩～13 mL/亩 | 喷雾 | 7 |
| 杂草 | 播后苗前 | 96%精异丙甲草胺（金都尔）乳油 | 60 mL/亩～65 mL/亩 | 喷雾 | |
| | 阔叶杂草 2 叶～3 叶期 | 480 g/L 灭草松水剂 | 200 mL/亩 | 喷雾 | |
| | 禾本科杂草 2 叶～3 叶期 | 10%精喹禾灵乳油 | 32 mL/亩～40 mL/亩 | 喷雾 | |

注：农药使用以 NY/T 393 最新版本为准。

---

# 绿 色 食 品 生 产 操 作 规 程

LB/T 015—2018

# 黄 淮 海 地 区
# 绿色食品夏大豆生产操作规程

2018-04-03 发布

2018-04-03 实施

**中国绿色食品发展中心** 发布

# 前　言

本规程由中国绿色食品发展中心提出并归口。

本规程起草单位：山东省绿色食品发展中心、中国绿色食品发展中心、山东省农业技术推广总站、河南省绿色食品发展中心、亳州市农副产品管理办公室、阜阳市农业委员会。

本规程主要起草人：王馨、尹秀波、冯世勇、唐伟、孟浩、刘娟、樊恒明、张涛、李晓东、魏钢。

# 黄淮海地区绿色食品夏大豆生产操作规程

## 1 范围

本规程规定了黄淮海地区绿色食品夏大豆生产的产地环境、种子选择与处理、整地与播种、田间管理、收获、生产废弃物处理、储藏、包装与运输及生产档案管理。

本规程适用于黄淮海地区,包括江苏、安徽、山东和河南的绿色食品夏大豆生产。

## 2 规范性引用文件

下列文件对于本文件的应用是必不可少的。凡是注日期的引用文件,仅注日期的版本适用于本文件。凡是不注日期的引用文件,其最新版本(包括所有的修改单)适用于本文件。

GB 4404.2 粮食作物种子 第2部分:豆类

NY/T 391 绿色食品 产地环境质量

NY/T 393 绿色食品 农药使用准则

NY/T 394 绿色食品 肥料使用准则

NY/T 658 绿色食品 包装通用准则

NY/T 1056 绿色食品 贮藏运输准则

NY/T 1118 测土配方施肥技术规范

## 3 产地环境

### 3.1 环境条件

基地应选择生态环境良好、无污染的地区,远离医院、工矿区和公路铁路干线,避开污染源。应在绿色食品大豆和常规生产区域之间设置有效的缓冲带或物理屏障,以防止绿色食品大豆生产基地受到污染。

### 3.2 土壤条件

土壤有机质含量在 10 g/kg 以上,全氮含量在 1.0 g/kg 以上,有效磷含量在 10 mg/kg 以上,速效钾含量在 80 mg/kg 以上,阳离子交换量在 15 cmol(＋)/kg 以上。地势平坦,土壤耕层疏松深厚,土质肥沃,肥力一致,无严重土传病害的地块。pH 宜为 6.5～7.5,且具有较好的排水、保水性能。

### 3.3 排灌条件

田间排灌条件良好,保证大豆在生产过程中遇旱能灌,遇涝能排。用水质量符合 NY/T 391 绿色食品产地环境质量农田灌溉水环境质量标准。

### 3.4 气候条件

无霜期 180 d 以上,年平均气温 10℃ 以上,年降水量 500 mm 以上。

### 3.5 轮作条件

与夏播作物玉米、甘薯等轮作周期 3 年以上,不重茬,不迎茬。

## 4 种子选择与处理

### 4.1 选择原则

种子质量应符合 GB 4404.2 的要求。因地制宜选择高产、高蛋白、高油、抗病抗逆性强的优质品种;根据当地的无霜期选择生育期适宜的品种;根据土壤肥力选择不同品种,肥地选择秆强不倒的品种,薄地选用耐瘠薄适应性广的品种。所选品种应经过国家或者黄淮海省份农作物品种审定委员会审定。

### 4.2 品种选择

推荐选择中黄 13、齐黄 34、皖豆 28、菏豆 12、菏豆 19、冀豆 19 等品种。其中,黄淮海中部、南部地区可选用徐豆 18、皖豆 24、阜豆 9 号、郑 92116、豫豆 29、中黄 37 等生育期相对较长的品种,北部地区可选用冀豆 19、沧豆 10 号、菏豆 20、菏豆 23、齐黄 34、等生育期相对较短的品种。

### 4.3 种子处理

#### 4.3.1 选种

播种前剔除病粒、残粒、虫食粒及杂粒,质量达到种子分级二级标准以上。

#### 4.3.2 晒种

播前晒种 1 d～2 d,注意防止阳光暴晒造成种皮破裂。

#### 4.3.3 包衣或拌种

种子包衣,采用咯菌腈、苏云金杆菌等种衣剂包衣,使用农药应符合 NY/T 393 的规定。每千克种子用钼酸铵 3 g～4 g、硼砂 1 g～3 g 拌种,将钼酸铵用 40℃的温水化开,均匀喷洒在种子上,堆放 8 h,阴干播种。

## 5 整地与播种

### 5.1 整地

夏播大豆采用灭茬或免耕播种。每 3 年～5 年深耕 1 次。精细整地采用深松、细耙相结合的土壤耕作方法。前茬收获后,深耕 20 cm 以上,细耙 2 遍～3 遍,耙深 12 cm～15 cm,做到上虚下实、深浅一致、地平土碎。

### 5.2 播种

#### 5.2.1 播种期

抢墒早播。夏播大豆在小麦收获后抢时播种,安徽、江苏两省的淮河以北及豫东南地区宜于 6 月 15 日前完成播种,其他地区不迟于 6 月 30 日。土壤含水量低于田间最大持水量的 70% 时,造墒播种。

#### 5.2.2 播种量

根据品种特性、土壤肥力水平确定种植密度和播种量。开张型品种宜少播,紧凑型品种宜多播;早熟品种宜密,晚熟品种宜稀。一般亩用种 5 kg～6 kg。

#### 5.2.3 播种方法

建议机械精量条播。等行距播种:行距 40 cm～50 cm;宽窄行播种:宽行 50 cm,窄行 20 cm 左右。播种深度 3 cm～5 cm,种子落在湿土里,覆土厚度均匀一致,播后镇压。

## 6 田间管理

### 6.1 灌溉

苗期应适当干旱,不浇水或少浇水,开花、结荚、鼓粒期遇旱及时浇水。根据土壤墒情浇水,大豆幼苗期的适宜土壤田间持水量为 60% 左右,分枝期为 65% 左右,开花结荚期为 80% 以上,鼓粒期为 70%～80%。当土壤含水量低于适宜含水量时应进行浇水。多雨、遇涝或田间积水时要及时排水。

### 6.2 施肥

增施有机肥,适施氮肥,配施磷钾肥和微肥,肥料施用应符合 NY/T 394 的要求。

按照 NY/T 1118 要求,每亩施 1 000 kg～1 500 kg 优质腐熟有机肥。种肥每亩施用 5.0 kg 左右的氮磷钾复合肥(15 - 15 - 15)或用钼酸铵、硼肥等微肥拌种。根据土壤肥力不同,可选择在开花结荚期、鼓粒期进行追肥。开花结荚期每亩追施 5 kg～10 kg 复合肥;鼓粒末期缺肥时,叶面喷施 1%～2% 尿素、0.3% 磷酸二氢钾和 0.2%～0.3% 硼酸等。土壤碱解氮含量在 80 mg/kg 以上时,可不追肥。

根据需要,可接种根瘤菌。根瘤菌产品要选择菌株与当地大豆品种相匹配、与土壤相适应的合格产品。接种方式可选择拌种、土壤接种和种子包衣。使用时注意不要与化肥和杀菌剂直接接触,处理好的种子不要暴晒于阳光下。

### 6.3 查苗、补苗

子叶出土后及时查苗、补苗,缺苗断垄的应移稠补稀或育苗移栽,严重缺苗的应浸种 2 h～3 h 后补种,天旱时带水补种。

### 6.4 间苗、定苗

非精量播种的地块,在第 1 片真叶展开前进行人工间苗。间苗后 3 d～5 d 定苗。留苗密度以品种特性和当地常年种植密度为准,留苗密度在每亩 1.5 万株～1.8 万株,土壤瘠薄地块或晚播地块密度可增至 2 万株以上。

### 6.5 中耕、培土

真叶展开后,按先浅后深的原则中耕。第一次中耕要抢晴及早进行,每隔 10 d～15 d 中耕一次,最后一次在初花期前结束。培土在最后一次中耕时进行,高度为 10 cm～12 cm,宜超过子叶节。

### 6.6 病虫草害防治

#### 6.6.1 防治原则

应坚持"预防为主,综合防治"的原则,推广绿色防控技术,优先采用农业防治、物理防治和生物防治措施,配合使用化学防治措施。

#### 6.6.2 主要病虫草害

夏大豆主要病害有大豆胞囊线虫病、大豆紫斑病、大豆叶斑病等;害虫有豆秆黑潜蝇、造桥虫、豆天蛾、蚜虫、豆荚螟、食心虫、卷叶螟、点蜂缘蝽、草地螟等;杂草有马齿苋、铁苋菜等。

#### 6.6.3 病虫害防治措施

##### 6.6.3.1 农业防治

选用抗病性好的大豆品种,合理轮作倒茬,平衡施肥,合理密植,深耕改土,以降低病原物数量,减少初侵染源,提高大豆的抗病虫能力。

##### 6.6.3.2 物理防治

当害虫个体易于发现、群体较小、劳动力允许时,进行人工捕杀。根据害虫趋光性,利用特殊诱虫灯管光源,如双波灯、频振灯、LED 灯等,吸引毒蛾、夜蛾等多种昆虫,辅以特效黏虫纸或水盆致其死亡。根据害虫的趋化性,用糖醋液诱集,白糖、醋、酒精和水配制糖醋液,加少量农药,诱杀地老虎、食心虫等害虫。使用阻隔法,用优质聚乙烯防虫网防治豆天蛾、大豆蚜虫;可在大豆田垄里撒上草木灰,阻止点蜂缘蝽等与大豆苗直接接触。根据昆虫趋色性,使用绿色板和黄色板对大豆蚜虫、蓟马等进行诱杀。

##### 6.6.3.3 生物防治

保护利用寄生性和捕食性天敌。在草地螟和大豆食心虫产卵盛期,每隔 5 h～6 h 放赤眼蜂 1 次,共 2 次～3 次,每亩放蜂 0.3 万头～2 万头。利用苏云金杆菌等生物制剂防治大豆胞囊线虫。

##### 6.6.3.4 化学防治措施

农药使用应符合 NY/T 393 的要求。可使用波尔多液防治紫斑病,使用吡唑醚菌酯乳油防治叶斑病。可使用高氯·辛硫磷乳油防治豆秆黑潜蝇、造桥虫和豆天蛾,使用高氯·吡虫啉乳油或抗蚜威防治大豆蚜虫,使用氯虫苯甲酰胺防治豆荚螟和食心虫。病虫害具体化学防治方案参见附录 A。

#### 6.6.4 草害防治

##### 6.6.4.1 农业防治

根据生产条件,在种植前期进行中耕除草。科学管控水源,在灌溉口加装过滤网并及时清除堵塞物,防治稗草等杂草转播。草害严重的地块,深翻耕作,减轻马齿苋、狗尾草等的危害。

#### 6.6.4.2 化学防治

农药使用应符合 NY/T 393 的要求。防治稗草、牛筋草等单子叶杂草,可在播种前或出苗前使用81.5%的乙草胺 90 g~180 g 均匀喷雾;防治马齿苋、铁苋菜等双子叶杂草,可在播种前或出苗前使用72%异丙甲草胺乳油 100 g~200 g 均匀喷雾。喷药时一定要均匀,做到不重喷、不漏喷。杂草具体化学防治方案参见附录 A。

## 7 收获

### 7.1 收获时期

人工收获在大豆黄熟末期即可收获,机械收获在完熟初期或手摇动植株有响声时收获。

### 7.2 晾晒

人工收割后带株摊晒,晒干后脱粒,晾晒籽粒含水量降至 13% 时入库。机械收获后,若种子含水量高于 13% 应及时晾晒。

## 8 生产废弃物处理

农药及肥料包装物、废弃物统一收集,集中处理,防止二次污染。禁止焚烧秸秆,做好大豆秸秆的回收处理,鼓励进行秸秆深加工和秸秆粉碎还田。

## 9 储藏

### 9.1 仓库质量

库房符合 NY/T 1056 的要求,仓库结构应能承载粮堆,性能应满足储粮通风、气密、隔热和防潮的要求。地面应完好、平整,具有一定承载能力和良好防潮性能,墙体无裂缝和孔洞,门窗、通风口要严紧并有隔热、密封措施。门窗、孔洞处应设防虫线和防鼠网。

### 9.2 防虫措施

主要害虫为麦蛾、印度谷蛾、地中海明蛾和粉斑螟蛾等蛾类害虫,应加强防治。进入夏季,每周清扫,进行物理隔离。在日常保管中,仓库窗和通风机口要使用纱窗进行封闭。

### 9.3 降温和防潮措施

长期储藏的大豆,应在冬季采用各种措施降低豆温,春暖时压盖,实施低温储藏,夏季高温季节如仓温明显升高,应利用夜间相对低温条件开启风机降低仓温。高水分大豆,在春季可以装包堆成风垛,采用去湿机吸湿。季节交替时勤于观察,避免因水分不均引起结露。

## 10 包装与运输

包装大豆用的编织袋和麻袋,应采用单一材质的材料或可生物降解的材料,方便回收,符合 NY/T 658 的规定。在运输过程中禁止与其他有毒有害、易污染环境等物质一起运输,以防污染。

## 11 档案管理

建立绿色食品大豆生产档案。应详细记录产地环境条件、生产技术、肥水管理、病虫草害的发生和防治、采收及采后处理等情况并保存记录 3 年以上。

附 录 A

（资料性附录）

黄淮海地区绿色食品夏大豆生产主要病虫草害化学防治方案

黄淮海地区绿色食品夏大豆生产主要病虫草害化学防治方案见表 A.1。

表 A.1 黄淮海地区绿色食品夏大豆生产主要病虫草害化学防治方案

| 防治对象 | 防治时期 | 农药名称 | 使用剂量 | 施药方法 | 安全间隔期,d |
|---|---|---|---|---|---|
| 紫斑病 | 开花始期、蕾期和结荚期 | 波尔多液 | 250 mL/亩～300 mL/亩 | 喷雾 | 20 |
| 叶斑病 | 发生初期 | 25％吡唑醚菌酯乳油 | 30 mL/亩～40 mL/亩 | 喷雾 | 14 |
| 根腐病 | 播种时 | 2.5％咯菌腈水剂 | 每100 kg 种子 600 mL/亩～800 mL/亩 | 种子包衣 | |
| 大豆胞囊线虫 | 播种时 | 4 000IU/m g 苏云金杆菌悬浮种衣剂 | 每100 kg 种子 1 250 g～1 666.7 g | 种子包衣 | |
| 豆秆黑潜蝇 | 成虫盛发期 | 20％高氯·辛硫磷乳油 | 80 mL/亩～120 mL/亩 | 喷雾 | 14 |
| 造桥虫、豆天蛾 | 幼虫 3 龄前 | | | | |
| 蚜虫 | 发生期 | 4％高氯·吡虫啉乳油 | 30 mL/亩～40 mL/亩 | 喷雾 | 30 |
| | | 50％抗蚜威水分散粒剂 | 10 g/亩～16 g/亩 | 喷雾 | 10 |
| 豆荚螟、食心虫 | 幼虫 3 龄前用 | 20％氯虫苯甲酰胺悬浮剂 | 6 g/亩～12 g/亩 | 喷雾 | 7 |
| 稗草、牛筋草等单子叶杂草 | 播后苗前 | 81.5％乙草胺乳油 | 100 mL/亩～140 mL/亩 | 土壤喷雾 | 30 |
| 马齿苋、铁苋菜等双子叶杂草 | 播后苗前 | 72％异丙甲草胺乳油 | 72 mL/亩～108 mL/亩 | 土壤喷雾 | 30 |

注：农药使用以最新版本 NY/T 393 的规定为准。

# 绿色食品生产操作规程

LB/T 016—2018

# 长 江 流 域
## 绿色食品夏大豆生产操作规程

2018-04-03 发布

2018-04-03 实施

中国绿色食品发展中心 发布

# 前　言

本规程由中国绿色食品发展中心提出并归口。

本规程起草单位:湖南省绿色食品办公室、湖南省作物研究所、中国绿色食品发展中心、广东省绿色食品发展中心。

本规程主要起草人:刘新桃、马淑梅、张志华、黄山、姚珍运、左雄建、马细兰、李小红、王月胜。

# 长江流域绿色食品夏大豆生产操作规程

## 1 范围

本规程规定了长江流域绿色食品夏大豆生产的产地环境、品种选择、整地与播种、田间管理、采收、生产废弃物的处理、储藏及生产档案管理。

本规程适用于江西、湖北、湖南、四川和重庆的绿色食品夏大豆生产。

## 2 规范性引用文件

下列文件对于本文件的应用是必不可少的。凡是注日期的引用文件,仅注日期的版本适用于本文件,凡是不注日期的引用文件,其最新版本(包括所有的修改单)适用于本文件。

GB 4404.2 粮食作物种子 第2部分:豆类

GB 1352 大豆

NY/T 285 绿色食品 豆类

NY/T 391 绿色食品 产地环境质量

NY/T 393 绿色食品 农药使用准则

NY/T 394 绿色食品 肥料使用准则

NY 410 根瘤菌肥料

NY 411 固氮菌肥料

NY/T 658 绿色食品 包装通用准则

NY/T 1056 绿色食品 贮藏运输规则

## 3 产地环境

产地环境质量符合 NY/T 391 的要求。选择生态环境良好、远离公路铁路干线、土壤无污染、田间排灌方便、基地相对集中成片、交通方便的地区。在绿色食品和常规生产区域之间设置有效的缓冲带或物理屏障。土壤耕层应疏松深厚、土质肥沃、富含有机质、无严重的土传病害、排灌良好的地块。无霜期180 d 以上,年平均气温 10℃以上,年降水量 500 mm 以上。

## 4 品种选择

### 4.1 选择原则

按当地生态类型和市场需求,选择生育期适宜、高产、优质、抗病、抗虫的非转基因大豆品种。

### 4.2 品种选用

优先选择国家审定或省级审定的优质品种。四川省、重庆市推荐南夏豆 25、南豆 12 等品种;湖南省推荐中豆 41、中豆 43 等品种;湖北省推荐中豆 41、中豆 43、中黑豆 42、油 6019 等品种;江西省推荐赣豆 5、6、7 号、南农 99 - 10、南农 99 - 6 等品种。

### 4.3 种子处理

#### 4.3.1 种子精选

用大豆选种机械或人工清选,剔除混杂粒、病斑粒、虫蚀粒、青粒、小粒、瘪粒、破碎粒及杂质等。

#### 4.3.2 种子质量

种子质量应符合 GB 4404.2 的要求,品种纯度>98%,净度>99%,发芽率>85%,水分<12%。

### 4.3.3 种子处理

播种前可晒种 1 d～2 d,注意防止日光暴晒造成种子损伤。可采用大豆专用种衣剂包衣,把拌好的种衣剂倒入种子容器中,边倒边搅拌。当豆种表面沾满种衣剂后,置放在阴凉通风处晾干,装袋备用。种衣剂应符合 NY/T 393 的规定。

## 5 整地与播种

### 5.1 整地

可抢晴天精细旋地,要求土壤细碎、地块平整。积、渗水地块可开围沟、腰沟排水。不同地域根据土壤、前茬作物和栽培制度等情况进行整地,四川、重庆、湖北等地如前茬有小麦,可采用免耕方式;若与玉米等作物间套作,可与玉米协同整地。

### 5.2 播种

#### 5.2.1 播种时期

一般在 5 月下旬至 6 月下旬抢墒播种,根据气候特点及土地情况调整播期,避免花期遇干旱或渍涝。

#### 5.2.2 播种方法

一般采用等行距播种,条播行距 50 cm～60 cm,株距 8 cm～15 cm,单粒播种,盖土 3 cm～5 cm;穴播行距 40 cm～60 cm、穴距 20 cm～30 cm,留苗双株,盖土 3 cm～5 cm,保证不露籽。

#### 5.2.3 播种密度

根据品种类型、熟期、分枝特性、水肥条件及气候因素而定。植株高大繁茂、分枝多、生育期长的品种,播种密度宜小;植株矮小、分枝少、生育期短的品种,播种密度宜大。肥地宜稀,薄地宜密。早熟品种推荐每亩 1.3 万株～1.5 万株,中熟品种推荐每亩 1 万株～1.3 万株,中晚熟品种和晚熟品种推荐每亩0.7 万株～1 万株。间(套)作大豆的种植密度一般为单作大豆密度的 70%～80%。

#### 5.2.4 播种量

根据种植密度、发芽率等确定播种量,一般每亩为 4 kg～6 kg。

## 6 田间管理

### 6.1 灌溉

大豆在花荚期和鼓粒期对干旱敏感,若土壤干旱、植株表现出缺水状态时,应及时灌溉。大豆幼苗期的适宜土壤田间持水量为 60%左右,分枝期为 65%左右,开花、结荚、鼓粒期为 80%左右,当土壤田间持水量低于适宜持水量时应进行浇水。多雨、田间积水要及时排水。

### 6.2 施肥

#### 6.2.1 施肥原则

绿色食品夏大豆生产过程中肥料种类的选取应以农家肥料、有机肥料、微生物肥料为主,化学肥料为辅。肥料使用符合 NY/T 394 绿色食品肥料使用准则。

#### 6.2.2 施肥方法

##### 6.2.2.1 基肥

无测土条件的,优先采用测土配方施肥。无测土条件的,一般在旋耕前,每亩施用农家肥或商品有机肥 500 kg～1 000 kg,磷肥 30 kg～50 kg(南方酸性土壤推荐钙镁磷肥,其次为过磷酸钙或重过磷酸钙)、复合肥 5 kg～10 kg(推荐氮磷钾比例 10:20:15),钾肥可不施用或少施用,无机氮与有机氮之比不超过 1:1。土壤肥力较好时,施用有机肥料后,相应化学肥料可减少施用或不施用。

##### 6.2.2.2 种肥

根瘤菌肥拌种施用,符合 NY 410、NY 411 要求。

## 6.3 病虫草害防治

### 6.3.1 防治原则

依据"预防为主,综合防治"指导方针,优先采用植物检疫、农业防治、物理防治、生物防治等方法,必要时使用化学农药进行防治,农药使用应符合 NY/T 393 的要求。

### 6.3.2 常见病虫害

病毒病、大豆锈病、根腐病、霜霉病、蚜虫、黑潜蝇、豆荚螟、斜纹夜蛾、筛豆龟蝽、豆叶螨等。

### 6.3.3 防治措施

#### 6.3.3.1 农业防治

优先采用农业防治措施,如种植耐病抗虫品种、选用无病(毒)种子、培育选留壮苗、合理轮作,间套作调节作物布局、耕翻整地、加强肥水管理等措施。

#### 6.3.3.2 物理防治

每 30 亩~40 亩安装 1 个太阳能型频振式杀虫灯,诱杀蛾、金龟子、叶甲等;每亩悬挂 40 张~60 张色诱版,诱杀粉虱、蚜虫、椿象等;或者通过人工清除病株和病部防治病害,及时摘除卵块和初孵幼虫叶片防治虫害。对于草害可采用人工除草或机械除草措施。

#### 6.3.3.3 生物防治

在成虫发生期,田间设置糖醋酒、信息素、性诱素等诱蛾器诱杀豆秆黑潜蝇和某些夜蛾成虫。在田间释放瓢虫、草蛉等天敌捕食大豆蚜等害虫。可使用植物源杀虫剂,如苦参碱等防治大豆蚜等或用昆虫病原微生物农药,如苏云金芽孢杆菌、青虫菌、白僵菌、昆虫核型多角体病毒等防治豆荚螟、斜纹夜蛾等。

#### 6.3.3.4 化学防治

具体防治方法及推荐农药使用情况参见附录 A。

## 6.4 其他管理措施

### 6.4.1 补苗间苗定苗

大豆出苗后及时顺垄查苗,对断苗 30 cm 以内的可在两端留双株,断苗 30 cm 以上的及时补种,或芽苗带土带水移栽,移苗最佳时期在子叶到真叶期。在真叶期至第 1 片复叶期间苗,间苗时应淘汰弱株、病株及混杂株,保留健壮株,第 1 片~2 片复叶全展期定苗。

### 6.4.2 茬口安排

大豆不宜在其他豆类后接茬种植,忌重茬种植。

### 6.4.3 化控

根据田间长势实施化控。对于植株过高、生长较旺或施肥不当导致徒长的田块,可在初花期叶面喷施烯效唑(5％烯效唑可湿性粉剂 24 g~48 g 兑水 30 kg/亩~40 kg/亩)或多效唑(50％水剂 10 mL~20 mL兑水 30 kg/亩~40 kg/亩)。在同高秆作物间作时,也可采用 5％烯效唑可湿性粉剂 0.8 mg/kg 干拌种防倒伏。

## 7 采收

### 7.1 人工采收

大豆黄熟期,全株 95％豆荚变为成熟颜色,摇动有响声的植株达 50％以上时收获,晾晒 1 d~4 d 后及时脱粒,损失率＜5％。

### 7.2 机械采收

选择晴天上午或下午收割,割茬要低,不掉荚、不炸荚。

### 7.3 收后处理

脱粒后进行机械或人工清选,杂质≤1％,含水率≤13％,分品种进行单收割、单脱粒、单储藏。采用自然晾晒或烘干设备对大豆种子进行干燥,烘干温度应低于 40℃。按照 GB 1352 的规定进行分级,包装前进行产品检测,质量应符合 NY/T 285 的要求。认证产品的包装上按要求添加绿色食品标识,按 NY/T 658 绿色食品包装通用准则执行。

## 8 生产废弃物处理

### 8.1 农药包装处理

农药包装使用完毕后,应将空包装物清洗 3 次以上,将其压破或刺坏,防止重复使用,在安全条件下存放,专人管理,便于统一无害化回收处理。

### 8.2 肥料包装处理

肥料包装袋要分类、回收和处理。较大的编织袋可洗净后合理重复使用,不易降解的材料要清洗后以循环再生产方式回收处理,专人管理,便于统一无害化回收处理。

### 8.3 落叶、秸秆处理

大豆落叶还田,增加土壤有机质,实现农田可持续发展;大豆秸秆可作饲料,也可采用旋耕机械还田,收获的秸秆混合人畜粪尿高温堆肥,也可投入沼气池进行发酵等。

## 9 储藏

储藏条件符合 NY/T 1056 的要求。须单独存放,不与常规大豆混放。储藏前要充分干燥,含水量低于 13%,储藏温度低于 20℃。储藏场所要干燥通风、防虫防鼠防鸟。

## 10 生产档案管理

生产者应建立生产档案,记录品种、农药、化肥、病虫草害防治、采收等,所有记录应真实、准确、规范,并具有可追溯性。生产档案有专人保管,并至少保存 3 年以上。

附　录　A
（资料性附录）
长江流域绿色食品夏大豆生产主要病虫草害化学防治方案

长江流域绿色食品夏大豆生产主要病虫草害化学防治方案见表 A.1。

表 A.1　长江流域绿色食品夏大豆生产主要病虫草害化学防治方案

| 防治对象 | 防治时期 | 农药名称 | 使用剂量 | 施药方法 | 安全间隔期,d |
|---|---|---|---|---|---|
| 大豆锈病 | 苗期至鼓粒期 | 25%嘧菌酯悬浮剂 | 40 mL/亩～60 mL/亩 | 喷雾 | 14 |
| 大豆根腐病 | 拌种 | 2.5%咯菌腈可湿性粉剂 | 每100 kg 种子600 mL～800 mL | 拌种 | — |
| | | 35%精甲霜灵乳剂 | 每100 kg 种子40 g～80 g | 拌种 | — |
| 大豆霜霉病 | 发病初期 | 25%吡唑醚菌酯乳油 | 30 mL/亩～40 mL/亩 | 喷雾 | 21 |
| 大豆蚜虫 | 苗期至鼓粒期 | 50%抗蚜威水分散粒剂 | 10 g/亩～16 g/亩 | 喷雾 | 10 |
| | | 5% S-氰戊菊酯乳油 | 10 mL/亩～20 mL/亩 | 喷雾 | 10 |
| | | 2.2%高氯·1.8%吡虫啉乳油 | 30 g/亩～40 g/亩 | 喷雾 | 30 |
| 黑潜蝇 | 苗期至开花期 | 20%氯虫苯甲酰胺悬浮剂 | 6 mL/亩～12 mL/亩 | 喷雾 | 7 |
| | | 10%高效氯氰菊酯乳油 | 40 mL/亩～50 mL/亩 | 喷雾 | 7 |
| 豆荚螟 | 苗期至鼓粒期 | 20%氯虫苯甲酰胺悬浮剂 | 6 mL/亩～12 mL/亩 | 喷雾 | 7 |
| 斜纹夜蛾 | 苗期至鼓粒期 | 1%苦皮藤素水乳剂 | 90 mL/亩～120 mL/亩 | 喷雾 | 15 |
| 筛豆龟蝽、豆叶螨 | 低龄若虫期、苗期至鼓粒期 | 10%高效氯氰菊酯乳油 | 40 mL/亩～50 mL/亩 | 喷雾 | 7 |
| | | 25%高效氯氟氰菊酯水乳剂 | 15 mL/亩～20 mL/亩 | 喷雾 | 30 |
| 苗前草害 | 播种后出苗前 | 72%异丙甲草胺乳油 | 100 mL/亩～150 mL/亩 | 喷雾 | — |
| 苗后草害 | 杂草3叶～5叶期 | 10%精喹禾灵乳油＋12%烯草酮乳油 | 精喹禾灵32.5 mL/亩～40 mL/亩＋烯草酮35 mL/亩～40 mL/亩 | 喷雾 | — |
| 注:农药使用以最新版本 NY/T 393 的规定为准。 | | | | | |

# 绿 色 食 品 生 产 操 作 规 程

LB/T 017—2018

# 渤 海 湾 地 区
# 绿色食品苹果生产操作规程

2018-04-03 发布

2018-04-03 实施

中国绿色食品发展中心 发布

# 前　言

本规程由中国绿色食品发展中心提出并归口。

本规程起草单位：山东省绿色食品发展中心、中国绿色食品发展中心、山东省果树所、天津蓟县农产品质量安全检测中心。

本规程主要起草人：纪祥龙、张宪、冯世勇、魏树伟、孟浩、裴宗飞、张凤媛。

# 渤海湾地区绿色食品苹果生产操作规程

## 1 范围

本规程规定了绿色食品苹果生产的产地环境、品种选择、土壤管理、肥水管理、病虫害防治、整形修剪、花果管理、果实采收、生产废弃物处理、储存与包装及生产档案管理。

本规程适用于北京、天津、河北、辽宁南部及西部、胶东半岛和泰沂山区的绿色食品苹果生产。

## 2 规范性引用文件

下列文件中的条款通过本标准的引用而成为本标准的条款。凡是注日期的引用文件,其随后所有的修改单或修订版均不适用于本标准。凡是不注日期的引用文件,其最新版本适用于本标准。

NY/T 391 绿色食品 产地质量环境

NY/T 393 绿色食品 农药使用准则

NY/T 394 绿色食品 肥料使用准则

NY/T 658 绿色食品 包装通用准则

NY/T 1056 绿色食品 贮藏运输准则

## 3 产地环境

选择远离污染源、生态环境优良、灌溉水源充足的园地。大气、灌溉水和土壤的质量均应符合NY/T 391的要求。

## 4 品种选择

### 4.1 选择原则

优先选择适合渤海湾地区生长的适应性、抗逆性强的品种。

### 4.2 选择品种

推荐品种:珊夏、嘎啦、美国8号、王林、金帅、红将军等早、中熟品种,以及烟富3、烟富10、龙富等晚熟品种。

### 4.3 砧木

按照"适地适砧"的原则,做到品种、砧木、环境的统一,以海棠果、西府海棠、三叶海棠、小海棠等为主。

### 4.4 栽植

挖长条沟,沟宽、深为0.8 m×0.8 m,按照每亩5 000 kg腐熟有机肥做底肥,将有机肥与挖出的表土混合回填坑底,回填土时先填表土,再填底距地表层生土,填至30 cm～40 cm,然后灌水待其下沉后再栽树。栽植时要挖长、宽、深各50 cm的定植穴,穴内不施肥。按照10∶1的比例配置授粉树。

## 5 土壤管理

### 5.1 果园生草

果园生草主要有人工生草和自然生草两种方式,也可两种方式结合进行。

### 5.1.1 人工生草

在果园行间人工种植黑麦草或早熟禾、高羊茅、白三叶、紫花苜蓿、长毛野豌豆、毛叶苕子等优良草种。一般9月下旬至10月上旬撒播或条播,播种量为每亩1.5 kg~3.0 kg,播后喷水2次~3次。人工生草果园第一年需要给草补施1次~2次速效化肥,每次每亩施入尿素10 kg~15 kg,施肥后浇水,也可趁雨撒施。

### 5.1.2 果园行间不进行中耕除草

由马唐、稗、光头稗、狗尾草等当地优良野生杂草自然生长,及时拔除豚草、苋菜、藜、苘麻、葎草等恶性杂草。

### 5.1.3 刈割管理

当草长至40 cm左右时,进行机械或人工留茬15 cm左右刈割。一般每年刈割3次~4次。割下的草覆盖于树冠下,3年后翻土。

### 5.2 果园覆草

果园覆草在春季施肥、灌水后进行,用麦秸、干草等覆盖于树冠下,厚度为15 cm~20 cm,上面压少量土。连盖3年~4年后浅翻一次,也可开大沟埋草,提高土壤肥力和蓄水能力。

## 6 肥水管理

### 6.1 水分管理

#### 6.1.1 灌水时期

一般气候条件下,分别在苹果萌芽期、幼果期、果实膨大期、采收前及土壤封冻前进行灌水。采收前灌水要适量,封冻前灌水要透彻。

#### 6.1.2 灌溉方法

a) 小沟交替灌溉。在树冠投影处内两侧,沿行向各开一条深、宽各20 cm左右的小沟,进行灌水。

b) 滴灌。顺行向铺设一条或两条滴管,为防止滴头堵塞,也可将滴管固定在支柱或主干上,距地面20 cm~30 cm。一般选用直径10 cm~15 mm、滴头间距40 cm~100 cm的炭黑高压聚乙烯或聚氯乙烯的灌管和流量稳定、不易堵塞的滴头。流量通常控制在2 L/h左右。

#### 6.1.3 排水

保持果园内排水沟渠通畅,确保汛期及时排出园内积水。

#### 6.1.4 水肥一体化

在果园滴灌系统上添加施肥装置即可实现水肥一体化。按照"数量减半、少量多次、养分平衡"为原则,注入肥料,一般为土壤施肥量的50%左右;肥料配比要考虑可溶性肥料之间的相溶性;固体肥料要求纯度高,无杂质,在灌溉水中能充分溶解。

### 6.2 肥料管理

#### 6.2.1 施用原则

肥料施用应符合NY/T 394的要求。

#### 6.2.2 基肥

6.2.2.1 肥料种类。以有机肥为主,添加适量化肥。有机肥包括充分腐熟的人粪尿、厩肥、堆肥和沤肥等农家肥,以及商品有机肥;化肥为氮磷钾单质或复合肥以及硅钙镁肥等。

6.2.2.2 施肥时期。基肥最佳施用时期是9月中旬至10月下旬,晚熟品种可在采收后尽早施入。

6.2.2.3 施肥数量

a) 成龄果园。每亩施入优质农家肥2 000 kg左右,或商品有机肥500 kg~800 kg。化肥用量按每100 kg产量,施用尿素1.0 kg~1.5 kg、过磷酸钙1 kg~1.5 kg、硫酸钾0.2 kg~0.4 kg,可根据土壤肥力和树势适当增减。土壤pH低于5.5的果园,每亩施入硅钙镁肥100 kg~200 kg。

b) 幼龄果园。每亩施入优质农家肥1 000 kg左右,或商品有机肥100 kg~200 kg。化肥用量,1年生树每亩施用尿素12 kg、过磷酸钙33 kg、硫酸钾10 kg确定,2年生加倍,3年生后根据产量确定。

**6.2.2.4** 施肥方法。沿行向在树冠投影内缘挖施肥沟,沟深 40 cm～50 cm,将有机肥、化肥与土壤混匀后施入,施肥后及时浇水。

### 6.2.3 追肥

追肥以速效化肥为主。在树冠下挖 5 cm～10 cm 深的条沟,将化肥均匀施入并覆土和浇水;也可在降雨前或灌溉前地表撒施。

a) 成龄果园。追肥主要时期为果实套袋前和果实膨大期。一般按每 100 kg 产量,追施尿素 0.6 kg～1 kg、过磷酸钙 0.25 kg～0.4 kg、硫酸钾 1.0 kg～1.8 kg。套袋前和果实膨大期的追肥量各占一半。果实膨大期采用少量多次的追肥原则。

b) 幼龄果园。追肥时期为萌芽前后和花芽分化期。1 年生树每亩施入尿素 12 kg、过磷酸钙 33 kg、硫酸钾 10 kg。2 年生树施肥量加倍,3 年生后根据产量确定。萌芽前后和花芽分化期的追肥量各占一半。

## 7 病虫害防治

### 7.1 防治原则

病虫害防治坚持预防为主、综合防治原则,具体措施应符合 NY/T 393 的要求。

### 7.2 防治措施

#### 7.2.1 农业防治

休眠期及时清园,剪除病虫枝和僵果,清除枯枝落叶,刮除粗、翘裂皮,带出园外深埋;生长季节及时清理落地病虫枝、叶、果,集中深埋,消除病虫害传播源。

#### 7.2.2 生物防治

改善果园生态环境,保护和利用瓢虫、寄生蜂、蜘蛛、捕食螨等天敌防治害虫。使用性诱剂防治金纹细蛾、迷向丝等防治梨小食心虫等。每亩地可放置 3 个～5 个性诱剂诱捕器。

#### 7.2.3 物理防治

利用杀虫灯、糖醋液、黏虫板、缚草把等诱杀害虫。杀虫灯每 30 亩～50 亩一个,放置于果园路边,高度应高于树冠 0.3 m;用白酒、红糖、醋、水按 1∶1∶4∶16 混合配制糖醋夜悬挂到果园内或边上防治如梨大小食心虫、金龟子、卷叶虫等。黄色黏虫板主要用于防治烟粉虱、白粉虱、潜叶蝇、蚜虫、梨茎蜂、黑翅粉虱及多种双翅目害虫;蓝色黏虫板防治蓟马、叶蝉等,黏虫板应在害虫发生初期悬挂防治。树干束草或捆绑麻袋、碎布等编织物,诱集害虫,定期检查销毁。每年春季树干扎塑膜胶带,涂黏虫胶。

#### 7.2.4 化学防治

苹果病害包括枝干病害、叶部病害和果实病害,主要虫害有苹果黄蚜、苹果瘤蚜、山楂叶螨、苹果叶螨、二斑叶螨和食心虫,防治方法详见附录 A。

## 8 整形修剪

### 8.1 整形

a) 高纺锤形。适用于株距 1.2 m 以内的果园。干高 0.8 m～1.0 m,树高 3.2 m～3.5 m,中干上直接着生 25 个～40 个侧枝。侧枝基部粗度不超过着生部位中干粗度的 1/3,长度 60 cm～90 cm,角度大于 110°。

b) 自由纺锤形。适用于株距 2.0 cm～2.5 m 的果园。干高 0.6 m～0.8 m,树高 3.5 m～4.0 m,中干上着生 20 个～35 个侧枝,其中下部 4 个～5 个为永久性侧枝。侧枝基部粗度小于着生部位中干的 1/3,长度 100 cm～120 cm,角度 90°～110°。侧枝上着生结果枝组,结果枝组的角度大于侧枝的角度。

## 8.2 修剪

一般采取冬季修剪和夏季修剪相结合的方式。冬季修剪以整形、调整结构为主,疏除过多的密集枝、徒长枝、细弱枝和多余的梢头枝,缩剪衰弱冗长的结果枝组,稳定结果部位;生长期修剪要剪除树冠内旺枝、密生枝以及剪锯口处的萌蘖枝等,增加树冠内的通风透光度,还要进行刻芽、环剥(割)、扭梢、摘心及拉枝等措施。

### 8.2.1 矮化自根砧树的整形修剪

a) 定植当年。带侧枝苗中干延长枝不短截,对粗度超过着生部位中干1/3的侧枝,全部采用马耳斜极重短截,其余侧枝角度开张至110°以上。控制竞争新梢生长,保持中干优势,对当年新梢角度开张至110°以上。

b) 定植第二年。春季修剪时,主干距地面80 cm以下的侧枝全部疏除;80 cm以上的侧枝,枝轴基部粗度超过着生部位1/3的,根据着生部位的枝条密度进行马耳斜极重短截或疏除,其余侧枝角度开张至110°以上。对于当年形成的新梢处理方式与第一年相同。

c) 定植第三年后。基部直径超过2 cm的侧枝,根据其着生部位的枝条密度进行马耳斜极重短截或疏除,但单株疏除量一般每年不超过2个。对于当年形成的新梢处理方式与第一年相同。侧枝长度控制在60 cm~90 cm。

### 8.2.2 乔化砧和矮化中间砧树的整形修剪

a) 定植当年。栽植后,疏除全部侧枝,保留所有饱满芽定干。萌芽前进行刻芽,即从苗木定干处下部第5芽开始,每隔3芽刻1个,刻至距地面80 cm处。生长期间,及时控制竞争新梢生长,其他新梢开张角度。

b) 定植第2年。发芽前一个月,对中干延长枝短截至饱满芽处,并进行相应的刻芽。对中干上的侧枝,长度在20 cm以下的,根据其密度疏除或甩放,20 cm以上的全部马耳斜极重短截。对基部粗度超过中干1/3的新梢再次进行短截;对侧生新梢拉枝开角至90°~110°;对侧生新梢背上发生的二次梢及时摘心或拿梢,控制生长。

c) 定植第3年。发芽前一个月,围绕促花进行修剪,疏除基部粗度超过着生处中干1/3的侧枝,其余侧枝角度开张至90°~110°,同时对枝条进行刻芽,并应用必要的化学、农艺措施促花。

d) 定植第4年后。春季修剪时,不再对主干延长枝进行短截,冬季修剪的主要任务是疏除密挤枝。同样情况下,疏下留上、疏大留小;树龄在10年以上的疏老留新。修剪的重点放在夏季,主要采用摘心、拉枝、疏剪的方法,调整树体结构和长势,促进花芽分化。

# 9 花果管理

## 9.1 授粉

在初花前3 d~5 d采用壁蜂授粉,每亩放蜂100头~200头;花期遇不良气候时应进行人工授粉。人工授粉应在铃铛花期采取花粉,储存在低温(0℃~4℃,用氯化钙为干燥剂密封)处备用,待苹果开花时用毛笔点授中心花,每蘸一次花粉可授5朵~10朵花;授粉时应开一批花授一次粉,连续授粉2次~3次。

## 9.2 疏花疏果

疏花疏果可采用:以花定果,在花序分离期按20 cm~25 cm留一个壮花序(留中心花和1朵边花);以间距定果,按20 cm~25 cm留一个果。一般亩产量3 000 kg,留果量控制在1.0万个~1.3万个。

## 9.3 套袋

一般选用双层袋,在谢花后30 d~40 d开始套袋,应避开中午强光时段和阴雨天。套袋前3 d全园喷布一遍杀虫杀菌剂(10%吡虫啉3 000倍+10%多抗霉素1 200倍)。

## 9.4 摘袋

一般在采收前10 d~15 d摘袋。先摘除外袋,2 d~3 d后再摘除内袋,摘袋时应避开中午强光时段。

## 9.5 摘叶转果

摘袋后先将果实周围的叶片摘掉,7 d后再将影响透光的叶片再摘掉,两次摘叶数量可占全树总叶量的20%~30%;摘叶的同时将果实的阴面转向阳面,切忌在阳光暴晒的中午摘叶。

## 9.6 铺反光膜

摘袋后,在树冠下铺设反光膜。一般每行树冠下离主干0.5 m处每边各铺一幅宽1.0 m的反光膜,而后将反光膜边缘用土压实。

## 10 果实采收

根据果实成熟度、用途和市场需求等因素确定采收适期。成熟期不一致的品种,应分期采收。采收时要轻拿轻放,防止挤压、碰撞、刺伤。

## 11 生产废弃物处理

对投入品包装物、秸秆等农业废弃物,采取循环利用的环保措施和方法集中处理,禁止焚烧。

## 12 储存与包装

苹果采收后,直接运输至库房。运输储藏应符合NY/T 1056的要求。运输工具在装入绿色食品苹果之前应清理干净,防止害虫感染。应存放在绿色食品苹果专用库房或者库房区,储存场所应清洁、卫生,不得高温,并设置挡鼠板或捕鼠夹。防日晒,防风沙,远离污染源。储存最佳温湿度为温度:(0±0.5)℃,湿度:85%~90%。建立统一的生产批号编码原则,并能保证生产批号的唯一性,以实现产品生产全部过程的追溯。包装应符合NY/T 658的要求。

## 13 生产档案管理

建立并保存相关记录,为生产活动可追溯提供有效的证据。记录主要包括以肥水管理、病虫害防治、花果管理等为主的生产记录,包装、销售记录,以及产品销售后的申、投诉记录等。每年记录至少保存3年。

附 录 A

（资料性附录）

渤海湾地区绿色食品苹果生产主要病虫害化学防治方案

渤海湾地区绿色食品苹果生产主要病虫害化学防治方案见表 A.1。

表 A.1 渤海湾地区绿色食品苹果生产主要病虫害化学防治方案

| 防治对象 | 防治时期 | 农药名称 | 使用剂量 | 施药方法 | 安全间隔期,d |
|---|---|---|---|---|---|
| 腐烂病、轮纹病 | 发芽前 | 石硫合剂 | 5 波美度 | 喷雾 | 15 |
| 斑点落叶病 | 发病初期 | 10％多抗霉素可湿性粉剂 | 1 000 倍～1 500 倍液 | 喷雾 | 7 |
| 轮纹病、斑点落叶病 | 套袋后 | 80％波尔多液可湿性粉剂 | 300 倍～500 倍液 | 喷雾 | 15 |
| 苹果黄蚜、苹果瘤蚜 | 在幼虫孵化后至 3 龄幼虫期施药 | 10％吡虫啉可湿性粉剂 | 3 000 倍～5 000 倍液 | 喷雾 | 14 |
| 山楂叶螨、苹果叶螨、二斑叶螨 | 发病期 | 5％噻螨酮乳油 | 1 500 倍～2 000 倍液 | 喷雾 | 30 |
| 食心虫 | 苹果膨大期 | 4.5％高效氯氰菊酯乳油 | 1 350 倍～2 250 倍液 | 喷雾 | 21 |
| 注:农药使用以最新版本 NY/T 393 的规定为准。 | | | | | |

# 绿 色 食 品 生 产 操 作 规 程

LB/T 018—2018

# 西南冷凉高地地区
# 绿色食品苹果生产操作规程

2018-04-03 发布

2018-04-03 实施

中国绿色食品发展中心 发布

# 前　　言

本规程由中国绿色食品发展中心提出并归口。

本规程起草单位：中国绿色食品发展中心、云南省绿色发展食品发展中心、昭通市农产品质量安全中心、昭通市水果站、鲁甸县农产品质量安全中心、四川省绿色食品发展中心、贵州省绿色食品发展中心。

本规程主要起草人：龚声信、李丽菊、唐伟、赵春山、丁永华、全勇、李云国、邓彬、康敏、陈曦、邱纯、赵升文、蔡兆祥、刘萍、黄毅梅、陈文琼、张剑勇、代振江。

# 西南冷凉高地地区绿色食品苹果生产操作规程

## 1 范围

本规程规定了西南冷凉高地地区绿色食品苹果的产地环境,品种和砧木选择,整地、栽植,田间管理,采收、储藏、生产废弃物处理和建立生产档案管理。

本规程适用于四川阿坝藏族羌族自治州、甘孜藏族自治州、贵州的威宁、毕节地区、云南的昭通、宜威地区、西藏昌都以南和雅鲁藏布江中下游地带的绿色食品苹果生产。

## 2 规范性引用文件

下列文件对于本文件的应用是必不可少的。凡是注日期的引用文件,仅注日期的版本适用于本文件。凡是不注日期的引用文件,其最新版本(包括所有的修改单)适用于本文件。

GB 9847 苹果苗木

NY/T 391 绿色食品 产地环境质量

NY/T 393 绿色食品 农药使用准则

NY/T 394 绿色食品 肥料使用准则

## 3 产地环境

产地环境条件应符合 NY/T 391 的要求。种植区坡度 25°以下,10°～25°区应改造为台地。土壤有机质含量 1.0%以上,土壤 pH 6.0～7.0,地下水位 1.0 m 以下。年平均温 9℃～12℃,果实成熟期昼夜温差 10℃以上。年日照时数 2 000 h 左右。

## 4 品种和砧木选择

早熟品种:美国八号、神砂、嘎啦等;中熟品种:红露、新红星、金帅、华硕、优系乔纳金、红将军、红富士 2001 等;晚熟品种:长富 2 号、岩富 6 号、烟富 6 号、烟富 3 号、烟富 8 号等。砧木可选用:丽江山定子、西湖海棠、湖北海棠、JM$_7$、青砧 1 号、青砧 2 号等。

## 5 整地、栽植

### 5.1 整地

对园区土地进行全面深翻,深度不少于 80 cm,清除杂草和石块,把土地整理平整。

### 5.2 栽植

#### 5.2.1 定植点

根据地形地貌、种植品种密度和方便田间管理的要求,拉绳画线确立定植点。

#### 5.2.2 定植穴

于定植点上挖深 0.8 m,直径 1 m 的定植穴。每穴以腐熟有机肥 50 kg～100 kg、14%普钙 1.5 kg～2 kg、硫酸钾 0.5 kg～1 kg 与表土混合均匀,回填至低于地面 20 cm 后,灌透水,使土沉实,然后覆上一层表土保墒。

#### 5.2.3 栽植

##### 5.2.3.1 栽植时间

春季于 2 月下旬至 3 月下旬进行。秋季于 10 月～11 月进行。袋装苗可全年栽种。

#### 5.2.3.2 栽植密度

##### 5.2.3.2.1 山地、丘陵地

(1)乔化型品种＋乔化砧。株距 3 m～4 m,行距 4 m～5 m。

(2)短枝型品种＋乔化砧。株距 2 m,行距 3 m～4 m。

(3)短枝型品种＋矮化砧或矮化中间砧。株距 1.2 m～1.5 m,行距 3 m～4 m。

##### 5.2.3.2.2 平地

(1)乔化型品种＋乔化砧。株距 3 m～4 m,行距 5 m～6 m。

(2)短枝型品种＋乔化砧。株距 2 m～3 m,行距 4 m。

(3)短枝型品种＋矮化砧或矮化中间砧。株距 1.5 m～2 m,行距 3 m～4 m。

#### 5.2.3.3 授粉树配置

按授粉品种占主栽品种的 10%～17% 的比例配置授粉树。主栽品种与授粉树品种对应搭配如下:富士系列选用元帅系、金帅、王林作授粉品种;元帅系选用金帅、津轻作授粉品种。若选用海棠辅助授粉应按 12.5% 配置。

#### 5.2.3.4 苗木的选择与处理

按 GB 9847 选用合格苗木。将选好的优质苗修剪根系后用 3 波美度～5 波美度石硫合剂或 50% 多菌灵 500 倍液浸根或整株浸泡 10 min 进行消毒处理。

#### 5.2.3.5 栽植方法

将苗木放入定植穴内,扶正苗木,使苗木根系自然舒展,注意避免根系与肥料接触。边填土边踏实,使根系土壤充分密接,并使砧木的接口高出地面 10 cm。如苗是营养系矮化、半矮化中间砧苗木,有 1/2～2/3 长度的中间砧埋于地下。灌溉条件较好的地块宜采用起垄栽培。

#### 5.2.3.6 灌水

浇透定根水,用干土封穴,覆盖地膜增温保水。

#### 5.2.3.7 定干

春栽苗栽后立即定干,秋栽苗翌年春季萌芽前定干。定干高度 80 cm～100 cm。达不到定干高度的苗,可在饱满芽处短剪,翌年进行二次定干。

#### 5.2.3.8 立架

新植幼树要用立竿或支架辅干,保持树干直立。矮化栽培果园立架辅干应按以下方式操作:每 10 m立一根水泥柱或防腐处理过的木杆作为支架,支架高 4 m,支架上拉 3 道～4 道直径 5 mm～6 mm 钢绳,第一道钢绳距地面 60 cm,往上每道钢绳间距 50 cm。从苗木定植第 1 年开始,将树干绑缚在立杆或竖拉的铁丝上,直至树高达到 3.5 m。

## 6 田间管理

### 6.1 灌溉

#### 6.1.1 灌水

灌溉水的质量应符合 NY/T 391 的要求。灌水时期应根据土壤墒情而定,通常为萌芽前、展叶期、果实膨大期、入冬前 4 个时期。

#### 6.1.2 排水

当果园出现积水时,要及时排水。

### 6.2 施肥

#### 6.2.1 施肥原则

肥料使用应符合 NY/T 394 的要求。所施用的肥料为已登记的肥料或免于登记的肥料,限制使用含氯化肥。通过增施有机肥,推广使用有机硅水溶缓释肥、控释肥等新型无机肥。

#### 6.2.2 施肥方法和数量

##### 6.2.2.1 幼树

缓苗期后即可叶面喷施 0.3％的尿素液,每年喷施 3 次～5 次。2 年～3 年生的幼树于 3 月下旬、6 月上旬追肥 1 次,每次每株施尿素 50 g～100 g。从 4 月下旬开始叶面喷布磷酸二氢钾,连用 2 次～3 次。9 月中下旬开环状沟施肥,株施优质土杂肥 25 kg、普钙 0.5 kg～1 kg。

##### 6.2.2.2 盛产期果树

###### 6.2.2.2.1 基肥

通常于 10 月中下旬果实采收后施入。农家肥施用量按每生产 1 kg 苹果施 1.5 kg～2.0 kg 优质农家肥,每棵施铵态氮肥或尿素 0.15 kg,14％普钙 0.5 kg。以沟施为主,施肥部位在树冠投影范围内。挖放射状沟(在树冠下距树干 80 cm～100 cm 开始向外挖至树冠外缘)或在树冠外围滴水线下挖环状沟,沟深 40 cm～60 cm,施肥后灌足水。

###### 6.2.2.2.2 土壤追肥

追肥时间及种类:第一次在萌芽前 10 d～15 d,选用高氮型有机硅水溶缓释肥或控释肥,加成品有机肥,占比分别为全年氮肥的 60％,磷肥的 60％,钾肥的 50％;第二次是果实膨大期(5 月下旬至 6 月上旬)选用高钾型有机硅水溶缓释肥或控释肥,占比分别为全年氮肥的 40％,磷肥的 40％,钾肥的 50％;最后一次施肥距采收期应不少于 30 d。

追肥数量:施肥量以当地的土壤供肥能力和目标产量确定。结果树一般每生产 100 kg 苹果须追施纯氮 1.0 kg、磷肥 0.7 kg、钾肥 1.0 kg 计算(有机硅水溶缓释肥、控释肥按以上量的 50％计算用量)。每棵树同时施用 4 kg～5 kg 成品有机肥。

追肥方法:在树冠滴水线下开挖环状沟或条沟,沟深 25 cm,宽 30 cm,长 1.5 m～2 m,追肥后及时灌水盖土。

###### 6.2.2.2.3 叶面追肥

一般生长前期 2 次,以氮肥为主;中期 2 次～3 次,以磷肥为主;后期 2 次～3 次,以钾肥为主,可补施果树生长发育所需的微量元素。常用肥料浓度:尿素 0.3％～0.5％,磷酸二氢钾 0.2％～0.3％,硼砂 0.1％～0.3％、氨基酸类叶面肥 600 倍～800 倍液。

#### 6.3 病虫害防治

##### 6.3.1 防治原则

贯彻"预防为主,综合防治"的植保方针,按照病虫害的发生规律和经济阈值,科学、综合、协调利用农业、物理、生物和化学防治等手段,有效控制病虫危害。农药使用应符合 NY/T 393 的要求。

##### 6.3.2 主要病虫害

苹果早期落叶病(斑点落叶病、褐斑病和轮斑病)、白粉病、苹果腐烂病、干腐病、根腐病、轮纹病、霉心病、炭疽病和缺素引起的病害;苹果绵蚜、叶螨(山楂叶螨、苹果全爪螨、二斑叶螨)、蚜虫类、毛虫、金纹细蛾。

##### 6.3.3 防治措施

###### 6.3.3.1 农业防治

加强对苹果苗木、砧木种子、砧木苗、接穗的检疫处理,严防检疫对象和其他新病虫草的传入、传播。采取剪除(或刮除)并收集病虫枝、树干翘裂皮和枯枝落叶集中深埋,加强肥水管理、科学修剪、合理负载、果实套袋等措施防治病虫害。通过果园种草引诱天敌向果园富集,改变并形成适合果树生长,不利于主要病虫发生的果园小气候。

###### 6.3.3.2 物理防治

采取人工抹杀、摘除销毁、刮除病斑,糖酒醋液、喜食作物、树干缠草、诱虫灯等诱杀害虫。

###### 6.3.3.3 生物防治

通过人工繁殖释放、助迁、保护瓢虫、草蛉、捕食螨、食蚜蝇、日光蜂等天敌,利用性诱剂诱杀或干扰交配。

#### 6.3.3.4 化学防治

病虫害具体化学防治及推荐使用农药参见附录 A。

### 6.4 其他管理措施

#### 6.4.1 土壤管理

##### 6.4.1.1 深翻

分为扩穴深翻和行间深翻,每年果实采收后结合秋施基肥进行。扩穴深翻为在定植穴(沟)外挖环状沟,沟宽 50 cm～70 cm,深 40 cm～60 cm。行间深翻为沿果树行间挖深翻沟,宽、深同扩穴深翻一样。通常采用株、行间交替进行,即头年翻行间,下一年翻株间。1 年～6 年生幼树采用环状深翻,成年树采用顺行间于树冠滴水线外缘向外挖长 2 m,宽 80 cm,深 60 cm 的深翻沟。挖沟时应注意尽量少伤直径 1 cm 以上的粗根,并将表土、底土分别放置。

##### 6.4.1.2 改土

将挖出的土去除石块后,每株用杂草秸秆 30 kg～50 kg,腐熟圈粪 50 kg,磷肥 1 kg～1.5 kg 与土混合后压入沟内。回土时注意将底土放在下面,表土放在上层。最后压实,及时灌水,使根土密接。

##### 6.4.1.3 覆草和埋草

覆草在春季施肥、灌水后进行。覆盖材料可以用割除的果园杂草、果园生草、麦秸、玉米秸秆、稻草等。把覆盖物覆盖在树冠下,厚度 15 cm～20 cm,上面压少量土,连覆 3 年～4 年后浅翻 1 次,浅翻结合秋施基肥进行,面积不超过树盘的 1/4。也可结合深翻开沟埋草,提高土壤肥力和蓄水能力。

##### 6.4.1.4 果园生草

可人工种植白三叶、鸭茅等进行果园生草,可选春秋两季播种,春季宜条播、秋季宜撒播,播种量控制在亩用种量为 1.2 kg,行间亩用种量 0.7 kg,其中鸭茅占 70%,白三叶占 30%。苗期应保持土壤湿润,并适时清除杂草;成坪后,草高度达 40 cm 左右时应刈割,根据牧草用途、长势和果园墒情进行施肥浇水等养护。也可让果园杂草自然生长,草高度达 40 cm 左右时刈割覆盖在树盘周围。

#### 6.4.2 整形修剪

##### 6.4.2.1 适宜树形及整形要点

乔化砧果园可以采用改良自由纺锤形,矮化中间砧或矮化自根砧密植园采用高干细长纺锤形,盛果期果园及老果园可采用高干开心形。

###### 6.4.2.1.1 自由纺锤形

适宜于株行距(2～3) m×4 m 的果园,亩栽 55 株～66 株乔化短枝型品种和半矮化品种。树形结构标准:定干高度 0.8 m 以上,树高 2.5 m～3 m,中央主干要求强壮而直立,其上螺旋式上升培养10 个～15 个势力相近的中小型主枝,主枝长度 1 m～1.5 m,分枝角 80°～90°,直接在上培养小型结果枝组。同向主枝间距不小于 0.5 m,相邻主枝间夹角不小于 45°,垂直距离 20 cm。成形后果园群体结构株间可轻微交接,行间 1 m～1.5 m 作业带,亩枝量控制在 6 万个～7 万个,盛产期单株产量可达50 kg～60 kg。

###### 6.4.2.1.2 改良自由纺锤形

适合株行距 3 m×(4～5) m 的果园,每亩栽 44 株～55 株密度的乔化品种和半矮化品种。改良自由纺锤形结构标准:定干高度 1 m 以上,树高 3 m～3.5 m。中央主干要求强壮而直立,基部培养方向和位置适当的 3 个长 1.5 m～2 m,势力相对一致的健壮永久性主枝,角度开张到 90°左右,在其上直接培养中、小型结果枝组;往上在中央主干上均匀培养 6 个～10 个生长中庸、长势相近、插空排列、呈螺旋式上升的侧生分枝,枝长 1 m～1.5 m,角度拉开到 100°～110°,成形后果园群体结构要求株间不交接,行间留 1.5 m 以上作业带,亩枝量控制在 6 万条～8 万条,盛产期单株产量可达 60 kg～70 kg。

#### 6.4.2.1.3 高干细长纺锤形

适于株行距(1.5~2.5) m×(4~5) m的果园,亩栽53株~111株的矮化或短枝型品种。高干细长纺锤形结构标准:定干高度1 m左右,树高3.2 m~3.8 m,中央主干一定要强壮而且正直,在主干上培养均匀着生的15个~20个生长中庸、长势相近、呈螺旋式上升的单轴延伸的临时性小主枝,小主枝间距15 m~20 cm,枝展不超过1 m,粗度是中心干的1/3以下,直径为1 m~3.5 cm,拉枝开角110°~120°,同方位小主枝间距不少于80 cm,小主枝上直接结果。全树修长,上部和下部略短,中部略长,呈纺锤形。成形后果园群体结构达到株间不交接,行间留1 m~1.5 m作业带,亩枝量控制在5万个~6万个,盛产期单株产量可在40 kg~50 kg。

#### 6.4.2.1.4 高干开心形

适于(3~4) m×(4~5) m,亩栽种33株~55株的乔化形盛果期大树的改造。高干开心形基本结构:中心干高度1.5 m,树高2.5 m~3 m,冠幅3 m左右,主干上均匀选留3个~4个较大的永久性主枝,层内距1 m以上,主枝间夹角120°(方位角),开张角度85°~90°(梢角必须略有上扬),在主枝两侧或背下培养单轴延伸下垂结果枝组。单轴延伸下垂枝要求生长中庸、长势相近,枝间距20 cm左右,长度1 m以上,直径(粗度)1 cm~3 cm,单株产量80 kg~100 kg。

#### 6.4.2.2 修剪

苹果树一年四季均可修剪,冬季修剪主要是培养和调整树体基本骨架,合理布局结果枝组,春季刻芽促进萌芽,夏季环割、拉枝促进成花,秋季疏除秋梢减少养分消耗和促进果实着色。

#### 6.4.2.2.1 幼树期修剪

轻剪缓放多留枝,轻剪长放,少疏多留,增加枝叶量,扩大树冠。一般而言,除对培养主干和作为永久性主枝的枝条进行适度短剪以培育骨架枝外,余下枝条均保留不剪。

#### 6.4.2.2.2 初果期树的修剪

轻剪缓放一年生枝,培养健壮的中小结果枝组(单轴延伸枝组)。利用拉、刻、切(勒)、扭等措施,促生短枝,成花结果,增加早期产量,以果压冠,控制营养生长,防止行间交接造成郁闭。同时,清理疏除过密枝,徒长枝和纤细枝。

#### 6.4.2.2.3 盛果期树的修剪

落头开心、疏除过多过密大枝、交叉重叠枝、秋梢,强化拉枝工作。在永久性骨干枝上培养布局合理的结果枝组,短、中果枝率达到70%以上,长势中庸偏旺,合理负载,亩产量保持在3 000 kg左右。

#### 6.4.2.2.4 更新复壮

挂果3年的结果枝需要及时疏除,以新培养的枝条代替。每株树应选留5条~8条长势中等偏旺的背上枝条以增强树体的蒸腾拉力。老树枝组衰弱时,采取重缩剪,去弱留强,多短剪,少甩放,促发枝条更新复壮。

### 6.4.3 花果管理

#### 6.4.3.1 授粉

采用人工授粉、蜜蜂或壁蜂传粉等方法提高坐果率和改善果形。

#### 6.4.3.2 疏花疏果

疏花疏果量应做到以树定产、以产定果、以果定花。一般亩产3 000 kg,亩留果量1.5万个~1.8万个。

#### 6.4.3.2.1 乔化稀植园

中型果品种单果为主,双果为辅,花果间距为15 cm~25 cm;大型果品种留单果,花果间距为20 cm~30 cm。

#### 6.4.3.2.2 矮化密植园

中型果和大型果品种均留单果,花果间距分别为15 cm~20 cm和20 cm~25 cm。

#### 6.4.3.3 果实套袋、摘袋

##### 6.4.3.3.1 套袋

选择抗雨水冲刷、透气性和遮光效果良好的纸袋。套袋前 2 d～3 d 应喷一次杀虫、杀菌剂,一般 3 d～5 d 内套完。套袋时,要求将纸袋打成筒状,并打开底角的通气口,使果实处于果袋中央,封口既要严密不流入雨水,又不要伤及果柄,影响果实生长。

##### 6.4.3.3.2 摘袋

采收前 15 d 开始除袋。除袋时双层袋一般将底撕开后先除外袋,隔 3 d～5 d 后再除内袋,摘袋宜在早上和傍晚。除单层袋时,先将果袋底部撕开一个裂口,3 d 后再全部摘除。

#### 6.4.3.4 铺设反光膜

果实着色期在树冠下铺设反光膜,促进果实着色。

#### 6.4.3.5 疏枝、摘叶及转果

疏枝重点去除背上直立徒长枝,过密枝和树冠外围多余的梢头枝。

摘叶分两次进行,第 1 次于采前 20 d,摘除贴果叶片和果台基部叶片,适当摘除果实周围 5 cm～10 cm 枝梢基部的遮光叶片;第 2 次,在采前 7 d～10 d,摘除部分中长枝下部叶片。

果实向阳面着色后,可轻轻转动果实,将果实的阴面转至向阳面,使果实着色均匀。

#### 6.4.4 植物生长调节剂类物质的使用

按照 NY/T 393 的规定,在不影响产品安全和品质的前提下,可有限度使用苄氨基嘌呤、赤霉酸、三十烷醇、乙烯利、吲哚丁酸、吲哚乙酸、芸薹素内酯。

### 7 采收、储藏

根据果实成熟度、用途和市场需求综合确定采收日期。成熟期不一致的品种,应分期采收。采收时,轻拿轻放,尽量避免机械损伤。应避免中午高温采收,采下的果实及时放入冷库预冷(1℃～4℃),24 h 后再分级装箱,切忌有病斑和损伤的果实入库。如需长期存放,应放入 1℃～4℃ 保鲜库中保存。

### 8 生产废弃物处理

果园中的落叶和修剪下的枝条,带出园外进行无害化处理。修剪下的枝条,经粉碎、堆沤后,作为有机肥还田。废弃的地膜、废弃反光膜、防鸟网、果袋和农药包装袋等应收集好进行集中处理,减少环境污染。

### 9 生产档案管理

建立并保存相关记录,为生产活动可追溯提供有效的证据。记录主要包括以肥水管理、病虫害防治、花果管理等为主的生产记录,包装、销售记录,以及产品销售后的申、投诉记录等。每年记录至少保存 3 年。

附　录　A

（资料性附录）

西南冷凉高地地区绿色食品苹果生产主要病虫防治推荐农药及使用规范

西南冷凉高地地区绿色食品苹果生产主要病虫防治推荐农药及使用规范见表A.1。

表A.1　西南冷凉高地地区绿色食品苹果生产主要病虫防治推荐农药及使用规范

| 防治对象 | 防治时期 | 农药名称 | 使用剂量 | 施药方法 | 安全间隔期,d |
|---|---|---|---|---|---|
| 早期落叶病 | 4月～10月 | 80%代森锰锌可湿性粉剂 | 500倍～800倍液 | 喷雾 | 10 |
| | | 10%多抗霉素可湿性粉剂 | 1 000倍～1 500倍液 | 喷雾 | 14 |
| | | 25%戊唑醇可湿性粉剂 | 2 000倍～3 000倍液 | 喷雾 | 21 |
| 白粉病 | 3月～5月 | 36%甲基硫菌灵悬浮剂 | 800倍～1 200倍液 | 喷雾 | 21 |
| | | 29%石硫合剂水剂 | 50倍～70倍液 | 喷雾 | 15 |
| | | 40%戊唑醇·嘧菌酯悬浮剂 | 4 000倍～5 000倍液 | 喷雾 | 21 |
| 苹果腐烂病、干腐病、根腐病 | 3月～5月 9月～11月 | 43%戊唑醇悬浮剂 | 3 000倍～3 500倍液 | 喷雾或涂抹 | 28 |
| | | 3%甲基硫菌灵糊剂 | 200 g/m²～300 g/m² | 涂抹 | 21 |
| | | 10%硫黄脂膏 | 100 g/m²～150 g/m² | 涂抹 | 20 |
| 苹果轮纹病 | 5月～10月 | 36%甲基硫菌灵悬浮剂 | 800倍～1 200倍液 | 喷雾 | 21 |
| | | 43%戊唑醇悬浮剂 | 4 000倍～5 000倍液 | 喷雾 | 28 |
| 霉心病 | 开花30%或谢花70% | 80%代森锰锌可湿性粉剂 | 500倍～800倍液 | 喷雾 | 10 |
| | | 25%戊唑醇可湿性粉剂 | 2 000倍～3 000倍液 | 喷雾 | 21 |
| 炭疽病 | 早熟果6月～7月 中熟果7月～8月 晚熟果9月～10月 | 80%代森锰锌可湿性粉剂 | 500倍～800倍液 | 喷雾 | 10 |
| | | 50%多菌灵可湿性粉剂 | 333倍～500倍液 | 喷雾 | 28 |
| 苦痘病 | 4月～10月 | 100 g/L强钙氨基酸液 | 500倍～1 000倍液 | 喷雾 | 15 |
| 叶螨 | 1月～9月 | 20%四螨嗪悬浮剂 | 2 000倍～2 500倍液 | 喷雾 | 30 |
| | | 5%唑螨酯悬浮剂 | 2 000倍～4 000倍液 | 喷雾 | 15 |
| | | 99%矿物油乳油 | 100倍～150倍液 | 喷雾 | 20 |
| | | 45%石硫合剂结晶 | 20倍～30倍液 | 喷雾 | 7 |
| 蚜虫 | 4月～9月 | 10%吡虫啉可湿性粉剂 | 2 000倍～4 000倍液 | 喷雾 | 7 |
| | | 20%啶虫脒可溶粉剂 | 6 000倍～9 000倍液 | 喷雾 | 7 |
| 毛虫 | 7月～8月 | 4.5%高效氯氰菊酯乳油 | 1 360倍～2 250倍液 | 喷雾 | 21 |
| | | 100 g/L联苯菊酯乳油 | 3 300倍～5 000倍液 | 喷雾 | 10 |
| | | 40%辛硫磷乳油 | 1 000倍～2 000倍液 | 喷雾 | 14 |
| 金纹细蛾 | 5月 | 25%除虫脲可湿性粉剂 | 1 000倍～1 600倍液 | 喷雾 | 21 |
| | | 25%灭幼脲悬浮剂 | 1 500倍～2 000倍液 | 喷雾 | 21 |

注:农药使用以最新版本NY/T 393的规定为准。

# 绿 色 食 品 生 产 操 作 规 程

LB/T 019—2018

# 西北黄土高原地区
# 绿色食品苹果生产操作规程

2018-04-03发布　　　　　　　　　　2018-04-03实施

中国绿色食品发展中心 发布

# 前　　言

本规程由中国绿色食品发展中心提出并归口。

本规程起草单位:陕西省绿色食品办公室、西北农林科技大学、中国绿色食品发展中心、甘肃省绿色食品办公室、宁夏回族自治区绿色食品办公室、新疆维吾尔自治区绿色食品发展中心、新疆生产建设兵团农产品质量安全中心、青海省绿色食品办公室、河南省绿色食品发展中心。

本规程主要起草人:杨毅哲、林静雅、赵政阳、梁俊、滕锦程、屈军涛、吕安民、倪莉莉、满润、常跃智、阿衣努尔·尤里达西、王峰、黄江武、樊恒明、许琦。

# 西北黄土高原地区绿色食品苹果生产操作规程

## 1 范围

本规程规定了绿色食品苹果生产园地环境与规划，品种与苗木选择，整地与定植，田间管理，采收、包装、运输、储存，生产废弃物处理及生产档案管理。

本规程适用于山西南部和中部、河南三门峡地区、陕西渭北地区和陕西南部、甘肃东部和南部的绿色食品苹果生产。

## 2 规范性引用文件

下列文件对于本文件的应用是必不可少的。凡是注日期的引用文件，仅注日期的版本适用于本文件。凡是不注日期的引用文件，其最新版本（包括所有的修改单）适用于本文件。

NY 329  苹果无病毒母本树和苗木

NY/T 391  绿色食品  产地环境质量

NY/T 393  绿色食品  农药使用准则

NY/T 394  绿色食品  肥料使用准则

NY/T 658  绿色食品  包装通用准则

NY/T 1056  绿色食品  贮藏运输准则

## 3 园地环境与规划

### 3.1 环境条件

园地环境应符合 NY/T 391 的要求。土壤肥沃的平塬地或坡度小于 15°南向或西南向缓坡地、台地为宜。年平均气温 8℃～13℃，绝对低温不低于－25℃，1 月平均气温不低于－10℃，年降水量 400 mm 以上。土壤有机质含量达到 1.0％以上，土层深厚，活土层在 60 cm 以上，土壤 pH 7.0～8.5。

### 3.2 建园

选择平地或背风向阳的南向、东南向坡面栽植，避免重茬。在建园前，要根据经济自然条件、交通、劳力、市场、占地条件等科学规划，合理安排道路、建筑物和排灌系统。

### 3.3 道路设计

设置主干道、支道、人行道。主干道宽 5 m～6 m，外接公路，贯穿全园，能通大货车；支道宽 3 m～4 m，外接主干道，内通各小区，能通手扶拖拉机或小四轮车；人行道宽 2 m～2.5 m，外与支道连，内通各栽植行。

### 3.4 小区划分

根据地形、地势划分小区，使同一小区内土壤、光照等条件大体一致，有利于运输和机械化，以方便灌溉和管理为原则。小区面积 15 亩～45 亩。

### 3.5 栽植防护林

选择适于当地生态条件、生长快、树体较高大、长寿、经济价值高、主根发达、水平根少、与苹果无共同病虫害及中间寄主的树种。防护林的主林带与苹果园有害风向垂直，栽 2 行～3 行树，三行呈梅花形栽植，两行呈三角形栽植。

## 4 品种与苗木选择

### 4.1 选择原则

根据市场要求、品种特性、立地和气候条件而定。

## 4.2 品种选择

### 4.2.1 砧木

基砧以新疆野苹果、楸子、怀莱海棠、圆叶海棠等为主,中间砧以 M26、M9 等为宜,有条件的可选用 M26、M9 的自根砧苗。

### 4.2.2 品种

晚熟品种以红富士优系为主,早中熟苹果以嘎拉优系为主,提倡积极引进发展瑞阳、瑞雪、秦脆及秦蜜等名优特新品种。

### 4.2.3 苹果主栽品种与授粉品种配置

主栽品种　　　授粉品种

红富士优系　　嘎拉、秦冠、元帅系

嘎拉优系　　　秦阳、元帅系、玉华早富

配置比例:主栽品种与授粉品种配置实行差量成行配置或差量隔株配置。配置比例以(4～5)∶1为宜。同一果园内栽植 2 个～4 个品种为宜。提倡采用专用授粉品种,授粉比例 10%～15%。

## 4.3 苗木

苗木选择应符合 NY 329 的要求。建议栽植脱毒、无病苗木。

## 5 整地与定植

### 5.1 定植时间

以春季为宜,秋季栽植须培土防寒。

### 5.2 栽植方式

塬地、缓坡地为长方形栽植,以南北行向为宜;10°～15°的坡地实行等高线栽植。

### 5.3 栽植密度

乔化栽植株行距(3～4)m×(5～6)m;矮化栽植株行距(1.5～2.0)m×(3.5～4.0)m。地头留 4 m 宽作业道,便于机械化作业。

### 5.4 挖定植坑(沟)

#### 5.4.1 尺寸

深翻后旋耕整平,放线定点,机械或人工开挖 0.8 m³～1.0 m³ 的定植坑(或宽 0.8 m、深 1.0 m 的定植沟)。

#### 5.4.2 时间

春栽坑(沟)在秋季土壤封冻前完成,秋栽坑(沟)在夏季(7 月～8 月)完成。

#### 5.4.3 基肥

每亩施腐熟有机肥 2 000 kg～3 000 kg,三元素复合肥 15 kg～30 kg,肥料与土混匀,先表土后底土进行回填,春季栽植坑(沟)回填后应进行灌水。

### 5.5 苗木处理

提倡选用无病毒苗木,质量达到 NY 329 一级苗标准。核实品种,挑选整理,剔除不合格残次苗木,修剪根系,分级栽植。异地苗木要注意保湿运输,并注意防止带入检疫性有害生物。苗木栽前在 80% 多菌灵可湿性粉剂 50 倍液、3%～5%的过磷酸钙水溶液中消毒,吸水 12 h～18 h,泥浆蘸根后,随即栽植。

### 5.6 开挖定植穴(坑)

定植时挖 30 cm³ 见方的定植穴(坑)。

### 5.7 定植

#### 5.7.1 方法

定植时扶正苗木,纵横成行,边填土边提苗舒展根系并踏实。

#### 5.7.2 深度

定植深度应以嫁接口露出地面 5 cm～8 cm 为宜,避免品种生根。

### 5.8 矮化砧苗要求

矮砧苗栽植应根据灌溉条件确定起垄与否。灌水条件差的果园,应在秋季或春季栽前进行起垄。方法是在预栽树行两侧各 1 m 的土壤上撒施有机肥和化肥,然后沿预留树行外侧各 0.5 m 把土翻至中间,形成宽度 1 m、高度 5 cm～10 cm 的缓坡土垄。灌水条件好的果园则不起垄,直接栽植。

## 6 田间管理

### 6.1 土壤管理

#### 6.1.1 深翻改土

幼园在定植穴(沟)外挖深宽各 60 cm～80 cm 的环状沟或条状沟,挂果园(5 年生后)分年逐次先株间、后行间在树冠外围挖深 40 cm～50 cm、宽 50 cm～60 cm 的沟(穴),表土、底土分放,回填时先在沟底填充一定的有机物料,表土与肥料混匀后覆盖于有机物料上,最后回填底土。

#### 6.1.2 增施有机肥

结合深翻改土,施入足量有机肥及其他有机物料,同时混合施入一定量的微生物肥料和矿物源微量元素肥料。

#### 6.1.3 多元免耕覆盖

##### 6.1.3.1 绿肥覆盖

实施果园生草或豆菜轮茬(即春季播种黄豆 4 kg/亩～5 kg/亩,秋季刈割覆盖或翻压后再播种 0.5 kg/亩油菜籽),种植绿肥高度达 30 cm 时及时刈割覆盖或翻压。禁止间作玉米等高秆作物。

##### 6.1.3.2 生草覆盖

采用免耕自然生草,杂草高度达 20 cm 时应及时刈割、覆盖树盘。

##### 6.1.3.3 其他有机物覆盖

将作物秸秆、苹果枝条、柠条、小冠花等有机物经粉碎后直接覆盖树盘(距主干 20 cm 以外),厚度 20 cm,并适量压土。

### 6.2 水分管理

果园水分管理以旱作蓄水保墒为主,提倡节水灌溉,严禁用工业废水、污水灌溉果园。灌溉水质应符合 NY/T 391 中灌溉水各项污染物的限值要求。

#### 6.2.1 灌溉时间

根据苹果树需水规律,在萌芽期或花后幼果期、果实膨大期、采果后到封冻前,全年灌水 2 次～3 次。有节水灌溉条件的可适时适量灌溉。

#### 6.2.2 灌水量

以田间最大持水量 60%～80% 作为灌溉指标,达到果树根际土壤全部湿润即可。提倡使用喷灌、滴灌。

#### 6.2.3 方法

##### 6.2.3.1 集雨蓄水

每 3 亩～5 亩修建一口 8 m³ 的集雨窖,集雨场不小于 18 m²,蓄积自然降水。

##### 6.2.3.2 穴储肥水

在树冠垂直投影偏内位置打孔、挖穴,幼树4个～6个,初果树6个～8个,盛果树8个～12个,直径20 cm～30 cm、深35 cm～50 cm的圆柱形穴。用四周带小孔的110 PVC管竖立于穴中央,穴里埋入枯枝落叶,施入与土混均匀的腐熟农家肥或化肥,填实,地表整成凹形,覆盖农膜,中间开2 cm大小的十字小孔,管口用小地漏盖口,以便收集雨水或补肥补水。

#### 6.2.3.3 微灌

有条件的果园可安装微喷、滴灌设施。采用水肥一体化施肥方法:先将所需施肥量按1:10配成肥液,再将肥液注入滴灌系统,适宜浓度为灌溉流量的0.1%。

### 6.2.4 覆盖保水

#### 6.2.4.1 地膜覆盖

早春或冬前覆盖黑色地膜。幼树将树盘整成V形面,内低外高,落差5 cm左右,进行通行覆膜。成龄树整成内高外低,利于水分集中在树冠边缘。

#### 6.2.4.2 秸秆、杂草覆盖

覆盖厚度15 cm～20 cm,并在其上撒施适量氮肥,后撒盖少量土,防止风吹走。

## 6.3 施肥管理

### 6.3.1 肥料选择与使用

肥料选择使用应符合NY/T 394的规定。

### 6.3.2 时期

每年按照春季萌芽前施肥、春梢停长前追肥和采果后施基肥3个时期进行。

### 6.3.3 方法

#### 6.3.3.1 追肥方法

采用环状、放射状沟施穴施或追肥枪施、叶面喷施等,有条件的果园采用水肥一体化施肥技术。

#### 6.3.3.2 施基肥方法

基肥宜采取放射状或条状沟施,也可撒施。

### 6.3.4 施肥量

#### 6.3.4.1 幼树

按每龄每株施入N、$P_2O_5$各0.05 kg计算,按纯养分量折算成化肥实物量施用;农家肥15 kg/株～20 kg/株。

#### 6.3.4.2 初果树

每株施腐熟农家肥25 kg～50 kg,N 0.28 kg,春季追施N 0.09 kg,$K_2O$ 0.7 kg。

#### 6.3.4.3 盛果树

依据产量而定,亩产2 000 kg～2 500 kg的果园,有机肥施用量应达到斤*果斤肥的水平,并分别施入N、$P_2O_5$、$K_2O$各20 kg/亩～25 kg/亩、20 kg/亩、20 kg/亩～30 kg/亩;亩产2 500 kg～3 000 kg的丰产园,有机肥施用量达到斤果1.5斤肥的水平,分别施入N、$P_2O_5$、$K_2O$各30 kg/亩～35 kg/亩、30 kg/亩、30 kg/亩～40 kg/亩。

### 6.3.5 施肥技术

#### 6.3.5.1 春季追肥

3月中旬土壤解冻后进行。幼园按照每龄每株施入N、$P_2O_5$各20 g～30 g,按此纯量进行折算施入化肥,每株灌水25 kg～50 kg。盛果期果园按照N、$P_2O_5$、$K_2O$比例施入全年肥量的20%～30%,同时配合施入微量元素及微生物肥,追肥后每株灌水50 kg～100 kg。

---

* 斤为非法定计量单位。1斤=500 g。

#### 6.3.5.2 夏季追肥

在 6 月中下旬进行。幼园按照每龄每株施入 N、$P_2O_5$ 各 20 g～30 g。盛果期果园按照 N、$P_2O_5$、$K_2O$ 比例施入全年肥量的 15%，同时配合施入微量元素及微生物肥。追肥后根据土壤墒情适时灌溉。

#### 6.3.5.3 秋施基肥

在采果后落叶前进行，越早越好。以农家肥为主，依据产量施入全年所需的有机肥，配施全年所需 55%～65% 的化肥。

### 6.4 花果管理

#### 6.4.1 花前复剪

萌芽后进行复剪，主要疏除过多的花枝、细弱花枝、腋花芽，同时剪除冬剪遗漏的病虫枝、干枯枝、细弱枝、锥形枝和弱果台枝等。

#### 6.4.2 高接授粉枝

萌芽后，对授粉树配置不足的果园，按照要求合理选择单枝（主枝）嫁接授粉品种。

#### 6.4.3 保花保果

##### 6.4.3.1 花期防冻

实行适地适栽、选择适宜园址、延迟发芽、低温来临前树冠喷水、果园熏烟、吹风对流、喷防冻剂及采取喷营养液等措施。花期受冻后，在花托未受害的情况下，人工辅助授粉、利用边花、腋花芽结果、延迟疏花疏果、加强土肥水管理、及时防控病虫害，尽量减少因病虫害造成的进一步损失。

##### 6.4.3.2 花期放蜂

蜜蜂每 4 亩～6 亩放置 1 箱，箱间距 300 m～500 m；壁蜂每亩投放 60 头～150 头。放蜂果园应避免花期喷布农药。

##### 6.4.3.3 人工授粉

人工采集秦冠、新红星、嘎啦等与红富士亲和力好的品种铃铛花阴干，收集花粉，当中心花开放 30%，按以下方式开始进行人工授粉。

喷粉：按照 1:（10～50）的比例加入滑石粉或淀粉，用喷粉机进行喷粉。喷粉应在上午或下午无风的情况下进行。

喷雾：用 10 kg 水、0.5 kg 白砂糖、0.3% 的硼砂及 20 g～30 g 花粉配成悬浮液，用超低量喷雾器进行喷雾。

人工点授：按照 1:1 的比例加入滑石粉，用铅笔的橡皮头或毛笔轻蘸花粉并点授在正开放花的柱头上，使花粉均匀的黏在柱头即可。一个花序授一个中心花和一个边花。

##### 6.4.3.4 花期喷肥

花期喷施 1 次～2 次 0.3% 硼酸＋0.3%～0.5% 的蔗糖混合液。

#### 6.4.4 疏花疏果

##### 6.4.4.1 疏花

花序分离期疏除过密、质量较差的花序；疏除永久性主枝延长头梢部 50 cm 以内的花序；疏除腋花芽花序；盛花期每花序选留中心花和一个健壮的边花。

##### 6.4.4.2 疏果定果

疏果定果：每个花序只留中心果，中心果发育不良的选留一个发育良好的边果。优先选留果个大、果形正、果柄粗壮、无病虫、无外伤、果台副梢生长良好的果。

乔砧普通型品种留果量：大型果按 20 cm～25 cm、中小型果 15 cm～25 cm 留一个果的标准进行，大型果亩留果量 1 万个～1.2 万个，中小型果 1.2 万个～1.5 万个。叶果比大型果按（40～50）:1 留果，中小型果按（30～40）:1 留果。

乔砧短枝型、矮砧品种留果量：大型果按 20 cm～25 cm、中小型果 15 cm～20 cm 留一个果的标准进行,大型果亩留果量 1 万个～1.2 万个,中小型果 1.2 万个～1.5 万个。叶果比大型果按(30～50)：1 留果,中小型果按(20～40)：1 留果。

### 6.4.5 果实套袋

#### 6.4.5.1 时期

以 5 月下旬至 6 月中旬为宜。

#### 6.4.5.2 选果

选果形正,果肩平,萼片紧闭,果梗较长的下垂和侧生果为宜。

#### 6.4.5.3 方法

按要求先撑鼓袋子,打开透气孔;袋底朝上,由上往下套,将幼果悬于袋中央;袋口由两边向中间折叠,不能伤及果柄;封袋口应折向无纵切口的一面,并用扎丝夹紧。

#### 6.4.5.4 摘袋

果品采收前 15 d 左右除去外袋,5 d～7 d(至少有 3 个晴天)再除内袋,严禁内外袋一次性去除。

### 6.4.6 增色措施

主要措施有摘叶转果和铺设反光膜。

#### 6.4.6.1 摘叶转果

摘叶:红色品种于成熟前 20 d～30 d(套袋果结合除袋)分次摘除贴果叶和遮果叶,摘叶时应保留叶柄,摘叶量约为全树叶量的 20%。

转果:即将果实阴面转向阳面并固定,促进果实全面着色。

#### 6.4.6.2 铺反光膜

在果实着色期或套袋果去除内袋后,选铺银色反光膜。

#### 6.4.6.3 其他措施

可采用喷水、喷肥等其他措施。

### 6.5 整形修剪

#### 6.5.1 乔砧树

#### 6.5.1.1 树形选择

1 年～7 年生选培自由纺锤形树形,8 年～14 年为变则主干形,15 年以上为小冠开心形,乔砧短枝型品种的树形为自由纺锤形。

#### 6.5.1.2 修剪技术

#### 6.5.1.2.1 冬季修剪

自由纺锤树形幼树修剪注意"轻剪、长放、多留枝"。乔砧短枝型品种成龄挂果后根据结果枝组强弱适当回缩或短截更新复壮。

变则主干树形修剪包括提干、疏枝、控冠、间伐、枝组培养和更新等。

小冠开心树形修剪包括扶持主枝延长头、枝组更新复壮、衰老残败更新改造等。

#### 6.5.1.2.2 生长季修剪

对"光秃"现象严重的成龄树和幼旺树,萌芽前后在缺枝部位芽上方 0.3 cm～0.5 cm 处刻一道深达木质部伤痕,促进发枝,弥补空间。苹果春季萌芽后,抹除主干、主枝基部 10 cm 以内、剪锯口周围无用的萌蘖和过多背上芽。对成龄果园树冠内的直立枝、徒长枝、过密枝以及树冠外围的多头枝、过密枝、徒长枝从基部剪除。对主枝背上过密枝、直立旺枝和徒长枝应适当疏除,保留枝采取拉、揉、拿等方法进行控制利用。疏除主枝延长头前端的多头枝,使其单轴延伸。幼树主要对中干延长头竞争枝及时疏除理,扶持中干健壮生长。延长头于 9 月进行摘心,促进枝芽充实,防止抽条。乔砧普通型品种永久性主枝角度应开张到 80°,临时性主枝 90°～100°,侧生枝直接拉下垂。乔砧短枝型品种所有主枝应开张到 90°～

100°。针对幼旺树、适龄不挂果树,果树花芽分化临界期,在临时性主枝和侧生枝基部 20 cm 以内的光滑部位进行 1 次～3 次环切,间隔期约 1 周,切口间距约 5 cm。乔砧短枝型品种不进行环切。

### 6.5.2 矮砧树

#### 6.5.2.1 树形选择

细长纺锤形和高纺锤形。

#### 6.5.2.2 修剪技术

##### 6.5.2.2.1 冬季修剪

一年生树修剪:中央领导干延长头在饱满芽处轻短截,中干上萌发的小枝全部留上平台疏除。二年生树修剪:继续对中央领导干延长头在饱满芽轻短截。对中干上萌发的竞争枝及粗度达到着生部位中干粗度 1/4 的枝条留上平台疏除,其余小主枝全部缓放。结合春季刻芽定位发枝的方法每 15 cm 左右螺旋上升排列刻芽促发枝条。三年生以上树修剪:以疏枝、长放两种手法为主,少短截,培养健壮的中央领导干,其上直接培养结果枝组。

##### 6.5.2.2.1 生长季修剪

同乔砧树。

### 6.6 病虫害防治

#### 6.6.1 防治原则

坚持预防为主,综合治理,以农业措施、物理措施和生物措施为主,化学防治为辅,应选用符合 NY/T 393 规定的化学农药。强化病虫害的测报。

#### 6.6.2 常见病虫害

苹果腐烂病、早期落叶病、锈病、白粉病;蚜虫、叶螨、卷叶蛾、金纹细蛾、金龟子等。

#### 6.6.3 农业防治

清除病虫果、病枯枝、落叶、杂草,刮除树干老翘皮,在指定地点集中销毁或无害化处理。秋季翻树盘,减少土壤中越冬害虫。采用果园生草、秸秆覆盖、科学施肥等措施强壮树势,增强抵御病虫害的能力。

#### 6.6.4 物理防治

采用杀虫灯、黏虫板、诱虫带、糖醋液等方法诱杀害虫。

#### 6.6.5 生物防治

人工释放赤眼蜂、捕食螨等天敌,保护和利用瓢虫、草蛉等昆虫,控制害虫(害螨)等危害。利用土壤施用白僵菌防治食心虫。利用性诱剂诱杀金纹细蛾、食心虫、卷叶蛾等害虫。

#### 6.6.6 化学防治措施

农药的选择和使用应符合 NY/T 393 的要求。苹果主要病虫害化学防治措施见附录 A。

## 7 采收、包装、运输、储存

### 7.1 采收技术要求

#### 7.1.1 采收期确定

根据果实发育期、成熟度、用途和市场需求综合确定采收适期。采前落果较严重或成熟期不一致的品种,应分期采收。

#### 7.1.2 采收方法

用手掌轻托果实,食指抵住果柄基部,向上轻抬(折),果柄可自然与果实分离,禁止硬拽。采收应先采冠上和外围着色好的果实,冠下和内膛的果实着色后再采。

#### 7.1.3 注意事项

采果篮、周转箱内应衬垫软质材料,防止擦、碰、刺伤果实,最好选用采果袋;采收人员须剪短指甲或戴手套,以防指甲刺伤果面;采果时应尽量多用梯凳,少上树,避免踩伤树体和枝芽。

### 7.2 采收过程污染控制要求

#### 7.2.1 采收用具

应保证采收器物没有任何污染,采收过程不能造成污染。

#### 7.2.2 果品堆放

果品堆放应使用标准容器,并保持洁净。

#### 7.2.3 果品保护

果品禁止直接着地和日晒雨淋。

#### 7.2.4 储藏场所和运输工具

应清洁卫生、无异味,禁止与有毒、有异味的物品混存、混运。

#### 7.2.5 人员卫生

采后处理过程中所涉及的操作人员应该身体健康,保持卫生,穿着工作服,工作服保持整洁,佩戴手套、口罩等,工间休息、大小便及丢弃生活垃圾等应该在指定位置。

#### 7.2.6 包装、运输、储存

包装应符合 NY/T 658 要求,果品储藏、运输应符合 NY/T 1056 要求。储藏、运输期间不允许使用化学药品保鲜。储藏场所和运输工具要清洁卫生、无异味,禁止与有毒、有异味的物品混放混运。应有专用区域储藏并有明显标识。

## 8 生产废弃物处理

苹果园中的落叶和修剪下的枝条,带出园外进行无害化处理。修剪下的枝条,量大时,经粉碎、堆沤后,作为有机肥还田。废弃的地膜、果袋和农药包装袋等应收集好进行集中处理,减少环境污染。

## 9 生产档案管理

建立绿色食品苹果生产档案。应详细记录产地环境条件、生产技术、肥水管理、病虫害的发生和防治、采收及采后处理等情况并保存记录 3 年以上。

附　录　A

（资料性附录）

西北黄土高原地区绿色食品苹果生产主要病虫害化学防治方案

西北黄土高原地区绿色食品苹果生产主要病虫害化学防治方案见表 A.1。

表 A.1　西北黄土高原地区绿色食品苹果生产主要病虫害化学防治方案

| 防治对象 | 防治时期 | 农药名称 | 使用剂量 | 施药方法 | 安全间隔期,d |
|---|---|---|---|---|---|
| 苹果腐烂病 | 苹果套袋前 | 430 g/L 戊唑醇悬浮剂 | 5 000 倍～7 000 倍液 | 喷雾 | 21 |
|  | 发芽前 | 35％丙唑·多菌灵悬乳剂 | 600 倍～800 倍液 | 涂抹 | 30 |
| 早期落叶病 | 5月上中旬 | 80％代森锰锌可湿性粉剂 | 500 倍～800 倍液 | 喷雾 | 10 |
|  |  | 430 g/L 戊唑醇 | 700 倍～5 000 倍液 | 喷雾 | 21 |
|  |  | 80％醚菌酯水分散粒剂 | 5 000 倍～6 000 倍 | 喷雾 | 21 |
|  |  | 500 g/L 异菌脲悬浮剂 | 1 000 倍～2 000 倍液 | 喷雾 | 7 |
|  |  | 10％多抗霉素可湿性粉剂 | 1 000 倍～1 500 倍液 | 喷雾 | 7 |
|  |  | 3％多抗·中生菌可湿性粉剂 | 500 倍～750 倍液 | 喷雾 | 7 |
| 锈病 | 发病初期 | 33％锰锌·三唑酮可湿性粉剂 | 800 倍～1 200 倍液 | 喷雾 | 15 |
| 白粉病 | 苹果套袋前 | 36％甲基硫菌灵悬浮剂 | 800 倍～1 200 倍液 | 喷雾 | 21 |
|  |  | 40％腈菌唑可湿性粉剂 | 6 000 倍～8 000 倍液 | 喷雾 | 14 |
|  |  | 10％醚菌酯水乳剂 | 600 倍～800 倍液 | 喷雾 | 14 |
| 蚜虫 | 苹果树蚜虫始盛期 | 5％吡虫啉可溶液剂 | 1 667 倍～2 500 倍液 | 喷雾 | 14 |
|  |  | 5％啶虫脒乳油 | 3 333 倍～4 166 倍液 | 喷雾 | 30 |
|  |  | 21％噻虫嗪悬浮剂 | 4 375 倍～7 000 倍液 | 喷雾 | 14 |
| 叶螨类 | 苹果树开花前后 | 240 g/L 螺螨酯悬浮剂 | 4 000 倍～6 000 倍液 | 喷雾 | 30 |
|  |  | 5％噻螨酮乳油 | 1 670 倍～2 000 倍液 | 喷雾 | 30 |
|  |  | 40％四螨嗪悬浮剂 | 3 000 倍～4 000 倍液 | 喷雾 | 21 |
| 卷叶蛾类 | 从萌芽至幼果套袋前 | 20％甲维·除虫脲悬浮剂 | 2 000 倍～3 000 倍液 | 喷雾 | 14 |
| 潜叶蛾类 | 卵孵化盛期或低龄幼虫期 | 20％灭幼脲悬浮剂 | 1 200 倍～1 600 倍液 | 喷雾 | 21 |
|  |  | 35％氯虫苯甲酰胺水分散粒剂 | 17 500 倍～25 000 倍液 | 喷雾 | 14 |

注:农药使用以最新版本 NY/T 393 的规定为准。

# 绿色食品生产操作规程

LB/T 020—2018

# 黄 河 故 道
## 绿色食品梨生产操作规程

2018-04-03 发布

2018-04-03 实施

中国绿色食品发展中心 发布

# 前　言

本规程由中国绿色食品发展中心提出并归口。

本规程起草单位:安徽省绿色食品管理办公室、安徽农业大学、中国绿色食品发展中心、河南省绿色食品发展中心、江苏省绿色食品办公室、山东省绿色食品发展中心。

本规程主要起草人:张勤、叶振风、张宪、任旭东、朱立武、许诺、贾兵、衡伟、刘莉、刘普、姬伯梁、吴东梅、王馨。

# 黄河故道绿色食品梨生产操作规程

## 1 范围

本规程规定了黄河故道绿色食品梨的建园、土肥水管理、整形修剪、花果管理、病虫害防治、果实采收、储藏及商品化处理、生产废弃物处理和生产档案管理。

本规程适用于江苏北部、安徽、山东南部和河南的绿色食品梨生产。

## 2 规范性引用文件

下列文件对于本文件的应用是必不可少的。凡是注日期的引用文件，仅注日期的版本适用于本文件。凡是不注日期的引用文件，其最新版本（包括所有的修改单）适用于本文件。

GB 7718　食品安全国家标准　预包装食品标签通则

GB 14930.2　食品工具、设备用洗涤消毒剂卫生标准

NY/T 391　绿色食品　产地环境质量

NY/T 393　绿色食品　农药使用准则

NY/T 394　绿色食品　肥料使用准则

NY/T 442　梨生产技术规程

NY/T 658　新鲜水果包装标识通则

NY/T 1198　梨贮运技术规范

NY/T 1431　农产品追溯编码导则

## 3 建园

### 3.1 园地选择

选择地势相对平坦、土层深厚、地下水位在 1.0 m 以下、土壤 pH 6.0～8.0，基地应远离污染源、交通便利的地方建园。产地环境条件应符合 NY/T 391 的要求。

梨园周围方圆 5 km 范围内没有种植桧柏、龙柏等转主寄主。

### 3.2 苗木选择与处理

选择品种纯正、嫁接口离地面 10 cm～15 cm 且愈合良好、苗高≥1.2 m、粗度≥1.2 cm、主根长≥25 cm、侧根 5 条以上、整形带有 8 个以上饱满芽的健壮苗木。定植前，用水浸根 8 h～12 h，修剪根系。

### 3.3 栽植时期

秋栽或春栽。秋栽一般在 10 月下旬至 12 月初、苗木落叶后至土壤封冻前；春栽于土壤解冻后至苗木萌芽前，多为 2 月中下旬至 3 月上旬。

### 3.4 栽植技术

采用 1 m×1 m 定植沟或 1 m³ 的大穴栽植。栽植时舒展根系，扶正苗木，纵横成行，边填土边提苗、踏实，埋土到根颈处。栽后及时浇水，覆膜保墒。

### 3.5 栽植密度

建园时，自然开心形树形适宜株行距 4.0 m×(5.0～6.0) m；纺锤形树形适宜株行距(2.0～2.5) m×4.0 m；主干形按照(1.0～1.5) m×4 m 株行距进行栽植；倒伞形按照(2.0～3.0) m×4 m 株行距进行栽植。

基部多主枝中干两层形树形每亩适宜的栽植密度为 18 棵～30 棵；基部多主枝小冠疏层形树形每

亩适宜的栽植密度为 28 棵～44 棵。

## 3.6 品种与授粉树配置

根据各地市场需求和梨树生长特性选择抗逆性强、适应性广的品种;选择表皮光滑、免套袋品种。梨苗定植时按(3～4):1 配置授粉树。授粉品种应选择经济价值高、开花期与主栽品种相近、花粉量大、亲合力强的品种。授粉品种可按行列式或中心式配置。

## 3.7 定干高度

自然开心形和纺锤形树形定干高度均为 50 cm～60 cm,基部多主枝中干两层形定干高度为90 cm～100 cm,基部多主枝小冠疏层形定干高度为 95 cm～110 cm。

## 4 土肥水管理

### 4.1 土壤管理

#### 4.1.1 土壤耕翻

分为扩穴深翻和全园深翻。扩穴深翻结合秋施基肥进行,在定植穴(沟)外侧挖环状沟或平行沟,沟宽 80 cm,深 80 cm～100 cm。土壤回填时混以有机肥,表土放在底层,底土放在上层,然后充分灌水,使根土密接。

#### 4.1.2 中耕松土

清耕制果园及生草制果园的树盘在生长季降雨或灌水后,及时中耕除草,保持土壤疏松。中耕深5 cm～10 cm,以利调温保墒。中耕次数,依梨园土壤墒情和杂草生长情况而定,一般沙壤土质的梨园,2 次～3 次;土质黏重的梨园可适当增加中耕次数。

#### 4.1.3 地膜覆盖

春季为提高土温、减少土壤水分蒸发、防控杂草,一般 2 月底至 3 月初进行行间地膜覆盖。栽培密度适宜、通风透光条件良好的梨园,可采用普通透明地膜覆盖;杂草危害较重的园地,选用黑色地膜覆盖;对于相对密闭的梨园,可选择反光膜覆盖,以降低园内湿度、增加树冠内膛叶片采光量、增强叶片光合能力,改善果实品质。

#### 4.1.4 果园生草

生草品种可选用毛叶苕子、白三叶草、紫花苜蓿和鼠茅草等。采用行间条播和撒播均可,三叶草高度超过 40 cm 时刈割,作饲料或绿肥;鼠茅草每 3 年～5 年旋耕一次。

覆盖材料选用麦秸、麦糠、玉米秸、稻草及田间杂草等,覆盖厚度 10 cm～15 cm,上面零星压土。连续 3 年～4 年后结合秋施基肥浅翻一次;也可结合深翻开大沟埋草,提高土壤肥力和蓄水能力。

### 4.2 施肥

#### 4.2.1 施肥原则

使用的肥料种类及施肥量应符合 NY/T 394 的规定,同时应根据品种、树势、土质、树龄和树体需肥规律等并经过土壤肥力诊断后确定,以有机肥为主,按规定配施无机肥。

#### 4.2.2 幼树施肥

在苗木定植成活发芽后,新稍长 5 cm 后进行。第 1 年每隔 10 d～15 d 施肥一次,每株 10 g～15 g 尿素。7 月施磷、钾肥每株各 25 g～50 g。第 2、3 年,第 1 次于 2 月中旬发芽前施用,每株尿素 50 g～100 g;第 2 次 5 月初以氮、磷、钾配合施用,可株施尿素 100 g,过磷酸钙 100 g,硫酸钾 50 g;第 3 次与 7 月初施用,可株施尿素 100 g,过磷酸钙 150 g。

#### 4.2.3 丰产梨树施肥

##### 4.2.3.1 施肥时间

第 1 次生理落果后(5 月上中旬)施坐果肥,果实迅速膨大期(6 月上旬至 7 月下旬)施壮果肥;采果后至土壤封冻前施(9 月～11 月)基肥。生长季节,根据树体营养情况,适当进行根外追肥。

#### 4.2.3.2 施肥量

初果期树按每千克果施经无害化处理的农家肥 1.5 kg～2.0 kg,盛果期每亩施无害化处理的农家肥 3 000 kg～5 000 kg。

#### 4.2.4 施肥种类

如土壤 pH＞7,施酸性肥料,如硫酸铵、重过酸钙;如土壤 pH＜7,施碱性肥料,如钙镁磷肥。

#### 4.2.5 基肥施用

梨树基肥以迟效性或半迟效性有机肥为主,配合速效性化肥,在 9 月～12 月施入,早熟品种在采果后施用,中晚熟品种采果前施用。亩施农家肥 3 000 kg～5 000 kg 或商品有机肥 400 kg～450 kg,尿素 5 kg、加过磷酸钙或钙镁磷肥 50 kg。提倡土杂肥和适当的微生物肥一起施用,或直接施用高质量的生物有机专用肥(或专用平衡肥)。采用放射沟、环状沟、条状沟、穴施等方式进行。

#### 4.2.6 追肥施用

第 1 次在萌芽前后,以氮肥为主;第 2 次在果实膨大期,以磷钾肥为主,混合少量氮肥;第 3 次在果实生长后期,以钾肥为主。施肥量视土壤和结果量而定,每产 100 kg 果分期追施尿素 0.5 kg～1 kg,过磷酸钙 1 kg～2 kg,硫酸钾 1 kg 左右。采用开穴追施,穴深 10 cm 左右,施肥后覆土灌水。

提倡将梨树冲施肥溶解于配肥容器中,灌溉时用直径 1 cm～1.5 cm 的虹吸管从配肥容器中吸肥液流入滴灌系统,按照树体需求,利用肥水一体化系统进行施肥。

#### 4.2.7 叶面施肥

在生长期进行 3 次叶面喷施,萌芽后开花前每隔 7 d～10 d 喷 1 次 0.2％磷酸二氢钾加 0.3％尿素;新梢缓慢生长与花芽分化前每隔 7 d～10 d 轮喷 1 次 0.5％磷酸铵、0.2％磷酸二氢钾和 1％过磷酸钙浸出液;果实采收前 30 d 每隔 7 d～10 d 喷 1 次 0.2％磷酸二氢钾。

### 4.3 水分管理

灌溉水质应符合 NY/T 391 的规定;根据梨树需水规律,春季萌芽至开花前,结合施肥灌透水;新梢快速生长期天旱应灌水;提倡采用滴灌、微灌渗透等节水灌溉法;雨季要注意排水。

## 5 整形修剪

### 5.1 整形

#### 5.1.1 多主枝自然开心形

树高 4.0 m 左右,无明显的中心干,主干上分生主枝 3 个～4 个,主枝上各分生 6 个～8 个结果枝组。主枝基角 60°～70°、腰角 45°～50°、梢角 30°。

#### 5.1.2 主干形

树高 2.5 m～3.0 m,中干强壮直立,干高 50 cm～60 cm,无侧枝,没有明显分层,直接在中干上均匀着生 10 个～15 个结果枝组,下大上小,主枝长度控制在 1.2 m 以内、腰角为 70°～90°。主枝上直接安排结果枝组,进入结果盛期后,进行中心干落头。

#### 5.1.3 倒伞形

树高 3.0 m 左右,主干 0.5 m～0.7 m,主枝 3 个～4 个。主枝基角 55°～60°。第一层错落排列 3 个～4 个主枝,主枝间距 0.2 m～0.3 m,中心干上无明显主枝,以大型结果枝组为主,并配备辅养枝。主枝上着生大、中、小均匀的结果枝组。冠层厚 2.5 m～2.8 m,树冠整体结构下大上小、上疏下密呈倒伞形。盛果期的梨树,在冬季修剪时对连续结果伸展延长、严重衰弱的结果枝组仍要保持单轴延伸,生长期在骨干枝上保留 1 个～2 个长势中庸的背上枝;采用夏秋季扭梢、冬季拉枝的方法使其成为骨干枝更新的预备枝。

### 5.2 修剪

#### 5.2.1 骨干枝修剪

#### 5.2.1.1 中心干修剪

将定干后最上部的芽发出的发育枝培养成中心干。冬剪时,对延长枝行轻短截,对生长势过旺的行中短截,也可在夏季对新梢行减梢、摘心或对多年生枝环割,第二层主枝培养后,不再留中心干延长枝,进入盛果期稳定生产后,对于基部多主枝小冠疏层形剪除第二层以上部分。

#### 5.2.1.2 主枝修剪

在整形带内培养均匀分布的主枝3个～5个。主枝不够时,春季萌芽前在整形带饱满芽上方行刻芽处理。冬剪时,对幼龄树主枝延长枝行轻短截或不剪,对盛果期主枝延长枝行轻短截或中短截,树冠达到要求时,可行重短截或回缩。

#### 5.2.1.3 侧枝修剪

利用主枝侧芽培养侧枝,不用竞争枝培养侧枝。对幼龄树侧枝延长枝行轻短截或甩放,对与主枝有竞争的侧枝可行中短截或重短截;对盛果期侧枝延长枝行中短截,影响骨干枝生长发育时,可重短截或回缩。

#### 5.2.2 辅养枝修剪

在不影响骨干枝生长的前提下,可在整形带内或以上部位培养辅养枝,辅养枝与中心干之间的夹角为80°～90°。对辅养枝延长枝缓放或轻短截,影响骨干枝生长发育时,可重短截或回缩。

### 5.3 密闭园树形改造

#### 5.3.1 基部三主枝中干圆柱形

对"疏散分层延迟开心形"中心干上大枝过多、枝条密集的植株,冬季修剪疏除基部过密大枝,保留3个～4个主枝,对交叉枝进行重度回缩。基部主枝上不再区分侧枝,中心干上着生的枝分枝不再区分主枝、辅养枝,减少分枝级次,将其改造成单轴延伸结果枝组,在主枝、中心干上均匀分布,改造为"基部三主枝中干圆柱形"。

#### 5.3.2 基部三主枝中干两层形

对于"疏散分层延迟开心形"分层明显、行间、株间大枝交叉,树冠严重郁闭的植株,冬季修剪除去第三层主枝、疏除基部过密大枝,保留三个主枝,对交叉枝进行重度回缩,改造成"基部三主枝中干两层形"。

#### 5.3.3 多主枝自然开心形

对于"疏散分层延迟开心形"栽培密度相对较大,树龄不超过20年的密闭梨园,冬季去掉中心干、疏除主枝上强旺分枝,改造枝组的结构,主枝上直接安排结果枝组,间隔30 cm～40 cm。将调整树体结构由"疏散分层延迟开心形"改为"基部多主枝开心形"。

## 6 花果管理

### 6.1 树相指标

盛果期梨树,每亩花芽留量1.2万个～1.5万个;每亩新梢留量4万条～5万条;树冠覆盖率以70%～80%为宜;叶面积系数为2.5～3.5;叶果比(30～50)∶1,枝果比(4～5)∶1。

### 6.2 辅助授粉

推荐采用梨树液体授粉技术;鼓励采用果园放蜂,5亩放1箱蜜蜂,开花前放入,也可引进角额壁蜂授粉。

壁蜂授粉:采用花期放蜂或放养壁蜂代替人工授粉,每亩放养量80头～150头蜂茧。

液体授粉:每亩按照4 g的纯花粉量,用0.04%黄原胶,15%蔗糖,0.01%硼酸和0.05%硝酸钙配制成花粉悬浮液,采用精量喷雾机械对梨树进行液体授粉。

### 6.3 预防花期霜冻

气温接近0℃时,点火生烟,每亩果园面积设置6个～8个烟堆,保持时间是整个低温期。花前灌水延迟花期。

## 6.4 疏花疏果

疏花在花序分离期和初花期进行。疏果从落花后 14 d 开始。间隔 20 cm～30 cm 留一个花序(各品种的间距根据果实大小而定,大果型品种间距适当大些,小果型品种间距适当小些),每个花序留一个发育良好的边蕾、边花或边果。按照留优去劣的疏果原则,树冠中后部多留,枝梢先端少留,侧生果、背下果多留、背上果少留。及早疏除病虫果和畸形果。控制好全树留果量,确保稳产、优质。以盛果期树定产每亩 2 000 kg～3 000 kg,单果重按 280 g～320 g 计算,确定单株留果数。

## 6.5 果实套袋

选择免袋栽培的梨品种;须套袋梨品种果袋的选择、套袋的时间和要求按 NY/T 442 中 7.3 执行。一般在落花后 20 d 左右开始,最后一次定果,全部留单果。喷一次"杀虫剂＋杀菌剂",药液干后,开始套袋,10 d 内套袋结束。

# 7 病虫害防治

## 7.1 防治原则

遵循 NY/T 393 的规定,坚持预防为主,综合防治原则。推广绿色防控技术,优先采用农业防控、理化诱控、生态调控和生物防控,结合总体开展化学防控。

## 7.2 防治措施

### 7.2.1 农业防治

根据当地病虫害发生情况,选用抗病虫害优良品种和健康优质苗木,苗木标准应符合上述 3.2 要求。休眠期清理落叶、落果、病残枝,带出园外并集中销毁。树种合理布局,避免与桃、李、杏混栽,减轻梨小食心虫危害。

### 7.2.2 物理防治

每 300 亩用杀虫灯或黑光灯一盏,诱杀梨小食心虫。每亩悬挂 4 块～8 块黄板,诱杀梨木虱成虫。果实套双层纸袋,减轻梨小食心虫、梨轮纹病、梨黑斑病对果实的危害。及时刮除枝干病害,剪除病枝,将残枝及刮除物带出园外集中焚毁。休眠期刮除老翘皮,将刮除物带出园外集中焚毁,降低轮纹病等枝干病害的越冬菌原数量,压低梨小食心虫、山楂叶螨的越冬基数。秋季在树干绑缚干稻草、草纸、诱虫带等,于当年深冬或翌年早春解下并集中烧毁,减少山楂叶螨、梨小食心虫的越冬基数。梨小食心虫越冬代成虫羽化前,在田间均匀悬挂梨小食心虫性诱剂,密度每亩应大于 25 个,干扰成虫交尾。

### 7.2.3 生物防治

提倡行间生草或种植绿肥植物,为天敌提供庇护场所。梨小食心虫产卵初盛期,释放松毛虫赤眼蜂,每 5 d 放一次,每亩每次 2 万头～3 万头。山楂叶螨的叶均螨量小于 2 头(含卵)时,每株树释放 1 000 头～2 000 头胡瓜钝绥螨。

### 7.2.4 化学防治

使用的农药种类、施药量、安全间隔期及施药方法应符合 NY/T 393 的要求。具体化学防治见附录 A。

# 8 果实采收、储藏及商品化处理

## 8.1 果实采收

根据果实成熟度、用途和市场需求综合确定采收适期。果实先大后小,先外后内,先上后下,分期采收。人工采收,轻采、轻放、轻运。套袋梨果可带袋采收。提倡采用采摘机进行采收,自动分拣设备进行分级。

## 8.2 果实储藏

### 8.2.1 品种及采收期

短期储藏和运输对品种不作要求,但用于中长期冷藏盒气调储藏的梨,应选择具有良好储藏性能的中晚熟品种。对于同一品种,因地区生态地理、栽培条件等不同,成熟度标准也不同,需要结合当地果农经验来确定采摘期。短期储藏或采后及上市的果实可适当晚采。中长期储藏和长途运输的果实采摘不宜过晚。

### 8.2.2 储藏条件

白梨和砂梨系统最适储温一般为$-0.5℃\sim0.5℃$,西洋梨和秋子梨系统通常为$-1℃\sim0.5℃$;梨储藏的相对湿度为$90\%\sim95\%$;梨冷藏期间,应通风换气,排出过多的$CO_2$和$C_2H_4$等有害气体,通风宜选择清晨气温降低时进行,防止库内温度出现大的波动(表1)。

表1 不同梨系统气调指标(参照 NY/T 1198)

| 梨系统 | $O_2$,% | $CO_2$,% |
|---|---|---|
| 白梨 | 10~12 | <1 |
| | 1~2 | 2~4 |
| 秋子梨 | 3~8 | 1~5 |
| 西洋梨 | 2~5 | 1~3 |

上述气体配比仅供参考,采用何种气体配比,须根据当地具体条件及其品种要求,提出适宜气体组分,确定气调库内氧气和二氧化碳比例。

## 8.3 采后商品化处理

### 8.3.1 采后处理

未套袋的梨果用高压气枪、干净的清水冲洗,去除表面带有的浮尘、害虫和微生物。必要时利用消毒剂进行清洗消毒,消毒剂使用应符合 GB 14930.2 要求。套袋梨果除去果袋即可。必要时采用人工或机械的方法将梨果放入油脂膜、蜡膜和天然树脂膜等涂被剂中浸渍,取出后风干即可。

### 8.3.2 包装

所用包装材料符合 NY/T 658 的要求。包果纸必须清洁完整、质地细软、薄而半透明,具有适当韧性,以及抗潮和透气功能,大小适当,可将梨果包紧包严。采用纸箱包装,箱内分层分格。纸箱分为大、中、小三种,其中大箱装果 10 kg~15 kg,中箱装果 5 kg~10 kg,小箱装果 2 kg~5 kg。果箱两端面应留有通气孔。梨果经过清洗、分级和包装后按等级与果个大小分类装箱,一格一果,箱口用胶带封牢、码垛待运。

### 8.3.3 标志

将合格果贴上标签,内容和形式上保持一致,标签使用符合 GB 7718 的要求。包装箱上应标明产品名称、商标、级别、重量、个数、采收日期、产地及安全认证标识、认证号;使用激素、添加剂、消毒剂须明确标记。鼓励按照 NY/T 1431 的规定,采用产品质量安全追溯条形码;获地理标志产品保护的,印上专用标识;绿色食品外包装标识应符合 NY/T 658 的要求。

## 9 生产废弃物处理

### 9.1 彻底清园

枯枝、落叶、僵果是许多病虫的主要越冬场所之一,清园时必须将枯枝、落叶、杂草、树皮、僵果集中清理出果园,进行沤肥、深埋。

### 9.2 枝条综合利用

每年冬季整形修剪下来的枝梢数量较多,积极开展综合利用,可制造生物质颗粒燃料产品,生产种植香菇等食用菌材料,也可将树枝粉碎,混入畜禽粪便和生物有机菌,发酵制成肥料。

## 9.3 农药瓶处理

果园施用的农药肥料包装袋、瓶和果袋等废弃物,按指定地点存放,并定期处理,不得随园乱扔,避免对土壤和水源的二次污染。建立农药瓶、农药袋回收机制,统一销毁或二次利用。

## 10 生产档案管理

详细记录生产资料使用、病虫害防治、果实采收、储藏及商品化处理等环节具体措施,所有记录应真实、准确、规范,并可追溯。档案记录应保存 3 年以上,文件资料应有专人保管。

附　录　A

（资料性附录）

黄河故道绿色食品梨生产主要病虫害化学防治

黄河故道绿色食品梨生产主要病虫害化学防治见表 A.1。

表 A.1　黄河故道绿色食品梨生产主要病虫害化学防治

| 防治对象 | 防治时期 | 农药名称 | 使用剂量 | 施药方法 | 安全间隔期,d |
|---|---|---|---|---|---|
| 梨黑星病 | 萌芽前 | 石硫合剂 | 3 波美度～5 波美度 | 喷雾 | 15 |
| | 生产季节 | 12.5%腈菌唑乳油 | 3 000 倍液 | 喷雾 | 14 |
| | | 80%代森锰锌可湿性粉剂 | 800 倍液 | 喷雾 | 10 |
| 梨轮纹病 | 萌芽前 | 石硫合剂 | 3 波美度～5 波美度 | 喷雾 | 15 |
| | 生长季节 | 43%戊唑醇可湿性粉剂 | 3 000 倍液 | 喷雾 | 10 |
| | | 80%代森锰锌可湿性粉剂 | 800 倍液 | 喷雾 | 10 |
| 梨炭疽病 | 萌芽前 | 石硫合剂 | 3 波美度～5 波美度 | 喷雾 | 15 |
| | 生长季节 | 43%戊唑醇可湿性粉剂 | 3 000 倍液 | 喷雾 | 10 |
| | | 80%代森锰锌 | 800 倍液 | 喷雾 | 10 |
| | | 70%甲基硫菌灵 | 1 000 倍液 | 喷雾 | 15 |
| 梨黑斑病 | 萌芽前 | 石硫合剂 | 3 波美度～5 波美度 | 喷雾 | 15 |
| | 生长季节 | 1.5%多抗霉素可湿性粉剂 | 300 倍液 | 喷雾 | 7 |
| | | 40%异菌脲可湿性粉剂 | 1 500 倍液 | 喷雾 | 7 |
| | | 80%代森锰锌可湿性粉剂 | 800 倍液 | 喷雾 | 10 |
| 梨干腐病 | 萌芽前 | 石硫合剂 | 3 波美度～5 波美度 | 喷雾 | 15 |
| | 生长季节 | 70%甲基硫菌灵 | 1 000 倍液 | 喷雾 | 15 |
| 中国梨木虱 | 越冬成虫产卵盛期（3 月上旬） | 10%吡虫啉可湿性粉剂 | 2 500 倍液 | 喷雾 | 20 |
| | 花序分离期（3 月下旬） | 4.5%高效氯氰菊酯 | 1 500 倍液 | 喷雾 | 21 |
| | 落花 70%以后,当年第 1 代若虫集中发生期(4 月中旬) | 10%吡虫啉可湿性粉剂 | 2 500 倍液 | 喷雾 | 20 |
| | 第 1 代成虫发生盛期(5 月上旬) | 4.5%高效氯氰菊酯 10%吡虫啉可湿性粉剂 | 1 500 倍液 | 喷雾 | 21 |
| 梨瘿蚊 | 幼虫集中脱叶入土 | 10%吡虫啉可湿性粉剂 | 2 500 倍液 | 喷雾 | 20 |
| | 成虫羽化盛期 | 2.5%高效氟氯氰菊酯 | 2 000 倍液 | 喷雾 | 30 |
| | | 10%吡虫啉可湿性粉剂 | 2 500 倍液 | 喷雾 | 20 |
| 梨黄粉蚜 | 向梨果转移时（6 月中旬） | 10%吡虫啉 | 3 000 倍液 | 喷雾 | 20 |
| | | 2.5%啶虫脒 | 2 000 倍液 | 喷雾 | 7 |
| 梨茎蜂 | 落花后 7 d～10 d | 10%吡虫啉 | 2 500 倍液 | 喷雾 | 20 |
| 梨小食心虫 | 成虫羽化盛期 | 2.5%高效氟氯氰菊酯 | 2 000 倍液 | 喷雾 | 30 |
| | | 4.5%高效氯氰菊酯 | 1 500 倍液 | 喷雾 | 21 |
| | 幼虫期 | 25%灭幼脲水剂 | 2 000 倍液 | 喷雾 | 20 |
| 注:农药使用以最新版本 NY/T 393 的规定为准。 | | | | | |

# 绿 色 食 品 生 产 操 作 规 程

长江中下游地区
绿色食品梨生产操作规程

2018-04-03 发布                                    2018-04-03 实施

**中国绿色食品发展中心** 发布

# 前　　言

本规程由中国绿色食品发展中心提出并归口。

本规程起草单位:江西省绿色食品发展中心、江西省农业科学院、中国绿色食品发展中心、湖北省绿色食品管理办公室。

本规程主要起草人:康升云、徐雷、雷召云、黄冬华、雷云、周超华、陈昊、徐文煌、卢礼生、滕锦程、郭征球。

# 长江中下游地区绿色食品梨生产操作规程

## 1 范围

本规程规定了绿色食品梨生产品种,园地环境与规划,整地与定植,田间管理,采收、包装、运输、储藏,生产废弃物处理和生产档案管理。

本规程适用于上海、江苏、浙江、江西、湖北和湖南的绿色食品梨生产。

## 2 规范性引用文件

下列文件对于本文件的应用是必不可少的。凡是注日期的引用文件,仅注日期的版本适用于本文件。凡是不注日期的引用文件,其最新版本(包括所有的修改单)适用于本文件。

NY 475 梨苗木

NY/T 391 绿色食品 产地环境质量

NY/T 393 绿色食品 农药使用准则

NY/T 394 绿色食品 肥料使用准则

NY/T 658 绿色食品 包装通用准则

NY/T 1056 绿色食品 贮藏运输准则

## 3 品种

### 3.1 选择原则

早、中熟,抗性强,丰产、稳产、优质。

### 3.2 品种选用

主要选择适合当地的砂梨、白梨品种,各地在试种基础上发展新品种。推荐苏翠1号、新玉、翠冠、翠玉、脆绿、圆黄等;上海、江苏等地还可选用丰水、黄冠等。授粉品种为黄花、清香等。也可以栽种几个品种,互为授粉树。砧木以豆梨为主。

### 3.3 苗木

苗木选择应符合 NY 475 的要求,建议栽植脱毒、无病害苗木。

## 4 园地环境与规划

### 4.1 环境条件

园地环境应符合 NY/T 391 的要求。以土层深厚、地下水位在1 m以下、pH 5.8～8.5为好。

### 4.2 建园

选择平地或背风向阳的南向、东南向坡面栽植,避免重茬。在建园前,要根据经济自然条件、交通、劳力、市场、占地条件等科学规划,合理安排道路、建筑物和排灌系统。

### 4.3 道路设计

设置主干道、支道、人行道。主干道宽5 m～6 m,外接公路,贯穿全园,能通大货车;支道宽3 m～4 m,外接主干道,内通各小区,能通手扶拖拉机或小四轮车;人行道宽2 m～2.5 m,外与支道连,内通各栽植行。

### 4.4 小区划分

根据地形、地势划分小区,使同一小区内土壤、光照等条件大体一致,有利于运输和机械化,以方便灌溉和管理为原则。小区面积 15 亩～45 亩。

### 4.5 栽植防护林

选择适于当地生态条件、生长快、树体较高大、长寿、经济价值高、主根发达、水平根少、与梨无共同病虫害及中间寄主的树种,如杉树、女贞、马甲子等,营造防护林。防护林的主林带与梨园有害风向垂直,栽 2 行～3 行树,三行呈梅花形栽植,两行呈三角形栽植。

## 5 整地与定植

### 5.1 整地

按行株距挖深宽 0.8 m～1 m 的栽植沟穴,沟穴底填厚 30 cm 左右的作物秸秆。挖出的表土与足量有机肥、磷肥、钾肥混匀,回填沟中。待填至低于地面 20 cm 后,灌水浇透,使土沉实,然后覆上一层表土保墒。

### 5.2 栽植方式与密度

平地和 6°以下的缓坡地按长方形栽植,6°～15°的坡地按等高栽植。根据土壤肥力、砧木种类和品种特性确定栽植密度。行距 4 m～5 m,株距 2 m～4 m。

### 5.3 授粉树与配置

主栽品种与授粉品种果实经济价值相仿时,可采用等量成行配置,否则实行差量成行配置[主栽品种与授粉品种的栽植比例为(4～5)∶1]。同一梨园内栽植 2 个～4 个品种。

### 5.4 栽植时间

春栽、秋栽均可。秋栽宜在 11 月中下旬梨树落叶之后,春栽宜在梨树发芽前两周。

### 5.5 栽植技术

按主栽品种与授粉品种的配置要求,预先挖好栽植穴,将苗木放入穴中央,砧桩背向主风向,舒展根系,扶正苗木,纵横成行。沿苗周围做直径 1 m 的树盘,灌水浇透,覆盖地膜保护。栽植后按照整形要求立即定干,并采取适当措施保护定干剪口。

## 6 田间管理

### 6.1 土壤管理

#### 6.1.1 深翻土壤

深翻梨园土壤,减少上浮根,增强抗旱能力和吸收能力。每年采取各行深翻,2 年～3 年全部翻完。

#### 6.1.2 改良土壤

通过搭配沙土和黏土、种植绿肥、施用有机肥等方式,改良土壤结构,增加土壤透气性和保水能力。

### 6.2 灌排水

#### 6.2.1 灌溉

##### 6.2.1.1 灌溉时间

土壤适宜含水量为田间持水量的 60%～80%,当含水量下降到田间持水量的 60%以下、又持续干旱时灌水。

##### 6.2.1.2 灌溉方式

一般梨园尽量利用地形修筑山塘、水库。经济条件许可的可安装滴灌。还可采用蓄水池,一般每 3 亩设置 1 个 3 m×2 m×1.6 m,蓄水 10 $m^3$ 左右的蓄水池,用于干旱时浇灌。

##### 6.2.1.3 灌溉量

灌溉量根据土壤墒情而定。

#### 6.2.2 排水

长江中下游地区雨水较多,梨园应设置排水沟。缓坡地可在梨园四周挖深、宽各 1 m 的围沟,园内挖深、宽各 0.5 m 的"十字沟"与外沟相连。

### 6.3 施肥管理

#### 6.3.1 肥料选择与使用

肥料使用应符合 NY/T 394 的要求。

#### 6.3.2 基肥

以有机肥为主,适量加入化肥,于 10 月施入。幼树和初结果树每亩施有机肥(腐熟的枯饼、经检验合格的商品生物有机肥等)200 kg~270 kg。盛果期树施肥量应按结果量大小而定,每亩施有机肥 400 kg~450 kg,施化肥折合每亩施纯氮 2 kg、五氧化二磷 8 kg、硼砂 0.07 kg。采用放射状沟施、环状沟施和条沟施等施肥方法。

#### 6.3.3 追肥

在萌芽前追施速效氮肥,果实膨大期追施硫酸钾型氮磷钾复合肥。采后以追施磷、钾肥为主,少量配合氮肥。衰老树和弱树采收后适量加大氮肥的配合量。成龄树年施化肥折合每亩施纯氮 18 kg、五氧化二磷 2 kg、氧化钾 20 kg。

#### 6.3.4 叶片追肥

分别在新梢旺长期、果实膨大期、果实采收后,喷施 2 000 倍~3 000 倍尿素和磷酸二氢钾水溶液,前期淡些,后期浓些。除大量元素外,可喷施 4 000 倍~5 000 倍的多元微量元素水溶性肥料。

### 6.4 花果管理

#### 6.4.1 促花

##### 6.4.1.1 拉枝

拉枝一年四季均可进行,最好在 6 月~7 月进行。一般拉开角度以 70°~80°为宜。

##### 6.4.1.2 摘心

当枝条长至 40 cm 左右时摘心,可促发二次枝,对扩大树冠和促进花芽形成效果明显。

#### 6.4.2 提高坐果率

##### 6.4.2.1 人工辅助授粉

花期受阴雨天气影响自然授粉时、授粉树配置不足时,应采用人工辅助授粉。

###### 6.4.2.1.1 人工点授

用毛笔或毛刷蘸事先采集的花粉,然后在花朵上点授。用毛笔蘸取花粉后点授于花朵的柱头上,每个花序授 1 朵~2 朵花即可。也可用电动授粉器点授。毛笔、电动授粉器授粉可用纯花粉,花粉量不足时添加 2 倍~5 倍滑石粉或淀粉作填充物。树少时,可用此法。

###### 6.4.2.1.2 花期放蜂

所需的蜜蜂数量要根据梨园大小、栽培品种、栽植密度、气象条件而定。通常情况下,4 000 m²~6 000 m² 放置 1 个蜂箱(1 500 头~2 000 头蜜蜂)可满足梨树授粉的需要。蜂箱最好设置在风力小、阳光充足的地方。一般开花前 2 d~3 d 可引入蜜蜂,但要注意,放蜂前 10 d~15 d 对梨树喷 1 次杀虫剂和杀菌剂,放蜂期间,严禁使用任何化学药剂。花期放蜂适合于授粉树配置合理而昆虫少的梨园。

###### 6.4.2.1.3 液体授粉

按液体授粉技术要求配置花粉液,通过人工背负式药桶喷洒花朵,3 h 内无降雨即不影响授粉效果,为保险起见,3 d 后可复喷一次。授粉树少、栽培面积大时,可用此法。

#### 6.4.3 疏果

花后分两次疏果。第一次是花后 10 d,第二次是花后 20 d 左右。疏去小果、病虫害果、畸形果;留大果、果形端正果、果柄较长的果。果实分布均匀,短果枝只留一个果,中、长果枝每间隔 20 cm~30 cm 留一个果。

#### 6.4.4 果实套袋

##### 6.4.4.1 果袋选择

选用梨果专用袋。

##### 6.4.4.2 套袋时间

一次套袋的一般在第二次疏果后套袋。二次套袋的,第一次在花后 15 d～20 d 套小袋,套小袋一个月后套大袋。

##### 6.4.4.3 套袋方法

套袋前须喷布杀虫剂、杀菌剂,一果一袋。先将袋口打开鼓起,把幼果套入袋内,使幼果悬于袋中心,扎紧袋口绑于果柄上。

### 6.5 整形修剪

#### 6.5.1 树形选择

应根据品种和栽培密度选择合适树形,可采用倒个形、"Y"形、开心形、细长纺锤形等无架树形,双臂顺行式、开心形等棚架树形。苏翠 1 号、翠冠、翠玉、脆绿、圆黄等品种均可采用前述的无架树形;苏翠 1 号、翠冠、脆绿、圆黄等品种,可采用双臂顺行式、开心形等棚架树形。

#### 6.5.2 修剪方法

##### 6.5.2.1 冬季修剪

深冬至早春营养生长之前开始冬季修剪。冬季修剪方法包括短截、回缩、疏枝和缓放。短截,剪去一年生枝的一部分;回缩,剪去多年生枝的一部分;疏枝,将枝条从基部疏除。疏剪背上直立枝、竞争枝、冠内过密枝、交叉枝和伤口附近的轮生枝;缓放,对部分一年生枝不剪截。

##### 6.5.2.2 夏季修剪

在 6 月～7 月将幼树直立旺盛生长枝条拉开成一定角度,拉开角度以 70°～80° 为宜。及时去除位置不当、过密及背上的幼嫩枝。当枝梢长至 30 cm～40 cm 时,剪去 5 cm～10 cm 嫩梢。

#### 6.5.3 不同树龄修剪

##### 6.5.3.1 幼年树

幼树树势旺盛,修剪量要轻。多保留小枝,以加速成形,提高结果。对主枝延长枝及较强的发育枝,剪去原长的 1/3～2/5。疏除过密枝条和徒长枝,其余枝缓放。

##### 6.5.3.2 初结果树

延长枝短截程度可稍重,留饱满侧芽。花束状果枝、短果枝和中果枝可不剪,长果枝留 5 个～6 个芽短截。冠内生长较旺盛、方向和位置合适的徒长枝要缓放,在 6 月～7 月拉开角度至 70°～80°。疏除骨干枝上直立的竞争枝、密生枝及膛内影响光照的交叉枝。短截部分非骨干枝和中庸的发育枝,促生分枝培养结果枝组。

##### 6.5.3.3 盛果期树

延长枝和其他分枝要多短截、少缓放。对于多年生枝、冗长枝要及时回缩。疏除树冠中上部的交叉枝、重叠枝、过密枝。及时更新结果枝组。冠内方向、位置合适的徒长枝应短截,促生分枝,培养新的结果枝组。

##### 6.5.3.4 衰老树

应在加强肥水的基础上,对骨干枝、结果枝组回缩更新,以恢复枝势,延长结果年限。

### 6.6 病虫害防治

#### 6.6.1 防治原则及对象

采取预防为主方针,综合运用农业防治、化学防治等措施。农药的选择和使用应符合 NY/T 393

的要求。主要病害有梨轮纹病、梨胴枯病、梨黑斑病、梨炭疽病、梨黑星病、梨锈病等。主要虫害有梨小食心虫、梨瘿蚊、梨木虱、梨蚜虫、梨红蜘蛛、梨茎蜂等。

### 6.6.2 防治措施

#### 6.6.2.1 农业防治

选用抗病优良品种和健康优质苗木；加强梨园土肥水管理，保证养分充足、排灌通畅，以增强树势、提高树体抗性；合理修剪，保证梨园通风透光，营造良好生长环境；及时清除枯枝、落叶、落果、病虫果；清除梨园周边的病害转主寄主植物；冬季清园后，及时全园喷 3 波美度～5 波美度石硫合剂。树种布局合理，避免与桃、李混栽，减轻梨小食心虫为害；土壤翻耕 15 cm～20 cm，可以冻死部分越冬虫卵，降低虫害基数。

#### 6.6.2.2 物理防治措施

6.6.2.2.1 悬挂黄板，防治梨茎蜂、梨蚜虫。于盛花末期，在树冠外围悬挂黄板，诱杀大量梨小食心虫成虫，适宜高度为 1.5 m～2.0 m，每 667 m² 挂 20 块～30 块黄板即可达到良好的效果。

6.6.2.2.2 安装杀虫灯。5 月～8 月，在梨园安置杀虫灯，防治吸果夜蛾、金龟子等害虫。

6.6.2.2.3 悬挂迷向丝、三角屋，防治梨小食心虫。迷向丝每棵树悬挂 1 根，高度不低于 1.7 m，两个月换 1 次；或于树冠外围距地面 1.5 m 处悬挂装有性诱芯的诱捕器（三角屋），每 667 m² 悬挂 5 个三角屋，诱芯一个月换一次。

6.6.2.2.4 绑缚瓦楞纸。于秋季的 8 月～9 月，在梨树主干绑缚瓦楞纸，诱集梨木虱和红蜘蛛越冬成虫，冬季或早春取下瓦楞纸，刷除树干上的越冬虫，焚烧瓦楞纸以灭除虫源。

#### 6.6.2.3 生物防治措施

释放赤眼蜂、捕食螨等天敌昆虫，防治梨小食心虫和螨类害虫。

#### 6.6.2.4 化学防治措施

梨树病虫害化学防治具体措施参见附录 A。

### 6.7 梨园生草及草害防治

#### 6.7.1 主要草害

梨园主要草害有空心莲子草、小飞蓬、菟丝子、稗、猪毛蒿、牛筋草、马唐等。梨园杂草应拔除、刈割与翻压；可用地布覆盖除灭杂草。提倡梨园行间种植白三叶草、鼠茅草等，抑制杂草。生草的种子一般9 月播种。来年适时刈割，一般一年刈割 2 次～3 次，埋于地下或覆盖树盘。

### 6.8 鸟害防治

在果实快速膨大期安装防鸟网，果实采收后收起，尽量减少对鸟类的伤害；在果实膨大期使用驱鸟器和驱鸟剂驱鸟。

## 7 采收、包装、运输、储存

### 7.1 采收时间

有条件的可以用仪器检测成熟度的相关指标来判断是否适合采收。用于短期储藏的 8 成熟采收；就近销售鲜果的 9 成熟采收。

### 7.2 采收方法

采果时备好采果用具，先外后内、先下后上，轻摘、轻放、轻装、轻卸，避免造成机械伤。套袋果采收时，连同果袋一并摘下。

### 7.3 采收后处理

#### 7.3.1 分级

剔除烂果、病果后，通过人工分级，有条件的通过选果机分级。

### 7.3.2 包装、运输、储存

标识、包装、运输、储存应符合 NY/T 658 和 NY/T 1056 的要求。

## 8 生产废弃物处理

梨园中的落叶和修剪下的枝条,带出园外进行无害化处理。修剪下的枝条,量大时,经粉碎、堆沤后,作为有机肥还田。废弃的地膜、防鸟网、果袋和农药包装袋等应收集好进行集中处理,减少环境污染。

## 9 生产档案管理

农事活动、农业投入品使用等应有详细记录,包括记录产地环境条件、生产技术、肥水管理、病虫害的发生和防治、采收及采后处理等情况,生产记录保存 3 年以上。

# 附　录　A
（资料性附录）
## 长江中下游地区绿色食品梨生产主要病虫害化学防治方案

长江中下游地区绿色食品梨生产主要病虫害化学防治方案见表 A.1。

### 表 A.1　长江中下游地区绿色食品梨生产主要病虫害化学防治方案

| 防治对象 | 防治时期 | 农药名称 | 使用剂量,倍液 | 施药方法 | 安全间隔期,d |
|---|---|---|---|---|---|
| 梨轮纹病 | 在落花后 10 d～15 d 喷 1 次,5 月～8 月根据降雨情况每隔 15 d～20 d 喷施 1 次 | 50%多菌灵可湿性粉剂 | — | 喷雾 | 28 |
| | | 70%甲基硫菌灵可湿粉性粉剂 | 1 100～1 400 | 喷雾 | 20 |
| | | 80%代森锰锌可湿性粉剂 | 500～1 000 | 喷雾 | 10 |
| 梨炭疽病和黑斑病 | 春梢旺长期(5 月中、下旬),在阴雨过程来临之前,喷施 1 次～2 次。秋梢旺长期(8 月份),再喷施 1 次～2 次 | 80%代森锰锌可湿性粉剂 | 500～1 000 | 喷雾 | 10 |
| | | 80%代森锌可湿性粉剂 | 500～700 | 喷雾 | 28 |
| 梨黑星病 | 4 月～6 月喷施 2 次～3 次耐雨冲刷的保护性杀菌剂;根据天气,在花后 10 d、花后 30 d,各喷 1 次高效内吸性杀菌剂;在果实采收前 20 d,若有大雾或阴雨天气多,应喷 1 次高效内吸性杀菌剂 | 80%代森锰锌可湿性粉剂 | 500～1 000 | 喷雾 | 10 |
| | | 50%多菌灵可湿性粉剂 | — | 喷雾 | 28 |
| | | 70%甲基硫菌灵可湿粉性粉剂 | 1 100～1 400 | 喷雾 | 20 |
| | | 12.5%腈菌唑可湿粉性粉剂 | 2 000～3 000 | 喷雾 | 20 |
| 梨锈病 | 在梨展叶期、落花后 7 d～10 d、落花后 20 d～25 d,喷施 2 次～3 次保护性杀菌剂。梨树开花后 30 d 内,若有降雨,每天要检查,如果出现病斑,且病叶率达 5%,应立即喷施内吸性杀菌剂 | 80%代森锰锌可湿性粉剂 | 500～1 000 | 喷雾 | 10 |
| | | 25%戊唑醇水乳剂 | 2 000～3 000 | 喷雾 | 34 |
| 梨小食心虫 | 第 2 代成虫产卵盛期和幼虫孵化期 | 苏云金杆菌可湿性粉剂 16 000 IU/mg | 100～200 | 喷雾 | — |
| 梨瘿蚊 | 在春梢和夏梢抽生期 | 10%吡虫啉可湿性粉剂 | 2 000～3 000 | 喷雾 | 14 |
| 梨木虱 | 3 月下旬梨树开花前 15 d 左右梨木虱出蛰盛期;在第 1 代若虫发生期(约谢花 3/4 时)、第 2 代卵孵化盛期(5 月下旬前后) | 4.5%高效氯氰菊酯乳油 | 1 500～1 800 | 喷雾 | 21 |
| | | 10%吡虫啉可湿性粉剂 | 2 000～3 000 | 喷雾 | 14 |
| 梨二叉蚜 | 未造成卷叶时 | 4.5%高效氯氰菊酯乳油 | 1 500～1 800 | 喷雾 | 21 |

表 A.1（续）

| 防治对象 | 防治时期 | 农药名称 | 使用剂量,倍液 | 施药方法 | 安全间隔期,d |
|---|---|---|---|---|---|
| 梨黄粉蚜 | 在果实上发现为害时 | 4.5%高效氯氰菊酯乳油 | 1 500～1 800 | 喷雾 | 21 |
| 梨红蜘蛛 | 发芽前 | 20%四螨嗪悬浮剂 | — | 喷雾 | 30 |
| 梨茎蜂 | 在成虫发生高峰期即新梢长至 5 cm～6 cm 时,一般在落花后 7 d～10 d 进行 | 10%吡虫啉可湿性粉剂 | 2 000～3 000 | 喷雾 | 14 |
| 注:农药使用以最新版本 NY/T 393 的规定为准。 | | | | | |

# 绿色食品生产操作规程

LB/T 022—2018

## 渤海湾地区
## 绿色食品梨生产操作规程

2018-04-03 发布　　　　　　　　　　　　2018-04-03 实施

中国绿色食品发展中心 发布

# 前　　言

本规程由中国绿色食品发展中心提出并归口。

本规程起草单位:山东省绿色食品发展中心、山东省果树所、中国绿色食品发展中心、北京市农业绿色食品办公室。

本规程主要起草人:冯世勇、魏树伟、孟浩、胡琪琳、李超、李浩。

# 渤海湾地区绿色食品梨生产操作规程

## 1 范围

本规程规定了绿色食品梨园地环境与规划,品种及苗木选择,栽植管理,田间管理,整形修剪,花果管理,病虫害防治,采收、包装、储存与运输,生产废弃物处理及生产档案管理。

本规程适用于北京、天津、河北、辽宁和山东的绿色食品梨生产。

## 2 规范性引用文件

下列文件对于本文件的应用是必不可少的。凡是注日期的引用文件,仅注日期的版本适用于本文件。凡是不注日期的引用文件,其最新版本(包括所有的修改单)适用于本文件。

GB/T 10650 鲜梨

NY/T 391 绿色食品 产地环境质量

NY/T 393 绿色食品 农药使用准则

NY/T 394 绿色食品 肥料使用准则

NY 475 梨苗木

NY/T 658 绿色食品 包装通用准则

NY/T 1056 绿色食品 贮藏运输准则

## 3 园地环境与规划

### 3.1 环境条件

宜选择生态条件良好、远离污染源、灌溉水源充足的农业生产区域。要求活土层 50 cm 以上,地下水位在 1 m 以下,土壤 pH 6.0~8.0,含盐量不超过 0.2%;大气、土壤和灌溉水均应符合 NY/T 391 的要求。

### 3.2 建园

选择肥沃的沙壤土平地或背风向阳的坡面栽植,避免重茬,建园要合理安排道路、建筑物和排灌系统,尽量保持果园集中连片。

### 3.3 道路设计

合理设置主干道、支道、人行道。宽度以方便运输车辆、人工通行为宜。

### 3.4 栽植防护林

可在园区外栽植适宜当地生长的与梨树无共同病虫害及中间寄主的树种,如杨树、白蜡等,营造防护林。

## 4 品种及苗木选择

### 4.1 选择原则

早、中熟,抗病性强,丰产、稳产、优质。

### 4.2 选择品种

结合当地自然条件和市场需求,选择适合渤海湾地区生长的抗病、抗虫优良品种,注意早、中、晚熟品种搭配。具体品种可选择秋子梨、白梨和西洋梨系统的优良品种,如京白梨、黄冠梨、五九香梨等。砧木辽宁以山梨为宜,其他省份选择杜梨为宜。

## 4.3 授粉树配置

选择与主栽品种花期一致、亲和性好,花粉量大,且果实具有一定经济价值的品种作为授粉树。主栽品种与授粉品种的比例(3~8):1。

## 4.4 苗木质量

实生砧苗木质量符合 NY 475 中 4.2 中的一级、4.4 的规定,矮化苗木质量符合 NY 475 中 4.3 中的一级、4.4 的要求。

# 5 栽植管理

## 5.1 栽植时间

冬季不太冷的地区,适宜采用秋季定植;冬季寒冷、干旱或风沙较大的地区最好采用春季土壤解冻后至发芽前栽植。

## 5.2 栽植密度

根据地形地势、栽培模式和苗木类型等确定栽植密度,一般为(1~3)m×(4~6)m。

## 5.3 苗木处理

栽植前,对苗木根系进行修剪,剪平先端受损部分,浸水 12 h 左右。经长途运输的苗木浸水 24 h 左右。可采用 1%的硫酸铜溶液或用 2%的石灰水浸根 1 min 消毒。

## 5.4 栽植方法

在栽植前挖定植沟,长、宽、深要达到 0.8 m~1 m。栽植时每株施入 100 kg 左右的有机肥,先将混好肥料的表土填一半进坑,然后回填至距地面 30 cm,回填完毕后浇水沉实。定植时将苗木放入穴中央,舒展根系,扶正苗木,纵横成行,边填土边提苗、踏实。栽植后保持根颈略高于地面,在浇水沉实后与地面平齐为宜。沿树苗周围做直径 1 m 的树盘,或沿行向做畦,灌水浇透,覆盖黑色地膜保墒。栽植后按整形要求定干,并采取用油漆抹封剪口等措施进行保护。

# 6 田间管理

## 6.1 土壤管理

### 6.1.1 深翻

扩穴深翻或全园深翻,从定植穴(沟)外缘开始,每年向外扩展,挖环状沟或平行沟,沟宽 50 cm~60 cm,深 60 cm~80 cm。全部翻完用 2 年~3 年,耕翻深度为 10 cm~20 cm。深翻结合施基肥效果更好。

### 6.1.2 生草

除树盘外,在果树行间进行人工种草或自然生草。人工种草选择禾本科、豆科等草种。果园生草一般在春末夏初条播或撒播,当草长约 30 cm 时进行刈割,青草可直接覆盖树盘。

### 6.1.3 覆盖

通常采用秸秆、杂草、树叶、堆肥、厩肥、锯末等覆盖在果树树盘上或整个果树行间,覆盖厚度一般在 20 cm 以上。也用无纺布或园艺地布覆盖果树。

## 6.2 水分管理

根据梨树需水特性和土壤墒情适时浇水,可在树体萌动期、萌芽开花期、花后幼果膨大期和封冻前。灌水量以灌透为度,避免大水漫灌。推广应用滴灌、微喷等节水灌溉技术。采前 20 d 禁止灌水。雨季注意排水。有条件的新建园提倡肥水一体化。

## 6.3 肥料管理

施肥要符合 NY/T 394 要求。提倡营养诊断配方施肥、增施有机肥。

### 6.3.1 基肥

秋季施入,以充分腐熟的农家肥为主。施肥量一般每亩施 3 000 kg～5 000 kg,并混入适量(10 kg～15 kg)尿素。施肥时沿树冠外缘挖环状沟或条沟施入,沟深、宽各 50 cm 左右,肥料与土混匀后回填并及时灌水。

### 6.3.2 追肥

#### 6.3.2.1 土壤追肥

萌芽前以氮肥为主每亩施尿素 20 kg～30 kg,花芽分化及果实膨大期以磷钾肥为主,每亩施硫酸钾复合肥 30 kg;果实生长后期以钾肥为主,每亩施硫酸钾 30 kg。施肥方法,在树冠下开深 30 cm,宽 15 cm 左右的环状沟或放射状沟施入。

#### 6.3.2.2 根外追肥

一般花期喷 1 次 0.1%～0.3%的硼砂,生长前期喷 2 次～3 次 0.2%～0.3%尿素,中后期喷 2 次～3 次 0.2%～0.3%磷酸二氢钾,可结合喷药进行。

## 7 整形修剪

### 7.1 整形

因地形、品种、栽植密度主要选用"Y"形、纺锤形或小冠疏层形。

#### 7.1.1 "Y"形

干高 0.5 m～0.6 m,树高 2.5 m 左右。2 个主枝,基角 45°～60°,其上着生结果枝组。适宜密度(1～1.5) m×(4～6) m。

#### 7.1.2 纺锤形

干高 0.7 m 左右,树高 2.5 m～3 m。中心干上均匀分布 8 个～10 个主枝,基角 70°～80°,其上直接着生结果枝组。适宜密度(2～3) m×4 m。

#### 7.1.3 小冠疏层形

干高 0.6 m 左右,树高 3 m 左右。一般第 1 层 3 个主枝,每个主枝着生 2 个侧枝;第 2 层 2 个主枝,直接着生结果枝组;第 3 层 1 个主枝。一、二层和二、三层的层间距分别为 0.8 m 和 0.6 m。适宜密度(2～3) m×(4～6) m。

### 7.2 修剪

对于幼树和初果期树,应实行"轻剪、少疏枝"。按照不同树形要求,选好主枝、延长枝,中截促发长枝,培养树形骨架,加快长树扩冠。拉枝开角,促进花芽形成。对于盛果期树,实行冬剪与夏剪相结合。疏除外围密生旺枝和背上直立旺枝,改善冠内光照;对枝组选优去劣,逐年更新。调节平衡树势,保持枝条健壮,花芽饱满,枝组疏密适当。冠间交接时,注意缩枝控冠。当每亩产量降至不足1 000 kg 时,对梨树进行更新复壮。每年回缩更新 1 个～2 个侧枝或大型结果枝组,3 年～5 年更新完毕。

## 8 花果管理

### 8.1 疏花疏果

疏花一般在花序分离期即开始进行,至开花前完成。一般每隔 20 cm～25 cm 留一个花序,疏花时要先上后下,先内后外,先去掉弱枝花、梢头花。待开花时,再按每花序保留 2 朵～3 朵发育良好的边花,疏除其他花朵。遭受晚霜危害的地区,宜在晚霜过后疏花。疏果一般在花后 10 d 开始,20 d 内完成。一般品种每个花序保留 1 个果,花少的年份或旺树、旺枝可以适当留双果。

### 8.2 果实套袋

选择抗风吹雨淋、透气性良好的优质梨果专用纸袋。一般在落花后 10 d～20 d 开始套袋。套袋时,先使袋体膨起,一手抓果柄,一手托袋底,把幼果套入袋口中央,将袋口从两边向中部果柄处挤褶,再将铁丝卡反转 90°,弯绕扎紧,封严袋口。套完后,用手往上托袋底,使全袋膨起,两底角的出水气孔张开,幼果悬空在袋中。

### 8.3 摘袋

采前 10 d～20 d 摘袋,也可带袋采收。

## 9 病虫害防治

### 9.1 防治原则

采取综合防治为主,化学防治为辅,提倡农业防治、物理防治、生物防治等措施,化学防治要符合 NY/T 393 的要求。

### 9.2 防治措施

#### 9.2.1 农业防治

在采收后及休眠期清园,结合修剪,剪去病虫枝,清除病虫果。采取冬刮老皮和树干涂白防治越冬虫害,如介壳虫、红蜘蛛、梨星毛虫等。

#### 9.2.2 物理防治

可用杀虫灯、糖醋液、黏虫板、缚草把等诱杀害虫。杀虫灯每 30 亩～50 亩一个,放置于果园路边,高度应高于树冠 0.3 m;配制糖醋液悬挂到果园内或边上防治如食心虫、金龟子等。在害虫发生初期悬挂黏虫板防治烟粉虱、白粉虱、潜叶蝇、蚜虫、梨茎蜂、黑翅粉虱等。用树干束草或捆绑麻袋、碎布等编织物诱集害虫,定期销毁。春季树干扎塑膜胶带,涂黏虫胶。适时果实套袋。

#### 9.2.3 生物防治

采取合理、有效措施保护利用蜘蛛、捕食螨、草蛉、瓢虫、蓟马、食虫蝽等多种寄生性天敌,通过果园生草或间作饲草、药草等作物,丰富植物群落,积极引进天敌资源,大规模人工饲养释放天敌等。使用昆虫性诱剂诱杀梨小食心虫成虫。

#### 9.2.4 化学防治

要科学掌握防治适期、有效最低浓度、最佳防治时间等,尽量减少施药量和次数,严格遵守施药到采收的间隔时间。常见病虫害及防治方法参见附录 A。

## 10 采收、包装、储存与运输

### 10.1 采收

采收前应对果实进行农药残留检测,确保品质符合绿色食品质量要求。一般在可采成熟度进行采收。采收时轻拿轻放,防止果实碰压伤。采果宜在晴天果实温度最低时进行。

### 10.2 包装

梨采收后挑除小果、病虫果、畸形果、机械伤果等,按 GB/T 10650 的规定分级、包装。包装一般采用瓦楞纸箱,可在果实外包果纸或套泡沫塑料网。包装应符合 NY/T 658 要求。

### 10.3 储藏与运输

将包装好的梨送入专用保鲜库中或在库中设置专区储存。刚入库时库温应保持在 10℃～12℃,1周后每 5 d～7 d 降 1℃,以后改为每 3 d 降 1℃;在 35 d～40 d 将库温降到 0℃,以防止黑心病。梨的适宜储藏温度为 0℃～3℃,相对湿度控制在 85%～95%,储存时应保持库温的稳定。

梨的气调储藏可采用 12%～13%氧和 1%以下的二氧化碳。库房应设置挡鼠板或捕鼠夹。长距离运输须用冷藏车。储藏和运输应符合 NY/T 1056 的要求。

## 11 生产废弃物处理

定期清园,把农药包装袋、病腐落叶清除出园。提倡对枝条、落叶等进行循环利用。

## 12 生产档案管理

建立绿色食品梨生产档案,应记录产地环境条件、土肥水管理、花果管理、病虫害防治等主要生产内容,以及包装、储藏与运输记录。记录须保存 3 年以上。

附 录 A

（资料性附录）

渤海湾地区绿色食品梨生产病虫害化学防治方案

渤海湾地区绿色食品梨生产病虫害化学防治方案见表A.1。

表 A.1 渤海湾地区绿色食品梨生产病虫害化学防治方案

| 防治对象 | 防治时期 | 农药名称 | 使用剂量 | 施药方法 | 安全间隔期,d |
|---|---|---|---|---|---|
| 梨黑星病 | 萌芽前 | 石硫合剂 | 5波美度 | 喷洒 | 7 |
| | 发病初期 | 波尔多液 | 1：2：200倍量式 | 喷洒 | 10 |
| | 发病初期 | 0.5%苦参碱水剂 | 700倍～1 000倍液 | 喷雾 | 21 |
| | 花前、花后 | 70%甲基硫菌灵可湿性粉剂 | 1 100倍～1 400倍液 | 喷雾 | 20 |
| 梨锈病 | 萌芽前 | 石硫合剂 | 5波美度 | 喷洒 | 7 |
| | 开花前 | 80%代森锌可湿性粉剂 | 500倍～700倍液 | 喷雾 | 28 |
| | 花前、花后 | 波尔多液 | 1：2：200倍量式 | 喷洒 | 10 |
| 梨轮纹病 | 发芽前 | 石硫合剂 | 5波美度 | 喷洒 | 7 |
| | 发病期 | 500 g/L多菌灵悬浮剂 | 600倍～800倍液 | 喷雾 | 28 |
| | 发病初期 | 60%噻菌灵水分散粒剂 | 1 500倍～2 000倍液 | 喷雾 | 21 |
| 梨木虱 | 孵盛期 | 4.5%高效氯氰菊酯可湿性粉剂 | 1 800倍～3 600倍液 | 喷雾 | 21 |
| | 各代若虫孵化期 | 5%吡虫啉可湿性粉剂 | 2 000倍～3 000倍液 | 喷雾 | 20 |
| 梨黑斑病 | 发病初期 | 3%多抗霉素可湿性粉剂 | 150倍～600倍液 | 喷雾 | 7 |
| 梨黄粉蚜 | 采果后 | 50%硫悬浮剂 | 300倍液 | 全园喷洒 | 14 |
| | 采果后 | 石硫合剂 | 0.5波美度～0.8波美度 | 全园喷洒 | 7 |
| | 发芽前 | 石硫合剂 | 3波美度～5波美度 | 树体喷洒 | 7 |
| 梨星毛虫 | 花芽期 | 35%高氯·辛硫磷乳油 | 1 000倍～1 500倍液 | 喷雾 | 21 |
| 梨小食心虫 | 孵盛孵期 | 4.5%高效氯氰菊酯可湿性粉剂 | 1 800倍～3 600倍液 | 喷雾 | 21 |

**注**：农药使用以最新版本 NY/T 393 为准。

# 绿 色 食 品 生 产 操 作 规 程

LB/T 023—2018

# 西 南 地 区
# 绿色食品梨生产操作规程

2018-04-03 发布

2018-04-03 实施

中国绿色食品发展中心 发布

# 前　言

本规程由中国绿色食品发展中心提出并归口

本规程起草单位:四川省绿色食品发展中心、西南科技大学生命科学与工程学院、绵阳市涪城区农业局、中国绿色食品发展中心、贵州省绿色食品发展中心、重庆市农产品质量安全中心、云南省绿色食品发展中心、广元市苍溪县农业局。

本规程主要起草人:魏榕、闫志农、王丹、胡琪琳、仲青山、陈曦、程光辉、晏宏、袁芳。

# 西南地区绿色食品梨生产操作规程

## 1 范围

本规程规定了西南地区绿色食品梨生产的产地环境、品种与砧木选择、土肥水管理、整形修剪、花果管理、病虫害防治、果实采收、储藏运输、生产废弃物处理及生产档案管理等技术。

本标准适用于重庆、四川、贵州和云南的绿色食品梨生产。

## 2 规范性引用文件

下列文件对于本文件的应用是必不可少的。凡是注日期的引用文件，仅注日期的版本适用于本文件。凡是不注日期的引用文件，其最新版本（包括所有的修改单）适用于本文件。

GB/T 8321（所有部分） 农药合理使用准则

GB 12475 农药贮运、销售和使用的防毒规程

GB/T 15772 水土保持综合治理 规划通则

NY/T 391 绿色食品 产地环境质量

NY/T 393 绿色食品 农药使用准则

NY/T 394 绿色食品 肥料使用准则

NY/T 475 绿色食品 梨苗木

NY/T 658 绿色食品 包装通用准则

NY/T 844 绿色食品 温带水果

NY/T 1056 绿色食品 贮藏运输准则

## 3 产地环境

### 3.1 园地选择

#### 3.1.1 产地环境

园地环境应符合 NY/T 391 绿色食品 产地环境质量标准的要求。

#### 3.1.2 气候条件

适宜的年平均温度为 12℃～18℃，年日照时数≥1 000 h，年降水量 450 mm～1 200 mm。

#### 3.1.3 土壤条件

选择土壤肥沃、土层深厚，有机质含量≥1%，地下水位 1.5 m 以下，土壤 pH≤7.5。

### 3.2 园地规划

包括园区划分、品种布局、道路及排灌系统设置、防护林营造、房屋等附属设施。

平地及坡度在 6°以下的缓坡地，栽植行为南北向。坡度在 6°～20°的山地、丘陵地，等高种植，梨园周围禁止种植松柏树，水土保持综合治理按 GB/T 15772 执行。

## 4 品种与砧木选择

### 4.1 选择原则

品种、授粉品种和砧木的选择应以区域化和良种化为基础，结合当地自然条件，选择符合市场需求的优良品种及适宜的砧木。

### 4.2 栽植品种、授粉品种与砧木选择

#### 4.2.1 栽植品种选择

以沙梨系统为主,包括黄金梨、翠冠、丰水梨、中梨1号、脆玉、秋月等早中熟品种。

#### 4.2.2 授粉品种选择

圆黄、翠冠、中梨1号及上述品种互为授粉树。

#### 4.2.3 砧木选择

采用沙梨、棠梨、川梨等,不使用山东香水梨作砧木。

### 4.3 栽植

#### 4.3.1 苗木质量

选择符合 NY/T 475 苗木质量要求的二年生健壮苗。

#### 4.3.2 栽植时期

春栽、秋栽均可。秋栽为秋末冬初苗木落叶后,存在冻害或干旱抽条的地区,宜春季栽植,春栽以发芽前1周为宜。

#### 4.3.3 栽植技术

按主栽品种与授粉品种的配置要求,预先挖好栽植穴,穴深 80 cm,直径 100 cm 以上,根据栽植密度,每穴分层压入农家肥料或有机肥 20 kg~50 kg,并灌透水;定植前解开嫁接薄膜,防止缢颈。将苗木放入穴中央,舒展根系,扶正苗木,纵横成行,边填土、边提苗、踏实,埋土到根颈处;沿苗周围做直径1 m 的树盘,灌水浇透,覆盖地膜保护。定植后按照整形要求立即定干,并采取适当措施保护定干剪口。

#### 4.3.4 栽植密度

采用乔砧密植栽培,栽培密度为 33 株/亩~56 株/亩,行距为 4.0 m~5.0 m,株距为 3.0 m~4.0 m;若为较矮化品种或半矮化砧木的半矮化密植栽培,则栽培密度为 67 株/亩~95 株/亩,行距为 3.5 m~4.0 m,株距为 2.0 m~2.5 m。

#### 4.3.5 授粉树配置

主栽品种与授粉品种果实经济价值相仿时,可采用等量成行配置,否则实行差量成行配置[主栽品种与授粉品种的栽植比例为(6~8):1 配置]。同一果园内栽植主栽品种1个~2个,授粉品种2个~4个,按 10%~20% 比例在田间均匀分布。

## 5 土肥水管理

### 5.1 土壤管理

#### 5.1.1 深翻改土

9月~10月,结合施基肥,进行扩穴深翻或全园深翻。从树盘树冠滴水线向外挖深、宽 40 cm~50 cm,土壤回填时混以有机肥,每亩分层压入符合 NY/T 394 准则的农家肥料或有机肥 1 000 kg~2 000 kg,土壤回填时表土放在底层,底土放在上层,并充分灌水,使根土密接。

#### 5.1.2 中耕

梨园树盘在生长季降雨或灌水后,适时中耕除草,保持土壤疏松无杂草。中耕深度 5 cm~10 cm。

#### 5.1.3 种植绿肥和行间生草

幼龄梨园可在行间树冠投影面积外缘种植无共性病虫害的浅根、矮秆和耗肥量小的作物。

成年梨园可种植与梨树无共性病虫害的浅根的绿肥或牧草,如三叶草、百脉根、紫花苜蓿、扁叶黄芪等绿肥作物,通过翻压、沤制等将其转变为农家肥料。

#### 5.1.4 覆盖

分为地布覆盖和覆草两种方法。地布覆盖可用黑色地布在树盘下覆盖 2 m~5 m 宽。树盘内提倡秸秆覆盖,以利于保温保湿、抑制杂草生长、增加土壤有机质含量。覆草可选用麦秆、玉米秸、稻草等为材料,覆盖厚度 10 cm~15 cm。连覆 3 年~4 年后结合秋施基肥深翻一次,也可结合深翻开大沟埋草,提高土壤肥力和蓄水能力。

## 5.2 施肥

### 5.2.1 施肥原则

根据梨园土壤中的营养元素含量丰缺和梨营养特点,应以农家肥料、有机肥料、微生物肥料为主,化学肥料为辅。施用的肥料应符合 NY/T 394 的要求。

### 5.2.2 施肥方法和施肥量

#### 5.2.2.1 土壤施肥

##### 5.2.2.1.1 幼树

勤施薄施,以氮肥为主,氮、磷、钾比例为 5:3:2,每年每亩施尿素 5 kg～10 kg,磷酸二氢钾 2.5 kg～4.5 kg,在离树干 30 cm 以外施入,并随树龄增加施肥量逐渐加大。在生长季的 3 月～8 月,20 d～30 d 施一次追肥。

##### 5.2.2.1.2 成年树

根据树龄、生长势和当年预计产果确定全年施肥量,氮:磷:钾为 1:0.7:1。

基肥:秋季采果后深翻改土施入。肥料以农家肥料或有机肥为主,每株施有机肥 20 kg～50 kg,适当配搭氮、磷钾肥,每株可施 N-P-K 含量均为 15% 的复合肥 0.2 kg～0.4 kg。施肥时在树冠滴水处挖深 30 cm～40 cm 环沟施入。

萌芽肥:2 月～3 月,以氮肥为主,搭配农家肥料。单株施尿素 0.2 kg～0.3 kg,农家肥料 10 kg～20 kg。施肥时在树冠下滴水线处挖多个浅穴施入。

果实膨大肥:落花后,以磷、钾肥为主,每株施磷酸一铵 0.1 kg～0.2 kg,硫酸钾 0.2 kg～0.3 kg。施用时在树冠滴水线处挖穴施入。

#### 5.2.2.2 叶面追肥

在初花期、谢花后、花芽分化初期和采收前,根据树体营养状况和缺素情况,结合喷洒农药,适当追施叶面肥。采果前 20 d 内停止叶面追肥。

## 5.3 水分管理

### 5.3.1 灌溉

芽萌动期、果实迅速膨大期和秋施基肥时应灌足水分。灌水后及时松土,水源缺乏的梨园还应用作物秸秆等覆盖树盘,以利于保墒。

### 5.3.2 排水

梨园设置排水系统并及时清淤,多雨季节或果园积水时开沟排水。

## 6 整形修剪

### 6.1 整形

因地势、品种、栽植密度选用以下适宜树形。

单层高位开心形:适用于栽培密度为 45 株/亩～67 株/亩的梨园,整形修剪后梨树的呈现为树高 3 m,干高 0.7 m,中心干高约 1.7 m,0.6 m 往上约 1 m 的中心干上枝组基轴和枝组均匀排列,伸向四周,基轴长约 30 cm,每个基轴分生 2 个长放枝组,加上中心干上无基轴枝组,全树共 10 个～12 个长放枝组,全树枝组共为一层。

杯状开心形:适用于栽培密度为 33 株/亩～56 株/亩的梨园,整形修剪后梨树的呈现为干高 80 cm 左右,3 个～4 个主枝,无中心干,主枝呈敞开式(约 45°角)伸展,每主枝配备 2 个～3 个侧枝,侧枝上着生结果枝组。

## 6.2 修剪

### 6.2.1 幼树修剪

幼树以夏季轻剪为主,实行"轻剪、少疏枝",采用抹芽、摘心、长放、撑、拉、吊等措施,注意开角、缓势、调解枝干角度和枝间从属关系,多留枝叶,促进早成形和花芽形成,平衡树势、早结果。

### 6.2.2 成年树修剪

以疏枝、短剪、缩剪为主。剪除病虫枝、干枯枝,疏剪密弱枝、斜生枝和下垂枝,及时复壮更新结果枝组,保持生长结果平衡。对树体过高的树,逐渐降低树高,适时疏、缩剪骨干枝。对骨干枝过多的树要逐渐减少骨干枝数目、级次和长度。同时可采用夏季修剪,如撑、拉、吊、抹芽、放梢等措施,以改善树冠内通风透光条件。

当产量降至 1 000 kg/亩以下时,进行更新复壮。每年更新 1 个～2 个大枝,3 年更新完毕,同时做好小枝的更新。

## 7 花果管理

### 7.1 人工授粉

采用蜜蜂或壁蜂传粉和人工点授等方法辅助授粉,人工授粉时初花期喷 0.3%硼砂+0.2%尿素+0.3%白糖,落花期再喷一次。采集以授粉品种为主的含苞待放的花朵,制成混合花粉。从初花期开始授粉。按 10 cm 左右间距授 1 朵花。提倡果园放蜂,3 亩果园地 1 箱蜂左右,花苞期放入(最好引进角额壁蜂)。

### 7.2 疏花疏果

人工疏花从花序分离至开花期进行。人工疏果从谢花后两周开始,按 10 cm～20 cm 留一个果。树冠中下部多留,枝梢先端少留,侧生背下果多留,背上果少留。

### 7.3 套袋

选用(15～18) cm×(18～22) cm 大小的外灰内黑或外褐内白的双层优质果袋,于谢花后 20 d～30 d 开始套袋,25 d～35 d 完成套袋。果点大而密、颜色深的品种可早套,果点小、颜色淡的品种可晚套。套袋前根据当地主要病虫害防治需要,选用吡虫啉或氯氰菊酯等杀虫剂、多菌灵或波尔多液等杀菌剂混合后仔细喷雾一次,重点喷雾幼果,待药水干后套袋。套袋时袋口要封严又不伤果柄,袋体要膨胀,幼果悬于袋中央。着色品种在采收前 30 d 除袋。

## 8 病虫害防治

### 8.1 防治原则

坚持"预防为主,综合防治"的原则,推广绿色防控技术,优先采用农业防治、物理防治和生物防治措施,配合使用化学防治措施。

### 8.2 主要病虫害

西南地区发生普遍和危害严重的梨病害主要有黑星病、锈病、轮纹病、腐烂病、褐斑病、黑斑病等;虫害主要为梨大食心虫、梨小食心虫、山楂叶螨、梨实蜂、梨茎蜂等。

### 8.3 病虫害防治

#### 8.3.1 农业防治

通过加强土肥水管理等措施,以保持树势健壮,提高抗病力;合理修剪,保证树体通风透光,清除枯枝落叶、刮除树干老翘裂皮、翻树盘、剪除病虫枝果,减少病虫源,降低病虫基数;生长季节后期注意控氮、控水,防止徒长。不与苹果、桃等其他果树混栽,以防次要病虫上升危害;梨园周围 5 k m 范围内不栽种桧柏,以防止锈病流行等。

#### 8.3.2 物理防治

根据病虫生物学特性,采取糖醋液、黄板、频振杀虫灯以及树干缠草绳等方法诱杀害虫。

#### 8.3.3 生物防治

利用寄生性、捕食性天敌昆虫及病原微生物,调节害虫种群密度。人工释放赤眼蜂。助迁和保护瓢虫、草蛉、捕食螨等害虫天敌。应用有益微生物及其代谢产物等生物制剂防治病虫害。利用昆虫性外激素诱杀或干扰成虫交配。

### 8.3.4 化学防治

根据防治对象的生物学特性和危害特点,在病虫测报的基础上,使用与环境友好、高效、低毒、低残的农药。提倡使用生物源农药、矿物源农药,并交替使用农药。禁止使用剧毒、高毒、高残留和致畸、致癌、致突变农药。

化学防治严格按照 GB/T 8321、GB 12475、NY/T 393 的规定使用农药,控制施药剂量(或浓度)、减少施药次数,达到安全间隔期。主要病虫害的化学防治及部分推荐农药参见附录 A。

## 9 果实采收

### 9.1 采收时期

根据梨的品种特性、果实成熟度,外观达到该品种应有的色泽时采收。须长途运输的外销果和储藏果,达到八至九成熟时采收。果品质量应符合 NY/T 844 的要求。

### 9.2 采收方法

采收时应先下后上、先外后内依次进行,并将果实袋一同采下;采收时必须轻拿轻放,切勿机械损伤;采收后及时运到室内分级处理,雨天和中午高温时不宜采收。

### 9.3 采收后处理

梨果采收后要统一运到选果场,进行拆袋、分级、清洁、包装,然后入库或装车。包装应符合 NY/T 658 标准要求。

## 10 储藏运输

### 10.1 储藏

梨果在库内存放时,严禁与其他有毒、有异味、发霉的物品混合存放。

梨果可采用低温冷库储藏,冷库内的相对湿度在 90% 左右。一般采用 10℃ 以上入库,每一周左右降低 1℃,降至 7℃~8℃ 以后,可采取 3 d 降 1℃,直至降到 0℃ 左右。这一段时间需要 30 d~50 d。

气调储藏可用气调帐或塑料薄膜小包装进行储藏,进场测定帐(袋)内二氧化碳含量,二氧化碳浓度最好不超过 1%,氧浓度在 10% 左右为宜。

### 10.2 运输

运输工具清洁、干燥、无毒、无污染、无异物,要求有通风、防晒和防雨渗入的设施。装运及堆码轻卸轻放,通风堆码,不允许混装。储存运输应符合 NY/T 1056 的要求。

## 11 生产废弃物处理

生产过程中要及时清除病株、枯枝残叶,防止病虫蔓延;要及时拣除田间废弃的地膜、农药、肥料包装袋等;清除的废弃物要集中分类进行处理,保护生态环境。

## 12 生产档案管理

建立绿色食品梨生产档案。应详细记录产地环境条件、生产技术、肥水管理、病虫害的发生和防治、采收及采后处理等情况并保存记录三年以上。

附　录　A

（资料性附录）

西南地区绿色食品梨生产主要病虫害化学防治方案

西南地区绿色食品梨生产主要病虫害化学防治方案见表 A.1。

表 A.1　西南地区绿色食品梨生产主要病虫害化学防治方案

| 防治对象 | 防治时期 | 农药名称 | 使用剂量 | 施药方法 | 安全间隔期,d |
|---|---|---|---|---|---|
| 黑星病 | 发病初期 | 40％氟菌唑 | 8 000 倍～10 000 倍液 | 喷雾 | 21 |
| | | 80％代森锰锌 | 600 倍～800 倍液 | 喷雾 | 21 |
| | | 波尔多液 | 1：2：240 倍液 | 喷雾 | 10 |
| 锈病 | 发病初期 | 15％三唑酮（粉锈宁） | 800 倍～1 000 倍液 | 喷雾 | 15 |
| | | 80％代森锌 | 800 倍～1 200 倍液 | 喷雾 | 15 |
| 褐斑病 | 发病初期 | 70％甲基硫菌灵 | 800 倍～1 000 倍液 | 喷雾 | 10 |
| | | 50％多菌灵可湿性粉剂 | 500 倍～600 倍液 | 喷雾 | 21 |
| 轮纹病 | 发病初期 | 80％代森锰锌 | 600 倍～800 倍液 | 喷雾 | 10 |
| | | 50％多菌灵可湿性粉剂 | 600 倍液 | 喷雾 | 10 |
| 蚜虫类 | 百叶蚜量达 100 头时 | 波尔多液 | 1：1：20 倍液 | 喷雾 | 7 |
| | | 10％吡虫啉 | 2 000 倍～4 000 倍液 | 喷雾 | 21 |
| | | 3％啶虫脒乳油 | 2 000 倍～3 000 倍液 | 喷雾 | 14 |
| | | 3％苦参碱水剂 | 800 倍～1 000 倍液 | 喷雾 | 14 |
| 梨木虱 | 越冬代成虫出蛰盛期和每代卵盛孵期,或虫叶比例达 10％时 | 10％吡虫啉可湿性粉剂 | 1 500 倍～2 500 倍液 | 喷雾 | 14 |
| | | 4.5％高效氯氰菊酯 | 2 000 倍液 | 喷雾 | 7 |
| | | 0.3％印楝乳油 | 1 000 倍液 | 喷雾 | 21 |
| 食心虫类 | 卵果率达 1％时 | 2.5％氯氟氰菊酯 | 2 000 倍～3 000 倍液 | 喷雾 | 21 |
| | | 4.5％氯氰菊酯 | 2 000 倍～2 500 倍液 | 喷雾 | 7 |
| | | 50％辛硫磷 | 1 500 倍液 | 喷雾 | 7 |
| | | 20％氰戊菊酯乳油 | 1 500 倍液 | 喷雾 | 14 |
| | | 25％灭幼脲悬浮剂 | 1 000 倍～2 000 倍液 | 喷雾 | 21 |
| 螨类 | 单叶螨达 2 头时 | 0.3％印楝乳油 | 1 000 倍液 | 喷雾 | 21 |
| | | 5％唑螨酯乳油 | 3 000 倍液 | 喷雾 | 14 |
| | | 20％甲氰菊酯乳油 | 1 500 倍液 | 喷雾 | 14 |
| | | 3％苦参碱水剂 | 800 倍～1 000 倍液 | 喷雾 | 14 |
| 梨茎蜂 | 发生期 | 20％氰戊菊酯乳油 | 2 000 倍液 | 喷雾 | 14 |
| | | 20％啶虫脒粉剂 | 6 000 倍液 | 喷雾 | 14 |
| 梨网蝽 | 发生期 | 25％灭幼脲 | 1 500 倍液 | 喷雾 | 14 |
| 炭疽病 | 发病初期 | 50％多菌灵胶悬剂 | 600 倍～800 倍液 | 喷雾 | 14 |
| | | 50％硫悬浮剂 | 400 倍液 | 喷雾 | 14 |
| | | 50％多菌灵可湿性粉剂 | 1 000 倍液 | 喷雾 | 14 |
| 舟形毛虫 | 发生期 | 4.5％氯氰菊酯 | 2 500 倍液 | 喷雾 | 21 |
| | | 20％灭幼脲悬剂 | 1 000 倍液 | 喷雾 | 21 |
| | | 20％氰戊菊酯＋5.7％甲维盐 | 1 500 倍液＋2 000 倍混合液 | 喷雾 | 21 |
| | | 40％啶虫脒 | 1 500 倍～2 000 倍液 | 喷雾 | 21 |
| 注:农药使用以最新版本 NY/T 393 的规定为准。 | | | | | |

# 绿 色 食 品 生 产 操 作 规 程

LB/T 024—2018

# 西北黄土高原地区
# 绿色食品梨生产操作规程

2018-04-03 发布

2018-04-03 实施

## 中国绿色食品发展中心 发布

# 前　　言

本规程由中国绿色食品发展中心提出并归口。

本规程起草单位:陕西省绿色食品办公室、西北农林科技大学、中国绿色食品发展中心、新疆生产建设兵团农产品质量安全中心、青海省绿色食品办公室、甘肃省绿色食品办公室、宁夏回族自治区绿色食品办公室、新疆维吾尔自治区绿色食品发展中心。

本规程主要起草人:杨毅哲、林静雅、徐凌飞、李文祥、赵政阳、胡琪琳、倪莉莉、王文静、多杰、王刚、郭鹏、岳一兵。

# 西北黄土高原地区绿色食品梨生产操作规程

## 1 范围

本规程规定了绿色食品梨生产园地环境与规划,品种,整地与定植,田间管理,采收、包装、运输、储存,生产废弃物处理及生产档案管理。

本规程适用于山西、陕西、甘肃和宁夏的绿色食品梨生产。

## 2 规范性引用文件

下列文件对于本文件的应用是必不可少的。凡是注日期的引用文件,仅注日期的版本适用于本文件。凡是不注日期的引用文件,其最新版本(包括所有的修改单)适用于本文件。

NY/T 391 绿色食品 产地环境质量

NY/T 393 绿色食品 农药使用准则

NY/T 394 绿色食品 肥料使用准则

NY/T 423 绿色食品 鲜梨

NY 475 梨苗木

NY/T 658 绿色食品 包装通用准则

NY/T 1056 绿色食品 贮藏运输准则

## 3 园地环境与规划

### 3.1 环境条件

园地环境应符合 NY/T 391 的要求。以土层深厚、地下水位在 1 m 以下、pH 6.0～8.5 为好。

### 3.2 建园

选择平地或背风向阳的坡面栽植。在建园前,要根据经济自然条件、交通、劳力、市场、占地条件等科学规划,合理安排道路、建筑物和排灌系统。

### 3.3 道路设计

设置主干道、支道、人行道。主干道宽 5 m～6 m,外接公路,贯穿全园,能通大货车;支道宽 3 m～4 m,外接主干道,内通各小区,能通手扶拖拉机或小四轮车;人行道宽 2 m～2.5 m,外与支道连,内通各栽植行。

### 3.4 小区划分

根据地形、地势划分小区,使同一小区内土壤、光照等条件大体一致,有利于运输和机械化,以方便灌溉和管理为原则。小区面积 15 亩～45 亩。

### 3.5 栽植防护林

选择适于当地生态条件、生长快、树体较高大、长寿、经济价值高、主根发达、水平根少、与梨无共同病虫害及中间寄主的树种,如杉树、女贞、马甲子等,营造防护林。防护林的主林带与梨园有害风向垂直,栽 2 行～3 行树,三行呈梅花形栽植,两行呈三角形栽植。

## 4 品种

### 4.1 选择原则

早、中熟,抗性强,丰产、稳产、优质。

### 4.2 品种选用

砀山酥梨、库尔勒香梨、早酥梨、黄冠、新梨七号、红香酥、玉露香、巴梨、阿巴特等品种。

### 4.3 苗木

苗木选择应符合 NY 475 的要求。建议栽植脱毒、无病苗木。

## 5 整地与定植

### 5.1 整地

栽植前按行株距挖宽 80 cm～100 cm,深 70 cm～80 cm 的定植沟(穴)。沟(穴)底垫入厚 30 cm 左右的秸秆层。挖出的表土与足量有机肥、磷肥、钾肥混匀,回填沟中。待填至低于地面 20 cm 后,灌水浇透,使土沉实,然后覆上一层表土保墒。

### 5.2 栽植方式与密度

平地、缓坡地为长方形栽植,以南北行向为宜;6°～15°的坡地实行等高线栽植。栽植株行距为(1.5～2) m×(3.5～4) m,具体根据整形方式、自然条件、品种特性、砧木类型等确定栽植密度。

### 5.3 授粉树与配置

配置 15%～20%授粉树。

### 5.4 栽植时间

栽植时间根据当地气候条件而定。秋冬寒冷、干旱、风大的地区,宜在春季栽植。秋冬气温较高、气候湿润的地区,宜在秋季栽植。

### 5.5 栽植技术

在栽植沟(穴)内按株距挖深、宽各 30 cm 的定植穴。将梨苗木置于穴中央,使嫁接口高于地面 5 cm～10 cm(降水较少的地区可适当深栽),舒展根系,扶正苗木,纵横成行,边填土边提苗、踏实。填土完毕后在树苗周围做直径 1 m 的树盘,立即灌水,浇透后覆盖地膜保墒。苗木定植后按整形要求立即定干,并采取适当措施保护定干剪口。

## 6 田间管理

### 6.1 灌溉与排涝

#### 6.1.1 灌溉

##### 6.1.1.1 灌溉时间

灌水时期应根据土壤墒情而定,通常包括萌芽至开花期、幼果期、果实膨大期和冬前等 4 个时期。

##### 6.1.1.2 灌溉方式

一般采用沟灌,提倡采用滴管、渗灌、微喷灌等节水灌溉措施。

##### 6.1.1.3 灌溉量

灌溉量根据土壤墒情而定。

#### 6.1.2 排涝

当梨园出现积水时,利用沟渠及时排水。

### 6.2 施肥

#### 6.2.1 肥料选择与使用

肥料选择使用应符合 NY/T 394 的要求。

#### 6.2.2 基肥

以有机肥为主,适量加入化肥,于秋季采果后及时施入。初果期树按每生产 1 kg 梨果施 1.5 kg～2.0 kg 优质农家肥计算;盛果期梨园每亩施 200 kg 以上。施用方法采用沟施,挖放射状沟或在树冠外围挖环状沟,沟深 40 cm～60 cm。

### 6.2.3 追肥

可选用氨基酸、腐殖酸等生物来源的肥料,适量施用化肥。在花前 20 d 以氮为主,适量掺入磷钾肥,花后新梢生长展叶亮叶期追施氮肥。果实迅速生长期以磷钾肥为主,氮肥为辅。施肥量视土壤、树龄和结果量而定,每产 100 kg 果追施化肥折合尿素 0.5 kg～1 kg,过磷酸钙 2 kg～3 kg,草木灰 3 kg～5 kg。

### 6.2.4 叶片追肥

全年 4 次～5 次,一般生长前期 2 次,以氮肥为主;后期 2 次～3 次,以磷、钾肥为主,也可根据树体情况喷施梨树生长发育所需的微量元素。施肥量视树龄、树势和结果量而定。

## 6.3 花果管理

### 6.3.1 促花

#### 6.3.1.1 拉枝

拉枝一年四季均可进行,最好在 6 月～7 月进行。一般拉开角度以 70°～80°为宜。

#### 6.3.1.2 摘心

当枝条长至 40 cm 左右时摘心,可促发二次枝,对扩大树冠和促进花芽形成效果明显。

### 6.3.2 提高坐果率

#### 6.3.2.1 人工辅助授粉

花期受阴雨天气影响,自然授粉时、授粉树配置不足时,应采用人工辅助授粉。

##### 6.3.2.1.1 人工点授

用毛笔或毛刷蘸事先采集的花粉,然后在花朵上点授。用毛笔蘸取花粉后点授于花朵的柱头上,每个花序授 1 朵～2 朵花即可。也可用电动授粉器点授。电动授粉器是以干电池为电源,用传送带将花粉从授粉器的花粉储存瓶中均匀传出的一种小型授粉器械,能显著提高授粉效率。毛笔、电动授粉器授粉可用纯花粉,花粉量不足时添加 2 倍～5 倍滑石粉或淀粉作填充物。树少时,可用此法。

##### 6.3.2.1.2 花期放蜂

所需的蜜蜂数量要根据梨园大小、栽培品种、栽植密度、气象条件而定。通常情况下,花期在每亩梨园放 100 头壁蜂或两箱蜜蜂。蜂箱最好设置在风力小、阳光充足的地方。一般开花前 2 d～3 d 可引入蜜蜂,但要注意,放蜂前 10 d～15 d 对梨树喷 1 次杀虫剂和杀菌剂,放蜂期间,严禁使用任何化学药剂。花期放蜂适合于授粉树配置合理而昆虫少的梨园。

##### 6.3.2.1.3 液体授粉

按液体授粉技术要求配置花粉液,通过人工背负式药桶喷洒花朵,3 h 内无降雨即不影响授粉效果,为保险起见,3 d 后可复喷 1 次。授粉树少、栽培面积大时,可用此法。

### 6.3.3 疏果

按果间距 20 cm 左右留一花序(按品种果实大小确定果间距,小型果果间距小一些,大型果大一些),每花序留 2 朵～3 朵边花,幼果膨大后每花序留一果,疏除发育不好的小果、畸形果和病虫果,疏除萼片宿存果。易受晚霜、风沙、阴雨等不良气候影响的产区,为确保坐果,不进行疏花,等到坐果后直接疏果和定果。

### 6.3.4 果实套袋

#### 6.3.4.1 果袋选择

选用梨果专用袋。

#### 6.3.4.2 套袋时间

从花后 40 d 左右开始套袋,20 d 内完成。套袋时尽量避开降雨、高温天气。

#### 6.3.4.3 套袋方法

套袋前要严格疏果和定果。在套袋前 1 d～2 d,全园要细致周到地喷布 1 次杀菌和杀虫剂,杀菌和杀虫剂的种类选择要符合 NY/T 393 的要求。遇雨后要补喷。选择优质果袋,套袋时首先将纸袋撑开,由上往下、由内向外套,幼果置于纸袋中央,不能将叶片套入,袋口打折叠向纵切口背侧面,捏紧袋口扎丝,不伤及果柄和幼果。

### 6.4 整形修剪

#### 6.4.1 树形选择

定植后根据品种、砧木、土壤、气候条件、栽植密度等选择适宜树形,如小冠疏层形、纺锤形、开心形、圆柱形等。

#### 6.4.2 修剪时期

冬季修剪调整结构、平衡树势,一般在 11 月至翌年 2 月进行;春季修剪针对花芽进行修剪,在 3 月～4 月进行;夏季修剪促进花芽形成、改良树体的通风透光条件,一般在 5 月～7 月进行;秋季修剪改善梨园通风条件、增进果实品质,一般在 8 月～10 月进行。

#### 6.4.3 修剪技术

幼树期,重点采取刻伤措施促使枝条发生,采用绳子拉枝等方法开张骨干枝角度,培养结果枝组。盛果期树体很容易上强下弱,外强内弱,结果部位外移。修剪时对外部和上部采用疏强留弱、拉枝开角等方法控势,对下部、内部枝多短截以及向上斜生主枝换头抬高主枝角度等方法促势,还可在上部、外部多留果,以果压势。衰老期,注意骨干枝和结果枝组更新复壮修剪。

### 6.5 病害防治

#### 6.5.1 防治原则

坚持预防为主,综合防治,以农业措施、物理措施和生物措施为主,化学防治为辅,应选用符合 NY/T 393 要求的化学农药。强化病虫害的测报。

#### 6.5.2 常见病虫草害

梨黑星病、腐烂病、干腐病、轮纹病、锈病、褐斑病;梨木虱、黄粉虫、蚜虫类、叶螨、食心虫类、卷叶虫类;空心莲子草、小飞蓬、菟丝子、稗、猪毛蒿、牛筋草、马唐等。

#### 6.5.3 农业防治措施

选用抗病优良品种和健康优质苗木。加强梨园土肥水管理,保证养分充足、排灌通畅,以增强树势、提高树体抗性。合理修剪,保证梨园通风透光,营造良好生长环境。及时清除枯枝、落叶、落果、病虫果。结合修剪,剪除病虫枝,带出梨园烧毁或深埋。清除梨园周边的病害转主寄主植物。例如,与梨锈病有关的桧柏类植物。冬季清园之后,及时全园喷 3 波美度～5 波美度石硫合剂。土壤翻耕 15 cm～20 cm,可以冻死部分越冬虫卵,降低虫害基数。梨园杂草应拔除、刈割与翻压;可用地布覆盖除灭杂草。提倡梨园行间种植白三叶草、鼠茅草等,抑制杂草。生草的种子一般 9 月播种。翌年适时刈割,一般一年刈割 2 次～3 次,埋于地下或覆盖树盘。

#### 6.5.4 物理防治措施

悬挂黄板,防治梨茎蜂、梨蚜虫。于盛花末期,在树冠外围悬挂黄板,诱杀大量梨小食心虫成虫,适宜高度为 1.5 m～2.0 m、亩挂 20 块～30 块黄板即可达到良好的效果。安装杀虫灯。5 月～8 月,在梨园安置杀虫灯,防治吸果夜蛾、金龟子等害虫。悬挂迷向丝、三角屋,防治梨小食心虫。迷向丝每棵树悬挂 1 根,高度不低于 1.7 m,两个月换 1 次;或于树冠外围距地面 1.5 m 处悬挂装有性诱芯的诱捕器(三角屋),每亩悬挂 5 个三角屋,诱芯 1 个月换 1 次。绑缚瓦楞纸。于秋季的 8 月～9 月,在梨树主干绑缚瓦楞纸,诱集梨木虱和红蜘蛛越冬成虫,冬季或早春取下瓦楞纸,刷除树干上的越冬虫。

#### 6.5.5 生物防治措施

释放赤眼蜂、捕食螨等天敌昆虫,防治梨小食心虫和螨类害虫。梨园生草,既可以培肥地力、改善微环境,又可以为赤眼蜂、瓢虫、草蛉、捕食螨等天敌昆虫提供生存环境,能有效防治梨蚜虫、梨木虱、梨小食心虫、螨虫等害虫。

### 6.5.6 化学防治措施

农药的选择和使用应符合 NY/T 393 的要求。梨主要病害化学防治措施见附录 A。

## 7 采收、包装、运输、储存

### 7.1 采收时间

有条件的可以用仪器检测成熟度的相关指标来判断是否适合采收。用于短期储藏的八成熟采收;就近销售鲜果的九成熟采收。

### 7.2 采收方法

采果时备好采果用具,先外后内、先下后上,轻摘、轻放、轻装、轻卸,避免造成机械伤。套袋果采收时,连同果袋一并摘下。

### 7.3 采收后处理

剔除烂果、病果后,通过人工分级,有条件的通过选果机分级。果品质量应达到 NY/T 423 标准。包装应符合 NY/T 658 的要求,储藏运输应符合 NY/T 1056 的要求。

## 8 生产废弃物处理

梨园中的落叶和修剪下的枝条,带出园外进行无害化处理。修剪下的枝条,量大时,经粉碎、堆沤后,作为有机肥还田。废弃的地膜、防鸟网、果袋和农药包装袋等应收集好进行集中处理,减少环境污染。

## 9 生产档案管理

建立绿色食品梨生产档案。应详细记录产地环境条件、生产技术、肥水管理、病虫草害的发生和防治、采收及采后处理等情况并保存记录 3 年以上。

附　录　A

（资料性附录）

西北黄土高原地区绿色食品梨主要病虫害化学防治方案

西北黄土高原地区绿色食品梨主要病虫害化学防治方案见表 A.1。

表 A.1　西北黄土高原地区绿色食品梨主要病虫害化学防治方案

| 防治对象 | 防治时期 | 农药名称 | 使用剂量 | 施药方法 | 安全间隔期，d |
|---|---|---|---|---|---|
| 梨黑星病 | 4 月～6 月，病发初期 | 80%代森锰锌可湿性粉剂 | 600 倍～800 倍液 | 喷雾 | 21 |
|  | 花后 10 d、花后 30 d | 50%多菌灵可湿性粉剂 | 500 倍～667 倍液 | 喷雾 | 28 |
|  |  | 70%甲基硫菌灵可湿性粉剂 | 1 100 倍～1 400 倍液 | 喷雾 | 20 |
|  |  | 40%腈菌唑悬浮剂 | 8 000 倍～10 000 倍液 | 喷雾 | 21 |
| 梨腐烂病和干腐病 | 病发时 | 2.2%腐殖酸铜 | — | 病部涂抹 | — |
| 梨轮纹病 | 病发时 | 2.2%腐殖酸铜 | — | 病部涂抹 | — |
|  | 落花后 10 d～15 d | 50%多菌灵可湿性粉剂 | 500 倍～667 倍液 | 喷雾 | 28 |
|  |  | 70%甲基硫菌灵可湿性粉剂 | 1 100 倍～1 400 倍液 | 喷雾 | 20 |
|  |  | 80%代森锰锌可湿性粉剂 | 600 倍～800 倍液 | 喷雾 | 21 |
| 梨锈病 | 梨展叶期、落花后 7 d～10 d、落花后 20 d～25 d | 80%代森锰锌可湿性粉剂 | 600 倍～800 倍液 | 喷雾 | 21 |
|  | 梨树开花后 30 d 内病叶率达 5%时 | 25%戊唑醇水乳剂 | 2 000 倍～3 000 倍液 | 喷雾 | 35 |
|  |  | 33%锰锌·三唑酮 | 800 倍～1 200 倍液 | 喷雾 | 15 |
| 梨褐斑病 | 春梢旺长期、秋梢旺长期 | 50%异菌脲可湿性粉剂 | 1 000 倍～1 500 倍液 | 喷雾 | 7 |
|  |  | 80%代森锰锌可湿性粉剂 | 600 倍～800 倍液 | 喷雾 | 21 |
| 梨木虱 | 开花前 15 d 左右；第 1 代若虫发生期、第 2 代卵孵化盛期 | 4.5%高效氯氰菊酯乳油 | 1 800 倍～3 600 倍液 | 喷雾 | 21 |
|  |  | 10%吡虫啉可湿性粉剂 | 5 000 倍～7 500 倍液 | 喷雾 | 20 |
| 黄粉虫 | 落花后和套袋前 | 10%吡虫啉可湿性粉剂 | 5 000 倍～7 500 倍液 | 喷雾 | 20 |
| 梨蚜虫 | 发病初期 | 4.5%高效氯氰菊酯乳油 | 1 800 倍～3 600 倍液 | 喷雾 | 21 |
|  |  | 20%甲氰菊酯乳油 | 2 000 倍～3 000 倍液 | 喷雾 | 30 |
| 梨叶螨 | 开花前后 | 240 g/L 螺螨酯 | 4 000 倍～6 000 倍液 | 喷雾 | 30 |
|  |  | 5%噻螨酮 | 1 670 倍～2 000 倍液 | 喷雾 | 30 |
|  |  | 40%四螨嗪 | 3 000 倍～4 000 倍液 | 喷雾 | 21 |
| 梨小食心虫 | 第 2 代成虫产卵盛期和幼虫孵化期 | 50 g/L S-氰戊菊酯乳油 | 2 000 倍～3 125 倍液 | 喷雾 | 14 |
| 卷叶虫 | 在幼虫发生期 | 20%甲维·除虫脲 | 2 000 倍～3 000 倍液 | 喷雾 | 14 |
| 注：农药使用以最新版本 NY/T 393 的规定为准。 |||||||

# 绿色食品生产操作规程

LB/T 025—2018

# 新 疆 地 区
# 绿色食品香梨生产操作规程

2018-04-03 发布                    2018-04-03 实施

中国绿色食品发展中心 发布

# 前　　言

本规程由中国绿色食品发展中心提出并归口。

本规程起草单位:中国绿色食品发展中心、新疆生产建设兵团农产品质量中心、新疆农垦科学院、新疆维吾尔自治区绿色食品发展中心。

本规程主要起草人:陈奇凌、李静、梁玉、王文静、施维新、张玲、胡琪琳、赵泽、郑强卿、王晶晶。

# 新疆地区绿色食品香梨生产操作规程

## 1 范围

本规程规定了新疆地区绿色食品香梨的园地环境与规划,砧木与苗木标准,栽植,土肥水管理,整形修剪,花果管理,病虫害防治,采收、包装、运输与储藏,生产废弃物处理和生产档案管理。

本规程适用于新疆地区绿色食品香梨的生产。

## 2 规范性引用文件

下列文件对于本文件的应用是必不可少的。凡是注日期的引用文件,仅注日期的版本适用于本文件。凡是不注日期的引用文件,其最新版本(包括所有的修改单)适用于本文件。

NY/T 391 绿色食品 产地环境质量

NY/T 393 绿色食品 农药使用准则

NY/T 394 绿色食品 肥料使用准则

NY/T 658 绿色食品 包装通用准则

NY/T 1056 绿色食品 贮藏运输准则

## 3 园地环境与规划

### 3.1 环境条件

绿色食品香梨产地的生态环境、空气、灌溉水和土壤质量等应符合 NY/T 391 的要求。年平均气温 10℃～11℃。低温不低于－29℃,1 月平均气温不低于－9.7℃。土壤肥沃,有机质含量在 0.6％以上。土层深度 50 cm 以上。地下水位在 1.5 m 以下。土壤 pH 7.5～8.5,含盐量不超过 0.3％。

### 3.2 园地规划

平地和 6°以下的缓坡地,面积较大时划分小区,小区面 45 亩～60 亩。园地应配有灌排系统及道路、堆果场、房屋,在定植前完成建设。

### 3.3 防护林带

定植前或定植同时营造防风林带。一般采用疏透式林带,所用树种必须适应当地自然条件及防风要求,主林带行数一般 5 行～8 行,副林带行数为 2 行～4 行。防风林行距 2 m～3 m,株距 1.5 m～2 m。

## 4 砧木与苗木标准

砧木选用杜梨。杜梨苗标准为侧根数量 5 条以上,侧根长度 20 cm 以上,侧根分布均匀、舒展、不卷曲,茎高度 100 cm 以上,茎粗度 0.8 cm 以上,茎倾斜度 15°以下,根皮与茎皮无干缩、皱皮及损伤。

## 5 栽植

### 5.1 整地

按行株距挖深宽 0.8 m～1 m 的栽植沟穴,沟穴底填 30 cm 作物秸秆。每亩挖出的表土与有机肥 2 000 kg、磷肥、钾肥 20 kg～30 kg 混匀,回填沟中。待填至低于地面 20 cm 后,灌透水,使土沉实,水渗完后覆上一层表土保墒。

### 5.2 栽植方式与密度

平地和 6°以下的缓坡地为长方形栽植。栽植行南北向,根据栽植目的、生态条件、管理水平和砧木确定栽植密度。按株行距定植点挖 30 cm×30 cm×30 cm 的栽植穴,见表1。

**表 1 栽植密度适用表**

| 密度,株/hm² | 行距,m | 株距,m | 适应范围 |
|---|---|---|---|
| 180～333 | 6～8 | 5～7 | 乔砧稀植 |
| 417～1 000 | 5～6 | 2～4 | 乔砧宽行密植 |
| 1 250～3 333 | 3～4 | 1～2 | 乔砧矮化密植 |

#### 5.3 栽植时期

各地均以土壤解冻后至梨树萌芽前(3月底至4月初)春栽为主。春季水源紧张、秋季水源充足的地区也可在10月下旬至11月进行秋栽,秋栽当年冬季须埋土30 cm防寒。

#### 5.4 栽植技术

将苗木放入栽植穴中央,舒展根系,扶正苗木,纵横成行,边填土边提苗、踏实,根颈略高于地面。栽后立即浇一次透水,将歪斜苗扶正后再浇一次水。栽植前可用生根剂进行速蘸处理。

#### 5.5 嫁接

##### 5.5.1 接穗选择

应选择生长健壮、无病虫的优良营养系母株上的接穗或选择母本园中的接穗。

##### 5.5.2 嫁接

以芽接方式在二年生杜梨 30 cm～50 cm 高度嫁接。

##### 5.5.3 授粉树配置

授粉品种主要选用砀山酥梨、鸭梨等。香梨与授粉品种的比例为 8∶1(鸭梨与砀山酥梨的比例为 1∶2)。

### 6 土肥水管理

#### 6.1 土壤管理

##### 6.1.1 深翻改土

每年秋季果实采收后结合秋施基肥进行,分为扩穴深翻和全园深翻。扩穴深翻为在定植穴外挖环状沟或平行沟,沟宽 80 cm,深 60 cm,表土放在底层,底土放在上层,施基肥后回填。全园深翻是将基肥均匀撒于地表后,土壤全部深翻,深度 30 cm～40 cm。深翻后充分灌水,使根土密接。

##### 6.1.2 中耕

清耕果园,生长季每次灌水后及时中耕,中耕深度 5 cm～10 cm。

##### 6.1.3 行间生草

行间种植三叶草或紫花苜蓿,通过翻压、覆盖和沤制等方法将其转变为有机肥。有灌溉条件的梨园提倡行间生草制。

#### 6.2 施肥

##### 6.2.1 施肥原则

以有机肥为主,化肥为辅,保持或增加土壤微生物活性。施用的肥料符合 NY/T 394 的要求。

##### 6.2.2 施肥方法和数量

###### 6.2.2.1 施肥量

施肥量按每产 1 kg 果实施 1 kg～1.5 kg 优质农家肥、每产 100 kg 果实施氮肥 0.5 kg～0.8 kg、磷肥 1 kg～1.2 kg、钾肥 0.7 kg～1.0 kg 计算,一般盛果期果园每亩施 2 500 kg～4 000 kg 有机肥。

###### 6.2.2.2 基肥

秋季果实采收后施入,以农家肥为主,混加全年氮肥用量的 20%,磷肥、钾肥用量的 60%。施用方法以沟施或撒施为主,施肥部位在树冠投影范围内。沟施为沿树冠外围挖环状沟或放射状沟,沟深 60 cm~80 cm,沟宽 20 cm~30 cm,撒施为将肥料均匀撒于树冠下,并翻深 30 cm。

#### 6.2.2.3 追肥

每年 2 次。第 1 次在 4 月下旬进行,追施全年氮肥用量的 50%,磷肥、钾肥用量的 20%;第 2 次追肥在 8 月上旬,追施全年氮肥用量的 30%,磷肥、钾肥用量的 20%;可采用穴施、环状沟、放射沟等方法交替进行,沟深 40 cm。

### 6.3 水分管理

全年浇水 6 次~9 次,每亩灌水总量 600 m³~1 000 m³。土壤田间持水量小于 60%须灌水。花前、花芽分化期、花后、6 月、7 月、8 月各一次水,入冬前一次。7 月视墒情可增加一次水。方法用沟灌或畦灌。避免用大水漫灌。提倡使用滴灌和水肥一体化。

## 7 整形修剪

### 7.1 整形

#### 7.1.1 适宜树形

定植后根据栽植密度选定适宜树形。

#### 7.1.2 定干嫁接

如用嫁接苗定植,当年春季萌芽前进行定干,定干高度一般 70 cm~90 cm,剪口第 3 个芽必须朝当地主风向。如用砧木苗定植,成活后当年秋季至第 3 年按计划嫁接相应的品种,可于 3 月下旬至 4 月上旬枝接,或于 5 月~6 月(当年剪砧,使嫁接芽萌发)及 8 月(翌春剪砧)芽接。嫁接高度距地面 30 cm~50 cm,接芽位置要选在当地主风向方向。

### 7.2 修剪

#### 7.2.1 冬剪

##### 7.2.1.1 骨干枝培养

依主从关系区分枝条强弱,即中央领导干、主枝、侧枝、下层枝、上层枝依次减弱。通过拉、撑、里芽外蹬、背后枝换头等开张角度,促中部及内膛枝发条,逐年扩大树冠,削弱树势并提早结果(乔砧矮化密植不采用此方法)。

##### 7.2.1.2 结果枝组培养

按大、中、小 3 种结果枝组的培养方法修剪。对强旺枝采用先缓后截的方法,对乔砧矮化密植树多采用甩放法,成花结果后再回缩。

##### 7.2.1.3 辅养枝和临时枝组利用

适当多留辅养枝和临时枝,结果后及时回缩或疏除。

##### 7.2.1.4 树冠及通风透光条件的控制

对骨干枝不做大的变动,树冠封行之后,选用延长枝后部的背下枝或斜生枝进行回缩换头。树冠高度控制在行距的 70%以下。过高时将中央领导干回缩到分枝处。对层间大辅养枝进行回缩或锯除,使层间距达到 100 cm~120 cm。适当疏除旺枝,回缩冗细枝。乔砧矮化密植以缓、拉、疏枝等方法,控制树势,以疏除密枝,解决通风透光。

##### 7.2.1.5 枝组更新

结果枝组要大、中、小按 1:4:5 的比例配置。不断进行培养、利用、控制和更新。大年树通过冬季修剪、花前复剪、人工或化学疏花疏果控制合理负载量,对小年树采取保花保果措施,控制叶果比在(15~20):1。控制相邻年度产量差别不超过 15%。

#### 7.2.2 夏季修剪

5 月至 6 月上旬进行,疏除过密枝、徒长枝和过旺果台副梢,对主枝背上强旺枝进行扭梢。过旺辅养枝环剥或回缩,并通过改变枝向或拉、撑、吊等措施开张枝角和平衡树势。乔砧矮化密植树应强化此时期修剪。

## 8 花果管理

### 8.1 疏花

留强壮果枝的花序,调整每隔 15 cm～20 cm 留 1 个花序。

### 8.2 疏果

目前用人工疏果。落花后 10 d～15 d 开始,5 d～7 d 结束。疏果标准是:每花序留果不超过 2 个,坐果较少时,可适当留腋花芽果(每花序限留 1 个果)。树冠上部及外围、骨干枝前端及强旺枝上以留双果为主,其他部位以留单果为主。

### 8.3 保花

花量过少或花期气候恶劣的年份须采取人工辅助授粉,花期喷 0.2% 硼酸或花期放蜂等。

## 9 病虫害防治

应坚持"预防为主、综合防治"的原则,优先采用农业防治、物理防治、生物防治措施,配合使用化学防治措施。农药使用应符合 NY/T 393 的要求,参见附录 A。

### 9.1 农业防治

生长季后期注意控水、排水、防止徒长,以免冻害和腐烂病严重发生。严格疏花疏果,合理负载,保持树势健壮。在 2 月中上旬前采取刮除树干翘裂皮、清除枯枝落叶、清洁田园,降低越冬病虫基数。生长季及早摘除病虫叶、果,结合修剪,剪除病虫枝。

### 9.2 生物防治

充分利用性诱剂、寄生蜂、捕食螨等天敌,选用植物源农药等生物农药防治病虫害。

### 9.3 物理防治

可采用人工清除春尺蠖卵块及人工捕捉春尺蠖成虫防治春尺蠖。田间悬挂黄色黏虫胶纸(板)、杀虫灯。春季香梨萌芽前,利用高压喷水器械喷打树体,杀死和冲掉树体上螨类越冬虫体,减少虫源基数。早春在香梨园内覆盖地膜,阻隔土层中羽化的成虫迁飞转移,减少虫源基数。

### 9.4 化学防治

加强病虫发生动态测报,掌握目标害虫种群密度的经济阈值,适期喷药。采用科学施药方式,保证施药质量。同时,注意农药的合理混用和轮换使用。具体见附录 A。

## 10 采收

### 10.1 采收时期

根据果实成熟度、用途和市场需求,适时采收,不能过早或过迟。库尔勒香梨 9 月中上旬采收,进入保鲜库储藏的库尔勒香梨在 8 月 25 日至 9 月 10 日。

### 10.2 采收工具

采收前须准备好梯凳、采果篮。采果篮内四周及底部用软布或麻布铺衬。篮把上安牢挂钩。

### 10.3 采摘要求

采果人员必须戴线织手套,用手摘下果实直接放入采果篮,要轻摘轻放,尽量减少倒篮次数,严禁摇落或击落,高处梢端果实可上树、登梯或将软兜绑于长竿顶端摘取,采摘顺序应由下至上,由外至内。

## 11 包装、运输与储藏

### 11.1 包装

香梨产品应使用专用包装箱,坚固耐压、清洁卫生、无毒无异味。箱内有必要的承压垫板及隔板。内包装材料须质地松软并具弹性和韧性,均匀一致、清洁卫生,并具一定吸潮性。包装要求、材料选择、包装尺寸按 NY/T 658 的规定执行。

## 11.2 运输与储存

待运时应批次分明、码放整齐、清洁卫生、通风良好。严禁暴晒、雨淋,注意防冻、防热、防鼠,缩短待运时间保持产品质量。及时清洁运输工具,装卸时轻拿轻放。香梨储存应具备要求条件,库内温度 $-2℃\sim0℃$,相对湿度保持在 $85\%\sim90\%$,保证通风透气,防止污染。储存设施、运输工具及管理按 NY/T 1056 的规定执行。

## 12 生产废弃物处理

应当及时将生产废弃物收回,不得随意丢弃;如地膜、农药包装袋等送至回收点,秸秆、落叶等进行集中掩埋处理。

## 13 生产记录档案管理

生产者需要建立生产档案,记录品种、施肥、病虫草害防治、采收及田间操作管理措施;所有记录应真实、准确、规范,并具有可追溯性;生产档案应有专人专柜保管,记录文件至少保存 3 年。

附　录　A

（资料性附录）

新疆地区绿色食品香梨生产主要虫害化学防治方案

新疆地区绿色食品香梨生产主要虫害化学防治方案见表 A.1。

表 A.1　新疆地区绿色食品香梨生产主要虫害化学防治方案

| 防治对象 | 防治时期 | 农药名称 | 使用剂量 | 施药方法 | 安全间隔期,d |
|---|---|---|---|---|---|
| 螨类、梨木虱 | 虫害发生初期、盛期 | 20%啶虫脒可溶性粉剂 | 13 000 倍～16 000 倍液 | 喷雾 | 30 |
|  |  | 50%四螨嗪悬浮剂 | 5 000 倍～6 000 倍液 | 喷雾 | 30 |
| 春尺蠖、食心虫 | 虫卵孵盛期 | 2.5%氯氰菊酯乳油 | 800 倍～1 200 倍液 | 喷雾 | 21 |
|  |  | 25%除虫脲可湿性粉剂 | 1 000 倍～1 500 倍液 | 喷雾 | 21 |
| 蚧壳虫 | 展叶期、果实膨大期 | 25%噻嗪酮可湿性粉剂 | 1 000 倍～1 600 倍液 | 喷雾 | 35 |
| 蚜虫 | 叶片生长期 | 70%吡虫啉水粉散粒剂 | 8 000 倍～10 000 倍液 | 喷雾 | 14 |
| 注:农药使用以最新版本 NY/T 393 的规定为准。 | | | | | |

# 绿 色 食 品 生 产 操 作 规 程

LB/T 026—2018

# 渤海湾地区
# 绿色食品葡萄生产操作规程

2018-04-03 发布

2018-04-03实施

**中国绿色食品发展中心** 发布

# 前　言

本规程由中国绿色食品发展中心提出并归口。

本规程起草单位：天津市绿色食品办公室、中国绿色食品发展中心、天津市设施农业研究所、山东省绿色食品发展中心、山西省农产质量安全中心。

本规程主要起草人：任伶、胡琪琳、商佳胤、王莹、田淑芬、张玮、张凤娇、刘烨潼、马文宏、孟浩、王馨、朱洁、王紫竹、金一尘、庄宇宇、张晓晨。

# 渤海湾地区绿色食品葡萄生产操作规程

## 1 范围

本规程规定了环渤海地区绿色食品葡萄的产地环境、苗木选择、园地规划与定值、田间管理、病虫害防治、采收、清园、生产废弃物的处理、储藏与运输和建立生产档案。

本规程适用于北京、天津、河北、辽宁、山东的绿色食品葡萄的生产。

## 2 规范性引用文件

下列文件对于本文件的应用是必不可少的。凡是注日期的引用文件,仅注日期的版本适用于本文件。凡是不注日期的引用文件,其最新版本(包括所有的修改单)适用于本文件。

GB/T 19341 育果袋纸

NY/T 391 绿色食品 产地环境质量

NY/T 393 绿色食品 农药使用准则

NY/T 394 绿色食品 肥料使用准则

NY 469 葡萄苗木

NY/T 658 绿色食品 包装通用准则

NY/T 844 绿色食品 温带水果

SC/T 9001 人造冰

## 3 产地环境

产地环境条件应符合 NY/T 391 的要求。产地应选择在生态条件良好、清洁、无污染,具有可持续生产能力的农业生产区域。园地尽量选择平地,以便于机械化作业;园地坡度大于 20% 时,要沿坡地等高线修建梯地。选择土层深厚、排水良好的砾质壤土或沙质壤土;pH6.0~8.0;含盐量不超过 0.18%。本区域除山东部分产区可以种植极晚熟葡萄品种外,其他地区早、中、晚熟葡萄品种均可种植。

## 4 苗木选择

### 4.1 苗木选择原则

苗木选择应符合 NY 469 的要求。建议全部使用一、二级苗、脱毒苗、无病毒苗。

### 4.2 品种选用

规模较大的老产区以红地球、巨峰等葡萄品种为主;具有地方特色的产区以玫瑰香、龙眼、白牛奶等特色葡萄品种为主;新产区推荐选择夏黑、金手指、阳光玫瑰、巨玫瑰、"瑞都"系列品种、"光"系列品种、"沈农"系列品种等葡萄优新品种。

## 5 园地规划与定值

### 5.1 园地规划

果园主干路贯穿全园,路宽 4.0 m～6.0 m,园内作业道 3.0 m～4.0 m,上水渠设在作业道一侧。田面两侧设置排水沟,使园区雨季地下水位控制在 0.6 m 以下。空旷地区果园排水沟外侧需设防护林,以乔木为主,植树 2 行。葡萄定植前进行翻耕,深度 15 cm～20 cm;翌年春季挖定植沟,沟深 0.6 m～0.8 m、宽 0.8 m～1.0 m;施腐熟有机肥 3 000 kg/亩～5 000 kg/亩,施生物菌肥 150 kg/亩～200 kg/亩。

### 5.2 架材与架式

#### 5.2.1 架材

##### 5.2.1.1 水泥柱或石柱

角柱粗 15 cm×15 cm、长 3.0 m～3.5 m。边柱粗 10 cm×12 cm、长 2.5 m～3.0 m。中柱粗(8.0～10.0)cm×10.0 cm、长 2.5 m～2.8 m。

##### 5.2.1.2 镀锌钢管

角柱管 3.0 吋*、长 3.0 m～3.5 m。边柱管 2.5 吋或 3.0 吋、长 2.5 m～3.0 m,中柱管 2.0 吋或 2.5 吋、长 2.5 m～3.0 m。须浇筑长×宽×厚为 30 cm×30 cm×40 cm 混凝土,镀锌钢管地上 30 cm 钉涂防锈漆。

##### 5.2.1.3 铁丝规格

10 号(Φ3.25 mm)、12 号(Φ2.64 mm)或 14 号(Φ2.00 mm)铁丝或钢丝,镀锌。

#### 5.2.2 架式

根据园区的规模、地形、地势及种植模式使用、篱架、"Y"形架或倾斜水平棚架。

### 5.3 定植

#### 5.3.1 定植时间

在春季地温稳定在 12℃以上时定植。本区域由南向北于 3 月下旬至 4 月中旬定植。

#### 5.3.2 幼苗定植

苗木根系剪留 15 cm,用 3 波美度～5 波美度石硫合剂或 1‰硫酸铜对苗木消毒,再用清水浸泡苗木根系 12 h 后栽植。栽苗时,开挖定植穴。苗木根系应自然伸展,向四周分布均匀。先填入部分土,轻轻提苗,使根与土壤密接。然后填土至与地面平,踏实灌透水,待水渗入后覆膜。

#### 5.3.3 苗期管理

新梢达 0.8 m～1.0 m 进行摘心。6 月上旬立架,将枝蔓绑缚,根据架型培养树形。

### 5.4 栽植密度

单臂篱架,株距 0.8 m～1.0 m,行距 2 m,每亩定植 333 株～416 株;"Y"形架,株距 1.0 m～1.5 m,行距 2.5 m～3.0 m,每亩定植 178 株～267 株;倾斜水平棚架,株距 1.5 m～2.0 m,行距 2.5 m～4.0 m,每亩定植 84 株～178 株。

## 6 田间管理

### 6.1 水分

#### 6.1.1 灌水

萌芽前和采收施有机肥后各灌一次水,土壤封冻前灌冻水,其他灌水时间根据浆果生长期视土壤含水量情况灵活掌握。建议果园配套水肥一体化系统。

#### 6.1.2 排水

视地下水位高度排水,平时控制在 0.8 m 以下,雨季控制在 0.6 m 下。

### 6.2 施肥

#### 6.2.1 肥料选择与使用

肥料选择使用应符合 NY/T 394 的要求。

#### 6.2.2 开花前施肥

葡萄开花前以氮素肥料为主,葡萄开花前 1 周左右要注意微量元素肥的使用。葡萄萌芽前根施三元复合肥(15 - 15 - 15),用量为 10 kg/亩～15 kg/亩。新梢生长期根施尿素,用量为 5 kg/亩～10 kg/亩。开

---

　　* 吋为非法定计量单位。1 吋＝2.54 cm。

花前 10 d～15 d 叶面喷施硼、锌肥保花,防止授粉不良、果粒畸形,用量为 0.1 kg/亩～0.15 kg/亩。

#### 6.2.3 采收前施肥

葡萄开花后至采收前,要减少氮素肥料的使用,增加钾肥和钙肥用量。葡萄第一次膨果期根施钾肥,用量为 5 kg/亩～10 kg/亩。葡萄转色期叶面喷施磷酸二氢钾,用量为 0.1 kg/亩～0.15 kg/亩。葡萄第二次膨果期叶面喷施钙肥,用量为 0.1 kg/亩～0.15 kg/亩;根施钾肥,用量为 5 kg/亩～10 kg/亩。

#### 6.2.4 采收后施肥

葡萄采收后以复合肥和有机肥为主。葡萄采收后 15 d～20 d,根施三元复合肥(15 - 15 - 15),用量为 10 kg/亩～15 kg/亩。葡萄落叶前 30 d～45 d,开沟施有机肥,用量为 3 000 kg/亩～4 000 kg/亩。

### 6.3 整形修剪

#### 6.3.1 夏季修剪

葡萄萌芽后及时抹除多余的芽,一个芽眼萌发多个芽时留单芽,芽量大时,去除弱芽和晚萌发的芽。新梢长 15 cm 左右时定梢,新梢间隔为 10 cm～15 cm。依据品种特性在开花前或开花期对主梢进行摘心,摘心叶片为正常成熟叶片面积 1/3。顶端留一个延长副梢,依据架面空间进行摘心控制;及时引缚新梢,使新梢在架面均匀分布。依据品种适当留用副梢叶片,欧美种去除所有副梢;欧亚种去除果穗以下副梢,果穗以上副梢留 1 叶摘心。日烧严重的品种果穗附近副梢保留 2 片～3 片叶。及时去除卷须。以成熟果穗平均大小计算花序或果穗留用数量。以强枝多留,弱枝少留为原则疏花疏果。每亩留果量 2 500 个～3 500 个,单穗重 500 g～750 g,每亩产量 1 250 kg～2 000 kg。

#### 6.3.2 冬季修剪

当地初霜冻后 10 d 以内要完成果园冬季修剪。需要埋土的产区,冬季修剪后至土壤结冻前要埋土防寒,覆土厚度 20 cm～40 cm,盖住所留枝条。埋土时将所有葡萄枝条都顺向一个方向,直接用土壤掩埋。不埋土的产区,要针对极端天气制订防寒预案。

### 6.4 套袋与除袋

选择葡萄专用果袋,袋口有扎丝,袋底两侧各有一通气孔,规格与葡萄品种特性和穗形大小相适应。纸质果袋要符合 GB/T 19341 的要求,也可选择无纺布材质的果袋。葡萄花后 20 d～30 d,生理落果后,本区域一般在 6 月中下旬进行。在晴天进行,避开早晨有露水和中午高温时段。如遇雨水,应在天晴天气稳定后 2 d～3 d 进行。黄色、白色或易着色品种可以带袋采收;着色差的品种可视着色情况于采收前 7 d～15 d 除袋。

## 7 病虫害防治

### 7.1 病虫害防治的原则

应坚持"预防为主,综合防治"的原则,推广绿色防控技术,优先采用农业防治、物理防治和生物防治措施,配合使用化学防治措施。

### 7.2 常见病虫害

葡萄主要病虫害:霜霉病、白粉病、炭疽病、灰霉病、白腐病、黑痘病、介壳虫、蚜虫等。

### 7.3 防治措施

#### 7.3.1 农业防治

冬季埋土防寒前,刮掉葡萄枝蔓老皮,并集中深埋。

#### 7.3.2 物理防治

树干涂白:埋土防寒葡萄园春季出土后用生石灰进行树干涂白,设施栽培葡萄冬季修剪后进行树干涂白。悬挂黄蓝黏虫板:果园内春季悬挂黄蓝黏虫板,可有效消灭蚜虫、介壳虫等害虫。诱虫灯:可利用害虫的驱光性,有效消灭鳞翅目、鞘翅目害虫。

#### 7.3.3 生物防治

利用瓢虫、食蚜蝇、螳螂等葡萄园害虫天敌消灭蚜虫、介壳虫等害虫。选用微生物源农药、植物源农药、矿物源农药等生物农药防治,防治方法参见附录 A。

### 7.3.4 化学防治

农药的使用应符合 NY/T 393 的要求。常见病虫害防治方法参见附录 A。

### 7.3.5 病虫害防治的注意事项

遵循农业安全使用标准及农药合理使用准则。合理选择农药品种,做到对症下药。注意喷药时期,做到及时、适时。注意喷药时间和气温、风速,一般选择晴朗天的 16:00 以后,气温不超过 30℃,风速不超过 3 级的天气进行喷药。注意农药的交替使用,尽量避免连续使用一种农药或同剂型农药以免出现抗药性。两种或两种以上农药混合使用,要即混即用。混合要合理,如出现气泡、变色、沉淀等现象,应立即停止。酸性和碱性农药不能混用。采前 60 d 禁止使用有毒和有残留的农药。

## 8 采收

果实发育充分、正常,具有适于市场货储存要求的成熟度时即可采收,同时符合 NY/T 844 中对感官指标、理化指标和卫生指标的要求。人工采收并分级后按 NY/T 658 的规定进行包装。

### 8.1 采收前的准备

采收前要准备果剪、果箱。果箱一般每箱装果 2.5 kg~10 kg,防止压坏果粒。

### 8.2 采收标准

葡萄浆果充分成熟,即有色品种充分表现出固有的品种色泽,黄白色品种的浆果变成果粒充分成熟后在晴天进行采收,略透明状态,可溶性固形物达到葡萄等级规定。

### 8.3 采收的时间

在晴天无风或早晨露水干后进行,忌在雨天、雨后或炎热日照下采收。

### 8.4 采收的方法

用果剪在果穗基部把果柄剪下,轻放入果箱内,防止阳光直射暴晒灼伤,保持果粉完整,修整时将每穗中的青粒(有色品种)、小粒、病粒、虫果、损伤果等影响果品质量的果粒剪除。

### 8.5 分级与包装

根据果粒大小,果穗大小、颜色等进行分级,严格按照分级规格进行包装。

## 9 清园

整形修剪后的带病枯枝落叶应及时清理出园,避免病菌交叉感染给健康植株。秋季落叶修剪后,及时清理落叶、枝蔓,可粉碎后直接旋耕入果园,也可集中堆肥发酵后再回填果园。落叶、枝条禁止焚烧。冬季埋土防寒前,刮掉老皮,并集中深埋,春季出土后萌芽前,喷 3 波美度~5 波美度石硫合剂,消灭越冬病原菌和虫源。

## 10 生产废弃物的处理

果实采收后应及时拣拾、除去田间农业固体废物,如农药化肥包装袋(瓶)、农膜等。避免这些废旧塑料散落在田间进入土壤,影响土壤内的物质、热量的传递和微生物的生长,防治土壤污染。

## 11 储藏与运输

### 11.1 储藏

#### 11.1.1 储藏环境与冷库消毒

冷库生产工作人员每年体检一次,发现传染病患者及时调离;库内外要专人清扫,保持干净整洁。库内使用不宜生锈的金属或木制工具,运输工具、垫木要定期消毒。预冷库在葡萄入库前一天温度调至

−1℃～0℃,湿度≥95％。葡萄入库前 3 d～5 d,对库房进行彻底消毒,具体方法:先用 3 g/m³～5 g/m³ 高锰酸钾在库内进行全面消毒,再用 10 g/m³～20 g/m³ 硫黄粉进行熏蒸消毒,10 h～1 2h 即可,然后打开风机及库门通风 24 h～48 h。

### 11.1.2 储藏温度

预冷间库温调至−1℃～0℃。预冷时间的长短与包装重量及入库量有关,一般每次入库量不超过总库容的 15％～20％,塑料包装 4 kg～5 kg 预冷 7h～9h,6 kg 包装须预冷 10 h～12 h;纸箱包装 12h～13h。温度保持在−0.5℃～0.5℃。

### 11.1.3 储藏期葡萄管理

葡萄垛应放在 100 cm×100 cm×15 cm 托盘上;侧面离开墙体 20 cm～30 cm;离开墙顶 50 cm～100 cm;同时垛与垛之间有 10 cm～20 cm 的空隙。储藏过程中要经常检查葡萄的储藏温度是否在± 0.5℃,同时经常检查葡萄是否有霉变、腐烂、裂果、药害、冻害等危害,如有及时处理。

## 11.2 防鼠工作

在库内外放置鼠饵,以两头剪开的塑料瓶或三角盒盛放,每 15 m² 放置一个。

## 11.3 运输

a) 应根据葡萄品种、特性、运输季节、距离及储藏的要求选择不同的运输工具。

b) 运输应专车专用,不应使用装载过化肥、农药、粪土及其他可能污染食品的物品而未经清污处理的运输工具运载葡萄。不应与化肥、农药等化学品及其他任何有害、有毒、有气味的物品一起运输。

c) 运输工具在装载葡萄之前应清理干净,必须进行消毒灭菌,防治病虫害污染。

d) 运输工具的铺垫物、遮盖物等应清洁、无毒、无害。

e) 运输过程中采取控温措施,定期检查车(船、箱)内温度以满足保持绿色食品品质所需的适宜温度。

f) 保鲜用冰应符合 SC/T 9001 的要求。

g) 装运前应进行食品质量检查,在食品、标签与单据三者相符的情况下才能装运。

h) 运输过程中应轻装、轻卸、防止挤压和强烈震动。

i) 运输过程应有完整的档案记录,并保留相应的单据。

## 12 生产档案管理

建立绿色食品葡萄生产档案,详细记录葡萄产地环境条件、生产技术、肥水管理、病虫防治、采收时间、品种、等级等情况,并保存记录三年。

附　录　A

（资料性附录）

渤海湾地区绿色食品葡萄主要病虫害化学防治方案

渤海湾地区绿色食品葡萄主要病虫害化学防治方案见表 A.1。

表 A.1　渤海湾地区绿色食品葡萄主要病虫害化学防治方案

| 防治对象 | 防治时期 | 农药名称 | 使用剂量 | 施药方法 | 安全间隔期,d |
|---|---|---|---|---|---|
| 霜霉病 | 谢花后 20 d | 80％波尔多液可湿性粉剂 | 300 倍～400 倍液 | 喷雾 | — |
| | 病害发生初期 | 40％烯酰吗啉悬浮剂 | 1 500 倍～2 000 倍液 | 喷雾 | 7 |
| | 病害发生初期 | 80％代森锰锌可湿性粉剂 | 500 倍～800 倍液 | 喷雾 | 28 |
| 白粉病 | 葡萄病菌侵染初期 | 29％石硫合剂水剂 | 6 倍～9 倍液 | 喷雾 | 15 |
| | 发病初期 | 30％氟菌唑可湿性粉剂 | 15 g/亩～18 g/亩 | 喷雾 | 7 |
| | 发病初期 | 30％氟环唑悬浮剂 | 1 600 倍～2 300 倍液 | 喷雾 | 30 |
| 炭疽病 | 发病初期 | 40％腈菌唑可湿性粉剂 | 4 000 倍～6 000 倍液 | 喷雾 | 21 |
| | 发病初期 | 0.3％苦参碱水剂 | 500 倍～800 倍液 | 喷雾 | — |
| | 发病前或发病初期 | 16％多抗霉素可溶粒剂 | 2 500 倍～3 000 倍液 | 喷雾 | 14 |
| 灰霉病 | 病害发病前或初期 | 400 g/L 嘧霉胺悬浮剂 | 1 000 倍～1 500 倍液 | 喷雾 | 7 |
| | 发病初期 | 20％腐霉利悬浮剂 | 400 倍～500 倍液 | 喷雾 | 14 |
| | 发病初期 | 500 g/L 异菌脲悬浮剂 | 750 倍～1 000 倍液 | 喷雾 | 14 |
| 白腐病 | 发病初期 | 70％代森锰锌可湿性粉剂 | 438 倍～700 倍液 | 喷雾 | 14 |
| | 病害发生前或初见零星病斑时 | 250 g/L 嘧菌酯悬浮剂 | 833 倍～1 250 倍液 | 喷雾 | 14 |
| | 发病初期 | 250 g/L 戊唑醇水乳剂 | 2 000 倍～3 300 倍液 | 喷雾 | 28 |
| 葡萄黑痘病 | 发病初期 | 70％代森锰锌可湿性粉剂 | 438 倍～700 倍液 | 喷雾 | 14 |
| | 病害发生前或初见零星病斑时 | 250 g/L 嘧菌酯悬浮剂 | 833 倍～1 250 倍液 | 喷雾 | 10 |
| 介壳虫 | 虫害发生初期 | 25％噻虫嗪水分散粒剂 | 4 000 倍～5 000 倍液 | 喷雾 | 7 |
| 蚜虫 | 虫害发生初期 | 1.5％苦参碱可溶液剂 | 3 000 倍～4 000 倍液 | 喷雾 | 10 |

注：农药使用以最新版本 NY/T 393 的规定为准。

# 绿 色 食 品 生 产 操 作 规 程

LB/T 027—2018

# 西 南 地 区
## 绿色食品葡萄生产操作规程

2018-04-03 发布 2018-04-03 实施

中国绿色食品发展中心 发布

# 前　　言

本规程由中国绿色食品发展中心提出并归口。

本规程起草单位:云南省绿色食品发展中心、中国绿色食品发展中心、红河州绿色食品发展办公室、建水县绿色食品发展办公室、建水县园艺站、四川省绿色食品发展中心、重庆市绿色食品发展中心、贵州省绿色食品发展中心。

本规程主要起草人:白峰、赵春山、刘艳辉、康敏、丁永华、赵勇、彭春莲、李丽菊、陈曦、邱纯、肖志海、武鹏、黄昀、张剑勇、代振江。

# 西南地区绿色食品葡萄生产操作规程

## 1 范围

本规程规定了绿色食品葡萄生产的产地环境、品种、栽植、田间管理、采收、分级、包装、储藏与运输、生产废弃物处理和档案记录。

本规程适用于四川、重庆、贵州和云南的绿色食品葡萄生产。

## 2 规范性引用文件

下列文件对于本文件的应用是必不可少的。凡是标注日期的引用文件,仅标注日期的版本适用于本文件。凡是不标注日期的引用文件,其最新版本(包括所有的修改单)适用于本文件。

NY/T 391　绿色食品　产地环境质量

NY/T 393　绿色食品　农药使用准则

NY/T 394　绿色食品　肥料使用准则

NY 469　葡萄苗木

NY/T 658　绿色食品　包装通用准则

NY/T 1056　绿色食品　贮藏运输准则

## 3 产地环境

产地环境条件应符合 NY/T 391 的要求。年平均温度17℃～19℃,最热月份的平均温度在18℃以上,最冷月份的平均温度在0℃以上;无霜期200 d以上;年日照时数2 000 h以上;年降水量800 mm内,年积温2 500 h。

葡萄建园应选择土层深厚,地下水位大于0.8 m,pH 4～8.5,土壤肥沃,有机质含量丰富、地势平或缓倾、阳光充足、向阳背风、远离污染和公路、机场、车站等交通要道的地区。园区进行区划,根据地形条件划分小区,山地葡萄园10亩～30亩为一小区,平地葡萄园50亩～100亩为一小区。有道路、排灌系统、防护林的设置。

## 4 品种

### 4.1 品种选择

品种应依据市场需求及当地气候环境条件进行选择,推荐品种:红地球、夏黑、克伦生、维多利亚、无核白鸡心等。

### 4.2 苗木质量

苗木质量符合 NY 469 的要求。地上部枝条粗壮,芽眼饱满,充分成熟,枝条上无明显机械损伤;嫁接口愈合完全、牢固;根系完整;无检疫对象和危险病虫。

## 5 栽植

### 5.1 架式选择

葡萄架式根据地区光照雨水、品种等适应性有篱架或棚架。选择单杆双臂"V"形篱架,采用南北行向,株行距(0.8～1)m×(2～2.5)m,亩植267株～417株。如美人指等适合长枝修剪,花絮多在末梢花芽上面,适合"T"形架,架高1.5 m～2.0 m,在立架上面拉2道～3道铁丝,间距40 cm～50 cm,棚面宽0.8 m～1.0 m,横拉4道铁丝,"T"形架架式通风透光好,病虫害较轻,适于无强风地区。

### 5.2 栽植前准备工作

定植前对苗木消毒,常用的消毒液有 3 波美度～5 波美度石硫合剂或 1%硫酸铜溶液。并挖好定植沟,宽、深各 60 cm,待土壤充分熟化后每亩施入腐熟农家肥 4 000 kg,普钙 100 kg,并与表土充分拌匀后回填待用。

### 5.3 定植

建议栽植无病毒苗木、大苗、营养袋苗。采用春植,最迟 4 月完成定植。定植时将根系摆布均匀,填土一半时轻轻提苗,再继续填土,与土地面相平后踏实,再浇透水;营养袋苗移栽时,应带好土团,栽后灌足水。定植深度以苗木根颈部与地面相平为好。定植浇透定根水后盖膜防旱。

## 6 田间管理

### 6.1 土壤管理

#### 6.1.1 深耕

11 月,在新梢停止生长,采完果后,结合秋季施基肥进行深耕,深度 50 cm～60 cm,深耕施肥后及时全园灌水。

#### 6.1.2 间作覆盖

葡萄幼树期可进行间作,提倡间作矮秆作物,如豆类、花生、绿肥等,间作物与葡萄植株保持 50 cm以上。提倡作物秸秆或绿肥覆盖,提高土壤有机质含量。

#### 6.1.3 清耕

在葡萄行和株间进行多次中耕除草,经常保持土壤疏松和无杂草状态,园内清洁。

### 6.2 肥料管理

#### 6.2.1 施肥原则

肥料使用应按照 NY/T 394 的规定。根据葡萄的施肥规律进行平衡施肥或配方施肥,以有机肥为主,化肥为辅,使用的商品肥料应是在农业行政主管部登记使用或免于登记的肥料。

#### 6.2.2 施肥量

葡萄定植翌年即进入产果期,依据地力、树势和产量的不同,参考每 100 kg 葡萄浆果一年需纯氮(N)0.25 kg～0.75 kg、磷($P_2O_5$)0.25 kg～0.75 kg、钾($K_2O$)0.35 kg～1.1 kg 的标准进行平衡施肥。

#### 6.2.3 施肥时期和方法

##### 6.2.3.1 基肥

以有机肥为主,适当混入一些磷、钾、钙等速效化学肥料,于果实采收后每年的 10 月～11 月(秋季)施入,施肥量占全年施肥量的 60%。在距植株 50 cm～60 cm 处开深 40 cm～60 cm 的施肥沟,结果树可株施腐熟农家肥 25 kg～30 kg、过磷酸钙 200 g、硫酸钾 200 g,幼树用量略减。翌年在定植沟的另一侧同法施入,依此方法逐年隔行轮换施肥。

##### 6.2.3.2 追肥

结果树一般一年追肥 5 次,在树根附近开浅沟施入。春季萌芽前施入萌芽肥,以速效氮磷肥为主,施肥量占追肥量的 20%;花前 7 d～10 d 施入花前肥,以氮、磷、钾肥为主,施肥量占追肥量 30%;幼果黄豆大小时施入膨大肥,以磷钾肥为主,施肥量占追肥量的 20%;果实开始着色前施入磷钾肥,施肥量占追肥量的 20%;果实采收后施入采后肥,以磷钾肥为主,施肥量占追肥量的 10%。

##### 6.2.3.3 叶面肥

根据葡萄生长时期对营养的需求及缺素情况进行叶面喷施。分别在新梢生长期、初花及盛花期喷施 0.2%尿素和 0.2%硼砂溶液,促进新梢生长,提高坐果率;在幼果期、膨大期、上色期喷施 0.3%磷酸二氢钾可以显著提高产量,增进品质;在采收前一个月喷施 1%醋酸钙,防止裂果,提高耐储运性。

### 6.3 水分管理

葡萄耐旱性较强,要注意及时排涝防旱。萌芽期、花前 10 d、花后、浆果膨大期和入冬前结合施肥进行灌水,每次灌水水量应足以渗透到根系集中分布层。开花期成熟期应控制灌水。保持土壤含水量在生长前期达到田间最大持水量的60%～70%,生长后期达到田间持水量的50%～60%。灌水可沟灌,但提倡节水灌溉,可采用滴灌、微灌。

### 6.4 整形修剪

#### 6.4.1 树形及树体结构

双臂"V"形。树体有一个主干,两条水平臂(主蔓)。在两条水平臂上分别选留结果母枝,结果母枝上选留营养枝和结果枝。盛产期亩产控制在1 500 kg～2 500 kg为宜。

#### 6.4.2 树体整形

第一年:栽植当年选留一个健壮新梢作主杆直立绑缚于第一道铁线,60 cm高时摘心定杆,最上部萌发的两个枝梢作为主蔓分别绑缚于两条水平臂上(第二道铁线),并根据株距在合适长度时及时摘心,促使其生长健壮,冬剪时剪去弱枝及粗度小于0.5 cm的主蔓,所有副梢全部剪除。

第二年:主蔓长度不够,用主蔓延长枝补充,主蔓上每隔12 cm～15 cm选留一个新梢,新梢长至3个芽时摘心,并将新梢分别绑于第三道铁线上,新梢延长枝高度超过第四道铁线时摘心。树势较为强壮的植株可适当进行挂果,每株不超过1 kg。冬剪时,主蔓上每隔12 cm～15 cm留一个结果母枝,每个结果母枝采用短梢修剪(1个～3个芽)。至此单杆双臂"V"形篱架基本形成。

第三年:随着新梢的生长将新梢分别绑于第三道铁线上,新梢延长枝高度超过第四道铁线时摘心。从第三年开始主要是依树势采用单枝或双枝更新法调整树体发育及结果。

#### 6.4.3 修剪

##### 6.4.3.1 冬季修剪

在葡萄落叶之后即可进行。应用短梢(留2个～3个芽)、中梢(留4个～6个芽)、长梢(留7个～9个芽)修剪法来进行修剪。为扩大树冠多采用长梢修剪;为充实架面、扩大结果部位可采用中短梢混合修剪;为稳定结果部位,防止上升和外移,采用短梢修剪。

##### 6.4.3.2 夏季修剪

通过抹芽、疏枝、摘心、处理副梢控制新梢生长,对于篱架上的新梢,留10片～12片叶子摘心;为减少工作量,棚架上新稍,叶幕层过厚(两层以上),对副梢进行双叶绝后摘心;长至棚架部分第四道铁丝以外新稍全部剪除,保证两行葡萄间留有1 m～1.2 m的通风带,改善通风透光。

### 6.5 花果管理

#### 6.5.1 果穗整理

根据产量目标、植株长势、种植密度来决定留穗量,无核品种每株留果穗5穗～6穗,其余品种每株留果穗4穗～5穗,过弱枝和延长枝不留果穗,建议成龄园每亩的产量控制在2 500 kg以内,强树多留,弱树少留。对留穗进行花序整形,掐除副穗和歧肩、疏除畸形果、过密。疏果完成后,每穗果留10个～12个小穗,红提每穗留果粒60粒～80粒,其余品种留100粒～120粒。

#### 6.5.2 果实套袋

果实套袋一般在葡萄开花后20 d左右即生理落果后,在果粒直径达到1 cm到初着色时进行。套袋需要避开雨后的高温天气,套袋前全园喷布一遍杀菌剂。红色葡萄品种采收前10 d～20 d需要摘袋。对容易着色和无色品种无须摘袋。为了避免高温伤害,摘袋时不要将纸袋一次性摘除,先把袋底打开,逐渐将袋去除。

### 6.6 病虫害防治

#### 6.6.1 防治原则

贯彻"预防为主,综合防治"的植保方针。以农业防治为基础,提倡生物防治,按照病虫害的发生规律科学使用化学防治技术。

#### 6.6.2 常见病虫害

霜霉病、白粉病、灰霉病、红蜘蛛、蚜虫等。

### 6.6.3 防治方法

#### 6.6.3.1 农业防治

秋冬季和初春,及时清理果园中病僵果、病虫枝条、病叶等病组织,减少果园初侵染菌源和虫源。采用果实套袋措施。合理间作,适当稀植。采用滴灌、树下铺膜等技术。加强夏季管理,避免树冠郁蔽。

#### 6.6.3.2 物理防治

采取避雨、套袋等技术减少病害发生;利用糖醋液、频振式诱虫灯诱杀成虫。

#### 6.6.3.3 生物防治

助迁和保护瓢虫、捕食螨等害虫天敌;应用有益微生物及其代谢产物防治病虫害;利用昆虫性别激素诱杀和干扰成虫交配。

#### 6.6.3.4 化学防治

严格按照 NY/T 393 的规定执行。加强病虫害的预测预报,应做到对症下药,适时用药;注重药剂的轮换使用和合理混用;按照规定的浓度、每年的使用次数和安全间隔期(最后一次用药距离果实采收的时间)要求使用。对化学农药的使用情况进行严格、准确的记录。主要病虫害化学防治方案参见附录 A。

## 7 采收

### 7.1 采收标准

葡萄浆果充分成熟,有色品种充分表现出固有品种色泽,黄白色品种的浆果变成略透明状态,同时果肉变软富有弹性。可溶性固形物达到葡萄等级标准规定(用可持式折光测糖仪测定)。品种充分成熟而不过熟。

### 7.2 采收时间

葡萄果粒转化为本品种的正常成熟色,在果粒上覆盖一层厚厚的果粉时采收品质最佳。

### 7.3 采收方法

采收时,左手持果穗,右手握采果剪,在距离果穗 3 cm～5 cm 处剪断。随即将剪下的果穗放进果筐内,然后送到果场修整果穗,剪除果穗上的病、虫、鸟危害过的果粒、干枯、腐烂、挤破压烂、发育不完全的小青粒、着色不良成熟度低的果粒。

## 8 分级、包装、储藏与运输

包装应符合 NY/T 658 的要求,应选择适当的包装材料、形式和方法。储藏运输应符合 NY/T 1056 的要求,储存环境必须洁净卫生,根据产品特点,储藏原则及要求,选用合适的储存技术和方法;不应与农药化肥及其他化学制品等一起运输。

## 9 生产废弃物处理

葡萄园中的落叶和修剪下的枝条,带出园外进行无害化处理。修剪下的枝条,量大时,经粉碎、堆沤后,作为有机肥还田。废弃的地膜、棚膜、果袋和农药包装袋等应收集好进行集中处理,减少环境污染。

## 10 生产档案管理

建立完善的农事活动、生产技术档案,记载生产过程中如农药、肥料的使用情况及其他栽培管理措施,生产加工管理措施等。生产技术档案应保存 3 年以上。

附　录　A

（资料性附录）

西南地区绿色食品葡萄生产病虫害化学防治方案

西南地区绿色食品葡萄生产病虫害化学防治方案见表 A.1。

表 A.1　西南地区绿色食品葡萄生产病虫害化学防治方案

| 防治对象 | 防治时期 | 农药名称 | 使用剂量 | 施药方法 | 安全间隔期,d |
|---|---|---|---|---|---|
| 霜霉病 | 葡萄花期前后 | 80%波尔多液可湿性粉剂 | 400 倍液 | 喷雾 | 14 |
| | | 72%甲霜灵·锰锌可湿性粉剂 | 139 g/亩～167 g/亩 | 喷雾 | 28 |
| 白粉病 | 葡萄发芽前 | 29%石硫合剂 | 7 倍～12 倍液 | 喷雾 | 10 |
| 灰霉病 | 葡萄花期前后 | 50%异菌脲悬浮剂 | 750 倍～1 000 倍液 | 喷雾 | 14 |
| | 幼果膨大期至果实采收期 | 250 g/L 戊唑醇水溶剂 | 3 000 倍～4 000 倍液 | 喷雾 | 28 |
| | | 25%嘧菌酯悬浮剂 | 1 200 倍～1 500 倍液 | 喷雾 | 21 |
| 红蜘蛛 | 葡萄萌芽期、发芽至新梢展叶期 | 24%螺螨酯悬浮剂 | 4 000 倍～6 000 倍液 | 喷雾 | 30 |
| 蚜虫 | 葡萄萌芽期 | 25%噻虫嗪水分散粒剂 | 4 000 倍～5 000 倍液 | 喷雾 | 21 |

注:农药使用以最新版本 NY/T 393 的规定为准。

# 绿 色 食 品 生 产 操 作 规 程

LB/T 028—2018

# 西北黄土高原地区
# 绿色食品葡萄生产操作规程

2018-04-03 发布　　　　　　　　　　　　　　2018-04-03 实施

中国绿色食品发展中心 发布

# 前　　言

本规程由中国绿色食品发展中心提出并归口。

本规程起草单位：陕西省绿色食品办公室、中国绿色食品发展中心、西北农林科技大学、新疆维吾尔自治区绿色食品发展中心、新疆生产建设兵团农产品质量安全中心、青海省绿色食品办公室、甘肃省绿色食品办公室。

本规程主要起草人：杨毅哲、张志华、林静雅、张剑侠、李文祥、赵政阳、梁俊、倪莉莉、严莉、赵芙蓉、梁玉、常来红、常春。

# 西北黄土高原地区绿色食品葡萄生产操作规程

## 1 范围

本规程规定了绿色食品葡萄生产园地环境与规划,品种与苗木选择,整地与定植,田间管理,采收、包装、运输、储存,生产废弃物处理及生产档案管理。

本规程适用于山西、陕西、甘肃和宁夏的绿色食品葡萄生产。

## 2 规范性引用文件

下列文件对于本文件的应用是必不可少的。凡是注日期的引用文件,仅注日期的版本适用于本文件。凡是不注日期的引用文件,其最新版本(包括所有的修改单)适用于本文件。

NY/T 369 葡萄苗木

NY/T 391 绿色食品 产地环境质量

NY/T 393 绿色食品 农药使用准则

NY/T 394 绿色食品 肥料使用准则

NY/T 658 绿色食品 包装通用准则

NY/T 1056 绿色食品 贮藏运输准则

## 3 园地环境与规划

### 3.1 气候条件

园地环境应符合 NY/T 391 的要求。园区年平均温度 8℃～18℃,最暖月份的平均温度在 16.6℃以上,最冷月份的平均气温应该在－1.1℃以上;无霜期 150 d 以上;年日照时数 2 000 h 以上;年降水量在 600 mm 以下为宜,采前一个月内的降水量不宜超过 50 mm,在 600 mm 以上地区应采用避雨栽培。

### 3.2 土壤条件

选择土层深厚、土壤肥沃、有机质含量丰富、地势平缓、阳光充足、向阳背风、远离污染和交通要道的地区建园。土壤 pH 6.0～8.0,地下水位 1 m 以下。园区进行区划,根据地形条件划分小区,有道路、排灌系统、防护林的设置。

### 3.3 道路设计

设置主干道和园内作业道。主干道宽 4 m～6 m,外接公路,贯穿全园,能通大货车;园内作业道宽 3 m～4 m,外接主干道,内通各小区。

### 3.4 小区划分

根据地形、地势划分小区,使同一小区内土壤、光照等条件大体一致,有利于运输和机械化,以方便灌溉和管理为原则。小区面积 15 亩～45 亩。

### 3.5 栽植防护林

空旷地区果园排水沟外侧需设防护林,以乔木为主,植树 2 行以上。

## 4 品种与苗木选择

### 4.1 选择原则

结合气候特点、土壤特点和品种特性,原则上选择果穗整齐并大小适中、果粒大、果粉较厚、色泽艳丽、含糖量高、品质优良、适宜当地气候和土壤条件的品种,有香味、无核或少核、耐贮运、抗病抗逆性强的品种更佳。

## 4.2 品种选用

露地栽培以户太八号、阳光玫瑰、巨玫瑰、夏黑、巨峰等欧美杂种为鲜食主栽品种；避雨设施栽培以红地球、克瑞森无核、矢富罗莎、维多利亚等欧亚种为鲜食主栽品种；可适度发展赤霞珠、梅鹿辄、霞多丽、北冰红等为主的酿酒品种。

## 4.3 架式选择

### 4.3.1 篱架

篱架包括单篱架、双篱架、"T"形架、"Y"形架、单十字飞鸟形架等架式。

### 4.3.2 棚架

棚架包括大棚架、小棚架、漏斗式棚架(扇形架)、龙干形、水平式棚架、篱棚架(连接式小棚架)等架式。

## 4.4 苗木

苗木质量按 NY／T 369 规定执行。建议采用脱毒苗木。

## 5 整地与定植

### 5.1 栽植沟的准备

篱架栽培时可按行距南北方向挖沟,棚架栽培宜东西方向挖沟。一般沟宽、沟深为 60 cm～80 cm,在土壤黏重的地区或山坡地建园时,应适当加大栽植沟的宽度和深度。栽植沟挖好后使土壤充分风化、熟化,将腐熟的有机肥料和表土混匀填入沟内,每亩基肥施用量 4 000 kg～5 000 kg。填土要高出原来的地面。

在土壤较为疏松的地区可采用坑栽,栽植坑的直径和深度应在 60 cm 左右,同样填入有机肥。

### 5.2 定植时间

不埋土防寒地区从葡萄落叶后至翌年萌芽前均可栽植,但以上冻前定植(秋栽)为好;埋土防寒地区以春栽为好。

### 5.3 定植密度

单位面积上的定植株数依品种、砧木、土壤和架式等而定,适当稀植。一般水平棚架株行距为(1.0～3.0)m×(4.0～5.0)m;自由扇形、单干单臂篱架和单干双臂篱架株行距为(1.0～2.0)m×(2.0～2.5)m;"Y"形架株行距为(1.0～2.0)m×(2.5～3.5)m。

## 6 田间管理

### 6.1 土壤管理

#### 6.1.1 生草或覆盖

提倡葡萄园种植绿肥或作物秸秆覆盖,提高土壤有机质含量。

#### 6.1.2 深耕

一般在新梢停止生长、果实采收后,结合秋季施肥进行深耕,深度为 20 cm～30 cm。秋季深耕施肥后及时灌水;春季深耕较秋季深耕深度浅,春耕在土壤解冻后及早进行。

### 6.2 灌溉与排涝

#### 6.2.1 灌水时期和方法

一是萌芽前或者开花前,灌一次水;二是花后至果实着色前,当田间持水量低于 75％时,灌水;三是果实着色期到成熟前,当田间持水量低于 60％时,少量灌水;四是秋施基肥后,灌水;五是土壤结冻前,灌封冻水。

采用滴灌或开沟漫灌法,加强灌溉水质监控。

#### 6.2.2 排水时期和方法

进入雨期,田间持水量超过85%时,通过畦沟、排水沟、排水渠进行排水,达到雨停畦沟内不积水,暴雨不受淹。

### 6.3 施肥

#### 6.3.1 施肥原则

以施用有机肥料为主,农家肥经充分腐熟和无害化处理。减少化肥用量,兼顾元素间的比例平衡。施用肥料种类及用量应符合NY/T 394的要求。

#### 6.3.2 施肥方法

##### 6.3.2.1 基肥

一般在9月中下旬秋施基肥,基肥以有机肥为主,并与磷钾肥混合施用,根据树龄不同,距树干50 cm～100 cm,挖宽30 cm～40 cm、深30 cm～60 cm的条沟进行沟施。

##### 6.3.2.2 追肥

萌芽前后追肥以氮、磷肥为主;果实膨大期和转色期追肥以磷、钾肥为主;着色后补施钙肥。微量元素缺乏地区,依据缺素的症状增加追肥的种类或根外追肥。应在采收前20 d以上停止喷施叶面肥。

#### 6.3.3 施肥量

依据土壤肥力、树势和产量的不同,每亩施有机肥3 000 kg～5 000 kg,参照每产100 kg浆果一年需纯氮(N)0.25 kg～0.75 kg、磷($P_2O_5$)0.25 kg～0.75 kg、钾($K_2O$)0.35 kg～1.1 kg的标准,进行平衡施肥。

### 6.4 花果管理

#### 6.4.1 调节产量

通过花序整形、疏花序、疏果粒等方法调节产量。建议鲜食品种成龄园每667 $m^2$的产量:早熟品种控制在1 000 kg以内;中晚熟品种每亩产量以1 500 kg～2 000 kg为宜;酿酒品种成龄园每亩的产量控制在800 kg～1 500 kg。

#### 6.4.2 果穗整形

花前7 d～8 d,掐去花序尖的1/5～1/4,同时掐去副穗;或者去除较多的副穗,保留穗尖。根据树势的强弱及目标产量,疏除过弱、多余的花序。

#### 6.4.3 疏果

果实黄豆粒大小时,疏去小粒果、畸形果和过密的果粒。

#### 6.4.4 果实套袋

花后20 d～40 d套袋,选择晴天和阴天进行。晴天在10:00前和16:00后进行,雨后2 d～3 d进行,套袋时间不宜过晚。红色葡萄品种采收前10 d～20 d及时摘袋,对绿色葡萄品种可以不摘袋,带袋采收。一般不要将纸袋一次性摘除,而是先把袋底打开增加光照,10 d～20 d后再将袋去除。

### 6.5 整形修剪

#### 6.5.1 冬季修剪

根据品种特性、架式特点、树龄、产量等,确定修剪方法及结果母枝的剪留量。结果母枝的剪留量为:篱架架面8个/$m^2$左右,棚架架面6个/$m^2$左右。冬剪时根据计划产量确定留芽量:留芽量=计划产量/(平均果穗重×萌芽率×果枝率×结果系数×成枝率)

#### 6.5.2 夏季修剪

在葡萄生长季的树体管理中,采用抹芽、除梢、新梢摘心、处理副梢等夏季修剪措施,对树体进行控制。

##### 6.5.2.1 抹芽、除梢

进入结果期的葡萄,应抹除主蔓基部40 cm以下的新梢和萌蘖。应根据新梢所在部位、植株生长势、预期产量、架式等因素每平方米架面保留 8 个～12 个新梢,结果枝和预备枝的比例以(1～2)∶1 为宜。

### 6.5.2.2 新梢摘心和副梢处理

新梢摘心在开花前 5 d～7 d 至初花期为宜,欧美杂交种如巨峰等坐果率较低的品种须重摘心、早摘心,花序以上留 4 片～5 片叶摘心;欧亚种及坐果率较高的品种如红提、京秀,花序以上可留 8 片～10 片叶摘心。副梢处理留 1 片～2 片叶反复摘心,或采用留单叶绝后的副梢处理方法。顶部延长副梢可留 3 片～5 片叶。

### 6.6 葡萄埋土、出土、绑蔓和绑梢

#### 6.6.1 埋土

冬剪后,将主蔓基部周围垫上土枕,将压倒的枝蔓捆成捆,顺放在土枕上,从距根干 1.5 m 之外取土埋严,覆土厚度为 20 cm～30 cm。

#### 6.6.2 出土

在出土前整理架面,出土时期在 4 月上旬,宜分两次进行。

#### 6.6.3 上架绑蔓

植株出土后应及时上架绑蔓,枝蔓在架面上应均匀分布。结果母枝除了分布要均匀外,还应避免垂直引缚,一般可呈 45°角引缚,长而强壮的结果母枝可偏向水平或呈弧形。缚蔓时应给枝条加粗生长留有余地,又要附着牢固,通常采用"∞"形引缚。

#### 6.6.4 新梢引缚

萌芽后新梢生长达 40 cm～50 cm 时进行第 1 次引缚。新梢长至 70 cm～80 cm,超过第 3 道铅丝时,可进行第 2 次引缚。根据副梢生长的强弱,特别对顶端延长副梢,可进行第 3 次引缚。发育较晚的短梢,可任其自由生长。新梢引缚的方法同绑蔓相似。篱架植株的新梢应直立向上引缚,以保持其生长势。棚架植株的主侧蔓延长新梢应按延长方向引缚。

### 6.7 病虫害防治

#### 6.7.1 防治原则

贯彻"预防为主,综合防治"的植保方针。认真搞好预测预报工作,坚持以农业防治、物理防治、生物防治为主,以化学(药剂)防治为辅的原则。

#### 6.7.2 常见病虫害

主要病害:灰霉病、白粉病、霜霉病、黑痘病、白腐病、溃疡病等;主要虫害:绿盲蝽、蚜虫、斑衣蜡蝉、二星叶蝉、金龟子、透翅蛾等。

#### 6.7.3 农业防治

优先采用的防治方法。主要措施有:冬剪后及时清理病僵果、病虫枝条、病叶等病组织,减少果园初侵染菌源和虫源;生长季节及时摘除病穗、病叶,加强夏季栽培管理,及时摘心和去副梢,避免树冠郁蔽,保证通风透光。

#### 6.7.4 物理防治

利用日光灯、黄板诱杀害虫,人工捕捉害虫。设置防虫、防鸟网,树上挂废弃的碟片和树干涂白等措施降低病虫、鸟的危害。采用葡萄专用果袋进行套袋,以切断病菌传播途径和避免鸟的危害。通过避雨设施栽培,避开雨水,阻隔真菌病危害(如霜霉病、黑痘病、炭疽病等)。

#### 6.7.5 生物防治

创造不利于病虫害孳生和有利于各类天敌繁衍的环境条件,保持农业生态系统的平衡和生物多样化,减少各类病虫害所造成的损失。

#### 6.7.6 化学防治措施

农药的选择和使用应符合 NY/T 393 的要求。葡萄主要病虫害化学防治措施见附录 A。

## 7 采收、包装、运输、储存

### 7.1 采收时间

不同葡萄品种采收时间不同,果实可溶性固形物达到16%以上时可确定为成熟。有条件的可以用仪器检测成熟度的相关指标来判断是否适合采收。用于短期储藏的8成熟采收;就近销售鲜果的9成熟采收。

### 7.2 采收方法

采果时备好采果用具,先外后内、先下后上,轻摘、轻放、轻装、轻卸,避免造成机械伤。套袋果采收时,连同果袋一并摘下。

### 7.3 采收后处理

#### 7.3.1 分级

剔除烂果、病果后,通过人工分级,有条件的通过选果机分级。

#### 7.3.2 包装、运输、储存

包装应符合NY/T 658的要求,储藏运输应符合NY/T 1056的要求。

## 8 生产废弃物处理

葡萄园中的落叶和修剪下的枝条,带出园外进行无害化处理。修剪下的枝条,量大时,经粉碎、堆沤后,作为有机肥还田。废弃的地膜、防鸟网、果袋和农药包装袋等应收集好进行集中处理,减少环境污染。

## 9 生产档案管理

建立绿色食品葡萄生产档案。应详细记录产地环境条件、生产技术、肥水管理、病虫害的发生和防治、采收及采后处理等情况并保存记录3年以上。

附　录　A

（资料性附录）

西北黄土高原地区绿色食品葡萄主要病虫害化学防治措施

西北黄土高原地区绿色食品葡萄主要病虫害化学防治措施见表 A.1。

表 A.1　西北黄土高原地区绿色食品葡萄主要病虫害化学防治措施

| 防治对象 | 防治时期 | 农药名称 | 使用剂量 | 施药方法 | 安全间隔期,d |
|---|---|---|---|---|---|
| 灰霉病 | 发病前或发病初期 | 400 g/L 嘧霉胺悬浮剂 | 1 000 倍～1 500 倍液 | 喷雾 | 7 |
| | | 80%腐霉利可湿性粉剂 | 2 400 倍～2 800 倍液 | 喷雾 | 7 |
| | | 500 g/L 异菌脲悬浮剂 | 750 倍～1 000 倍液 | 喷雾 | 14 |
| | | 30%啶酰菌胺悬浮剂 | 300 倍～900 倍液 | 喷雾 | 14 |
| 黑痘病 | 萌芽后 | 250 g/L 嘧菌酯悬浮剂 | 833 倍～1 250 倍液 | 喷雾 | 21 |
| | | 80%代森锰锌可湿性粉剂 | 500 倍～800 倍液 | 喷雾 | 28 |
| 白粉病 | 发病初期 | 30%氟菌唑可湿性粉剂 | 15 g/亩～18 g/亩 | 喷雾 | 7 |
| | | 30%氟环唑悬浮剂 | 1 600 倍～2 300 倍液 | 喷雾 | 30 |
| | | 36%甲基硫菌灵悬浮剂 | 800 倍～1 000 倍液 | 喷雾 | 30 |
| 霜霉病 | 发病初期 | 80%烯酰吗啉水分散粒剂 | 3 200 倍～4 800 倍液 | 喷雾 | 7 |
| | | 80%代森锰锌可湿性粉剂 | 500 倍～800 倍液 | 喷雾 | 28 |
| | | 250 g/L 嘧菌酯悬浮剂 | 833 倍～1 250 倍液 | 喷雾 | 21 |
| | | 20%霜脲氰悬浮剂 | 2 000 倍～2 500 倍液 | 喷雾 | 14 |
| | | 50%克菌丹可湿性粉剂（红提葡萄不建议使用） | 400 倍～600 倍液 | 喷雾 | 21 |
| 白腐病 | 发病初期 | 250 g/L 戊唑醇水乳剂 | 2 000 倍～3 300 倍液 | 喷雾 | 28 |
| | | 80%代森锰锌可湿性粉剂 | 500 倍～800 倍液 | 喷雾 | 28 |
| | | 250 g/L 嘧菌酯悬浮剂 | 833 倍～1 250 倍液 | 喷雾 | 21 |
| 绿盲蝽 | 新梢长到6片～7片叶时 | 10%吡虫啉可湿性粉剂 | 4 000 倍～6 000 倍液 | 喷雾 | 14 |
| | 虫害发生初期 | 1%苦皮藤素水乳剂 | 30 mL/亩～40 mL/亩 | 喷雾 | 10 |
| | 发现危害后 | 4.5%高效氯氰菊酯乳油 | 2 000 倍～2 500 倍液 | 喷雾 | 3 |
| | | 5%啶虫脒乳油 | 4 167 倍～5 000 倍液 | 喷雾 | 14 |
| 蚜虫 | 在蚜虫发病初期 | 1.5%苦参碱可溶液剂 | 3 000 倍～4 000 倍液 | 喷雾 | 10 |
| 斑衣蜡蝉 | 若、成虫发生期 | 40%辛硫磷乳油 | 1 000 倍～2 000 倍液 | 喷雾 | 14 |
| 二星叶蝉 | 一代若虫期 | 10%吡虫啉可湿性粉剂 | 3 000 倍～4 000 倍液 | 喷雾 | 14 |
| | | 5%啶虫脒乳油 | 4 167 倍～5 000 倍液 | 喷雾 | 14 |
| 金龟子 | 成虫取食危害时 | 40%辛硫磷乳油 | 1 000 倍～2 000 倍液 | 喷雾 | 14 |
| 透翅蛾 | 成虫羽化的盛末期 | 25%灭幼脲悬浮剂 | 1 500 倍～2 000 倍液 | 喷雾 | 21 |
| | | 20%除虫脲悬浮剂 | 3 000 倍～4 000 倍液 | 喷雾 | 7 |

注:农药使用以最新版本 NY/T 393 的规定为准。

# 绿 色 食 品 生 产 操 作 规 程

LB/T 029—2018

## 新 疆 地 区
## 绿色食品露地鲜食葡萄生产操作规程

2018-04-03 发布                    2018-04-03 实施

中国绿色食品发展中心 发布

# 前　言

本规程由中国绿色食品发展中心提出并归口。

本规程起草单位:新疆生产建设兵团农产品质量安全中心、新疆石河子农业科学研究院、新疆生产建设兵团农业技术推广总站、新疆维吾尔自治区绿色食品发展中心、中国绿色食品发展中心。

本规程主要起草人:张玲、刘卫英、余璐、梁玉、施维新、王文静、李静、唐伟。

# 新疆地区绿色食品露地鲜食葡萄生产操作规程

## 1 范围

本规程规定了新疆绿色食品鲜食葡萄露地栽培的产地环境,品种选择,建园,定植前准备定植,树体管理,土水肥管理、病虫害防治,采收、分级与包装、储藏,埋土防寒、出土、生产废弃物处理、生产档案管理等。

本规程适用于新疆地区绿色食品露地鲜食葡萄栽培生产。

## 2 规范性引用文件

下列文件对于本文件的应用是必不可少的。凡是注日期的引用文件,仅注日期的版本适用于本文件。凡是不注日期的引用文件,其最新版本(包括所有的修改单)适用于本文件。

NY/T 391 绿色食品 产地环境质量

NY/T 393 绿色食品 农药使用准则

NY/T 394 绿色食品 肥料使用准则

NY/T 658 绿色食品 包装通用准则

## 3 产地环境

产地应选择在无污染、生态环境良好的农业生产区域,生长环境、空气质量、灌溉水质量、土壤质量应符合 NY/T 391 的要求。

## 4 品种选择

根据果园的不同目的及当地消费者的喜爱,选用不同的品种嫁接苗,早熟品种有弗雷无核、夏黑无核、维多利亚等;中熟品种有巨峰、无核白鸡心、汤普逊无核等;晚熟品种有红地球、克瑞森无核、阳光玫瑰等优良品种。砧木可选择贝达、5BB、SO4 等适于新疆的优良品种。

## 5 建园

### 5.1 园地选择与规划

#### 5.1.1 园地选择

以 $SO_4^{2-}$、$Cl^-$ 等盐离子浓度<3‰、pH 5.8～8.0、土质疏松、通气良好的砾质壤土和沙壤土,地下水位≤1.5 m 为宜。年日照时数 2 000 h 以上;有效积温 2 200℃～3 300℃;无霜期 120 d 以上;年降水量≤800 mm,采前一个月内的降水量≤50 mm。

#### 5.1.2 园地规划

一般大区为 100 亩～120 亩,多风区以 45 亩～50 亩一个小区为宜。大区间主干道 8 m～10 m 宽,外与公路相接,内与支路(宽 4m 左右)相连,支路与主路垂直。道路两侧设置灌水渠。主林带由 5 行～6 行乔木构成,主林带之间相距 300 m～500 m,副林带有 2 行～3 行乔灌木构成,副林带之间相距150 m～200 m,树种以杨树为主,禁用白蜡和榆树。

### 5.2 架式

#### 5.2.1 架式与株行距

可采用 350 cm～400 cm 的行距,株距为 100 cm 的水平小棚架架式或者行距 350 cm,株距 200 cm

的厂形独龙干架式,树形采用留一条蔓的独龙干整形法。

### 5.2.2 架式的方向

沟灌果园以东西向为主,架面坐北朝南;滴管园以滴灌管带走向为葡萄架式方向。

### 5.2.3 葡萄架式结构

葡萄架的结构为水平连棚架,架高 2 m,架柱采用水泥柱,水泥柱规格:260 cm×10 cm×12 cm,预制内设钢筋(Φ6 mm)2 根~3 根,埋入土中 60 cm,露出地面 200 cm,距定植行 30m 处每隔 500 cm 栽一根立柱,架的四边用 2 号铁丝作架梁,并用锚石固定,顺向纵向距地面 90 cm 处设第 1 道铁丝,间隔 80 cm设第 2 道铁丝。

#### 5.2.3.1 小棚架架面结构

水平架面上设 3 道铁丝,第 1、第 2、第 3 道铁丝间距分别是 30 cm、40 cm、60 cm。

#### 5.2.3.2 小棚架架面结构

水平架面两侧各设 3 道铁丝,第 1、第 2、第 3 道铁丝间距分别是 30 cm、40 cm、60 cm。

## 6 植前的准备

### 6.1 测定栽植行

先测定好栽植行,按 350 cm~400 cm 的行距,测定好全部栽植行,用石灰做好标记。

### 6.2 挖栽植沟

按测定的栽培行挖宽 100 cm,深 100 cm 的栽植沟,上层熟土和下层生土分开堆放。

### 6.3 施基肥和方法

腐熟羊粪、鸡粪、牛粪、猪粪等,每亩施用 3 m³,生物有机肥每亩 50 kg。先将腐熟的有机肥施入沟底,与表土混匀,再回填表土至栽植沟一半处,然后施入生物有机葡萄专用肥或秸秆,最后回填生土至沟深 20 cm 处,灌水后,修整栽植沟,沟底距地面 30 cm。

## 7 定植

### 7.1 定植时间

当 10 cm 土温稳定在 10℃以上时即可栽植。

### 7.2 苗木准备

#### 7.2.1 苗木处理

苗木根系在清水中浸泡 12 h,将合格的苗木的主根剪去 1/2 或 1/3 长度,剪去过长、干枯、霉烂根系,露出新鲜白根,再将苗木在 50%多菌灵 1 000 倍液里浸泡 6 h~8 h。

#### 7.2.2 栽前处理

处理好的苗木先用清水浸沾,再浸沾黄土和 0.3%磷酸二氢钾混合物调匀制成的泥浆。

### 7.3 栽植方法

挖 300 cm×300 cm×30 cm 的栽植穴,先将表土填入穴底,在穴底堆成"馒头"状,将苗木理顺根系,培土、轻提苗木顺根踏实,最后将土培出地面踏实。嫁接苗栽植时,应将接穗 2 cm 左右埋入土中。

### 7.4 浇水

栽完立即透水,间隔 15 d 左右再灌一水。

## 8 树体管理

### 8.1 夏季管理

#### 8.1.1 上架绑蔓

葡萄出土后应及时上架捆绑,以免过晚碰掉芽苞,主蔓在架面上要摆均匀,用麻绳或塑料条捆绑牢固。

#### 8.1.2 整理畦面

葡萄出土上架后可马上整理畦子,畦面与地面相平,两边做好畦埂,畦埂要踩实畦子的宽度120 cm,剩余的防寒土填回原处,同时整平。

#### 8.1.3 抹芽和定枝

因葡萄主蔓上的冬芽周围有很多副芽,萌发后要保留一个健壮旺盛的芽作为主蔓培养继续延长,其余的副芽抹掉。在架面上保留的新梢枝条每平方米15个～20个(即20 cm留1枝)。

#### 8.1.4 新梢管理

##### 8.1.4.1 结果枝

结果枝在果穗以上保留8片～10片叶摘心,果穗以下的副梢全部抹掉,果穗以上的副梢要保留一片叶子摘心。

##### 8.1.4.2 发育枝

发育枝也称营养枝,保留10片～13片叶子摘心,副梢要保留一片叶子摘心。

##### 8.1.4.3 延长枝

当延长枝长到所要求的长度后(离邻行立柱500 cm远处),即可摘心。

##### 8.1.4.4 "厂"字形架势管理

主干与地面成30°～45°角,沿行向长放,只留一个主枝延长枝向水平棚架方向延伸,副梢3片叶摘心,延长枝在300 cm～350 cm处或在8月10日前完成摘心。

### 8.2 花果管理

#### 8.2.1 花前管理

在花前4 d以内,花序喷施1次0.3%硼砂提高坐果率。

#### 8.2.2 果穗整形

要去除穗肩、尖,疏除发育不良的小粒或过密的果粒,使果粒整齐一致。

#### 8.2.3 套袋

##### 8.2.3.1 套袋种类

红色品种可选用白色纸袋,可瑞森无核和弗雷无核可选用无纺布袋。

##### 8.2.3.2 套带前准备

套袋前喷布施一遍500倍波尔多液(如遇雨重新喷布),待果面干透后立即进行套袋。

##### 8.2.3.3 套袋与去袋时间

6月底至7月初,11:00以前和18:00以后套袋。有色品种在采收前10 d左右去袋;绿色品种可以带袋采收。

### 8.3 冬季修剪

根据枝条的成熟度,达到0.6 cm以上的留2个～3个芽,0.8 cm以上的剪留3个～4个芽。修剪时可在两芽之间剪下为宜;节间短可在上端芽眼1 cm～2 cm处剪断。

## 9 土肥水管理

### 9.1 土壤管理

#### 9.1.1 深翻改土

早春深翻畦面,疏松土壤,深翻深度15 cm～20 cm,果实采收结合深翻秋施基肥。

#### 9.1.2 中耕除草

果园生长季节降水或灌水后,要及时中耕松土,保持土壤疏松无杂草。中耕深度5 cm～10 cm,以利于调温保墒。

### 9.2 施肥

#### 9.2.1 施肥原则

肥料的使用原则及种类按 NY/T 394 规定执行。

#### 9.2.2 基肥

葡萄采收后,马上开沟施肥,补充营养,每亩用优质有机肥料油渣 100 kg 与 2 000 kg～3 000 kg 的厩肥拌好施入沟内,回填,做好畦埂,接着浇透水,施肥时第一年在架里,翌年在架外,轮换施入,确保土壤肥力。

#### 9.2.3 追肥

葡萄一年追肥大约 4 次,分别在发芽期、开花期、果实膨大期、果实着色期等 4 个主要时期追施。

#### 9.2.4 叶面喷肥

葡萄生长前期用 0.2%～0.5%尿素喷施可促新梢生长,生长后期用 1%～3%过磷酸钙或草木灰、0.2%～0.3%磷酸二氢钾喷施促进果实和枝蔓成熟,花前用 0.1%硼肥可提高坐果率,防止缺素症。

### 9.3 灌水

葡萄出土上架后应及时浇水,正常的浇水 7 d～10 d 浇 1 次水,果实着色期可 15 d 浇 1 次水。

## 10 病虫害防治

### 10.1 主要病虫害

主要病虫害为霜霉病、白粉病、穗轴褐枯病、毛毡病、斑叶蝉等。

### 10.2 防治原则

应坚持"预防为主,综合防治"的原则,优先采用农业防治、物理防治和生物防治措施,在以上措施无法防治病虫害时,可采取化学防治措施。

### 10.3 防治措施

#### 10.3.1 农业措施

##### 10.3.1.1 消除田间病株残体

葡萄下架埋土前及时清除病枝、病叶、病果,并彻底清扫果园,将带有病菌的枯枝落叶、杂草、病果烧毁或深埋,减少病原菌越冬基数;同时喷洒 80%硫黄 DF(成标)500 倍液或 3 波美度～5 波美度石硫合剂。

##### 10.3.1.2 加强栽培管理

施足腐熟有机肥,不偏施氮肥,合理增施磷、钾肥;灌水要因地制宜,采取滴灌和细流沟灌,雨水多的季节要控水和及时排水;及时修剪、绑蔓、除萌、抹芽、摘心和去副梢,改善架面通风透光条件;严格控制树体负载量;埋土和上架应顺势而为,防止损伤枝蔓,减少病原菌侵染概率。

#### 10.3.2 物理防治

##### 10.3.2.1 通风透光

人工摘除发病叶片,合理修剪,注意通风透光。

##### 10.3.2.2 果实套袋

可有效地防止果穗被病、虫、冰雹、鸟、蜂等危害,可避免果穗日灼和农药污染,保持果穗整洁色艳,果粉保存良好,提高果实外观质量和商品性。

##### 10.3.2.3 黄板诱杀

利用黄板诱杀葡萄斑叶蝉成虫。在葡萄开墩后,将专用诱杀黄板挂在葡萄架第一条拉线上,与铁丝平行,每亩挂 20 块～30 块,一般可根据诱虫情况 7 d～10 d 涂 1 次胶,黄板重复使用时可用汽油清洗黄板上的胶。

#### 10.3.4 生物防治

保护利用自然天敌如瓢虫、草蛉、蚜茧蜂等对蚜虫自然控制。积极推广植物源农药、农用抗生素、微生物农药等防治病虫。

#### 10.3.5 化学防治

根据病虫害的预测预报,及时掌握病虫害的发生动态,严格按照 NY/T 393 规定选用生物制剂或高效、低毒、低残留、与环境相容性好的农药,采用适当施用方式和器械进行防治。药剂防治贯彻安全、有效、对症治疗的原则,前期以保护剂为主,中后期以保护剂和治疗剂交替使用。具体防治方法参见附录 A。

### 11 采收、分级与包装

#### 11.1 采收

采收前要准备果剪、果箱。果箱一般每箱装果 2.5 kg～10 kg,防止压坏果粒。待葡萄浆果充分成熟,即有色品种充分表现出固有的品种色泽,黄白色品种的浆果变成果粒充分成熟后,选晴天无风或早晨露水干后进行采收,忌在雨天、雨后或炎热日照下采收。用果剪在果穗基部把果柄剪下,轻放入果箱内,防止阳光直射暴晒灼伤,保持果穗完整,修整时将每穗中的青粒(有色品种)、小粒、病粒、虫果、损伤果等影响果品质量的果粒剪除。不同品种采收时间的标准参考表1。

表 1　不同品种采收时间标准

| 品种 | 色泽 | 可溶性固形物,% |
|---|---|---|
| 可瑞森无核 | 宝石红 | ≥18 |
| 弗雷无核 | 鲜红色 | ≥18 |
| 红地球 | 鲜红色 | ≥16 |
| 无核白鸡心 | 绿色 | ≥19 |
| 无核白 | 绿色 | ≥20 |

#### 11.2 分级与包装

根据果粒大小、果穗大小、颜色等进行分级,严格按照分级规格进行包装。包装应符合 NY/T 658 的要求。

### 12 储藏

#### 12.1 冷库消毒

葡萄入库前 3 d～5 d,对库房进行彻底消毒,然后打开风机及库门通风 24 h～48 h。

#### 12.2 预冷库调温

预冷库在葡萄入库前一天温度调至 -1℃～0℃,湿度≥95%。

#### 12.3 预冷温度与时间

预冷间库温调至 -1℃～0℃。预冷时间的长短与包装重量及入库量有关,一般每次入库量不超过总库容的 15%～20%,塑料包装 4 kg～5 kg 预冷 7 h～9 h,6 kg 包装须预冷 10 h～12 h;纸箱包装 12 h～13 h。

#### 12.4 储藏库管理

储藏库温度应保持在 -0.5℃～0.5℃。葡萄垛应放在 100 cm×100 cm×15 cm 托盘上;侧面离开墙体 20 cm～30 cm;离开墙顶 50 cm～100 cm;同时垛与垛之间有 10 cm～20 cm 的空隙。储藏过程中要经常检查储藏温度是否在 -0.5℃～0.5℃,经常检查葡萄是否有霉变、腐烂、裂果、药害、冻害等危害,如发现应及时处理。

### 13 埋土防寒

新疆大部分地区从 10 月下旬开始,当气温≤-5℃时进行。修剪好后要及时下架防寒。将主蔓顺着行向,朝一个方向一株压一株埋直,然后用麻绳捆好,再绑上柴草,马上埋土,埋土厚度 20 cm,上顶 80 cm,下底 120 cm,挖土时远离植株 150 cm 处挖土,打碎土块,防止透风,埋土后要经常检查是否有裂缝,发现有裂缝要及时补埋好,防止冻坏苗木。

## 14 出土

当气温达到 12℃时开始出土。出土后,整修葡萄沟,沟灌葡萄园,沟宽 150 cm,深 20 cm;滴管葡萄园,沟宽 80 cm,深 20 cm,嫁接苗以嫁接部位露出地面 3 cm～5 cm。

## 15 生产废弃物的处理

果实采收完修剪后,将葡萄枝条、地膜、滴灌、农药、肥料包装袋(瓶)带等移出田外,集中回收处理。

## 16 生产档案管理

建立生产者绿色食品葡萄生产档案,详细记录葡萄产地环境条件、生产技术、肥水管理、病虫防治、采收时间、品种、等级等情况,所有记录应真实、准确、规范并具有可追溯性,生产档案应有专人专柜保管,记录文件至少保存 3 年以上。

附　录　A

（资料性附录）

新疆地区绿色食品鲜食葡萄生产主要病虫草害化学防治方案

新疆地区绿色食品鲜食葡萄生产主要病虫草害化学防治方案见表 A.1。

表 A.1　新疆地区绿色食品鲜食葡萄生产主要病虫草害化学防治方案

| 防治对象 | 防治时期 | 农药名称 | 使用剂量 | 施药方法 | 安全间隔期,d |
|---|---|---|---|---|---|
| 穗轴褐枯病 | 病害发生初期 | 80%波尔多液 | 300 倍～400 倍液 | 喷雾 | 10 |
| | 病害发生初期 | 70%代森锰锌可湿性粉剂 | 500 倍～700 倍液 | 喷雾 | 14 |
| 霜霉病 | 发病前期或发病初期 | 50%烯酰吗啉可湿性粉剂 | 1 000 倍～1 500 倍液 | 喷雾 | 20 |
| | 病害发生初期 | 80%波尔多液 | 300 倍～400 倍液 | 喷雾 | 10 |
| 白粉病 | 病害发生初期 | 70%代森锰锌可湿性粉剂 | 500 倍～700 倍液 | 喷雾 | 14 |
| 毛毡病 | 病菌感染初期 | 29%石硫合剂 | 9 倍～15 倍液 | 喷雾 | 15 |
| 灰霉病 | 病害发生前或发生初期 | 40%嘧霉胺可湿性粉剂 | 1 000 倍～1 500 倍液 | 喷雾 | 7 |
| 注:农药使用以最新版本 NY/T 393 的规定为准。 | | | | | |

# 绿 色 食 品 生 产 操 作 规 程

LB/T 030—2018

# 赣南湘南桂北地区
# 绿色食品脐橙生产操作规程

2018-04-03 发布　　　　　　　　2018-04-03 实施

中国绿色食品发展中心 发布

# 前　言

本规程由中国绿色食品发展中心提出并归口。

本规程起草单位:国家脐橙工程技术研究中心、江西省绿色食品发展中心、中国绿色食品发展中心、广西壮族自治区绿色食品办公室。

本规程主要起草人:康升云、钟八莲、雷召云、戴小华、雷云、姚锋先、陈昊、徐文煌、卢礼生、胡琪琳、陆燕。

# 赣南湘南桂北地区绿色食品脐橙生产操作规程

## 1 范围

本规程规定了赣南湘南桂北地区绿色食品脐橙生产的产地环境、品种和砧木选择、栽植技术、田间管理、采摘、生产废弃物处理、储运和生产档案管理。

本规程适用于江西南部、湖南南部和广西北部的绿色食品脐橙生产。

## 2 规范性引用文件

下列文件对于本文件的应用是必不可少的。凡是注日期的引用文件,仅注日期的版本适用于本文件。凡是不注日期的引用文件,其最新版本(包括所有的修改单)适用于本文件。

GB 5040　柑橘苗木产地检疫规程

GB/T 9659　柑橘嫁接苗

GB/T 21488　脐橙

NY/T 391　绿色食品　产地环境质量

NY/T 393　绿色食品　农药使用准则

NY/T 394　绿色食品　肥料使用准则

NY/T 658　绿色食品　包装通用准则

NY/T 1056　绿色食品　贮藏运输准则

NY/T 1189　柑橘贮藏

## 3 产地环境

### 3.1 气候条件

年平均温度 18℃～23℃,极端低温≥-5℃,1 月份平均温度≥5℃,≥10℃的年有效积温超过 5 900℃。日照时长≥1 300 h,无霜期≥280 d。

### 3.2 环境质量

基地土层厚度≥1.0 m,有机质含量范围 1%～3%,地下水位≥1.0 m,pH 为 5.5～7.5。脐橙园远离污染源,垂直距离公路和铁路干线≥1 000 m,垂直距离工矿等污染源≥5 000 m。新建园垂直距离柑橘检疫性病虫害发生果园≥500 m。其他产地环境质量条件应符合 NY/T 391 的要求。

### 3.3 建园模式

推荐采用"山顶戴帽"和"山脚穿靴"方式,在山顶保留约 20%和山脚保留约 10%的原有植被、在 70%的山腰种植脐橙的生态建园模式。

## 4 品种和砧木选择

### 4.1 品种选用

选择一些适合本区域种植的品种,重点选择丰产、质优、适应性强的品种,注重早、中、晚熟品种的合理配置,选择如赣南早脐橙、赣脐 4 号脐橙等早熟品种,纽荷尔脐橙、红肉脐橙等中熟品种,晚棱脐橙等晚熟品种。冬季极端低温<-2℃的区域,不宜发展 12 月以后成熟的晚熟脐橙品种。

### 4.2 常用砧木

酸性土壤(pH 为 4.5～6.5)建议采用大叶枳壳做砧木;碱性土壤(pH＞6.5)宜用红橘和香橙等做砧木。

### 4.3 苗木质量

苗高 50 cm 以上,粗度 0.8 cm 以上,主根直须根多,主干粗、直、光滑。枝叶健全,叶色浓绿。嫁接口离地面 10 cm 以上,愈合正常,已解除绑缚物,砧木残桩不外露,断面愈合良好。苗木检疫符合 GB 5040 要求、苗木质量符合 GB 9659 要求。

## 5 栽植技术

### 5.1 苗木假植

#### 5.1.1 假植时间

容器苗一年四季均可假植,最适宜的假植时期是春季萌芽前或秋季 10 月至 11 月上旬。

#### 5.1.2 营养土配置

每一立方土加草炭 100 kg、有机肥 50 kg、钙镁磷肥 10 kg、谷壳 20 kg 充分拌匀,pH 5.5～6.5。

#### 5.1.3 假植容器

假植容器选用高 40 cm、直径 30 cm 的竹编营养篓或者有把手无纺布假植袋。

#### 5.1.4 假植及假植苗管理

在垫了稻草的营养篓或者假植袋内装 1/3 营养土,将苗木放在营养袋(篓)中间,再装满营养土,提提苗,确保嫁接口高出土面,浇透水。假植苗放在 50 目的尼龙网棚里,苗木假植期为 8 个～12 个月,期间勤施薄施肥水,每隔 15 d～20 d 浇施一次腐熟的 0.3%～0.5% 的菜籽麸饼肥或者花生麸饼肥稀释液或者 0.1% 尿素加 0.2% 复合肥水,防治好病虫害。

### 5.2 栽植时期

假植好的大苗一年四季均可栽植,春芽萌芽前的 2 月底至 3 月初和秋梢老熟后的 9 月下旬至 10 月为主要栽植时期。

### 5.3 栽植密度

每亩 40 株～60 株,株距 3 m,行距 5 m～6 m。

### 5.4 定植方法

采用轻简化模式即"三大一免"栽培技术。定植前 2 个月,开挖宽 1 m 和深 1 m 的条沟或穴,每立方米分 3 层～4 层压填绿肥、杂草、秸秆和猪牛栏粪 100 kg～150 kg,在定植点埋含磷量 14%～20% 的磷肥 0.5 kg～1.0 kg,花生枯饼 1.0 kg,酸性土壤加石灰和氧化镁各 0.5 kg 做基肥。定植时将定植点的基肥与 1 m³ 土拌匀成肥土,然后在正中挖开一个小穴,将假植袋(篓)苗置于中央,拆除假植袋,用肥土填于四周,做成直径 1 m 左右的树盘,浇足定根水。栽植深度以根颈露出地面为宜,确保嫁接口完全高出地面。最后在树盘覆草保湿。

## 6 田间管理

### 6.1 土壤管理

#### 6.1.1 间作

间种作物与幼龄树主干距离≥100 cm,随树冠扩大,逐年缩小间作范围(树冠滴水线以外),四龄以上果园停止间作,改为生草栽培,适时刈割覆盖于树盘。间作绿肥或豆科作物。

#### 6.1.2 季节性生草栽培

新开发脐橙果园在树冠滴水线外人工播种霍香蓟、百喜草、意大利多花黑麦草、紫苏等,持水土,利于天敌的栖息繁衍。

### 6.2 肥料管理

#### 6.2.1 施肥原则

增施有机肥,合理施用无机肥。以根际土壤施肥为主,根外叶面施肥为辅。采用"叶片营养诊断为主-土壤分析为辅"的脐橙平衡施肥技术。按需均衡施肥,不过量施用。正确掌握施肥量、施肥时期和方法。无机氮素用量不超过当地习惯施氮量的 50%。肥料使用符合 NY/T 394 的要求。

#### 6.2.2 施肥技术

##### 6.2.2.1 土壤施肥

###### 6.2.2.1.1 基肥

基肥采用环状沟或条状沟埋施为主;冬季基肥有机肥施用主要以固体有机肥埋施方式施用,其他时期的有机肥施用主要采用有机肥沤腐液管道浇施或滴灌灌溉方式施用。

###### 6.2.2.1.2 追肥

追肥利用小雨天和浇水抗旱时将肥料均匀撒施于树冠滴水线以内,或利用微喷和滴灌设施进行灌溉施肥。

##### 6.2.2.2 叶面施肥

在不同的生长发育时期,选用不同种类的肥料进行叶面喷施。叶面追肥严格掌握使用浓度,避免在高温时操作,防止造成肥害。果实采收前 30 d 内停止叶面施肥。

#### 6.2.3 施肥量

##### 6.2.3.1 幼树

以氮肥为主,配合施用磷、钾肥,少量多次。每株全年施肥折合纯氮控制在 50 g～150 g,磷、钾为氮的 50%。

##### 6.2.3.2 结果树

每 100 kg 果实施肥折合纯氮 0.4 kg～0.5 kg,氮、磷、钾比例 1.0：(0.4～0.5)：(0.8～1.0)。

#### 6.2.4 施肥时期

##### 6.2.4.1 幼树

以春、夏、秋梢萌芽促梢肥为主,顶芽自剪后的壮梢肥为辅,做到一次梢二次肥,一年 6 次～8 次。促梢肥以土壤施肥为主,壮梢肥以根外追肥为主。定植当年的幼树以有机液肥浇施为主,适当配合化肥,每月 2 次～3 次肥。

##### 6.2.4.2 结果树

###### 6.2.4.2.1 催梢肥

通常在春芽萌发前 1 周～2 周施用。以尿素、复合肥、硼肥等速效有机肥为主,并配合适量的磷、钾肥。采用开深 25 cm 的条状沟方式施肥,每株施用尿素 0.25 kg、优质复合肥 0.5 kg、硼肥 15 g。催梢肥施肥量占全年总量的 15%～20%。

###### 6.2.4.2.2 稳果肥

一般在夏梢抽生前 10 d～15 d 施,以速效氮为主,配合适量速效磷、钾肥,利用灌溉设施施水肥(浓度不超过 0.5%)为主,叶面喷施为辅。每 15 d 左右 1 次,喷施 2 次～3 次。每株施用 0.3%尿素、0.3%磷酸二氢钾、激素(GA+BA)。稳果肥施用量占全年总量的 15%～20%。

###### 6.2.4.2.3 壮果肥

施肥时间是在第二次生理落果停止后,秋梢萌发前 10 d～15 d 的 6 月至 7 月,利用灌溉设施结合抗旱施水肥 2 次～3 次。肥料以腐熟粪肥和饼肥为主,磷钾肥配合。每株施用复合肥 1 kg、硫酸钾 0.5 kg、尿素 0.5 kg、硝酸钙 0.5 kg、镁肥 0.25 kg,沤熟枯饼水 20 kg。壮果肥施用量占全年总量的 20%～30%。

###### 6.2.4.2.4 采果肥

采果后施肥。肥料用堆肥、厩肥等有机肥,速效和迟效结合。在树冠东西或南北滴水线处,开两条深宽 40 cm 的条状沟,根据树龄和当年产量,每株施腐熟的麸饼 3 kg～10 kg,或者腐熟的农家肥 5 kg～20 kg,或者有机肥 3 kg～10 kg,磷肥 0.5 kg～1.0 kg,酸性土壤加石灰和氧化镁各 0.5 kg,所有肥料与土拌均匀回填。采果肥施用量占全年总量的 40%。

### 6.3 水分管理

#### 6.3.1 灌溉

春梢萌动至开花期(3 月～5 月)和果实膨大期(7 月～10 月)对水肥需求量大,当土壤含水量低于田间持水量的 50%～60% 时必须及时灌水。冬季有冻害地区,低温冻害前一周左右要保持土壤适度湿润。灌水量由树体大小和天气状况确定,土壤水分含量保持在土壤田间持水量的 60%～80%。灌溉方式以微喷或滴灌等管道灌溉为主,结合施肥进行。

#### 6.3.2 排水

构筑反坡梯面、竹节沟等排水系统降低水流速度,涵养水土。雨季前检查和疏通排水系统,雨季排水不良时紧急排涝。秋冬果实成熟期,通过覆盖薄膜适度控水,提升果实品质。

### 6.4 树体管理

#### 6.4.1 树形要求

骨干枝宜少不宜多,小枝和枝组要多。骨干枝相互间隔宜宽不宜窄,排布均匀。树冠外围起伏,树冠内膛枝叶饱满。树冠外围轮廓呈下大上小,使树体各部位能获得充足的光照。

#### 6.4.2 修剪时期

以冬、春季修剪为主,夏秋修剪为辅。

#### 6.4.3 修剪程度

轻剪,每次修剪的枝、叶量控制在 10% 以下。

#### 6.4.4 修剪要点

##### 6.4.4.1 幼树修剪

修剪的目的是计划放梢,即控制主干高度在 40 cm～60 cm,留好 3 个主枝和 3 个副主枝。主要以摘心、抹芽为主,轻剪短截主枝、副主枝,尽量多留枝梢,提早结果。

##### 6.4.4.2 初结果树修剪

采取"两促两控"技术。

##### 6.4.4.3 盛果期大树修剪

及时回缩结果枝组,落花落果枝组和衰退枝组,剪除枯枝、病虫枝、交叉枝。对较拥挤的骨干枝适当疏剪开"天窗",使树冠通风透光。产量较低的当年冬季,短截部分当年抽生的夏、秋梢营养枝,或者在花量较大时春季适量短截部分结果母枝,防止大小年结果。

### 6.5 花果管理

#### 6.5.1 促花

秋季喷施 1 次～2 次叶面肥促进花芽分化和保证花芽质量。

#### 6.5.2 保花保果

及时施肥增强树势、做好排水灌水避免果园积水干旱、适时喷药防病治虫等以防造成落花落果。在谢花 2/3 时和第 2 次生理落果前进行药剂保果。第一次喷 50 μL/L 赤霉素＋叶面肥,相隔 15 d 后喷第 2 次保果剂,喷 200 μL/L 的 2,4-D＋叶面肥。

#### 6.5.3 果实套袋

套袋适期为 6 月上中旬(生理落果结束后)。套袋前根据病虫害发生情况对脐橙全面喷药 1 次～2 次。喷药后 3 d 内选择生长正常、健壮的果实进行套袋。纸袋选择抗风吹雨淋、透气性好的专业纸袋,以单层透光袋为佳。套袋在露水(药水)干后进行,操作时,袋口扎紧。果实采收前 15 d 左右摘袋。

## 6.6 冻害管理

12月中旬前做好防冻准备工作。树干刷白、树干包扎。根颈部培土,树盘覆盖措施。冻前灌水。霜冻来临前,熏烟造云,减轻冻害。

## 6.7 病虫害防治

### 6.7.1 防治原则

以预防为主,综合运用物理防治、生物防治、化学防治等方法,将有害生物控制在经济损害水平。农药种类和使用严格按 NY/T 393 规定执行。

### 6.7.2 常见病虫害

主要病害有黄龙病(传播媒介为柑橘木虱)、溃疡病和炭疽病。主要虫害有害螨、蚧类和潜叶蛾。

#### 6.7.2.1 植物检疫

严格执行植物检疫制度,严禁从检疫性有害生物流行区引进苗木、接穗、果实、种子,以及任何可携带检疫性病虫害的其他植物和材料。推广无病毒苗木。脐橙园内如发现检疫性有害生物,彻底清除有害生物及其载体,立即采取措施加强防治和隔离,防止疫情蔓延。

#### 6.7.2.2 农业防治

选用抗病虫和抗逆性较强的脐橙品种及砧木。搞好生态建园、间作生草。合理修剪和施肥提升树势。做好冬季清园、树干刷白、剪除病虫枝、翻土、清理落果。抹芽控梢,控制抽梢的整齐度。

#### 6.7.2.3 物理防治

利用灯光、色板、食饵、中间寄主等,行为调控害虫。结合清园、修剪、中耕等栽培措施,直接杀灭害虫;利用害虫的假死性收集并处理甲虫;人工捕捉天牛、蚱蝉、金龟、蝶类等害虫。病虫为害严重果园,特别是吸果类害虫、实蝇等,在果实膨大期进行套袋处理。检疫性病虫害流行区,应用防虫网阻隔害虫或病害媒介昆虫。

#### 6.7.2.4 生物防治

调节果园生态环境,建立生态屏障隔离有害生物,保护天敌生物生存条件。人工繁育并释放害虫的病原性天敌、捕食性天敌或寄生性天敌,提倡以螨治螨、以虫治虫或者以菌治虫。应用昆虫性信息素、诱集素等信息素,诱杀害虫。使用生物源农药和矿物源农药,特别是植物源农药。

#### 6.7.2.5 化学防治

严格控制药量和间隔期,避免连续施用单一农药,如有必要轮换使用或混用。化学防治方法参见附录 A。

## 7 采摘

### 7.1 采摘时期

果实适时采摘,按果皮色泽、可溶性固形物含量、糖酸比等作为采收指标。脐橙采收期和采收条件参照 NY/T 1189 执行。

### 7.2 采摘方法

采摘时使用采果剪和采果袋;戴手套;轻拿轻放。采果宜选晴天采,雨天、大风天不采,果面露水不干不采。采收人员剪平指甲戴手套,由下而上,由外向内采收树上果实,第一剪在离果蒂 1 cm 左右的地方下剪,第二剪平果蒂将果梗剪去,不伤果蒂。果实采摘必须轻剪轻放,禁止强拉硬扯。采后果实不得露天堆放过夜。采果的果篓、果筐边沿和内壁用帆布或麻布包扎衬垫,果箱内部光滑干净、无突出物。

### 7.3 采后处理

采后进行分级分等,按照 GB/T 21488 规定执行。洗果打蜡流程为清水淋洗冲刷-擦干-打蜡-烘干-分级-装箱-成品。冲洗用水质量应符合 NY/T 391 的要求。

## 8 生产废弃物处理

地膜、农药包装袋、果袋、防虫网等应统一收集，带离果园集中进行无害化处理。秸秆和枯枝落叶结合清园，及时集中进行无害化处理。

## 9 储运

标志、包装、运输与储藏应符合 NY/T 658、NY/T 1056 的要求。

## 10 生产档案管理

建立绿色食品脐橙生产档案。应详细记录产地环境条件、生产技术、肥水管理、病虫害的发生和防治措施、采收及采后处理等情况并保存记录 3 年以上。

附 录 A

（资料性附录）

赣南湘南桂北地区绿色食品脐橙生产主要病虫草害化学防治方案

赣南湘南桂北地区绿色食品脐橙生产主要病虫草害化学防治方案见表 A.1。

表 A.1 赣南湘南桂北地区绿色食品脐橙生产主要病虫草害化学防治方案

| 防治对象 | 防治时期 | 农药名称 | 使用剂量 | 施药方法 | 安全间隔期,d |
|---|---|---|---|---|---|
| 柑橘木虱 | 每次新梢长度 0.5 cm～1 cm时 | 4.5%联苯菊酯水乳剂 | 1 500 倍～2 000 倍液 | 喷雾 | 30 |
| | | 100 g/L 吡丙醚乳油 | 1 000 倍～1 500 倍液 | 喷雾 | 28 |
| 溃疡病 | 春芽萌动期 | 28%波尔多液悬浮剂 | 100 倍～150 倍液 | 喷雾 | 20 |
| | 新叶转绿期、花谢 2/3 期、幼果期和果实膨大期间的大风暴雨后 | 28%波尔多液悬浮剂 | 100 倍～150 倍液 | 喷雾 | 20 |
| | | 77%氢氧化铜可湿性粉剂 | 600 倍～800 倍液 | 喷雾 | 30 |
| | | 4%春雷霉素可湿性粉剂 | — | 喷雾 | — |
| 炭疽病 | 春芽萌动期、花谢 2/3 期、幼果期和果实成熟前期 | 80%代森锰锌可湿性粉剂 | 400 倍～600 倍液 | 喷雾 | 14 |
| 害螨 | 冬季清园 | 45%石硫合剂 | 300 倍～500 倍液 | 喷雾 | — |
| | 红蜘蛛防治期为花前 2 头～4 头/叶或花后和秋季 5 头～6 头/叶,锈壁虱防治期为叶或果上 2 头～3 头/视野或当年春梢叶出现危害状或有锈果出现时 | 20%四螨嗪悬浮剂 | 1 600 倍～2 000 倍液 | 喷雾 | 14 |
| 蚧类 | 冬季清园 | 99%矿物油乳油 | 50 倍～100 倍液 | 喷雾 | 1 |
| | 当每叶(果)有成蚧 1 头时,在若虫盛期尤其是 1 龄盛期 | 25%噻嗪酮可湿性粉剂 | 1 000 倍～1 666 倍液 | 喷雾 | 35 |
| 潜叶蛾 | 在夏、秋梢萌发,新枝抽生不超过 3 mm,或检查新叶受害率达 5%左右时 | 25%除虫脲可湿性粉剂 | 2 000 倍～4 000 倍液 | 喷雾 | 28 |
| | | 50 g/L 氟虫脲可分散液剂 | 1 000 倍～2 000 倍液 | 喷雾 | 30 |
| | | 20%啶虫脒可湿性粉剂 | 12 000 倍～16 000 倍液 | 喷雾 | 14 |
| | | 20%甲氰菊酯乳油 | 4 000 倍～10 000 倍液 | 喷雾 | 30 |

注:农药使用以最新版本 NY/T 393 的规定为准。

# 绿 色 食 品 生 产 操 作 规 程

LB/T 031—2018

# 鄂 西 湘 西
## 绿色食品宽皮柑橘生产操作规程

2018-04-03 发布

2018-04-03 实施

**中国绿色食品发展中心** 发布

# 前　言

本规程由中国绿色食品发展中心提出并归口。

本规程起草单位:湖南省绿色食品办公室、湖南省农业科学院、中国绿色食品发展中心、湖北省绿色食品管理办公室、重庆市农产品质量安全中心。

本规程主要起草人:杜先云、袁洪燕、李先信、唐伟、李高阳、严宏玉、刘新桃、刘申平、周先竹、邬清碧。

# 鄂西湘西绿色食品宽皮柑橘生产操作规程

## 1 范围

本规程规定了鄂西湘西绿色食品宽皮柑橘的园地技术要求、品种选择、栽植、田间管理、采收、包装与储藏、生产废弃物处理和生产档案管理。

本规程适用于湖北西部和湖南西部的绿色食品宽皮柑橘的生产。

## 2 规范性引用文件

下列文件对于本文件的应用是必不可少的。凡是注日期的引用文件，仅注日期的版本适用于本文件。凡是不注日期的引用文件，其最新版本（包括所有的修改单）适用于本文件。

GB 5040 柑桔苗木产地检疫规程

GB/T 9659 柑桔嫁接苗

GB/T 15772 水土保持综合治理 规划通则

NY/T 391 绿色食品 产地环境质量

NY/T 393 绿色食品 农药使用准则

NY/T 394 绿色食品 肥料使用准则

NY/T 426 绿色食品 柑橘类水果

NY/T 658 绿色食品 包装通用准则

NY/T 961 宽皮柑橘

NY/T 1056 绿色食品 贮藏运输准则

NY/T 2044 柑橘主要病虫害防治技术规范

## 3 园地技术要求

### 3.1 园地选择

应选择生态环境良好的平地或地势较高（坡度≤25°）、排灌方便，周围 3 km、主导风向 10 km 内没有大型工矿企业等污染源的地域作为绿色食品宽皮柑橘生产基地，基地应当背风向阳，避免在冷空气容易积滞的盆底低谷栽种。

#### 3.1.1 气候条件

年均气温 15～20℃，绝对最低温度≥−7℃，1 月平均气温≥4℃，≥10℃ 的年积温 5 000℃～7 000℃，年降水量≥700 mm。

#### 3.1.2 土壤、水质和大气质量

土壤质地良好，疏松肥沃，有机质含量高于 15 g/kg，土层厚≥60 cm，土壤 pH 5～7.5。土壤、灌溉水质和空气质量应符合 NY/T 391 的规定。

### 3.2 园地规划

修筑必要的道路、排灌和蓄水、附属建筑等设施；绿色食品果园与非绿色食品种植区应当设立有效的缓冲带，缓冲带不得小于 20 m；营造防护林，防护林应选择与宽皮柑橘没有共生性病虫害的速生树种，平地及坡度＜6°的缓坡地直接采用长方形栽植，坡度 6°～25°的丘陵山地建造园地时应采用等高栽植；注意水土保持，水土保持综合治理按照 GB/T 15772 的规定执行。

## 4 品种选择

应选择通过国家或省级品种登记,适宜于湘西鄂西栽培、抗性强的品种,如温州蜜柑、椪柑、本地早等。

## 5 栽植

### 5.1 苗木质量

应栽植已脱毒的容器苗木,苗木质量按照 GB/T 9659 的规定执行,苗木检疫按照 GB 5040 的规定执行。提倡栽植大苗壮苗。

### 5.2 栽植时间

一般在 9 月～10 月秋梢老熟后或 2 月～3 月春梢萌芽前栽植,冬季有冻害的地方宜在春季栽植。容器苗可全年栽植。

### 5.3 栽植密度

一般按每公顷 600 株～1 050 株,采用宽窄行栽植方式,推荐行距 3 m×(4～5)m。

### 5.4 栽植方法

a) 根据土壤情况进行适当的改良,土壤改良时使用回填的植物、矿物或土壤调理剂应符合 NY/T 394 的标准,限量使用,对环境无不良影响。

b) 推荐采用高垄栽培技术。做垄前可先对果园进行普施基肥,深耕细耙,整平后可按要求行距进行打线。然后划线理墒,墒两侧形成沟,垄做成后按株距栽植柑橘树苗。

c) 苗木栽植前的 2 个月,根据栽植规格在测定好的栽植点上开挖栽植穴,每个沟穴施入农家肥料(就地取材)3 kg～5 kg,含有一定量有机肥料的复混肥(氮、磷、钾等复混)1 kg～2 kg,与土充分拌匀填入穴内堆沤,待充分腐熟后即可栽植。栽植深度以嫁接口永久露出地面≥5 cm 为宜,栽植以后立支柱支撑树体。

## 6 田间管理

### 6.1 灌溉

#### 6.1.1 灌溉时间

以灌溉水浸透根系分布层土壤为度。宽皮柑橘树在春梢萌动及开花期(3 月～5 月)和果实膨大期(7 月～10 月)对土壤水分敏感。当土壤缺水时,需及时灌水,灌透水后土面覆盖秸秆或杂草保墒。果实采收后及时灌水,有冻害的地方注意冷冻来临前灌水。

#### 6.1.2 排水

果园面积较大时,园内应有排水沟,主排水沟深 60 cm～70 cm,支排水沟 30 cm～40 cm。多雨季节或果园积水时通过沟渠及时排水,保持地下水位在 1 m 以下。采收前如多雨或土壤过湿,应通过排水或者覆盖地膜等方式控制水分,降低土壤含水量,提高果实品质。

### 6.2 施肥

#### 6.2.1 施肥原则

应充分满足宽皮柑橘树对各种营养元素的需求,肥料选择应以农家肥料、有机肥料、微生物肥料为主,合理并减控化肥使用,提倡水肥一体化技术,按 NY/T 394 的规定执行。

#### 6.2.2 施肥方法

##### 6.2.2.1 土壤施肥

土壤施肥可采用沟施、穴施等方法,推荐采用滴灌、微灌水肥一体化,每行果树沿树行布置一条灌溉支管,借助微灌系统,在灌溉的同时将肥料配对成肥液一起输送到作物根部土壤,确保水分养分均匀、准确、定时定量地供应,为果树生长创造良好的水肥环境。

#### 6.2.2.2 根外追肥

在不同的生长发育期,根据柑橘树体的营养丰缺状况和需要,可选用相应元素的肥料进行适当地根外追肥,以矫正元素的缺乏症状。冬季宜在晴天中午前后施肥,其他季节一般在 17:00 后、晴天傍晚、阴天进行施肥。果实采收前 1 个月内不得叶面追肥。

#### 6.2.3 幼树施肥

勤施薄施,秋施基肥以农家肥和有机肥为主,一般每公顷每年施农家肥或有机肥 22 500 kg~30 000 kg,结合秋季翻地一次性施入;生长期以速效肥为主,在每次新梢抽生前 15 d~20 d 施入,无机肥氮、磷、钾比例(8~12):(4~6):(6~9)。

#### 6.2.4 结果树施肥

施肥量根据柑橘园土壤肥力状况、品种、树龄、产量、树势强弱及气候条件等因素确定。中等肥力的土壤,一般每年每公顷施优质农家肥或有机肥 30 000 kg~52 500 kg,秋季采果后结合深翻改土一次性施用;无机肥氮、磷、钾比例(14~20):(7~12):(9~16),分 3 次施用,基肥:春肥:稳果肥=(20%~30%):(25%~35%):(40%~55%)。土壤微量元素缺乏的柑橘园,应针对缺素状况增加根外追肥。

### 6.3 病虫害防治

#### 6.3.1 防治原则

坚持"预防为主,综合防治"的原则,以农业防治为基础,充分采用生物、物理防治措施,确有必要时可进行化学防治,有效控制病虫危害。

#### 6.3.2 防治方法

##### 6.3.2.1 农业防治

通过栽植抗病、抗虫品种(砧木),增施有机肥,合理水肥管理和修剪,合理负载,增强树势,及时清除果园恶性杂草,改善果园小气候,提高树体抗逆能力。防治重点时期为夏、秋梢抽发期。冬季可结合修剪清园,剪除病虫枝清除病僵果和枯枝落叶,减少害虫基数。

##### 6.3.2.2 物理防治

根据害虫生物学特性,选用频振杀虫灯、黑光灯等诱杀吸果夜蛾、金龟子、卷叶蛾、潜叶蛾等害虫;用黄板诱集杀灭蚜虫、潜叶蛾、黑刺粉虱等害虫;用蓝光灯诱杀或人工敲打树干捕捉天牛、蚱蝉、金龟子等害虫。

##### 6.3.2.3 生物防治

改善果园生态环境,人工释放天敌防治害虫。如以昆虫病原微生物及其产物治虫,食虫动物治虫,生物绝育治虫,昆虫激素治虫等。有条件的柑橘园在保护天敌的基础上,可释放尼氏钝绥螨或胡瓜钝绥螨防治螨类,日本方头甲或湖北红点唇瓢虫防治矢尖蚧,释放松毛虫或赤眼蜂防治卷叶蛾等。用性诱剂诱杀大实蝇。种植九里香或番石榴树对柑橘木虱起到驱避作用,将柑橘木虱驱出柑橘果园。

##### 6.3.2.4 化学防治

应按照农药产品标签和 NY/T 393 的规定使用高效、低毒、生物源和矿物源农药,严格控制农药的施药剂量(或浓度)、安全间隔期和施药次数。主要在柑橘树生长前期用药,病虫害严重时最后一次用药在柑橘采摘前一个月结束。柑橘果实农药残留限量应符合 NY/T 426 和 NY/T 2044 的规定。主要病虫害化学防治方案参见附录 A。

### 6.4 整形修剪

#### 6.4.1 整形

树形推荐自然开心形和自然圆头形;主枝分布错落有致,疏密得当;小枝、枝组和叶片宜多,但互不拥挤;树冠丰满,叶幕呈波浪形。

推荐主干高度 30 cm~50 cm,对接芽抽出的夏梢或秋梢在 40 cm~60 cm 处短截或摘心。定干后选留 3 个生长强势,着生角度合理,分布均匀的新梢作为主枝来培养。在选留的主枝上,选择方位和角度适宜的强旺枝作副枝,与主干呈 60°～70°角为佳,逐年向外培养引导其向上生长,增大树冠体积。

树冠达一定高度时,及时回缩或疏删影响树冠内膛光照的大枝,使内膛获得充足的光照。随着枝组扩大交叉,应及时回缩处理或删去部分枝组,但勿使内膛主枝或主干成光杆。

### 6.4.2 修剪

#### 6.4.2.1 幼树期修剪

以轻剪为主,注意调整主枝延长枝和骨干枝延长枝的方位及骨干枝之间生长势的平衡。对夏、秋梢留 8 片～10 片叶及时摘心。除对影响树形的直立枝、徒长枝或过密枝群作适当疏删外,内膛枝和树冠中下部较弱的枝梢均应保留。

#### 6.4.2.2 初结果期修剪

继续选择和短截处理各级骨干枝延长枝,适当控制夏梢,促发健壮早秋梢。对过长的营养枝留 8 片～10 片叶及时摘心,回缩或短截结果后枝组。抽生较多夏、秋梢营养枝时,应对其短截一部分、疏删一部分、保留一部分。秋季对旺长树采用环割、断根、拉枝、控水等促花措施。

#### 6.4.2.3 盛果期修剪

及时回缩结果枝组、落花落果枝组和衰退枝组。剪除枯枝、病虫枝。对较拥挤的骨干枝适当疏剪开出"天窗",将光线引入内膛。当年抽生较多夏、秋梢营养枝时,应分别短截和疏删其中的一部分以调节翌年产量,防止大小年结果。花量较大时适量疏花疏果。对无叶枝组,在重疏删基础上全部短截处理。

#### 6.4.2.4 更新复壮期修剪

对还有经济保留价值的植株,在短截或回缩衰弱大枝组的基础上,疏删部分密弱枝群,短截所有营养枝和有叶结果枝,全部疏去花果。必要时在春梢萌芽前对植株进行露骨更新或主枝更新。经更新修剪促发的枝梢应短截强枝,保留中庸枝和弱枝。

### 6.5 花果管理

#### 6.5.1 促花

秋季(9 月～10 月)采用环割、断根、拉枝、控水等方法促进幼树、旺树花芽分化,必要时可用但不推荐使用植物生产调节剂。

#### 6.5.2 控花

对生长势较弱、翌年是大年的植株或花量大、着果率极低的品种,冬季修剪以截断、回缩为主;进行花前复剪,强枝多留花,弱枝少留花或不留花,有叶单花多留,无叶花少留或不留。摘除畸形花、病虫花等。

#### 6.5.3 疏果

第二次生理落果结束后进行疏果,疏去授粉、受精不良的畸形果、伤果、小果、病虫危害果,根据树势调控留果。

#### 6.5.4 保花保果

及时施肥增强树势,做好排水、灌水来避免果园积水、干旱,适时喷药防病治虫等以防造成落花落果。

#### 6.5.5 果实套袋

在生理落果结束后,根据病虫害情况喷施药物 1 次～2 次,喷药后 3 d 内对生长正常、健壮的果实套袋,选择抗风吹雨淋、透气性好的专业纸袋。操作时,袋口扎紧。果实采收前 15 d 左右摘袋。

### 6.6 生草栽培

提倡果园生草栽培,可全园生草、行间生草或株间生草,也可单一草类或两种及以上草类混种。选择适合当地生长、适应性强、矮生浅根、有利于病虫害综合防治的草类,如藿香蓟、肥田萝卜、豌豆、黑麦草、紫云英、蚕豆、印度豇豆、三叶草、马唐、紫花苜蓿等。

### 6.7 冻害防御

a) 选择良好的地形地势,按照适地适栽原则规划布局;有霜冻的地方选择避风向阳的坡地种植柑橘;营造防护林。

b) 早施重施基肥和采果肥(11月上旬),适时采果,控制晚秋梢抽生,增强树势。

c) 用生石灰 0.5 kg、硫黄粉 0.1 kg、食用盐 20g、清水 3 kg~4 kg 调匀涂刷柑橘主干。

d) 根茎培土,高 30 cm 以上,地面覆盖,搭防护棚或风障。

e) 冻前干旱时中午灌水,喷布抑蒸保湿剂,寒潮来临时熏烟驱霜。

f) 及时摇落树上冰雪、扒开树盘积雪;及时摘除受冻叶片。对已冻枯的枝梢,采取二步修剪法,先剪除明显枯死部分,待萌芽后再从受冻和未受冻部位交界处全部剪除,春梢抽发后,加强肥水管理,疏除过密枝,徒长枝留 20 cm~25 cm 进行摘心。

# 7 采收

## 7.1 采收时期

根据柑橘果实成熟度、用途、市场需求等确定采收期。大风、雨天、霜雾天及果面露水未干时不宜采果,雨后至少隔 1 d 再采收。鲜销果应在果实充分成熟,表现出本品种固有的品质特征(果形、色泽、风味、口感等品质特征)时采收。储藏、制汁和制罐用的加工果,一般要比鲜销果早 7 d~10 d 采摘。

## 7.2 采收方法

采果者应戴手套,用圆头果剪将果实连同果柄一起剪下,再剪平果蒂,轻拿轻放。按从外到内、从下到上的顺序采摘果实。要求所有盛果的容器内壁平滑,采下的果实应及时运往包装场或储藏库,避免日晒雨淋。

## 7.3 采后处理

### 7.3.1 分级

采后及时剔除病虫、伤果,按大小、形状、色泽进行分级包装上市销售;果实质量等级可按 NY/T 961 的规定执行。

### 7.3.2 防腐处理

采后应将果实运至包装场地的通风处预冷 1 d~2 d,使果实充分散热和伤口愈合,然后进行防腐保鲜处理,防止柑橘贮藏腐烂。保鲜剂的选用应当符合 NY/T 393 的要求,如抑霉唑、咯菌腈、嘧霉胺和嘧菌酯等。采后 3 d 内一定要完成保鲜处理。杀菌剂也可以与蜡液或其他涂膜剂混用。

# 8 包装与储藏

## 8.1 包装

a) 包装材料应符合 NY/T 426 和 NY/T 658 的要求,保证质量安全、卫生可靠,透气性和强度符合要求。

b) 单果包装用 0.010 mm 透明聚乙烯薄膜袋;装袋后拧紧,袋口朝下放置于箱体内。

c) 装箱应选用木箱或塑料箱,装箱时最上层留有 5 cm~10 cm 高的空间,每箱装果实 5 kg~15 kg 为宜,不宜过多。

d) 应分批、分品种码垛堆放,每垛应挂牌分类,标明品种、入库时间、数量、质量、检查记录等。要求箱体堆码整齐,并留有通风道。保证产品批次清晰,不应超期积压,及时剔除不符合质量和卫生标准的产品。

## 8.2 储藏

### 8.2.1 储藏原则

储藏设施应选择远离污染源、清洁卫生,符合绿色食品和柑橘类的储藏规范进行设计;应具有防虫、防鼠的功能。应符合 NY/T 1056 的要求。

柑橘入库前半个月进行库房消毒,优先使用物理或机械方式,必要时使用 2%石灰水或过氧乙酸对库房喷雾消毒,密闭 1 d～2 d,通风透气后方可入库。储藏库及其四周要定期打扫和消毒;储藏用的设备、工具在使用前均应进行清理和消毒,防止污染。

### 8.2.2 常温储藏

常温储藏设施温度不宜超过 30℃,湿度 85％～90％;注意定期通风换气,储藏时间不宜超过 60 d。

### 8.2.3 低温冷藏

冷库适宜储藏温度为 4℃～8℃。储藏冷库相对湿度 85％～90％;入库前 2 d～3 d 预冷,达到适宜储藏温度,冷库内氧气含量≤10％,二氧化碳含量 0％～2％;注意定期通风换气,宽皮柑橘储藏 90 d,总损耗超过 10％时应终止储藏。

## 9 生产废弃物处理

### 9.1 落叶落果的处理

果园生理落果应及时收集利用或集中处理,可根据不同品种进行柑橘副产物的加工利用,如提取果胶、类黄酮等;落叶在果实采收后,收集集中处理,可以作为农家肥料的物料,制成堆肥、沤肥或沼肥等。

### 9.2 废旧农膜、废弃化肥农药包装物、果袋处理

尽量减少农膜的使用,必要时应选用可重复使用的厚膜,且应及时回收废旧农膜;及时并全面收集废弃的化肥农药等农业投入品包装物,集中处理,对废弃的包装物实施无害化处理或资源化利用,不形成面源污染。

## 10 生产档案管理

每个生产地块应当建立独立、完整的宽皮柑橘生产记录档案。应详细记录产地环境条件、生产技术、肥水管理、病虫草害的发生和防治、采收及采后处理等各个环节的情况,并保存记录 3 年以上。

# 附　录　A
（资料性附录）
## 鄂西湘西绿色食品宽皮柑橘生产主要病虫害化学防治方案

鄂西湘西绿色食品宽皮柑橘生产主要病虫害化学防治方案见表 A.1。

表 A.1　鄂西湘西绿色食品宽皮柑橘生产主要病虫害化学防治方案

| 防治对象 | 防治时期 | 农药名称 | 使用剂量 | 施药方法 | 安全间隔期,d |
|---|---|---|---|---|---|
| 炭疽病和疮痂病 | 新梢抽发期;花谢 2/3 时;花谢后 45 d 左右 | 50％多菌灵可湿性粉剂 | 500 倍～1 000 倍液 | 喷雾 | 30 |
| | | 60％唑醚代森联水分散粒剂 | 1 000 倍～2 000 倍液 | 喷雾 | 21 |
| 溃疡病 | 嫩梢抽发至 2 cm 左右时;花谢后 15 d～30 d;幼果期 | 77％氢氧化铜可湿性粉剂 | 400 倍～600 倍液 | 喷雾 | 30 |
| | | 80％波尔多液可湿性粉剂 | 500 倍～700 倍液 | 喷雾 | 14 |
| 脚腐病 | 4 月～9 月发生期 | 波尔多液(CuSO₄：石灰：水) | 1：1：10 | 涂抹 | 30 |
| | | 60％唑醚代森联水分散粒剂 | 1 000 倍～2 000 倍液 | 喷雾 | 30 |
| 黑斑病和煤污病 | 新梢抽发期;花谢 2/3 时;幼果前期;冬季清园时 | 80％代森锰锌可湿性粉剂 | 600 倍～800 倍液 | 喷雾 | 30 |
| | | 70％甲基硫菌灵可湿性粉剂 | 800 倍～1 200 倍液 | 喷雾 | 21 |
| | | 50％多菌灵可湿性粉剂 | 250 倍～333 倍液 | 喷雾 | 30 |
| | | 0.8 波美度～1 波美度石硫合剂 | 8 倍～10 倍液 | 冬季喷雾 | 50 |
| | | 4.5％联苯菊酯乳油 | 1 500 倍～2 000 倍液 | 喷雾 | 30 |
| | | 44％氯氰·丙溴磷乳油 | 2 000 倍～3 000 倍液 | 喷雾 | 14 |
| 螨类 | 新梢抽发期;开花前后;花谢 2/3 时;冬季清园时 | 0.3％苦参碱 | 500 倍～800 倍液 | 喷雾 | 15 |
| | | 11％乙螨唑悬浮剂 | 5 000 倍～7 500 倍液 | 喷雾 | 20 |
| | | 20％四螨嗪胶悬剂 | 1 600 倍～2 000 倍液 | 喷雾 | 14 |
| | | 0.8 波美度～1 波美度石硫合剂 | 8 倍～10 倍液 | 喷雾 | 50 |
| | | 矿物油 | 150 倍～200 倍液 | 冬季喷雾 | 30 |
| 蚜虫类 | 春嫩梢期;秋嫩梢期 | 10％吡虫啉可湿性粉剂 | 2 000 倍～3 000 倍液 | 喷雾 | 21 |
| | | 5％啶虫脒乳油 | 3 333 倍～5 000 倍液 | 喷雾 | 14 |
| 粉虱和蚧类 | 春梢萌芽前;冬季清园时 | 10％吡虫啉可湿性粉剂 | 3 000 倍～5 000 倍液 | 喷雾 | 21 |
| | | 5％噻螨酮乳油 | 1 000 倍～1 500 倍液 | 喷雾 | 30 |
| | | 95％矿物油乳油 | 100 倍～200 倍液 | 冬季喷雾 | 50 |
| 潜叶蛾 | 7 月～9 月,嫩叶 0.5 cm～2.5 cm 时;夏、秋梢抽出时 | 4.5％高效氯氰菊酯乳油 | 600 倍～1 200 倍液 | 喷雾 | 40 |
| | | 25％灭幼脲 | 1 500 倍～2 000 倍液 | 喷雾 | 21 |
| 柑橘实蝇 | 成虫羽化期和盛发期 | 10％氯氰菊酯乳油 | 1 000 倍～2 000 倍液 | 喷雾 | 7 |
| 花蕾蛆 | 4 月成虫出土前;花蕾露白期前后 | 5％辛硫磷颗粒剂 | 1：10 拌土 | 拌土撒施 | 30 |

注:农药使用以最新版本 NY/T 393 的规定为准。

# 绿 色 食 品 生 产 操 作 规 程

LB/T 032—2018

# 长 江 上 中 游
# 绿色食品甜橙生产操作规程

2018-04-03 发布　　　　　　　　　　　　2018-04-03实施

**中国绿色食品发展中心** 发布

# 前　言

本规程由中国绿色食品发展中心提出并归口。

本规程起草单位：四川省绿色食品发展中心、四川省农业科学院园艺研究所、中国绿色食品发展中心、湖北省绿色食品管理办公室、重庆市农产品质量安全中心、四川省邻水县经果局。

本规程主要起草人：陈克玲、周白娟、张宪、景月健、郭征球、李学琼、何礼、关斌。

# 长江上中游绿色食品甜橙生产操作规程

## 1 范围

本规程规定了长江上中游绿色食品甜橙生产的产地环境、品种选择、栽植、田间管理、采收、生产废弃物处理、储藏及生产档案管理等。

本规程适用于湖北、重庆和四川的绿色食品甜橙生产。

## 2 规范性引用文件

下列文件对于本文件的应用是必不可少的。凡是注日期的引用文件，仅注日期的版本适用于本文件。凡是不注日期的引用文件，其最新版本（包括所有的修改单）适用于本文件。

GB/T 8321(所有部分)　农药合理使用准则

GB 12475　农药贮运、销售和使用的防毒规程

GB/T 15772　水土保持综合治理　规划通则

NY/T 391　绿色食品　产地环境质量

NY/T 393　绿色食品　农药使用准则

NY/T 394　绿色食品　肥料使用准则

NY/T 426　绿色食品　柑橘类水果

## 3 产地环境

### 3.1 气候条件

年平均温度17℃～21℃，绝对最低温度≥－3℃，1月平均温度≥6.5℃，≥10℃的活动积温5 500℃以上，年日照时数≥1 000 h，年降水量≥800 mm。

### 3.2 土壤条件

土壤质量应符合NY/T 391的要求。土壤微酸性至中性，pH 6.0～7.5，沙壤土或壤土，质地良好，土层深厚，疏松肥沃，有机质含量≥1.5％，地下水位1 m以下。

### 3.3 地形地势

坡度在25°以下的平坝、丘陵、山地。

### 3.4 环境质量

选择生态环境良好、无污染的地区，远离工矿区和公路铁路干线，避开污染源。在绿色食品和常规生产区域之间设置有效的缓冲带或物理屏障，以防止绿色食品生产基地受到污染。产地环境条件应符合NY/T 391的要求。

## 4 品种选择

选择适宜本地区生长的优质丰产、有较强抗病性、抗逆性的甜橙类品种，可选用脐橙类(纽荷尔、奈维林娜、清家、21世纪、新世纪、福本、早红、卡拉卡拉、夏金、伦晚、奉晚等)、血橙类(塔罗科血橙、脐血橙等)、普通甜橙类(锦橙、梨形橙、蓬安100号、长叶香橙、锦橙101、桃叶橙8号、桃叶橙18号、桃叶橙139号等)、夏橙类(密奈、奥林达等)等。

砧木选用资阳香橙、枳、红橘、枳橙等。碱性土不宜用枳作砧木。

## 5 栽植

### 5.1 园地规划

划分小区,修筑必要的道路、排灌和蓄水、附属建筑等设施。如需要建防护林,应选择速生树种,并与甜橙没有共生性病虫害。

平地及坡度在6°以下的缓坡地,栽植行为南北向,建议宽行窄株,采用机械壕沟改土或挖定植沟,聚土起垄,1行树1条垄。坡度在6°~25°的山地、丘陵地,建园时宜修筑水平梯地,梯面宽3.0 m~4.5 m,梯面比降3‰~5‰。栽植行的行向与梯地走向相同,推荐采用等高栽植,开挖等高壕沟或挖穴改土栽植。水土保持综合治理按照GB/T 15772的规定执行。

### 5.2 苗木质量

检疫合格且无病的嫁接苗。嫁接口高度10 cm~15 cm。1年生苗高50 cm以上,嫁接口以上2 cm处主干粗度≥0.6 cm,根系完整,主干直立(倾斜度≤15°)。提倡栽植容器苗、脱毒苗。

### 5.3 栽植时间

一般在2月下旬至3月中旬春梢萌芽前春季定植或9月中下旬秋梢老熟后秋季定植,部分区域可在5月~6月雨季来临前定植。一般气温低于13℃或高于30℃不宜栽植。

### 5.4 栽植密度

栽植密度根据砧穗组合、环境条件和管理水平等而定,一般平坝和缓坡地株行距为(3 m~4 m)×(4 m~5 m)。山地和丘陵等高台地栽植株行距可适当加密。

### 5.5 栽植技术

栽植沟或栽植穴内施入以腐熟农家肥为主的有机肥料,将肥料与土混匀填入地平面40 cm以下。

清除苗木嫁接膜、适度修剪苗木的根系和枝叶,剪去过长主根、伤根和幼嫩的晚秋梢。将苗木根部放入穴中央,舒展根系,扶正,边填细土边轻轻向上提苗、踏实。栽植深度以土壤下沉后苗木根颈露出地面为宜。定植后需勤浇水,灌水后树盘可覆盖薄膜、稻草或秕壳以保墒。

## 6 田间管理

### 6.1 土壤管理

#### 6.1.1 深翻扩穴,熟化土壤

对于土层浅、土质差、肥力低的果园需要进行深翻扩穴,从树冠外围滴水线处开始,逐年向外扩展40 cm~50 cm,深翻40 cm~60 cm,尽量少伤大根。深翻应结合施有机肥,在秋梢停长后至春季发芽前进行为宜,但冬季低温期不宜进行深翻。回填时混以符合NY/T 394要求的有机肥,表土放在底层,心土放在表层,然后对穴内灌足水分。

#### 6.1.2 间作或生草

甜橙园宜实行生草制,在行间或树盘外间作浅根、矮秆的豆科植物、牧草或绿肥(如黑麦草、三叶草、藿香蓟、紫花苜蓿、光叶紫花苕、紫云英等)。间作植物应与甜橙无同类病虫,忌藤蔓、高秆作物。每年刈割1次~2次,在草旺盛生长季节或夏季高温前刈割覆盖树盘、行间或翻埋。

#### 6.1.3 覆盖与培土

在冬、夏两季,用麦秆、麦糠、稻草、油菜壳等覆盖树盘,覆盖物应与根颈保持10 cm左右的距离。培土在秋、冬季进行。

#### 6.1.4 除草

不实行生草栽培的果园每年除草2次~3次,在夏、秋季或采果后进行。

### 6.2 施肥

#### 6.2.1 施肥原则

施用的肥料应符合 NY/T 394 的要求。以有机肥(含农家肥)为主,商品化肥、微生物肥为辅;所用肥料对环境无不良影响,尤其是不加剧土壤酸化,有利于保护生态环境和提高土壤肥力及质量;使用安全、优质的肥料,不对植株生长发育和果实外观内质产生不良后果;在保障甜橙营养平衡的基础上减少化肥用量,化学氮肥用量不得高于总施氮量的一半,有针对性地补充中、微量元素肥料,兼顾各营养元素之间的比例协调,充分满足甜橙对各种营养元素的需求。

#### 6.2.2 施肥方法

##### 6.2.2.1 土壤施肥

采用环状沟施、条状沟施、放射状沟施、穴施等方法。在树冠滴水线外侧挖沟(穴),深度 20 cm～40 cm。东西、南北对称轮换位置施肥。化肥溶于粪水一起施用。土面撒施的肥料应选用缓释肥为主。速溶化肥应浅沟(穴)施,有微喷和滴灌设施的果园,可进行液体施肥。

##### 6.2.2.2 叶面追肥

选用适宜的大量元素肥料或微量元素肥料进行叶面喷施,在新梢展叶后至老熟前喷施,以补充树体对营养的需求。成年结果树主要在春、秋梢生长期酌情进行叶面追肥。叶面追肥可结合病虫害防治进行。叶面追肥在高温干旱期应按使用范围的下限施用。

#### 6.2.3 幼树施肥

坚持勤施、薄施,以氮肥为主,配合施用磷、钾肥。1 年～3 年生幼树单株全年施尿素 0.2 kg～0.4 kg、磷酸一铵 0.1 kg～0.2 kg、硫酸钾 0.12 kg～0.24 kg,在全年各次施肥期平均施入。其中,1 年～2 年生幼树 2 月～10 月每月施肥 1 次～2 次,每株施 20％浓度的腐熟人畜粪 5 kg～10 kg,加上氮磷钾肥;3 年生树年施肥 4 次～5 次,在 2 月、5 月、7 月、9 月或 10 月施用,每株施 50％～70％浓度的腐熟人畜粪 5 kg～10 kg,加上氮磷钾肥。随树龄增大,施肥量逐渐增加。投产前一年,控施氮肥,增施磷钾肥。

#### 6.2.4 成年树施肥

一般亩产 3 000 kg 以上的果园,每年每亩施腐熟有机肥 2 000 kg～4 000 kg、尿素 54 kg～76 kg、磷酸一铵 18 kg～27 kg、硫酸钾 40 kg～60 kg,全年分 3 次施入。其中,2 月～3 月上旬为萌芽(花前)肥,每亩施尿素 22 kg～30 kg、磷酸一铵 4 kg～5 kg、硫酸钾 12 kg～18 kg;6 月至 7 月中下旬为稳(壮)果肥,每亩施尿素 16 kg～23 kg、磷酸一铵 6 kg～10 kg、硫酸钾 18 kg～27 kg;10 月至 11 月上旬为采果肥(基肥),每亩施尿素 16 kg～23 kg、磷酸一铵 8 kg～12 kg、硫酸钾 10 kg～15 kg。

亩产 1 500 kg～3 000 kg 的果园,每年每亩施腐熟有机肥 2 000 kg～4 000 kg、尿素 43 kg～65 kg、磷酸一铵 18 kg～23 kg、硫酸钾 30 kg～50 kg,全年分 3 次施入。其中,2 月至 3 月上旬为萌芽(花前)肥,每亩施尿素 17 kg～26 kg、磷酸一铵 4 kg～5 kg、硫酸钾 9 kg～15 kg;6 月至 7 月中下旬为稳(壮)果肥,每亩施尿素 13 kg～20 kg、磷酸一铵 6 kg～8 kg、硫酸钾 14 kg～23 kg;10 月至 11 月上旬为采果肥(基肥),每亩施尿素 13 kg～19 kg、磷酸一铵 8 kg～10 kg、硫酸钾 7 kg～12 kg。

亩产 1 500 kg 以下的果园,每年每亩施腐熟有机肥 2 000 kg～3 000 kg、尿素 33 kg～54 kg、磷酸一铵 14 kg～18 kg、硫酸钾 20 kg～40 kg,全年分 3 次施入。其中,2 月至 3 月上旬为萌芽(花前)肥,每亩施尿素 13 kg～22 kg、磷酸一铵 3 kg～4 kg、硫酸钾 6 kg～12 kg;6 月至 7 月中下旬为稳(壮)果肥,每亩施尿素 10 kg～16 kg、磷酸一铵 5 kg～6 kg、硫酸钾 9 kg～18 kg;10 月至 11 月上旬为采果肥(基肥),每亩施尿素 10 kg～16 kg、磷酸一铵 6 kg～8 kg、硫酸钾 5 kg～10 kg。

全部有机肥和硼、锌、铁等微量元素肥在秋季或冬季施入。

### 6.3 水分管理

#### 6.3.1 灌溉

春梢萌动及开花期(3 月～5 月)和果实膨大期(7 月～10 月)对水分敏感,根据甜橙植株对水分的需求和土壤水分状况适时适量灌溉,保持土壤湿度为田间最大持水量的 60％～80％。灌溉方式可采取滴灌、树盘灌溉、沟灌、喷灌等。干旱地区及丘陵区可采用穴储肥水灌溉。水质应符合 NY/T 391 的规定。

#### 6.3.2 排水

设置排水系统并及时清淤,多雨季节或果园积水时通过沟渠及时排水。

### 6.4 整形修剪

#### 6.4.1 整形

主要树形为自然圆头形或凹凸形,通过整形培养树体的主干、主枝、侧枝和结果枝。主干高度为 40 cm～50 cm,3 个～4 个主枝,每个主枝配备 2 个～3 个副主枝,主枝、副主枝要相互错开均匀分布。副主枝上配备侧枝和多个枝组。选留主枝、副主枝的先端健壮枝为延长枝。

#### 6.4.2 修剪

通过修剪使植株通风透光、枝叶分布均匀,平衡营养生长及生殖生长。

##### 6.4.2.1 幼树期

1 年～3 年生树免剪或少剪,之后以轻剪为主。在中央干延长枝和各主枝、副主枝延长枝老熟饱满芽处进行中度至重度短截(短截 1/3～1/2),并以短截程度和剪口芽方向调节各主枝之间生长势的平衡。轻剪其余枝梢,避免过多的短截。徒长枝除用于填空补缺,采取摘心或短截外,其余的删除。通过整形修剪培养树体的主干和主枝骨架。

##### 6.4.2.2 初结果期

以冬季轻剪为主,辅以夏季摘心和短剪。对过长的营养枝留 8 片～10 片叶(20 cm～25 cm)摘心或短截,促发分枝。对春梢抽生过多、过旺的应适当疏除部分春梢。回缩或短截结果后的枝组。继续选择和短截处理各级骨干枝延长枝,抹除夏梢和徒长枝,促发健壮春梢和秋梢。对于直立旺长植株可在 7 月～9 月进行撑、拉、吊枝和扭枝等处理,促进花芽分化。

##### 6.4.2.3 盛果期

大年疏剪和短剪秋梢结果枝组,疏去过多过密幼果并促发健壮早秋梢,合理配备下年结果母枝,确保枝组轮换结果与持续丰产。

回缩结果枝组,短剪强枝,疏除弱枝,短剪或疏除落花落果枝组和衰退枝组。对抽生较长的春、秋梢营养枝,保留 8 片～10 片叶摘心,结果后疏除。对春梢抽生过多、过旺的应适当疏除部分春梢。短剪结果后下垂衰弱枝。对顶部过多直立大枝,按强树疏强枝、中庸树疏直立枝的原则处理。对较拥挤的骨干枝适当疏剪,锯大枝,开出"天窗",改善树冠内膛光照条件。剪除病虫枝、枯枝。

##### 6.4.2.4 衰老更新期

应减少花量,回缩衰弱枝组,疏删密弱枝群,短截夏、秋梢营养枝,促发春、夏、秋梢,并实施短截强枝、保留中庸枝和疏去弱枝,以恢复树势。

### 6.5 花果管理

#### 6.5.1 控花

花量较大年份,在头年的 11 月～12 月根据树势情况,按枝梢类型作疏、短、缩修剪,短截、回缩修剪疏除部分结果母枝,控制花量;春季花期复剪,强枝适当多留花,弱枝少留或不留,减少无效花量;疏除畸形花、病虫花等。

#### 6.5.2 人工疏果

分 2 次进行,在生理落果后的 6 月中旬至 7 月中旬进行第一次疏果,疏除病虫果、畸形果、密弱小果;9 月下旬进行第 2 次疏果,10 月初结束疏果。

#### 6.5.3 保花保果

初花期树,喷施 0.3%尿素＋0.2%～0.3%磷酸二氢钾＋0.1%～0.3%硼砂。幼果期树,喷施 0.3%尿素＋0.2%～0.3%磷酸二氢钾,间隔 7 d 喷 1 次,连续 2 次～3 次,以提高坐果率。5 月～6 月,及时控制和抹除过多过旺的夏梢,及时防治红蜘蛛、黄蜘蛛,土壤干旱及时补水。

不提倡使用植物生长调节剂进行保花保果。

#### 6.5.4 留树保鲜

根据各地栽培品种、立地环境条件、栽培技术水平、销售市场需求而确定是否采用留树保鲜技术措施。

留树保鲜果园在10月中下旬施入冬肥(基肥),并灌入充足的水分;10月中旬至11月中旬,防治红蜘蛛、黄蜘蛛和果实病害,并进行保果。冬季树冠覆膜,在日均温降到10℃左右时,用4 um～6 um流滴膜进行树冠覆膜。春季适时揭膜,分2次进行,当日均温稳定通过12℃时,可将覆膜部分敞开;当日均温稳定通过15℃时,可将覆膜全部揭开。揭膜后,根据土壤干旱程度适当补充灌水和防治病虫害。

### 6.6 病虫害防治

坚持"预防为主、综合防治"的方针,以农业防治措施为主,采用物理防治、生物防治措施,必要时辅以化学防治措施,将病虫害控制在经济允许水平范围以内。

甜橙类常见的病虫害包括害螨类(柑橘红蜘蛛、黄蜘蛛、锈壁虱)、蚜虫类、介壳虫类(矢尖蚧、吹绵蚧、红蜡蚧)、粉虱类(柑橘粉虱、黑刺粉虱)、花蕾蛆、潜叶蛾、蓟马类等,以及炭疽病、树脂病(黑点病、砂皮病、流胶病、褐色蒂腐病)、煤烟病、黑斑病、疮痂病、脚腐病等病害。

#### 6.6.1 农业防治

因地制宜,选择抗性品种和砧木;科学施肥,合理负载,增强树势;科学整形,合理修剪,保持树冠通风透光良好;冬季清园,剪除病虫枝、清除枯枝落叶、树干刷白;中耕树盘、地面覆盖等,提高树体抗病虫能力,抑制或减少病虫害的发生。

#### 6.6.2 物理防治

根据害虫生物学特性,采用糖醋液、黑光灯、频振式杀虫灯、树干缠草把、人工捕杀、黏着剂和防虫网等方法诱捕害虫。

#### 6.6.3 生物防治

改善果园生态环境,保护瓢虫、草蛉、捕食螨等天敌;人工引移、繁殖释放天敌;利用有益微生物或其代谢物(如性诱剂)诱杀害虫。

#### 6.6.4 化学防治

根据防治对象的生物学特性和为害特点,在病虫测报的基础上,使用环境友好、高效、低毒、低残的农药。提倡使用生物源农药、矿物源农药,并交替使用农药。禁止使用剧毒、高毒、高残留和致畸、致癌、致突变农药。

化学防治严格按照GB/T 8321、GB 12475、NY/T 393的规定使用农药,控制施药剂量(或浓度)、减少施药次数,达到安全间隔期。主要病虫害的化学防治方案参见附录A。

## 7 采收

鲜销果在果实正常成熟、具有本品种固有的品质特征(色泽、香味、风味和固酸比等)时采收。储藏果比鲜销果宜早7 d～10 d采收。避免在雨天采果,采取二剪法采果,减少果实伤口,降低果实腐烂率,提高采果质量。不使用有毒有害药品处理果实。果品质量应符合NY/T 426的要求。

## 8 生产废弃物处理

保证果园具有可持续生产能力,不对环境或周边其他生物产生污染。清理田间各类废弃的农用塑料膜、农药包装袋和包装瓶,集中回收处理;带病虫害的落叶、落果、枯枝等集中销毁或集中深埋。在田边地角建设废弃物收集处理池。用作绿肥或有机肥的秸秆覆盖果园或埋入施肥穴。

## 9 储藏

需要储藏的果实采后1 d～3 d用次氯酸钠液洗果和消毒处理,清水洗净后,再用抑霉唑或甲基硫菌灵浸果处理,预储 2 d～3 d,储藏于经过消毒的冷库或通风储藏库内。储藏温度 3℃～5℃,相对湿度 90％～95％。

## 10 生产档案建立

建立绿色食品甜橙生产档案。应详细记录产地环境条件、生产技术、肥水管理、病虫害的发生和防治、采收及采后处理等情况并保存记录 3 年以上。

附　录　A

（资料性附录）

长江上中游绿色食品甜橙生产主要病虫害化学防治方案

长江上中游绿色食品甜橙生产主要病虫害化学防治方案见表 A.1。

表 A.1　长江上中游绿色食品甜橙生产主要病虫害化学防治方案

| 防治对象 | 防治时期 | 农药名称 | 使用剂量 | 施药方法 | 安全间隔期,d |
|---|---|---|---|---|---|
| 柑橘全爪螨（红蜘蛛）、柑橘始叶螨（黄蜘蛛）、锈壁虱 | 冬季清园时 | 石硫合剂 | 0.8 波美度～1 波美度 | 喷雾 | 15 |
| | 柑橘全爪螨:花前 1 头/叶～2 头/叶,花后和秋季 5 头/叶～6 头/叶 | 5%噻螨酮(尼索朗)可湿性粉剂 | 1 500 倍～2 000 倍液 | 喷雾 | 30 |
| | 柑橘始叶螨:花前 1 头/叶,花后 3 头/叶 | 43%联苯肼酯悬浮剂 | 1 800 倍～2 500 倍液 | 喷雾 | 30 |
| | 锈壁虱:叶上或果上 2 头/视野～3 头/视野;当年春梢叶背出现被害状;果园中发现一个果出现被害状 | 24%螺螨酯悬浮剂 | 4 000 倍～5 000 倍液 | 喷雾 | 30 |
| | | 11%乙螨唑悬浮剂 | 5 000 倍～7 500 倍液 | 喷雾 | 21 |
| | | 5%唑螨酯悬浮剂 | 1 000 倍～2 000 倍液 | 喷雾 | 21 |
| 蚜虫 | 新梢有蚜率 25%左右 | 10%吡虫啉可湿性粉剂 | 2 500 倍～3 000 倍液 | 喷雾 | 21 |
| | | 0.2%苦参碱水剂 | 100 倍～300 倍液 | 喷雾 | 15 |
| 矢尖蚧、吹绵蚧、红蜡蚧 | 矢尖蚧:初花后 1 月左右,或有越冬雌成虫的秋梢叶达 10%以上 | 25%噻嗪酮可湿性粉剂 | 1 000 倍～2 000 倍液 | 喷雾 | 35 |
| | 吹绵蚧:春花幼果期及夏秋梢抽发期 | 25%噻虫嗪水分散粒剂 | 7 500 倍液 | 喷雾 | 14 |
| | 红蜡蚧:当年生春梢枝上幼蚧初见后 20 d～25 d | | | | |
| 粉虱类 | 春季在果园具有明显的中心聚集时和 20%叶片或果实有若虫危害时开始喷药 | 25%噻虫嗪水分散粒剂 | 7 500 倍液 | 喷雾 | 14 |
| | | 25%噻嗪酮可湿性粉剂 | 1 000 倍～2 000 倍液 | 喷雾 | 35 |
| 花蕾蛆 | 花蕾直径 2 mm～3 mm 时,雨后晴天及时喷药,严重的在谢花前幼虫入土时再次喷药 | 50%辛硫磷微囊悬浮剂 | 500 倍～800 倍液 | 喷雾 | 15 |
| | | 25%噻虫嗪水分散粒剂 | 7 500 倍液 | 喷雾 | 14 |
| 潜叶蛾 | 多数新梢嫩芽长0.5 cm～2 cm 时喷药 | 20%甲氰菊酯乳油 | 8 000 倍～10 000 倍液 | 喷雾 | 30 |
| | | 5%氯氟氰菊酯乳油 | 1 000 倍喷 | 喷雾 | 21 |
| | | 2%甲氨基阿维菌素苯甲酸盐微乳剂(甲维盐) | 1 500 倍液 | 喷雾 | 21 |
| 蓟马 | 谢花至幼果期 | 10%氯氰菊酯乳油 | 3 000 倍～4 000 倍液 | 喷雾 | 30 |
| | | 20%甲氰菊酯乳油 | 3 000 倍～4 000 倍液 | 喷雾 | 30 |
| 炭疽病、树脂病(黑点病、砂皮病、流胶病、褐色蒂腐病)、烟煤病、黑斑病、疮痂病 | 炭疽病:春、夏梢嫩梢期和果实接近成熟时 | 25%多菌灵可湿性粉剂 | 250 倍～300 倍液 | 喷雾 | 21 |
| | 树脂病:谢花至果实膨大期 | 80%代森锰锌可湿性粉剂 | 600 倍～800 倍液 | 喷雾 | 21 |
| | 烟煤病:全年均可发病,以 5 月～8 月发病最重,应重点防治 | 70%甲基硫菌灵可湿性粉剂 | 1 000 倍～1 500 倍液 | 喷雾 | 30 |
| | 黑斑病:花后 30 d～45 d | | | | |
| | 疮痂病:春梢新芽萌动至芽长 2 mm 前及谢花 2/3 时喷药,秋梢发病地区需喷药保护 | 40%腈菌唑水分散粒剂 | 4 000 倍～4 800 倍液 | 喷雾 | 20 |
| | | 25%嘧菌酯悬浮剂 | 800 倍～1 250 倍液 | 喷雾 | 14 |

表 A.1（续）

| 防治对象 | 防治时期 | 农药名称 | 使用剂量 | 施药方法 | 安全间隔期,d |
|---|---|---|---|---|---|
| 脚腐病 | 全年发生 | 石硫合剂 | 残渣 | 涂抹病斑 | 15 |
| | | 50%甲基硫菌灵可湿性粉剂 | 100 倍液 | | 30 |
| | | 50%多菌灵可湿性粉剂 | 100 倍液 | | 21 |
| | | 波尔多液（CuSO₄ ： 石灰：水） | 1：1：10 | | 15 |
| 青霉病、绿霉病 | 用于储藏的果实于采果后 1 d～3 d 浸果处理 | 22.2%抑霉唑乳油 | 500 倍～1 000 倍液 | 浸果 | 60 |
| | | 36%甲基硫菌灵悬浮剂 | 800 倍液 | 浸果 | 30 |
| **注:**农药使用以最新版本 NY/T 393 的规定为准。 | | | | | |

# 绿 色 食 品 生 产 操 作 规 程

LB/T 033—2018

# 西 南 地 区
# 绿色食品柠檬生产操作规程

2018-04-03 发布　　　　　　　　　　　　2018-04-03 实施

中国绿色食品发展中心 发布

# 前　言

　　本规程由中国绿色食品发展中心提出并归口。

　　本规程起草单位:四川省绿色食品发展中心、四川省农业科学院、安岳县柠檬产业局、中国绿色食品发展中心、云南省绿色食品发展中心。

　　本规程主要起草人:邓小松、刘建军、何绍国、张志华、康敏、何建。

# 西南地区绿色食品柠檬生产操作规程

## 1 范围

本规程规定了西南地区绿色食品柠檬生产的园地选择与规划、栽植、土肥水管理、整形修剪、花果管理、病虫害防治、采收与储存、生产废弃物处理及生产档案管理。

本规程适用于四川和云南的绿色食品柠檬生产。

## 2 规范性引用文件

下列文件对于本文件的应用是必不可少的。凡是注日期的引用文件,仅注日期的版本适用于本文件。凡是不注日期的引用文件,其最新版本(包括所有的修改单)适用于本文件。

GB/T 15772 水土保持综合治理规划通则

NY/T 391 绿色食品 产地环境质量

NY/T 393 绿色食品 农药使用准则

NY/T 394 绿色食品 肥料使用准则

NY/T 426 绿色食品 柑橘类水果

NY/T 1056 绿色食品 贮藏运输准则

## 3 园地选择与规划

### 3.1 园地选择

#### 3.1.1 气候条件

年平均气温17℃～21℃,绝对最低温≥-2℃,1月平均气温≥6℃,≥10℃积温5 300℃以上,年日照≥1 000 h,年降水量>700 mm。

#### 3.1.2 土壤条件

土壤微酸性或中性,沙壤土或壤土,土层深厚,疏松肥沃,质地良好,有机质含量≥1.0%,地下水位1.0 m以下。

#### 3.1.3 产地环境

产地环境符合NY/T 391的要求。

### 3.2 园地规划

划分小区,修筑必要的道路、排灌和蓄水、附属建筑等设施,建立水肥一体化管网设施。如需要建防护林,应选择速生树种,并与柠檬没有共生性病虫害。

平地及坡度在6°以下的缓坡地,栽植行为南北向。坡度在6°～25°的山地、丘陵地,建园时宜修筑水平梯地,栽植行的行向与梯地走向相同。

水土保持综合治理按照GB/T 15772的规定执行。

### 3.3 品种和砧木选择

#### 3.3.1 品种选择

选择适宜本地区、有较强抗病虫性和抗逆性的优良品种。

#### 3.3.2 砧木选择

适于柠檬的砧木有:香橙、酸柚、红橘、枳等。碱性土不宜用枳作砧木。

## 4 栽植

### 4.1 苗木质量

检疫合格且无病的嫁接苗。嫁接口距地面高度15 cm以上。1年生苗高60 cm以上,嫁接口以上2 cm处干粗度>0.8 cm,根系完整,主干直立(倾斜度≤15°)。提倡栽植容器苗、脱毒苗。

### 4.2 栽植时间

一般在9月~10月秋梢老熟后或2月~3月春梢萌芽前栽植。干热河谷区宜在5月~6月雨季来临前栽植。容器苗或带土移栽不受季节限制。

### 4.3 栽植密度

一般每亩栽植33株~55株为宜,株行距(3 m~4 m)×(4 m~5 m)。

### 4.4 栽植技术

栽植穴长宽深均为60 cm~100 cm,在沙土或紫色土瘠薄地可适当加大、加深。每穴施足有机肥,以腐熟的农家肥为主,辅以柠檬专用配方肥。将肥料与土混匀填入地平面30 cm以下,回填后定植墩高于地平面30 cm以上。清除苗木嫁接膜、适度修剪苗木的根系和枝叶,剪去过长主根、伤根和幼嫩的晚秋梢。将苗木根部放入穴中央,舒展根系,扶正,边填细土边轻轻向上提苗、踏实,使根系与土壤密接。填土后在树苗周围做直径1 m的树盘,浇透定根水,覆细土。栽植深度以土壤下沉后苗木根颈露出地面为宜。定植后一个月内不施肥,需勤浇水,干旱季节或干旱地区灌水后树盘可覆盖薄膜、稻草、杂草或秕壳以保墒。

## 5 土肥水管理

### 5.1 土壤管理

#### 5.1.1 深翻扩穴,熟化土壤

深翻扩穴在秋梢停长后至春季发芽前进行为宜,冬季低温期不宜进行深翻。从树冠外围滴水线处开始,逐年向外扩展0.4 m~0.5 m,深0.5 m~0.8 m。回填时混以符合NY/T 394要求的肥料,表土放在底层,心土放在表层,然后对穴内灌足水分。

#### 5.1.2 间作或生草

柠檬园宜实行生草制,行间间作浅根、矮秆的豆科植物和禾本科牧草或绿肥。间作植物应与柠檬无共生性病虫,忌藤蔓、高秆作物。

#### 5.1.3 除草

不实行生草栽培的果园每年除草2次~3次,在春、夏、秋季和采果后进行。

#### 5.1.4 覆盖与培土

在冬、夏两季,用麦秸、麦糠、稻草、杂草、树叶、油菜壳等覆盖树盘,覆盖厚度20 cm~25 cm,覆盖物应与根颈保持30 cm左右的距离。培土在秋、冬季进行。可培入符合NY/T 394规定的塘泥、河泥、沙土或园地附近的肥沃土壤,厚度8 cm~10 cm,根颈露出地面。

### 5.2 施肥

#### 5.2.1 施肥原则

肥料的种类、质量和使用方法必须符合NY/T 394规定。以有机肥施用为主,合理施用化肥,有针对性补充中、微量元素肥料,充分满足柠檬对各种营养元素的需求。

#### 5.2.2 施肥方法

#### 5.2.1.1 土壤施肥

采用环状沟施、条沟施、放射状沟施、穴施和土面撒施等方法。在树冠滴水线外侧挖沟(穴),深度20 cm~40 cm。东西、南北对称轮换位置施肥。土面撒施的肥料应选用造粒复混肥或缓释肥为主。速

溶化肥应浅沟(穴)施,有微喷和滴灌设施的柠檬园,可进行液体施肥。

#### 5.2.1.2 叶面追肥

选用适宜的大量元素肥料或微量元素进行叶面喷施,在新梢老熟前各喷2次~3次,以补充树体对营养的需求。成年结果树主要在春、秋梢生长期酌情进行叶面追肥。叶面追肥可结合病虫害防治进行。叶面追肥在高温干旱期应按使用范围的下限施用,距果实采收期30 d内停止叶面追肥。

#### 5.2.3 幼树施肥

坚持勤施、薄施,以氮肥为主,配合施用磷、钾肥。1年~2年生幼树单株年施尿素0.4 kg、磷酸一铵0.2 kg、硫酸钾0.3 kg,2月~10月每月施肥1次~2次;3年生树年施肥4次~5次,单株年施尿素0.5 kg、磷酸一铵0.25 kg、硫酸钾0.35 kg,在2月、5月、7月、9月或10月施用。随树龄增大,施肥量逐渐增加。投产前1年,控施氮肥,增施磷钾肥。

#### 5.2.4 成年树施肥

一般亩产2 500 kg以上的果园,每年每亩施腐熟有机肥2 000 kg~4 000 kg、尿素45 kg~57 kg、磷酸一铵15 kg~20 kg、硫酸钾30 kg~36 kg,全年分3次施入。其中,2月下旬至3月上旬为萌芽(花前)肥,每亩施尿素15 kg~18 kg、磷酸一铵4 kg~5 kg、硫酸钾8 kg~10 kg;6月至7月中下旬为稳(壮)果肥,每亩施尿素16 kg~23 kg、磷酸一铵8 kg~10 kg、硫酸钾14 kg~16 kg;10月至11月上旬为采果肥(基肥),每亩施尿素14 kg~16 kg、磷酸一铵3 kg~5 kg、硫酸钾8 kg~10 kg。

亩产1 500 kg~2 500 kg的果园,每年每亩施腐熟有机肥2 000 kg~4 000 kg、尿素40 kg~48 kg、磷酸一铵14 kg~18 kg、硫酸钾30 kg~36 kg,全年分3次施入。其中,2月下旬至3月上旬为萌芽(花前)肥,每亩施尿素12 kg~15 kg、磷酸一铵4 kg~5 kg、硫酸钾8 kg~10 kg;6月至7月中下旬为稳(壮)果肥,每亩施尿素15 kg~18 kg、磷酸一铵6 kg~8 kg、硫酸钾14 kg~16 kg;10月至11月上旬为采果肥(基肥),每亩施尿素13 kg~15 kg、磷酸一铵4 kg~5 kg、硫酸钾8 kg~10 kg。

亩产1 500 kg以下的果园,每年每亩施腐熟有机肥3 000 kg~4 000 kg,尿素35 kg~46 kg,磷酸一铵14 kg~18 kg,硫酸钾25 kg~33 kg,全年分3次施入。其中,2月下旬至3月上旬为萌芽(花前)肥,每亩施尿素11 kg~13 kg、磷酸一铵3 kg~4 kg、硫酸钾6 kg~8 kg;6月至7月中下旬为稳(壮)果肥,每亩施尿素14 kg~17 kg、磷酸一铵6 kg~8 kg、硫酸钾11 kg~15 kg;10月至11月上旬为采果肥(基肥),每亩施尿素10 kg~16 kg、磷酸一铵5 kg~6 kg、硫酸钾8 kg~10 kg。

### 5.3 水分管理

#### 5.3.1 灌溉

在春梢萌动及开花期和果实膨大期,根据柠檬植株对水分的需求和土壤水分状况适时适量灌溉,保持土壤湿度为田间最大持水量的60%~80%。灌溉方式可采取滴灌、树盘灌溉、沟灌、喷灌等。干旱地区及丘陵区可采用穴储肥水灌溉。水质应符合NY/T 391的规定。

#### 5.3.2 排水

设置排水系统并及时清淤,多雨季节或果园积水时通过沟渠及时排水。

## 6 整形修剪

### 6.1 整形

主要树形为自然圆头形和自然开心形,通过整形培养树体的主干和骨架主枝,选配3个~4个主枝,每个主枝配备2个~3个副主枝,主枝、副主枝均匀分布。选留主枝、副主枝的先端健壮枝为延长枝。

### 6.2 修剪

#### 6.2.1 幼树期

以轻剪为主。在中央干延长枝和各主枝、副主枝延长枝老熟饱满芽处进行中度至重度短截(短截1/3~1/2),并以短截程度和剪口芽方向调节各主枝之间生长势的平衡。轻剪其余枝梢,避免过多的疏剪和重短截。除对过密枝群作适当疏删外,内膛枝和树冠中下部较弱的枝梢一般均应保留。徒长枝除用于填空补缺、采取摘心或短截外,其余的删除。2 年～3 年生壮树在 7 月～9 月进行撑、拉、吊枝,扩大枝条角度,促进早结果。

#### 6.2.2 初结果期

以冬季轻剪为主,辅以摘心和短剪。对过长的营养枝留 8 片～10 片叶(20 cm～25 cm)摘心或短截,促发分枝。继续选择和短截处理各级骨干枝延长枝,抹除夏梢和徒长枝,促发健壮春梢和秋梢。7 月～9 月进行撑、拉、吊枝和扭枝,促进开花结果。

#### 6.2.3 盛果期

以夏季修剪为主,辅以春季抹芽摘心和冬季回缩修剪与大枝处理,减少修剪量,增强树势和调节生长与结果平衡。春季通过适当抹芽或摘心调节春梢或新叶与花蕾、幼果的比例,提高坐果率。夏季通过修剪促进夏花果实生长发育和秋梢生长。抹除夏梢。疏除交叉重叠枝、密弱枝、病虫枝、枯枝、徒长枝。回缩结果枝组,短剪强枝和结果后下垂衰弱枝。对抽生较长的春、秋梢营养枝,保留 8 片～10 片叶摘心。对顶部过多直立大枝,按强树疏强枝、中庸树疏直立枝的原则处理。对较拥挤的骨干枝适当疏剪、开出"天窗",改善树冠内膛光照条件。

#### 6.2.4 衰老更新期

应减少花量,回缩衰弱枝组,疏删密弱枝群,短截夏、秋梢营养枝,促发春、夏、秋梢,并实施短截强枝、保留中庸枝和疏去弱枝,以恢复树势。

### 7 花果管理

#### 7.1 控花疏果

##### 7.1.1 控花

冬季短截、回缩修剪疏除部分结果母枝;春季花前复剪,强枝适当多留花,弱枝少留或不留,减少无效花量;疏除畸形花、病虫花等。

##### 7.1.2 人工疏果

分 2 次进行。第一次在生理落果后,只疏除病虫果、畸形果、密弱果;第二次在生理落果结束后,根据树势进行疏果,确定适宜的留果量。

#### 7.2 保花保果

初花期喷施 0.3％的尿素＋0.2％～0.3％的磷酸二氢钾＋0.1％～0.3％的硼砂,或幼果期喷施 0.3％尿素＋0.2％～0.3％磷酸二氢钾,间隔 7 d 喷 1 次,连续 2 次～3 次,以提高坐果率。提倡果园养蜂。及时控制或抹除过多过旺夏梢。

#### 7.3 促进和利用夏花结果

当春花果不足时,需要促进和利用夏花结果。

#### 7.4 果实套袋

春花果套袋在第二次生理落果结束后的 6 月下旬至 7 月上旬进行。套袋前根据当地主要病虫害防治需要,选用啶虫脒或螺虫乙酯等杀虫剂、代森锰锌等杀菌剂、唑螨酯等杀螨剂混合后仔细喷雾一次,待药水干后,用专用果袋及时套袋。

### 8 病虫害防治

按照"预防为主、综合防治"的植保方针,坚持"农业防治、物理防治、生物防治为主,化学防治为辅"的原则。

常见的病虫害包括害螨类(柑橘红蜘蛛、黄蜘蛛、锈壁虱)、蚜虫类、介壳虫类(矢尖蚧、吹绵蚧、红蜡蚧)、花蕾蛆、潜叶蛾等,以及炭疽病、树脂病(黑点病、砂皮病、流胶病、褐色蒂腐病)、疮痂病、黑斑病、脚腐病等病害。

## 8.1 农业防治

因地制宜,选择抗性品种和砧木;科学施肥,合理负载,增强树势;科学整形,合理修剪,保持树冠通风透光良好;冬季清园,剪除病虫枝、清除枯枝落叶、树干刷白,减少病虫源;土壤改良,地面覆盖,促进树体健壮生长,增强树体抗性。

## 8.2 物理防治

根据害虫生物学特性,采用糖醋液、黑光灯、频振式杀虫灯、树干缠草把、黏着剂、性诱剂或防虫网等方法诱杀害虫。

## 8.3 生物防治

改善果园生态环境,保护瓢虫、草蛉、捕食螨等天敌;人工引移、繁殖释放天敌,花前引移、释放捕食螨防治害螨;人工捕杀天牛、吉丁虫等害虫;利用有益微生物或其代谢物控制害虫。

## 8.4 化学防治

根据病虫监测,掌握病虫害发生动态,达到防治指标时根据环境和物候期适时对症用药。使用与环境相容性好、高效、低毒、低残留的农药。提倡使用生物源农药,轮换使用不同作用机理的农药。严格执行农药安全间隔期。农药品种的选择和使用应符合 NY/T 393 的要求。主要病虫害的化学防治方案参见附录 A。

## 9 采收与储存

### 9.1 采收

鲜销果在果实正常成熟、具有本品种固有的品质特征(色泽、香味、风味和固酸比等)时采收。避免在雨天采果,采取二剪法采果,减少果实伤口,降低果实腐烂率,提高采果质量。禁止使用有毒、有害药品处理果实。果品质量应符合 NY/T 426 的要求。

### 9.2 储存

储存应符合 NY/T 1056 的规定。储存场地应干净、卫生,应分等级、包装规格堆放,批次分明、堆码整齐,不得与有毒、有害、有异味物品混放。冷库储存时,应经 2 d～3 d 预冷后达到最终冷藏温度,方可入库冷藏,冷藏库内温度为 10℃～12℃,相对湿度为 80%～85%。

## 10 生产废弃物的处理

用作绿肥或有机肥的秸秆覆盖果园或埋入施肥穴。在田边地角建设废弃物收集处理池,落叶、落果、枯枝等集中深埋。集中清理处理废弃的农用塑料膜、农药包装袋和包装瓶。

## 11 生产档案管理

应详细记录产地环境条件、生产技术、病虫草害的发生和防治、采收及采后处理等情况并保存记录。生产档案应有专人专柜保管,至少保存 3 年。

附　录　A

（资料性附录）

西南地区绿色食品柠檬生产主要病虫害化学防治方案

西南地区绿色食品柠檬生产主要病虫害化学防治方案见表 A.1。

表 A.1　西南地区绿色食品柠檬生产主要病虫害化学防治方案

| 防治对象 | 防治时期 | 农药名称 | 使用剂量 | 施药方法 | 安全间隔期,d |
|---|---|---|---|---|---|
| 橘全爪螨（柑橘红蜘蛛） | 花前 1 头/叶～2 头/叶,花后和秋季 5 头/叶～6 头/叶 | 石硫合剂 | 0.5 波美度～0.8 波美度 | 喷雾 | 7 |
| 橘始叶螨（柑橘黄蜘蛛） | 花前 1 头/叶,花后 3 头/叶 | 24%联肼螺螨酯 | 2 000 倍液 | 喷雾 | 30 |
| 锈壁虱 | 叶上或果上 2 头/视野～3 头/视野;当年春梢叶背出现被害状;果园中发现 1 个果出现被害状 | 5%噻螨酮(尼索朗) | 1 000 倍～1 500 倍液 | 喷雾 | 30 |
| 蚜虫 | 新梢有蚜率 25%左右喷药 | 10%吡虫啉 | 2 000 倍～3 000 倍液 | 喷雾 | 21 |
| | | 3%啶虫脒 | 2 000 倍～3 000 倍液 | | 21 |
| | | 0.2%苦参碱水剂 | 100 倍～300 倍液 | | 15 |
| 矢尖蚧 | 初花后 1 月左右,或有越冬雌成虫的秋梢叶达 10%以上 | 25%噻虫嗪 | 7 500 倍液 | 喷雾 | 14 |
| 吹绵蚧 | 春花幼果期及夏秋梢抽发期(5 月～9 月) | 25%噻嗪酮 | 1 000 倍～1 500 倍液 | | 35 |
| 红蜡蚧 | 当年生春梢枝上幼蚧初见后 20 d～25 d 施药 | 240 克/升螺虫乙酯 | 4 00 倍 0～5 000 倍液 | | 40 |
| 花蕾蛆 | 对有花蕾蛆的果园,花蕾直径 2 mm～3 mm 时,雨后晴天及时喷药,严重的在谢花前幼虫入土时再次喷药 | 50%辛硫磷 | 500 倍～800 倍液 | 喷雾 | 15 |
| 潜叶蛾 | 多数新梢嫩芽长 0.5 cm～2 cm时 | 3%啶虫脒 | 1 500 倍～3 000 倍液 | 喷雾 | 21 |
| | | 20%甲氰菊酯 | 2 500 倍～3 000 倍液 | | 30 |
| | | 20%除虫脲 | 1 500 倍～3 000 倍液 | | 35 |
| 疮痂病 | 春梢新芽萌动至芽长 2 mm 前及谢花 2/3 时。秋梢发病地区需喷药保护 | 80%代森锰锌 | 600 倍～800 倍液 | 喷雾 | 21 |
| 炭疽病 | 春、夏梢嫩梢期和果实接近成熟时均需喷药 | 70%甲基硫菌灵 | 1 000 倍～1 500 倍液 | 喷雾 | 30 |
| 黑斑病 | 花后 30 d～45 d 施药 | 14%络氨铜 | 300 倍～500 倍液 | 喷雾 | 15 |
| | | 30%醚菌酯 | 1 000 倍～2 000 倍液 | 喷雾 | 4 |
| 脚腐病 | 4 月～9 月发病初期 | 10%等量式波尔多液 | 3 倍～5 倍液 | 涂树干 | — |
| | | 70%甲基硫菌灵或 50%多菌灵 | 调成糊状 | 涂树干 | |
| 树脂病(黑点病、砂皮病、流胶病、褐色蒂腐病) | 谢花至果实膨大期,谢花 2/3 时第一次喷药,14 d～20 d 1 次,连续 4～5 次 | 80%代森锰锌 | 600 倍～800 倍液 | 喷雾 | 21 |
| | | 12%腈菌唑 | 2 000 倍～2 500 倍液 | | 30 |
| | | 50%多菌灵 | 500 倍～1 000 倍液 | | 21 |
| 注:农药使用以最新版本 NY/T 393 的规定为准。 | | | | | |

# 绿 色 食 品 生 产 操 作 规 程

LB/T 034—2018

# 北 方 地 区
# 绿色食品露地大白菜生产操作规程

2018-04-03发布

2018-04-03实施

中国绿色食品发展中心 发布

# 前　言

本规程由中国绿色食品发展中心提出并归口。

本规程起草单位：天津市绿色食品办公室、中国绿色食品发展中心、河南省绿色食品发展中心、天津市设施农业研究所、北京市农业绿色食品办公室。

本规程主要起草人：张凤娇、唐伟、马洪英、张玮、王莹、任伶、马文宏、樊恒明、刘远航、刘烨潼、周绪宝、张金环、王檬、朱青、仝雅娜、尹欣璇、靳力争、杨小玲。

# 北方地区绿色食品露地大白菜生产操作规程

## 1 范围

本规程规定了北方地区绿色食品露地大白菜的产地环境、栽培季节、品种选择、种子处理、定植、田间管理、采收、生产废弃物处理、贮藏和生产档案管理。

本规程适用于北京、天津、河北、山西、内蒙古、辽宁、吉林、黑龙江、山东、河南、陕西、甘肃和宁夏的绿色食品露地大白菜生产。

## 2 规范性引用文件

下列文件对于本文件的应用是必不可少的。凡是注日期的引用文件,仅注日期的版本适用于本文件。凡是不注日期的引用文件,其最新版本(包括所有的修改单)适用于本文件。

GB 2762 食品安全国家标准食品中污染物限量

GB 2763 食品安全国家标准食品中农药最大残留限量

GB 16715.2 瓜菜作物种子 第2部分:白菜类

NY/T 391 绿色食品产地环境质量

NY/T 393 绿色食品农药使用准则

NY/T 394 绿色食品肥料使用准则

NY/T 654 绿色食品白菜类蔬菜

NY/T 658 绿色食品包装通用准则

NY/T 943 大白菜等级规格

NY/T 1056 绿色食品贮藏运输准则

NY/T 2868 大白菜贮运技术规范

SB/T 10158 新鲜蔬菜包装与标识

SB/T 10332 大白菜

SB/T 10879 大白菜流通规范

## 3 产地环境

生产基地环境应符合 NY/T 391 的规定,生产区域地势平坦,土壤为耕层深厚、土质疏松肥沃的沙壤土、壤土或轻黏壤土,排灌方便、通风良好,pH 6.5～7.5,前两茬未种植十字花科植物的地块。

## 4 栽培季节

### 4.1 春播大白菜

3月播种,5月中下旬采收。

### 4.2 夏播大白菜

6月下旬播种,8月中下旬采收。

### 4.3 秋播早熟大白菜

7月下旬播种,10月上旬采收。

### 4.4 秋播晚熟大白菜

8月上旬播种,立冬前采收。

## 5 品种选择

### 5.1 选择原则

严禁使用转基因白菜种子。选用抗病、优质丰产、抗逆性好、适应性强、商品性好的中、早、晚熟配套品种。要根据种植季节不同,选择适宜种植的品种。

### 5.2 品种选用

春播选择晚抽薹的一代杂种,如春抗 50、京春王、包尖白菜等;夏播选择耐热的一代杂种,如夏凯 50、中白 60、津夏 2 号等;秋季早熟栽培选择中白 65、京翠 55 号、津绿 55 等;秋季晚熟栽培选择耐储的一代杂种,如北京新 4 号、中白 4 号、津青 9 号、孙家弯新 5 号、海城新 5 号等。

## 6 直播与育苗

### 6.1 播种时间

不同区域应根据当地气候特点及栽培季节,确定适宜播种期。

### 6.2 种子处理

#### 6.2.1 种子质量

种子质量应符合 GB 16715.2 的要求。

#### 6.2.2 种子处理

先将种子晾晒 2 h~3 h,然后用 50℃~55℃温水浸种 20 min,不停搅拌至水温 30℃后,再用清水浸种 2 h~3 h,略加搓洗后捞出待播。

### 6.3 播种量

直播用种量 200 g/亩~250 g/亩,育苗苗床用种量 300 g/亩~400 g/亩,精量穴播用种量 30 g/亩~40 g/亩。

### 6.4 直播

#### 6.4.1 整地

早耕多翻,打碎耙平,施足基肥。耕层的深度在 15 cm~20 cm。北方地区多采用平畦栽培,亦有些地区采用高畦、垄栽,多雨地区注意深沟排水。土壤盐碱严重或沙性土地区采用平畦,凡土壤条件较好地区采用高垄,高垄的垄距 56 cm~60 cm,垄高 13 cm~19 cm。

#### 6.4.2 夏、秋播可直播(点播、条播或断条播)

点播:按一定的行株距开穴点籽,穴深 0.5 cm 左右,播入种子 3 粒~5 粒,播后覆土 1 cm 左右并镇压,用种量 80 g/亩。

条播:顺垄或顺畦划浅沟,沟深 0.6 cm~1.0 cm,沟内撒籽,播后盖细潮土并镇压,用种量 200 g/亩~250 g/亩。

断条播:按确定的株距顺行划 5 cm~10 cm 短沟,沟深 0.5 cm 左右,沟内撒籽,播后覆土并镇压,用种量 100 g/亩~150 g/亩。

### 6.5 育苗

#### 6.5.1 育苗地的选择

要选择地势较高、排灌良好、肥沃,而且没种过十字花科蔬菜的地块。耕翻后做成平畦,畦宽 1 m~1.5 m,长 7 m~8 m,畦内撒入腐熟的优质圈粪或混合粪 150 kg,掺入硫酸钾及过磷酸钙各 0.5 kg,将畦土翻刨 2 遍,土肥混匀,然后用平耙搂成漫跑水畦。为了降温防雨,畦面最好搭荫棚。

#### 6.5.2 育苗

春播可利用营养钵、营养土方育苗或穴盘育苗,营养土可采用草炭和田间土等量混合,或由腐熟粪和田间土按 3:7 比例混合而成。先浇透水,待水完全下渗后播种,每钵播种 3 粒~5 粒,播后盖细潮土,盖土厚度 0.5 cm。

育苗畦采用撒播方式,将种子均匀撒在畦面上,然后覆土镇压,出苗后立即间苗,以防止拥挤徒长。第一次间苗在子叶长足时,第二次间苗在具 2 片～3 片真叶时,按每 6 cm～7 cm 见方留苗 1 株,以便移栽时切坨。育苗播种时间,应比直播早 3 d～4 d。

## 7 定植

### 7.1 移栽定植

移栽苗,刨坑略大于钵体。移栽幼苗不宜过大,最大不应超过 8 片叶。根据移栽的早晚,分为小苗移栽和大苗移栽两种方式。

小苗移栽即在幼苗出土后不进行间苗,当具 2 片～3 片真叶时,3 株～4 株为一丛进行移栽。移栽起苗时挖小土坨,按预定的株距移栽到生产田里,移栽深度应与原来的土坨相平,边移栽边点水,栽完一块地后立即浇水,以保证成活。成活后间去多余的苗,以后管理方法和直播大白菜相同。

大苗移栽是在大白菜 5 片～6 片叶时进行单株移栽,移栽前 1 d 应先在育苗畦内浇水,第 2 d 起苗,挖苗时要带 6 cm～7 cm 见方的土坨,以减少根部损伤。定植时先用花铲在定植畦内按规定株距挖穴,把幼苗栽在穴内,随即覆土封穴,栽后立即浇水,隔天再浇 1 次水,以利缓苗,待土壤适耕时及时中耕松土,缓苗后的管理方法同直播大白菜。

### 7.2 种植密度

春播行株距 50 cm×35 cm 左右;夏播行株距 50 cm×40 cm 左右;早熟品种行株距 50 cm×40 cm 左右,中熟品种行株距 55 cm×40 cm 左右,晚熟品种行株距 60 cm×50 cm 左右。生产上亦可根据品种特性确定栽培方式和密度。

定植时运苗、栽苗、浇水、覆土要细致,栽苗后灌 1 次透水,以不淹苗为宜。直播要早间苗、多次间苗、适当晚定苗。一般在幼苗 2 片真叶时进行间苗,当幼苗长到 4 片～6 片真叶时进行定苗。淘汰劣苗,缺苗应及时补栽。

## 8 田间管理

### 8.1 灌溉

灌溉水应符合 NY/T 391 的要求。播种或定植后应及时灌水,保证苗齐苗壮。定苗、定植或补栽后灌水,促进缓苗。莲座初期灌水促进发棵;包心初期结合追肥灌水,后期应适当控水促进包心,收获前 10 d 停止灌水。

#### 8.1.1 秋冬季种植

定植后及时浇水,保持土壤湿度 70%～80% 为宜。要及时中耕。结合浇水追施尿素 15 kg/亩～20 kg/亩2 次。

#### 8.1.2 早春种植

定植后浇定根水,及时中耕。10 d 和 15 d 后结合 2 次浇水追施尿素 15 kg/亩～20 kg/亩。生长期 3 d～5 d 浇水 1 次。生长期温度要保持在 10℃～20℃。

#### 8.1.3 夏季定植

夏季定植一般是大田直播,水肥管理同上。播后 25 d～50 d 内拔大株、留小株,陆续收货。最终按 20 cm 的株距留苗。

### 8.2 施肥

肥料的选择应符合 NY/T 394 的要求。

基肥选用腐熟的有机肥和复合肥,根据地力情况施足基肥。建议中等肥力地块每亩施充分腐熟有机农肥 5 000 kg 左右、尿素 8.7 kg、过磷酸钙 50 kg、硫酸钾 12 kg。翻耕细耙、肥土混匀,并开沟作畦。

追肥以速效肥为主。早熟品种(包括春、夏播品种)一般追肥 2 次,分别在莲座期和结球始期,每次随水追施尿素 10 kg/亩~15 kg/亩。中、晚熟品种一般追肥 3 次,分别在定苗后、莲座期、结球前期,根据需肥规律,每次追施尿素 15 kg/亩~30 kg/亩。收获前 20 d 内不应使用速效氮肥。

### 8.3 病虫害防治

#### 8.3.1 防治原则

应坚持"预防为主,综合防治"的原则,推广绿色防控技术,优先采用农业防治、物理防治和生物防治措施,配合使用化学防治措施。

#### 8.3.2 常见病虫害

苗期主要病虫害:根肿病、黑腐病、蜗牛、蚜虫等。

生长期主要病虫害:霜霉病、软腐病、白斑病、黑斑病、菜青虫、蚜虫等。

#### 8.3.3 防治措施

##### 8.3.3.1 农业防治

选用无病种子及抗病优良品种;培育无病虫害壮苗;合理布局,实行轮作倒茬;注意灌水、排水,防止土壤干旱和积水;清洁田园、加强除草降低病虫源数量。

##### 8.3.3.2 物理防治

采用黄板诱杀蚜虫、粉虱等;覆盖银灰色地膜驱避蚜虫;防虫网阻断害虫;频振式诱虫灯诱杀成虫。每亩宜悬挂黏虫板 50 个(黄板 30 个、蓝板 20 个),黏虫板应高出植株 10 cm;频振式诱虫灯每 15 亩悬挂 1 个为宜。

##### 8.3.3.3 生物防治

保护天敌,创造有利于天敌生存的环境条件,选择对天敌杀伤力低的农药;释放天敌,如扑食螨、寄生蜂等。保护与利用瓢虫、草蛉、食蚜蝇等防治蚜虫,菜青虫等可用赤眼蜂等天敌防治,用食螨小黑瓢虫防治叶螨。选用植物源农药等生物农药防治,如利用昆虫性信息素诱杀害虫等,防治方法参见附录 A。

##### 8.3.3.4 化学防治

农药的使用应符合 NY/T 393 的规定。常见病虫害化学防治方法参见附录 A。

### 8.4 中耕除草

一般进行 3 次中耕,趟垄 3 次~4 次。第 1 次中耕主要是除草,只用锄头在幼苗周围轻轻刮破土皮即可,不必用力深锄;第 2 次中耕在距幼苗 10 cm 范围内仍然轻刮地面,远处可以略深,其深度以 3 cm 左右为宜;第 3 次中耕是在追一次肥和浇一次定苗水后,这次中耕要深浅结合,将有苗垄背进行浅锄,将行间的垄沟部分深锄 10 cm 左右,中耕后要结合培垄。

## 9 采收

采收应选择晴天进行。秋大白菜,早熟品种在国庆节前后收获完毕。中晚熟品种尽量延长生长期促进高产,但必须在第 1 次霜冻前抢收完毕。

### 9.1 采收适期及方法

9.1.1 大白菜成熟度达到 SB/T 10879 的要求,宜采收。

9.1.2 采收前 10 d,菜园停止灌水。气温低于−1℃时,可延迟 5 d~10 d 采收。

9.1.3 冷藏库储藏的大白菜,采收宜用刀砍除菜根,削平茎基部。通风窖储藏的大白菜,采收宜整株拔起,保留主根。

9.1.4 大白菜采收、运输和入储过程,应轻拿轻放,减少机械伤。

9.1.5 污染物限量应符合 GB 2762 的要求,农业最大残留限量应符合 GB 2763 的要求。

### 9.2 采后处理

大白菜采收后要求清洁、无杂物，外观新鲜，色泽正常，不抽薹，无黄叶、烧心、破叶、冻害和腐烂，茎基部削平，叶片附着牢固，无异味，无虫及病虫害造成的损伤。

在符合以上基本的前提下，大白菜按外观分为特级、一级和二级。按其单株质量分为大（L）、中（M）、小（S）3个规格。各等级、规格划分应符合 NY/T 943 的要求。

## 10　生产废弃物处理

采收后应及时清洁田园，将切除的根部、老叶、黄叶、感病植株等残枝败叶清理干净，全部拉到指定的地点处理。采收后清理的地膜、杂草、农药包装盒等杂物也要拉到指定地点处理。

## 11　储藏

采收后，分品种拉运入库存放，按照 NY/T 658、NY/T 1056 和 SB/T 10158 的规定进行包装、储存与运输。

### 11.1　质量

用于储藏的大白菜，质量应达到 SB/T 10332 的要求。储藏时应按品种、规格分别储存。运输应符合 NY/T 1056、NY/T 2868 的规定。

### 11.2　储藏温度及湿度

冷藏库储藏时，适宜温度为0℃～1℃，湿度为85%～90%，库内堆码应保证气流均匀流通；窖藏时，注意窖内换气，根据气温变化，入储初期，注意通风散热，勤倒菜垛，防止脱帮，中期须保温防冻，减少倒垛次数，末期夜间通风降温，防止腐烂。另外，白菜储存不应与易产生乙烯的果实（如苹果、梨、桃、番茄等）混存。

### 11.3　储藏期限

冷藏库储藏期限一般为5个～6个月，通风窖储藏期限一般为3个～4个月。

## 12　生产档案管理

生产者需建立生产档案，记录品种、施肥、病虫草害防治、采收以及田间操作管理措施；所有记录应真实、准确、规范，并具有可追溯性；生产档案应有专人专柜保管，至少保存3年。

附　录　A

（资料性附录）

北方地区绿色食品大白菜主要病虫害化学防治方案

北方地区绿色食品大白菜主要病虫害化学防治方案见表 A.1。

表 A.1　北方地区绿色食品大白菜主要病虫害化学防治方案

| 防治对象 | 防治时期 | 农药名称 | 使用剂量 | 施药方法 | 安全间隔期,d |
|---|---|---|---|---|---|
| 根肿病 | 移栽前 | 50％氟啶胺悬浮剂 | 267 g/亩～333 g/亩 | 喷雾 | 收获期 |
| 软腐病 | 发病初期 | 2％氨基寡糖素水剂 | 187.5 mL/亩～250 mL/亩 | 喷雾 | — |
| 白斑病霜霉病 | 发病初期 | 70％乙铝·锰锌可湿性粉剂 | 130 g/亩～400 g/亩 | 喷雾 | 30 |
| 黑斑病 | 病斑初见期 | 4％嘧啶核苷类抗菌素 | 400 倍液 | 喷雾 | — |
| | 发病初期 | 430 g/L 戊唑醇悬浮剂 | 19 mL/亩～23 mL/亩 | 喷雾 | 14 |
| 黑腐病 | 发病初期 | 6％春雷霉素可湿性粉剂 | 75 g/亩～120 g/亩 | 喷雾 | 21 |
| 蚜虫 | 蚜虫始发期 | 1％苦参碱可溶液剂 | 50 mL/亩～120 mL/亩 | 喷雾 | — |
| | 蚜虫始发期 | 15％啶虫脒乳油 | 6.7 mL/亩～13.3 mL/亩 | 喷雾 | 14 |
| | 蚜虫盛期 | 2.5％高效氯氰菊酯可湿性粉剂 | 20 g/亩～30 g/亩 | 喷雾 | 7 |
| 菜青虫 | 菜青虫 3 龄前 | 苏云金杆菌 8 000 IU/mg | 100 mL/亩～150 mL/亩 | 喷雾 | — |
| | 菜青虫 2 龄～3 龄 | 4.5％高效氯氰菊酯水乳剂 | 45 mL/亩～56 mL/亩 | 喷雾 | 21 |
| 蜗牛 | 种子发芽时 | 6％四聚乙醛颗粒剂 | 500 g/亩～600 g/亩 | 拌土撒施 | 7 |
| 注:农药使用以最新版本 NY/393 的规定为准。 | | | | | |

# 绿 色 食 品 生 产 操 作 规 程

LB/T 035—2018

# 南 方 地 区
# 绿色食品露地大白菜生产操作规程

2018-04-03 发布

2018-04-03 实施

中国绿色食品发展中心 发布

# 前　言

本规程由中国绿色食品发展中心提出并归口。

本规程起草单位：江西省绿色食品发展中心、江西省农业科学院蔬菜花卉研究所、中国绿色食品发展中心、广西壮族自治区绿色食品办公室、广东省绿色食品发展中心、湖北省绿色食品管理办公室、四川省绿色食品发展中心、安徽省绿色食品管理办公室、贵州省绿色食品发展中心。

本规程主要起草人：熊晨、陈学军、肖秀兰、方荣、王思翌、周坤华、张振华、袁欣捷、张昊、万其其、吴志勇、唐伟、韦岚岚、王陟、胡军安、周白娟、任旭东、代振江。

# 南方地区绿色食品露地大白菜生产操作规程

## 1 范围

本规程规定了南方地区绿色食品露地大白菜生产的产地环境、栽培季节、品种选择、直播与育苗、整地施肥、定植、田间管理、采收、生产废弃物的处理、储藏与运输及生产档案管理。

本规程适用于上海、江苏、浙江、安徽、江西、湖北、湖南、广东、广西、四川、重庆、贵州和云南的绿色食品露地大白菜生产。

## 2 规范性引用文件

下列文件对于本文件的应用是必不可少的。凡是注日期的引用文件，仅注日期的版本适用于本文件。凡是不注日期的引用文件，其最新版本（包括所有的修改单）适用于本文件。

GB 16715.2 瓜菜作物种子 第2部分:白菜类

NY/T 391 绿色食品 产地环境质量

NY/T 393 绿色食品 农药使用准则

NY/T 394 绿色食品 肥料使用准则

NY/T 658 绿色食品 包装通用准则

NY/T 1056 绿色食品 贮藏运输准则

NY/T 2868 大白菜贮运技术规范

## 3 产地环境

### 3.1 环境条件

产地环境应符合 NY/T 391 的要求。

### 3.2 土壤条件

要求土层深厚，土质疏松、肥沃，排灌方便，通风良好。建议选择壤土或沙壤土，pH 以 6.5～7.5 为宜，前两茬未种植十字花科植物的地块。

## 4 栽培季节

### 4.1 春大白菜

10月下旬至12月播种，翌年4月～6月采收上市。

### 4.2 夏大白菜

5月～7月播种，7月～10月采收上市。

### 4.3 秋冬大白菜

7月～10月播种，11月至翌年3月采收上市。

## 5 品种选择

### 5.1 选择原则

根据大白菜对外界环境的要求，以及各地区气候条件和不同栽培季节选择适宜品种。

### 5.2 品种选用

——春大白菜选择晋春2号、津秀2号、京春白2号、青研春白4号、浙白6号、强春、潍春白3号、春大将、丽春、京春白、京春绿、京春 99、春秋健将、春福白菜和豫新 5 号等冬性强、不易抽薹的早熟或中早熟品种。

——夏大白菜选择热抗 7 号、黔白 6 号、青研夏白 3 号、春夏王、樱夏、夏阳 303、德高夏白 1 号、中白 50、浙白 8 号、胶蔬夏五号、庆农 45 天、夏优 3 号、夏福 2 号和早熟 5 号等耐热、耐湿的早熟品种。

——秋冬大白菜选择晋青 2 号、晋绿 5 号、晋白菜 8 号、黔白 8 号、黔白 10 号、浙白 11 号、津冠 80、青研桔红 1 号、青研 8 号、天正桔红 65、秋白 80、京秋 4 号、良庆、强势、福春 1 号、多抗 4 号、胶白 7 号、鲁白 8 号和鲁白 15 号等丰产品种。

## 6 直播与育苗

### 6.1 播种时间

不同区域应根据当地气候特点及栽培季节,确定适宜播种期。

### 6.2 种子处理

种子质量应符合 GB 16715.2 的要求,种子饱满,表面有光泽。播种前应剔除霉籽、瘪籽,采用干籽播种。

### 6.3 直播

#### 6.3.1 直播方法

##### 6.3.1.1 条播法

按行距 50 cm～60 cm 在畦面平行划两条深 1 cm～2 cm 的条沟,将种子均匀播在沟中,播后覆土厚 0.5 cm～1 cm,每亩用种量为 100 g～12 g。播后进行沟灌,使水渗湿畦面,促早出苗。

##### 6.3.1.2 穴播法

按行距 60 cm,株距 40 cm～45 cm,在畦上作直径 10 cm～12 cm、深 2 cm 的浅穴,每穴播 3 粒～5 粒干籽,覆土平穴,每亩用种量 80 g～100 g。播种后及时浇水,保持畦面湿润;或沟灌渗湿畦面,注意水不要浸过畦面,以防土壤板结。

#### 6.3.2 间苗与定苗

##### 6.3.2.1 条播间苗

间苗一般分 3 次进行,每隔 4 d～6 d 进行 1 次。"拉十字"时开始第 1 次间苗,具 3 片～4 片真叶时第 2 次间苗,株距控制在 10 cm～12 cm,第三次间苗叶定苗,按预定的株行距留壮苗 1 株。

##### 6.3.2.2 穴播间苗

在 2 片～3 片叶时进行第 1 次间苗,拔除弱苗及畸形苗,每穴留苗 3 株～4 株;5 片～6 片叶时进行第 2 次间苗,每穴留苗 2 株;7 片～8 片叶时定苗,每穴选留 1 株壮苗。

##### 6.3.2.3 定苗要求

在播种后 20 d～25 d 定苗,选留生长健壮、无病虫害秧苗。

### 6.4 育苗

#### 6.4.1 育苗方法

##### 6.4.1.1 苗床育苗

苗床长度 15 m～30 m、宽度 1 m～1.4 m,每平方米苗床施入腐熟有机肥 1 kg,复合肥(15∶15∶15) 0.5 kg,将肥料与床土充分混合拌匀,床土厚度约 15 cm。播前床土浇透水,整平床面撒播,播种后均匀覆盖火烧土或配制的营养土 0.5 cm 厚,每亩用种量为 30 g～50 g,然后浇水并覆盖一层稻草或遮阳网保湿,当种子开始发芽出土时,及时去除床面覆盖物。

##### 6.4.1.2 穴盘育苗

春季栽培可采用 50 孔塑料穴盘育苗,采用人工点播或机械播种,每穴播 1 粒～2 粒种子,播种深度为 2 mm～3 mm,每亩用种量为 30 g～50 g,播后覆盖经预湿的基质,然后用喷壶喷透水,盘上覆盖一层白色地膜,待 70%幼苗顶土时去除。

### 6.4.2 苗期管理

#### 6.4.2.1 温度管理

育苗期温度应保持在 13℃以上。

#### 6.4.2.2 水分管理

苗期保证水分充足,浇水注意见干见湿,促进营养生长,育苗前期保持床土湿润状态;中后期床土可适当干一些,或干湿交替管理,以促进幼苗根系生长发育。

#### 6.4.2.3 苗期施肥

视幼苗长势,结合浇水追施 1%尿素水溶液 1 次～2 次。

#### 6.4.2.4 炼苗

春大白菜采用大棚育苗移栽,在出苗后要注意通风换气,防止徒长;定植前 5 d～7 d,加大苗床通风量,降低棚内温度,提高幼苗适应性。

## 7 整地施肥

### 7.1 整地

播种或移栽前,深耕晒土,翻深 25 cm～30 cm,然后浅翻混均有机肥。耙碎平整泥土后,采用高畦栽培。连沟 1.2 m 起高畦,畦面宽 90 cm,畦高 20 cm,播种前 5 d～7 d 进行沟灌,水渗湿畦面,使杂草先于菜种萌动,以便进行化学除草。

### 7.2 施基肥

施肥按照 NY/T 394 的规定执行。以有机肥为主,每亩施用腐熟优质农家肥 2 000 kg～3 000 kg、饼肥 50 kg、复合肥(15∶15∶15)25 kg、过磷酸钙 10 kg,结合整地一次性施入。

### 7.3 地膜覆盖

春大白菜可采用地膜覆盖栽培,盖膜前将垄面整碎整平,盖膜时使地膜与垄面贴合紧密,膜四周要用土压实。

## 8 定植

### 8.1 移栽定植

移栽苗龄依品种而异,移栽前 2 h～3 h 将苗床浇透水,选壮苗定植,起苗时尽量使苗根部多带土,定植时让根系正常舒展。定植后浇定根水,保持土壤湿润,直至成活。

### 8.2 种植密度

种植密度因栽培季节和品种而异,早熟品种宜适当密植,中晚熟品种适当稀植。春大白菜种植密度为每亩 3 500 株～4 000 株,夏大白菜种植密度为每亩 4 000 株～5 000 株,秋冬大白菜种植密度为每亩 2 500 株～3 500 株。

## 9 田间管理

### 9.1 灌溉

从出苗到莲座期应根据各地不同的气候条件进行管理。天气干旱时,每隔 2 d～3 d 浇 1 次水,保持土壤湿润,雨季应及时排水防涝。进入莲座期后要补充大量水分,沟灌一次大水,浇水量以垄沟水位 8 cm～10 cm 为宜。进入结球期要保持土壤湿润,每隔 7 d～8 d 浇 1 次大水,灌水时,应采用沟灌水渗湿畦,不能浸水过畦面或长时间浸灌,以防引发病害。收获期前 8 d 停止浇水,以便于收获和运输。

### 9.2 追肥

在施好基肥的基础上,一般追肥2次~3次。在幼苗长至"拉十字"时第1次追肥,每亩施硫酸铵15 kg;莲座期后进行第2次追肥,每亩追施复合肥(15∶15∶15)和尿素各10 kg,兑水浇施。第3次是重点追肥期,即结球始期,每亩用尿素15 kg~20 kg,硫酸钾10 kg,兑水浇施。在结球中期,为了促进包心,此时可用0.2%~0.3%的磷酸二铵液或尿素水溶液叶面喷施1次~2次。肥料选用应符合NY/T 394的要求。

### 9.3 病虫害防治

#### 9.3.1 防治原则

预防为主、综合防治,优先采用农业防治、物理防治、生物防治,科学合理地配合使用化学防治方法。农药施用严格按照NY/T 393的规定执行。

#### 9.3.2 常见病虫害

常见病害有霜霉病、病毒病、软腐病、黑斑病和细菌性角斑病;常见虫害有蚜虫、黄曲条跳甲及地下害虫、白粉虱、烟粉虱和美洲斑潜蝇。

#### 9.3.3 防治方法

##### 9.3.3.1 农业防治

农业防治措施主要选用无病种子和抗病优良品种、合理轮作、培育无病壮苗、加强栽培管理、防止土壤干旱和积水、中耕除草、耕翻晒垡、清洁田园等。

##### 9.3.3.2 物理防治

采用黄板诱杀蚜虫;大面积露地栽培采用杀虫灯诱杀蛾类害虫,降低虫口基数。

##### 9.3.3.3 生物防治

利用天敌防治病虫害。

##### 9.3.3.4 化学防治

病虫害防治方法参见附录A。

### 9.4 杂草防治

#### 9.4.1 主要杂草

双子叶杂草主要有马齿苋、铁苋菜、荠菜、蒲公英、车前草、夏枯草等,单子叶杂草有牛筋草、旱稗、看麦娘、早熟禾等。

#### 9.4.2 防治方法

##### 9.4.2.1 农业防治

锄草可结合间苗、定苗和中耕培土进行。定植后7 d~10 d中耕除草1次,以后依据杂草生长情况进行中耕除草1次~2次。也可采用黑色地膜覆盖栽培防除杂草。

##### 9.4.2.2 化学防治

可使用芽前除草剂对土壤进行处理。播前1 d~2 d,阴雨天或田间湿度大时喷施,然后播种。地膜覆盖要在压膜前施药。具体防治措施参见附录A。

## 10 采收

### 10.1 采收时间及方法

在叶球有80%左右紧实后,根据市场情况,适时分批采收。采收按标准分批进行,用刀将大白菜砍倒,剔除病残外叶及体型、重量未达标的小棵。

### 10.2 采后整理与分级

把大白菜放在操作台上,保留4片~5片外叶,剔除腐烂、焦边、胀裂、脱帮、抽薹、烧心及有冻害、病虫害、机械伤等明显不合格的大白菜;用刀在叶球基部把根茎切平。用干净湿布抹去大白菜叶球及外叶上的泥渍、杂质、水滴。用电子秤称单株重量,用厘米刻度尺量球径,进行分级。

## 10.3 包装

按标准分级包装,根据市场要求装箱。采收过程中,所用工具要清洁、卫生、无污染,包装物要整洁、牢固、透气、无异味,以便净菜上市,包装应符合 NY/T 658 的要求。

## 11 生产废弃物的处理

及时收集生产中使用的农药包装袋进行无害化处理,地膜应集中回收并统一运输到残膜收购和再生加工企业,不可随处堆放。采收后的白菜根、茎、叶残留可回田,增加土壤的有机质,改良土壤,培肥地力。

## 12 储藏与运输

储藏库储存温度控制在 2℃~5℃,相对湿度控制在 70%~80%。储藏须在通风、清洁、卫生的条件下进行,严防曝晒、雨淋、冻害及有毒物质的污染。储藏应符合 NY/T 1056 和 NY/T 2868 的要求。

大白菜长途运输,包装产品应在 2℃ 的冷库中预冷 12 h 后,才可装集装箱冷藏外运。

## 13 生产档案管理

建立绿色食品大白菜生产档案。应详细记录产地环境条件、生产技术、肥水管理、病虫害的发生和防治措施、采收及采后处理等情况,并保存记录 3 年以上。

附 录 A

（资料性附录）

南方地区绿色食品露地大白菜生产主要病虫草害化学防治方案

南方地区绿色食品露地大白菜生产主要病虫草害化学防治方案见表A.1。

表 A.1 南方地区绿色食品露地大白菜生产主要病虫草害化学防治方案

| 防治对象 | 防治时期 | 农药名称 | 使用剂量 | 施药方法 | 安全间隔期,d |
|---|---|---|---|---|---|
| 霜霉病 | 莲座期、结球期 | 70%代森锰锌可湿性粉剂 | 75 g/亩～90 g/亩 | 喷雾 | 7 |
| 病毒病 | 苗期、莲座期 | 2%宁南霉素水剂 | 75 mL/亩～90 mL/亩 | 喷雾 | 10 |
| 软腐病 | 莲座期、结球期 | 4%春雷霉素可湿性粉剂 | 55 g/亩～75 g/亩 | 喷雾 | 7 |
| | | 77%氢氧化铜可湿性粉剂 | 60 g/亩～90 g/亩 | 喷雾 | 7 |
| 黑斑病 | 莲座期、结球期 | 65%代森锌可湿性粉剂 | 75 g/亩～90 g/亩 | 喷雾 | 5 |
| | | 70%代森锰锌可湿性粉剂 | 75 g/亩～90 g/亩 | 喷雾 | 7 |
| | | 3%多抗霉素可湿性粉剂 | 50 g/亩～65 g/亩 | 喷雾 | 7 |
| 细菌性角斑病 | 莲座期、结球期 | 3%中生菌素可湿性粉剂 | 50 g/亩～60 g/亩 | 喷雾 | 3 |
| 蚜虫 | 发生期 | 10%吡虫啉可湿性粉剂 | 20 g/亩～30 g/亩 | 喷雾 | 10 |
| | | 50%抗蚜威可湿性粉剂 | 15 g/亩～25 g/亩 | 喷雾 | 7 |
| 菜青虫、小菜蛾和斜纹夜蛾 | 发生期 | 4.5%高效氯氰菊酯乳油 | 20 mL/亩～30 mL/亩 | 喷雾 | 7 |
| 黄曲条跳甲及地下害虫 | 发生期 | 4.5%高效氯氰菊酯乳油 | 50 mL/亩～100 mL/亩 | 苗期洒施 | 5 |
| | | 40%辛硫磷乳油 | 60 mL/亩～80 mL/亩 | 喷雾 | 10 |
| 白粉虱和烟粉虱 | 发生期 | 10%吡虫啉可湿性粉剂 | 25 g/亩～30 g/亩 | 喷雾 | 10 |
| | | 70%啶虫脒水分散粒剂 | 20 g/亩～35 g/亩 | 喷雾 | 7 |
| 美洲斑潜蝇 | 发生期 | 4.5%高效氯氰菊酯乳油 | 15 mL/亩～25 mL/亩 | 喷雾 | 7 |
| 杂草 | 播后苗前用 | 50%禾草丹乳油 | 100 mL/亩～125 mL/亩 | 喷雾 | — |
| | | 72%异丙甲草胺乳油 | 100 mL/亩 | 喷雾 | — |
| 注:农药使用以最新版本NY/T 393的规定为准。 | | | | | |

# 绿色食品生产操作规程

LB/T 036—2018

# 东 北 地 区
# 绿色食品露地番茄生产操作规程

2018-04-03发布　　　　　　　　　　　2018-04-03实施

中国绿色食品发展中心 发布

# 前　言

本规程由中国绿色食品发展中心提出并归口。

本规程起草单位:黑龙江省绿色食品发展中心、东北农业大学、辽宁省绿色食品发展中心、吉林省绿色食品办公室、内蒙古自治区绿色食品发展中心、中国绿色食品发展中心。

本规程主要起草人:王蕴琦、薛恩玉、唐伟、张贺、刘琳、于铭、陈曦、姚国秀、卓超、叶博、杨冬、崔爱文、刘明贤、张继平、赵杰。

# 东北地区绿色食品露地番茄生产操作规程

## 1 范围

本规程规定了东北地区绿色食品露地番茄的产地环境、品种选择、整地、播种、定植、田间管理、采收、生产废弃物处理、储藏及生产档案管理。

本规程适用于内蒙古、辽宁、吉林和黑龙江的绿色食品露地番茄生产。

## 2 规范性引用文件

下列文件对于本文件的应用是必不可少的。凡是注日期的引用文件，仅注日期的版本适用于本文件。凡是不注日期的引用文件，其最新版本（包括所有的修改单）适用于本文件。

NY/T 393 绿色食品 农药使用准则

NY/T 1056 绿色食品 贮藏运输准则

## 3 产地环境

产地环境应符合 NY/T 391 的要求，要选择地势高燥，排灌方便，地下水位较低，土层深厚、疏松、肥沃且远离污染源的地块。土壤 pH 在 7.0 左右为宜。全年无霜期在 110 d 以上，活动积温在 2 500℃以上。番茄种植一般要进行 3 年～5 年以上的轮作。前茬作物为非茄果类作物。

## 4 品种选择

### 4.1 品种选用

应该根据当地无霜期长短、消费习惯和栽培目的选择品种。一般露地大架栽培时，可以选用不易裂果、抗病、丰产的品种。用于加工的番茄露地栽培时选用成熟集中、硬度大、耐储运、番茄红素和可溶性固形物高、抗病、丰产的品种。选用品种均应为非转基因品种。

### 4.2 种子处理

#### 4.2.1 种子质量

种子纯度≥95%、净度≥98%、发芽率≥95%、含水量≤8%。

#### 4.2.2 种子消毒

先用温水浸泡种子 20 min，再把种子放在 55℃热水浸泡 25 min，不停搅拌，处理后的种子用温水浸泡 8 h～10 h；或先用 0.1%硫酸铜溶液浸种 5 min，捞出番茄种子，用清水冲洗 3 次后，再进行催芽。

#### 4.2.3 种子催芽

种子消毒后，用清水浸泡 6～8 h 后捞出洗净，用湿布包好，在 25℃～30℃的温度条件下催芽 2 d～3 d 即可出芽，催芽过程中，每天翻动，使种子受热均匀，并用清水投洗，60%以上出芽，即可播种。

## 5 整地

### 5.1 整地

大田整地实行秋翻秋起垄，翻深 25 cm～30 cm。也可进行旋耕，翻旋结合，翻后不耙，以利土壤风化。春季耙地，耙碎、耙平田地。

### 5.2 播期

按照当地气候特点适期播种，以定植前 50 d 左右播种为宜。

## 6 播种

### 6.1 播前准备

#### 6.1.1 穴盘及基质

采用72孔穴盘,基质选用养分全面、灭菌较好、质量安全的基质,通常按照草炭∶珍珠岩∶蛭石为7∶2∶1的比例配制,按一定比例加入适量水,把基质拌湿,含水量调至50%～60%(用手握成团,松开手不散),用锹充分搅拌均匀后,堆置1 d后使用。播种前将苗盘用80℃热水浸泡20 min,取出,晾晒备用。

#### 6.1.2 装盘

将拌好的基质装入穴盘,湿度控制在30%左右。然后用木板从穴盘的一方刮向另一方,使每个穴孔都装满基质。把装满基质的穴盘垂直摞6层～8层高,再从上向下均匀用力下压,穴坑深度为1 cm～1.5 cm。

### 6.2 播种

人工将种子播于72孔穴盘,一般每穴播1粒种子,播种深度1 cm～1.5 cm,播后覆基质或营养土0.8 cm～1 cm,并用木板刮平。摆盘前再次平整苗床,在苗床上铺一层地膜,膜间重叠10 cm,地膜上打适量小孔,便于排除苗床积水。然后将播种后的穴盘由里向外按顺序摆放在地膜上,苗床中间预留40 cm左右的走道,便于喷水和管理。棚内苗盘全部摆完后,用水泵抽水配套1 000目专用喷头为穴盘上统一喷水,也可用喷壶喷水,喷水量以基质湿透为宜,不可过量。喷水后晾12 h,苗盘上面再覆盖一层地膜保湿。

### 6.3 苗期管理

#### 6.3.1 温度管理

播种至齐苗,宜白天温度25℃～30℃,夜间温度15℃～18℃;齐苗后,宜白天20℃～25℃,夜间12℃～15℃;子叶肥厚深绿时,宜白天25℃～30℃,夜间13℃～15℃;定植前5 d～7 d,宜白天15℃～20℃,夜间8℃～10℃。

#### 6.3.2 水分管理

出苗前保持苗床湿润,出苗后适当控水,防治徒长。缺水时用喷壶少量补水。保持棚内晴天的空气湿度小于70%。注意阴雨天时不要浇水。在锻炼幼苗阶段,应尽量少浇水。

#### 6.3.3 病害防治

苗期易发生猝倒病和立枯病。应严格控制温度及湿度,幼苗期看天浇水,晴天浇、阴天不浇,特别是连阴的天气,更要注意通风换气,尽可能降低空气的湿度,以控制此病的发生与危害。也可采用草木灰拌土的方法进行苗期病害防治,或每立方米加80%多菌灵可湿性粉剂0.2 kg进行病害防治。发病后可用1亿CFU/克枯草芽孢杆菌微囊粒剂100 g/亩～167 g/亩进行防治。

### 6.4 壮苗标准

生理苗龄5片～7片叶,叶片宽大平展,节间短,粗细均匀,根系发达,无病虫。

## 7 定植

定植前深翻土壤,深翻25 cm～30 cm,覆膜。当地下10 cm地温稳定在10℃以上,夜间气温稳定在15℃以后,方可定植。亩保苗2 800株～3 000株。定值后检查田间缺苗,应及时补栽以保证苗全。

## 8 田间管理

### 8.1 灌溉

定植时要立即浇定植水,一般采取刨埯、浇埯水栽苗方法,定植后封埯保湿。定植后3 d～5 d要灌1次缓苗水,之后适当蹲苗,有时干旱年份可以不蹲苗。早熟和极早熟品种可以提前结束蹲苗或不蹲苗。

待第一穗果大部分直径达 1 cm～1.5 cm 时,开始浇催果水,一般 7 d～10 d 或每收 1 茬果浇 1 次水,干旱年份 4 d～5 d 浇 1 次水,要保持田间土壤湿润,田间持水量保持在 80% 左右。

## 8.2 施肥

### 8.2.1 基肥

施肥应符合 NY/T 394 的要求,结合整地,每亩一次性施入腐熟有机肥 5 000 kg～7 400 kg、过磷酸钙或磷酸氢二铵 20 kg～25 kg,然后作畦或作垄,畦宽 1m,垄宽 60 cm。

### 8.2.2 追肥

早熟品种结合浇缓苗水施一次"提苗肥",每亩追施磷酸二氢铵 10 kg～15 kg,中晚熟品种可少施或不施提苗肥,以防徒长。结合灌催果水追"催果肥",氮磷肥结合施用每亩施氮磷复合肥 15 kg～20 kg,第 1 穗果开始采收时,是吸肥盛期,结合灌水追第 3 次肥,促进第 2 穗、第 3 穗果的发育,防止植株过早衰老,每亩施复合肥 20 kg～25 kg,进入 8 月中下旬以后,气温开始下降,根系活动弱,吸肥能力差,再给根部追肥效果不好,这时可以进行根外追肥,用 1%～2% 的过磷酸钙或 0.2% 磷酸二氢钾喷洒叶面 1 次～2 次。

## 8.3 病虫害防治

### 8.3.1 防治原则

坚持"预防为主,综合防治"的植保方针,以农业防治为基础,优先采用物理和生物防治技术,辅以化学防治措施。应使用高效、低毒、低残留农药品种,药剂选择和使用应符合 NY/T 393 的要求。

### 8.3.2 常见病虫害

常见病虫害包括芝麻斑点病、斑枯病、花叶病毒病、早疫病、脐腐病、蚜虫和潜叶蝇等。

### 8.3.3 防治措施

#### 8.3.3.1 农业防治

选用抗病虫品种、种子处理、培育壮苗、合理密植、加强栽培管理、中耕除草、耕翻晒垡、清洁田园,实行轮作制度,开沟起垄覆膜栽培,培养壮苗,平衡施肥,增施腐熟有机肥,合理灌溉等。

#### 8.3.3.2 物理防治

采用温汤浸种、黄板诱杀、灯光诱杀、银灰色薄膜避蚜等。

#### 8.3.3.3 化学防治

具体化学防治方案参见附录 A。

## 8.4 植株调整

### 8.4.1 搭架绑蔓

当植株长到约 30 cm 的高度时应搭架,并将主茎绑缚在支架上,每 1 穗果绑 1 道。也有少数直立品种及罐藏加工的番茄采用无支架栽培。

### 8.4.2 整枝

采取单干整枝。打杈的操作不可过早或过迟,一般掌握在侧芽长到 3 cm～4 cm 时摘除较为适合,并要在晴天进行,以利伤口愈合。无限生长型番茄一般留 5 穗果后摘心,摘心时在最后一穗果上留 2 片～3 片叶。生长后期及时摘除下部老叶、黄叶、病叶。

为了防止病毒病的人为传播,在整枝、打杈和摘心作业的前 1 d,应有专人将田间出现的病株拔净、深埋。整枝或摘心时,一定要做到病、健株分开操作。整枝打杈与摘心时摘除的枝叶应及时清理,远处销毁,防止传播病菌。

## 9 采收

根据用途,果实达到商品成熟时应及时采收,促进后期果实膨大。采收过程中所用的工具清洁卫生、无污染。进行人工精选分级包装上市,选择周围环境好,远离污染源的场所进行存放保管。

## 10 生产废弃物处理

植株残枝落叶收集后与畜禽粪便集中堆制,充分腐熟后用作有机肥料。地膜、穴盘、农药和肥料包装袋集中收集,统一交由专业回收公司处理。

## 11 储藏

### 11.1 储藏要求

储藏设施、周围环境、卫生要求、出入库、堆放等应符合 NY/T 1056 的要求。

### 11.2 储藏方法

#### 11.2.1 塑料袋储藏法

把番茄装入用 0.04 mm 厚的聚乙烯薄膜做成的长 45 cm～60 cm、宽 30 cm 的塑料袋中,在袋口下 1/3 处用细钉扎 3 对～4 对对称小孔,密封袋口,放在阴凉、干燥的地下室、阴凉间、通风库等进行储藏。

#### 11.2.2 气调储藏法

气调储藏在通风库内进行。用于长期储藏的番茄通常选用绿熟果,储藏适宜温度为 $10℃～13℃$。用于鲜销或短期储藏的番茄通常选用红熟果,其适宜的储藏温度为 $0℃～2℃$,相对湿度 $85\%～90\%$,氧气和二氧化碳浓度均为 $2\%～5\%$。

## 12 生产档案管理

生产全过程要建立生产记录档案,包括地块档案和整地、播种、定植、灌溉情况、施肥情况、病虫草害防治、采收等记录。生产记录档案保存期限不少于 3 年。

附　录　A

（资料性附录）

东北地区绿色食品露地番茄生产主要病虫草害化学防治方案

东北地区绿色食品露地番茄生产主要病虫草害化学防治方案见表 A.1。

表 A.1　东北地区绿色食品露地番茄生产主要病虫草害化学防治方案

| 防治对象 | 防治时期 | 农药名称 | 使用剂量 | 施药方法 | 安全间隔期,d |
|---|---|---|---|---|---|
| 芝麻斑点病 | 雨季前 | 70％甲基硫菌灵可湿性粉剂 | 36 g/亩～54 g/亩 | 喷雾 | 10 |
|  |  | 波尔多液 | 200 倍液 | 喷雾 | — |
| 斑枯病 | 发病初期 | 70％代森锰锌可湿性粉剂 | 178 g/亩～225 g/亩 | 喷雾 | 15 |
| 早疫病 | 发病初期 | 70％代森锰锌可湿性粉剂 | 178 g/亩～225 g/亩 | 喷雾 | 15 |
| 花叶病毒病 | 发病初期 | 8％宁南霉素水剂 | 75 mL/亩～100 mL/亩 | 喷雾 | 7 |
| 脐腐病 | 1、2 穗果坐果后 | 氯化钙溶液 | 1 000 倍液 | 每 7 d 喷施,连续 2～3 次 | — |
| 潜叶蝇 | 发生初期 | 2.5％高效氯氰菊酯乳油 | 50 mL/亩～60 mL/亩 | 喷雾 | 1 |
| 蚜虫 | 发生初盛期 | 5％高氯·啶虫脒乳油 | 35 mL/亩～40 mL/亩 | 喷雾 | 7 |
| 注:农药使用以最新版本 NY/T 393 的规定为准。 | | | | | |

# 绿色食品生产操作规程

LB/T 037—2018

# 西 北 地 区
## 绿色食品加工番茄生产操作规程

2018-04-03发布　　　　　　　　　　　　2018-04-03实施

中国绿色食品发展中心 发布

# 前　言

本规程由中国绿色食品发展中心提出并归口。

本规程起草单位：新疆生产建设兵团农产品质量安全中心、石河子蔬菜研究所、第二师农业技术推广站、中国绿色食品发展中心、新疆维吾尔自治区绿色食品发展中心、内蒙古自治区绿色食品发展中心、甘肃省绿色食品办公室。

本规程主要起草人：施维新、陆新德、薛新福、朱芝玉、张宪、梁玉、张玲、王文静、李静、李岩、周永峰、赵泽。

# 西北地区绿色食品加工番茄生产操作规程

## 1 范围

本规程规定了西北地区绿色食品加工番茄的产地环境、品种选择、栽培技术、田间管理、采收与运输、生产废弃物处理和生产档案管理。

本规程适用于内蒙古、甘肃和新疆的绿色食品加工番茄生产。

## 2 规范性引用文件

下列文件对于本文件的应用是必不可少的。凡是注日期的引用文件，仅注日期的版本适用于本文件。凡是不注日期的引用文件，其最新版本（包括所有的修改单）适用于本文件。

NY/T 391 绿色食品 产地环境质量

NY/T 393 绿色食品 农药使用准则

NY/T 394 绿色食品 肥料使用准则

## 3 产地环境

产地环境质量应符合 NY/T 391 的规定。种植番茄应选择光热资源丰富、地势平坦、土层深厚、有机质含量高（>10 g/kg）、保水保肥力性强、通气透水性好的沙壤土或壤土。前茬以苜蓿、油葵等为佳，其次为豆类、玉米、小麦、甜菜等，尽量不与茄果类、马铃薯等茄科作物和瓜类作物倒茬。

## 4 品种选择

### 4.1 选择原则

根据加工厂对原料品质和均衡供应的要求及栽培上的可行性。选择高产、抗病、优质、耐储运、番茄红素和可溶性固形物含量高的优良品种，早、中、晚熟品种搭配。早熟品种主要有红杂 33 号、垦番 5 号、LX1402、屯河 9 号等，中晚熟品种主要有 IVF3155 号、垦番 4 号、垦番 AF-10、石番 45 号等。

### 4.2 种子处理

直播：在播前对种子进行精选，搓掉种皮上的茸毛。可用 70%甲基硫菌灵可湿性粉剂拌种，每 100 g 干种子用原药粉 6 g～7 g 拌匀，必须在临播种前拌种。

育苗移栽：可用种子量 0.2%的多菌灵拌种，可防止苗期病害，病毒病高发区可用 10%磷酸三钠浸种 20 min～30 min，钝化种子表面病毒。

## 5 栽培技术

### 5.1 整地

#### 5.1.1 播前整地

播种前对耕翻地精细平耙，整地达到"齐、平、松、碎、净、墒"的标准。

#### 5.1.2 土壤处理

除草剂对番茄的出苗及幼苗的生长有一定的抑制作用，因此，要掌握好用量及施用方法。一般在阴天或傍晚选择合适的除草剂对土壤表层进行喷雾处理，喷后立即耙地，耙后晾晒 48 h 以上再播种，以防产生药害，影响出苗。

### 5.2 播种

### 5.2.1 播种方式

加工番茄一般有两种播种方式:机械直播和育苗移栽。

### 5.2.2 机械直播

#### 5.2.2.1 播种期

播种期一般依据工厂的原料种植计划进行;根据当地终霜结束早晚来确定,一般在终霜期结束前10 d,膜下 5 cm 地温连续稳定在 10℃可以播种。一般早期原料在 3 月底至 4 月 10 日前播种;晚期原料在 4 月 25 日至 5 月 15 日前播种。

#### 5.2.2.2 播种量与播种深度

机械直播每亩用种量 80 g~100 g,掺入 8 kg 三料过磷酸钙肥播下(随播随拌),可带 10 kg 磷酸二铵作为种肥,播种深度 1 cm~1.5 cm,膜上覆土 1 cm 左右。

#### 5.2.2.3 播种密度

加工番茄播种密度因品种、土壤肥力而异,早熟和生长势较弱的品种,每亩保苗 3 200 株~3 500 株,宽窄行 60 cm~30 cm 配置,株距 22 cm~25 cm;中晚熟和生长势较强的品种,每亩保苗 3 000 株~3 300 株,株距 25 cm~30 cm。

#### 5.2.2.4 播种模式

常规模式:使用宽幅 90 cm 地膜,膜心距 1.1 m~1.2 m,一膜双行,膜上行距 55 cm~60 cm,膜间距 55 cm~60 cm。

单沟单行:使用 60 cm~70 cm 地膜,膜心距 0.9 cm~1.0 m,一膜一行。

宽垄双行:采用 65 cm~120 cm 的薄膜膜下条播或膜上点播,沟心距 1.4 m~1.6 m,一膜双行,膜上行距 40 cm~50 cm。在渗水、保水性好、浇灌方便的地块或下潮地及采用节水灌溉的地块可采用此模式。

### 5.2.3 育苗移栽

#### 5.2.3.1 选择温室

选择光照充足、保温效果好的温室进行育苗。

#### 5.2.3.2 穴盘育苗

可采用草炭、蛭石等作育苗基质,播种每穴 1 粒,点种深度 1 cm~1.2 cm,将种子均匀播入穴孔的中央,给种子均匀覆盖基质,适当浇水。

#### 5.2.3.3 苗期管理

##### 5.2.3.3.1 温度控制

出苗前确保温室白天温度在 25℃~35℃,夜间最低温度不低于 12℃,出苗后要降温,白天温度保持在 20℃~25℃,夜间温度在 12℃~15℃,以防幼苗徒长。

##### 5.2.3.3.2 水分管理

根据基质含水量和天气情况,一般 1 d 喷水 1 次~2 次,水温在 20℃左右,浇水不能太多,保持基质内部潮湿。

##### 5.2.3.3.3 施肥

大约出苗 5 d 后,按 0.02%浓度喷施 1 次磷酸二氢钾,观察叶片颜色和生长状况,如生长缓慢,叶色发黄,可按 0.03%浓度喷施尿素。

##### 5.2.3.3.4 炼苗

当叶片达到 4 片~5 片真叶(出棚前 7 d 左右)时开始炼苗,循序渐进放风。炼苗原则:低温、通风、控水。出棚前 4 d~5 d 全部揭去棚膜。

##### 5.2.3.3.5 壮苗标准

苗龄 40 d～50 d,长势均匀一致,5 片～6 片真叶,株高 12 cm～15 cm,茎粗＞3 mm,红茎比各半,无病虫害,无老化苗、僵苗。

### 5.2.3.3.6 移栽

番茄定植时间在晚霜过后,地温稳定 10℃以上,一般在 4 月中下旬到 5 月上旬,移栽前先给穴盘苗浇足水,带基质移栽,可适当深栽,以子叶与地面齐平较为合适,最好使用点灌移栽,1 周后补促苗水。缓苗后喷施叶面肥,叶面肥每亩可用磷酸二氢钾 80 g。

### 5.2.3.3.7 移栽密度

采用宽窄行配置,宽行 100 cm～110 cm,窄行 40 cm～50 cm,株距 28 cm～30 cm。理论密度为杂交品种每亩 2 700 株～2 800 株,常规品种每亩 3 000 株～3 300 株。

## 6 田间管理

### 6.1 间苗、定苗(直播适用)

当苗长至 2 片真叶时,先间苗 1 次,间去畸形、弱小、病虫、高脚苗。当幼苗长至 4 片～5 片真叶时定苗,每穴选留 1 株健苗。

### 6.2 中耕

一般定植和直播出苗后 10 d 进行,每隔 10 d 左右 1 次,苗期中耕应坚持"早、勤、深、宽、碎、平"的原则。全生育期中耕 3 次～4 次,由浅至深,深度 15 cm～28 cm。

### 6.3 蹲苗

植株开花坐果前应适当控制肥水,促使植株由营养生长向生殖生长转化。早熟和生长势较弱的品种,蹲苗时间稍短,中晚熟和生长势较强的品种蹲苗时间较长,在第 1 穗果时直径达到 2.5 cm 左右时结束蹲苗。

### 6.4 灌溉

育苗、直播栽培番茄生育期需灌水 5 次～7 次。沟灌每次灌水间隔 10 d 左右,每次灌水量每亩 60 m³ 左右,杜绝大水漫灌、串灌;滴灌地 7 d～8 d 滴水 1 次,每次滴水量每亩 15 m³～18 m³,均衡灌水,防止忽干忽湿。适时灌头水,灌头水时间根据土壤墒情和蹲苗时间来确定,但冲积扇中上部也可提前,下部下潮地带推迟。

### 6.5 施肥

肥料使用应符合 NY/T 394 的规定。根据产量确定施肥量,一般每产 1 000 kg 番茄,需投 12 kg 自然肥。各种肥料比例为 N∶P∶K＝1∶(0.8～0.9)∶(0.3～0.5),以亩产 8 000 kg 为例,前期共投入自然肥总量为 96 kg。其中,尿素 35.5 kg、三料过磷酸钙 26.6 kg、硫酸钾 17.9 kg。滴灌番茄结合冬耕施入基质。每亩施腐熟厩肥 2 500 kg～3 000 kg、三料过磷酸钙 30 kg、硫酸钾 5 kg～10 kg,剩余的肥料结合滴灌在结果期和中后期施入。

### 6.5.1 沟灌施肥

苗期可根据苗情长势进行追肥。当第 1 果穗出现直径 4 cm 的青果后,重施果实膨大肥,每 2 水施 1 次肥,每次每亩追施尿素 5 kg～10 kg,钾肥 1 kg～2 kg。

### 6.5.2 滴灌施肥

苗期可根据苗情长势进行追肥。当第 1 果穗出现直径 1 cm 的青果后开始追肥,做到一水一肥,每次每亩追施尿素 5 kg～8 kg,钾肥 1 kg,随水滴施,7 d～8 d 施肥 1 次。

### 6.5.3 追施叶面肥

根据番茄植株长势,从幼苗期至采收前,结合喷药全期喷施多元素叶面肥 3 次～4 次,具体施肥时间为:第 1 次,4 叶～5 叶时每亩喷施磷酸二氢钾 80 g～100 g;第二次,初花期(8 叶～9 叶)每亩喷施磷酸二氢钾 120 g;第三次,果实膨大期每亩喷施磷酸二氢钾 150 g～180 g,缺锌、缺铁地块喷施硫酸锌、硫酸亚铁。禁止使用含矮壮素和助壮素的叶面肥(表1)。

表1 常见叶面肥及浓度

| 品种 | 浓度,% | 配比(肥/水) |
|------|--------|------------|
| 尿素 | 0.2~0.3 | (30 g~45 g)/15 kg |
| 硫酸锌 | 0.09 | 1.2 g/15 kg |
| 硼肥 | 0.08 | 1.2 g/15 kg |
| 磷酸二氢钾 | 0.2~0.3 | (30 g~45 g)/15 kg |
| 氯化钙 | 0.2 | 30 g/15 kg |

### 6.6 病虫草鼠害防治

应坚持"预防为主、综合防治"的原则,优先采用农业防治、物理防治、生物防治措施,在以上措施无法防治病虫害时,可采取化学防治措施。农药使用应符合 NY/T 393 的要求。

#### 6.6.1 农业防治

选择土壤肥沃、土层较厚、无盐碱或轻盐碱地种植,实行轮作倒茬,做好秋耕冬灌,适量灌水,保证水分均衡供应,每年做好铲埂除蛹工作,降低棉铃虫落卵量,生长期控制徒长,叶面增施磷酸二氢钾,对病虫开展早调查早防治,做好中心株、中心片防治,及时摘除病花、病果、病叶,集中高温堆沤或深埋,避免传病,也可在田间摆放杨枝把诱杀成虫或在地块周边种植玉米诱集带,防止棉铃虫进地。

#### 6.6.2 生物防治

病害预防与防治主要用枯草芽孢杆菌制剂预防土传病害,如番茄根腐病、番茄枯萎病等,每亩用复合微生物菌剂 5 kg~10 kg,于播种前或移栽前施入根层。用荧光假单孢杆菌预防立枯病或番茄茎基腐病,用生防类有益微生物菌剂稀释后于苗期喷洒在根茎部。

#### 6.6.3 物理防治

利用频振灯诱杀害虫,防治棉铃虫,一般摆放在临近空地杂草或树林或棉花地一侧,摆放位置与上部叶片等高,每亩摆放 1 盏~2 盏。

利用糖浆盆诱杀成虫,防治地老虎;摆放在临近空地杂草或树林一侧近地处,每亩摆放 10 盆~15 盆。

利用黄板诱杀蚜虫,一般摆放在地块四周或临近高秆作物一侧或靠近小麦地一侧,摆放在植株高度的 2/3 处,每亩摆放 20 块~30 块。

覆盖地膜,阻隔土层中羽化的成虫迁飞转移,减少虫源基数,减少草害为害。

#### 6.6.4 药剂防治

根据防治对象的生物学特性和危害特点,掌握目标害虫种群密度的经济阈值,适期喷药。采用科学施药方式,保证施药质量。同时,注意农药的合理混用和交替使用。农药使用情况参见附录 A。

#### 6.6.5 化学调节剂

为保证加工番茄食品质量安全,在番茄栽培过程中,严禁使用矮壮素、缩节胺、催熟剂等化学调节剂和混合有此类化学调节剂的叶面肥。

## 7 采收与运输

### 7.1 采收

#### 7.1.1 人工采收

在植株 50%果实成熟时,开始采收,要采收充分红熟的果实,以保证果实的品质。一般 2 次采收完成。

#### 7.1.2 机械采收

采收前 10 d~20 d(根据土壤类型和期间气候情况)停止灌水,条田土壤湿度不宜过大,以便机采。

#### 7.1.3 实施计划采收

按交售量、成熟状况合理调控采收进度和采收量,严格限制原料排队交售时间和可能造成机械损伤的装载方式。

## 7.2 采收质量

人工采收无青果、病果、烂果、杂草、枝叶。番茄机采脱落干净，不重采、不漏采，收割整齐，漏采率不大于 3%。

## 7.3 运输

使用专车运输，车辆运输前清洗干净，装车厚度不超过 80 cm。采收后尽快进行加工。

## 8 生产废弃物处理

秸秆处理，将残枝败叶和杂草清理干净，集中进行无害化处理。或将秸秆粉碎后，经充分发酵用于非蔬菜作物的施肥，或用在设施农业温室内挖坑或挖槽填入，致其发酵产生二氧化碳。地膜、塑料滴灌带回收，移出田外，集中处理。农药、肥料包装袋（瓶）集中销毁。

## 9 生产档案管理

生产者需要建立生产档案，记录品种、施肥、病虫草害防治、采收及田间操作管理措施；所有记录应真实、准确、规范，并具有可追溯性；生产档案应有专人专柜保管，并至少保存 3 年。

附　录　A

（资料性附录）

西北地区绿色食品加工番茄生产主要病虫草害化学防治方案

西北地区绿色食品加工番茄生产主要病虫草害化学防治方案见表 A.1。

表 A.1　西北地区绿色食品加工番茄生产主要病虫草害化学防治方案

| 防治对象 | 防治时期 | 农药名称 | 使用剂量 | 施药方法 | 安全间隔期,d |
|---|---|---|---|---|---|
| 蚜虫 | 生育前期5月～6月 | 2.5%高效氯氰菊酯 | 15 mL/亩～25 mL/亩 | 喷雾 | 7 |
| 叶螨 | 生育前期5月～6月 | 除虫菊素乳油 | 30 mL/亩～50 mL/亩 | 喷雾 | 10 |
| 棉铃虫 | 棉铃虫羽化盛期 | 0.1%磷酸二铵 或 0.1%～0.2%磷酸二氢钾 | 15 g/亩～30 g/亩 | 喷雾 | — |
| 棉铃虫 | 二代棉铃虫发生期 | 4.5%高效氯氰菊酯乳油 | 15 mL/亩～40 mL/亩 | 喷雾 | 14 |
| 早疫病 | 发病前期或初期 | 70%代森锰锌悬浮剂 | 175 g/亩～225 g/亩 | 喷雾 | 15 |
| 早疫病 | 发病前期或初期 | 70%甲基硫菌灵可湿性粉剂 | 35 g/亩～53 g/亩 | 喷雾 | 5 |
| 早疫病 | 发病前期或初期 | 78%波尔·锰锌可湿性粉剂 | 140 g/亩～170 g/亩 | 喷雾 | 10 |
| 灰霉病 | 7月～8月 | 70%甲基硫菌灵可湿性粉剂 | 25 g/亩～33 g/亩 | 喷雾 | 21 |
| 叶霉病 | 7月～8月 | 80%腐霉利可湿性粉剂 | 35 g/亩～60 g/亩 | 喷雾 | 7 |
| 脐腐病 | 开花初期 | 1%过磷酸钙或0.3%氯化钙或果蔬钙肥 硫酸钙或氨基酸钙 | 45 g/亩～90 g/亩 | 喷雾 | — |

注:农药使用以最新版本 NY/T 393 的规定为准。

# 绿色食品生产操作规程

LB/T 038—2018

# 北 方 地 区
# 绿色食品设施黄瓜生产操作规程

2018-04-03 发布                                              2018-04-03 实施

中国绿色食品发展中心 发布

# 前　言

本规程由中国绿色食品发展中心提出并归口。

本规程起草单位：天津市绿色食品办公室、中国绿色食品发展中心、河南省绿色食品发展中心、天津市设施农业研究所、山西省农产品质量安全中心。

本规程主要起草人：王莹、张宪、杨小玲、任伶、张玮、张凤娇、马文宏、樊恒明、刘远航、刘烨潼、刘亚兵、王梦晓、周优、郭珠、王占文、高艳、和亮、马洪英、郭宇飞。

# 北方地区绿色食品设施黄瓜生产操作规程

## 1 范围

本规程规定了北方地区绿色食品设施黄瓜的产地环境、主要茬口与品种选择、育苗、整地与施基肥、定植、田间管理、采收与包装、生产废弃物处理、储藏与运输、生产档案管理。

本规程适用于北京、天津、河北、山西、山东、河南、陕西、甘肃、宁夏、新疆及内蒙古赤峰、辽宁南部、江苏北部、安徽北部的绿色食品设施黄瓜生产。

## 2 规范性引用文件

下列文件对于本文件的应用是必不可少的。凡是注日期的引用文件,仅注日期的版本适用于本文件。凡是不注日期的引用文件,其最新版本(包括所有的修改单)适用于本文件。

GB 16715.1　瓜菜作物种子　瓜类

NY/T 391　绿色食品　产地环境质量

NY/T 393　绿色食品　农药使用准则

NY/T 394　绿色食品　肥料使用准则

NY/T 658　绿色食品　包装通用准则

NY/T 747　绿色食品　瓜类蔬菜

NY/T 1056　绿色食品　贮藏运输准则

## 3 产地环境

产地环境条件应符合 NY/T 391 的要求。选择地势高燥、排灌方便、土壤疏松肥沃、有机质丰富、pH 5.5～7.5、耕作层深 30 cm 以上的壤土或沙壤土地块,前茬 1 年～2 年未种过瓜类作物。

## 4 主要茬口与品种选择

### 4.1 日光温室主要茬口

春提早茬:不同地区可以根据气候条件决定定植期,山东至京津地区 1 月中下旬至 2 月上旬定植,3 月上中旬始收。

早春:2 月中旬至 4 月上旬定植,3 月中旬至 5 月初始收。

秋延茬:8 月上中旬定植,9 月上旬始收,12 月拉秧。

越冬一大茬:9 月下旬至 10 月上中旬定植,10 月下旬至 11 月中旬开始采收,翌年 6 月拉秧。

### 4.2 大棚主要茬口

春茬:3 月中下旬至 4 月中旬定植,4 月下旬始收。

越夏茬:5 月上旬直播,6 月上旬始收。

秋延茬:7 月上旬直播,8 月上旬始收。

### 4.3 品种选择原则

根据种植区域和生长特点选择适合当地生长的优质品种,如越冬一大茬或早春茬黄瓜生产宜选耐低温、耐弱光、抗病性强、高产优质的品种;越夏生产宜选用耐热、抗病毒病的品种。

### 4.4 品种选用

选用当地市场认可的瓜条、瓜瓢颜色和形状的品种,如津优 35、津优 36、津春 2 号等津优和津春系列;博耐 30、德瑞特 170、东美 405 等;中农 8 号、中农 26 等密刺型黄瓜品种;也可选用斯托克、戴多星、冬之光等小黄瓜品种。

## 5 育苗

### 5.1 种子处理

种子质量应符合 GB 16715.1 的要求。播种前去除瘪粒、小粒、破损粒和杂质,室内晾晒 2 d,可以进行育苗播种或直播于田间。温汤浸种,用清洁的小盆装入种子体积 5 倍的 55℃温水,将种子放入水中,不断搅动种子至水温 30℃,再浸泡 4 h～6 h。用清水投洗几遍,装入纱布袋,放在 28℃～30℃处催芽 24 h 左右。

### 5.2 播种

采用穴盘育苗或田间直播。

#### 5.2.1 播种量

黄瓜种子千粒重为 20 g～25 g,育苗和定植过程中要淘汰畸形、瘦弱苗,加上损耗,每亩应培育 3 500 株苗,用种量 100 g 左右。

#### 5.2.2 穴盘育苗

催芽出芽后播种于 50 穴穴盘或营养钵,然后覆盖营养土,上面盖地膜保湿提温。当 80% 出苗时撤下地膜。子叶破土前的育苗环境条件为白天 28℃～30℃、夜间 20℃。子叶破土后,白天的适宜温度为 28℃～30℃,夜间为 14℃～16℃。温室黄瓜育苗主要是调节温度、光照和水分。调节温度靠通风和保温,白天气温超过 30℃时要通风换气,低于 25℃时应关闭窗户;夜间最低气温保持在 10℃以上,同时,用保温被调节光照时间。

#### 5.2.3 田间直播

按株、行距定穴,播种深度 1 cm,然后覆土。要根据种子的出芽率确定每穴播种的粒数,或者在浸种催芽后播种以减少用种量。

### 5.3 嫁接育苗

#### 5.3.1 嫁接砧木

嫁接育苗以黑籽南瓜做砧木,采用插接或靠接进行嫁接育苗。插接法黄瓜晚播 1 d～2 d,采用顶插接;靠接法用营养钵育苗,黄瓜先播种 5 d～6 d。

#### 5.3.2 嫁接方法

##### 5.3.2.1 靠接

待南瓜播种 10 d 左右第 1 片真叶初展,黄瓜播种 15 d 左右开始嫁接。挖出南瓜和黄瓜幼苗,去掉南瓜顶心,用刀片在南瓜生长点下 0.5 cm～1 cm 处向下斜切一刀,角度 35°～40°,深为茎粗的 2/5,在黄瓜生长点下 1 cm～1.2 cm 处向上斜切一刀,角度 30°,深为茎粗的 3/5,然后接合,使黄瓜叶压在南瓜叶上面,互为"十"字形,用塑料夹固定,7 d～10 d 接口愈合后,切断黄瓜根。

##### 5.3.2.2 顶插接

待南瓜播种 10 d 左右第 1 片真叶初展,黄瓜播种 8 d～10 d,子叶即将展开时开始嫁接。去除砧木顶心,插入嫁接签,嫁接签紧贴子叶叶柄中脉基部向另一子叶叶柄基部成 45°左右斜插,插孔深度为嫁接签稍穿透破砧木下胚轴皮层,嫁接签暂不拔出。削接穗,拔取接穗苗,距子叶基部下方 0.5 cm～1.0 cm 处,斜削一刀,斜面长 0.7 cm～1.0 cm。将接穗插入到砧木中,拔出嫁接签将接穗斜削面向下插进砧木插孔,接口紧实,砧木子叶与接穗子叶交叉成"十"字形。

#### 5.3.3 嫁接苗管理

将嫁接苗置于苗床中,扣小拱棚保湿遮阳,棚内温度白天 25℃～28℃、夜间 18℃～20℃,3 d 逐渐撤去遮阳物,7 d 后实行全天见光。

### 5.4 炼苗

定植前 7 d,冬春育苗,保持白天 20℃～23℃,定植前 3 d～5 d,夜间气温可降至 5℃左右。夏秋季育苗,适当控制水分,逐渐减少遮阳网覆盖率,直到不覆盖。

## 6 整地与施基肥

### 6.1 整地

选择前茬为非瓜类作物的温室或大棚,要求土壤肥沃、保肥、保水、排灌方便。

前茬作物生产结束后,清除残株落叶杂草等,施足有机肥、深翻旋地、做畦浇足水,然后关闭棚膜进行高温消毒 20 d 以上。高温消毒后再次旋地、细耙,做 20 cm 的高畦。秋冬茬或越冬一大茬推荐做高畦后铺设滴灌管,采用滴灌方法浇水施肥。早春茬口在整地做畦后,铺盖地膜,提高地温。

### 6.2 施足基肥

施肥应符合 NY/T 394 的要求。每亩用量根据土壤的肥沃程度和有机肥类型确定,一般每亩用 3 000 kg～4 000 kg 商品有机肥或生物有机肥,或每亩用 4 000 kg～5 000 kg 充分腐熟的农家肥。化肥每亩可选用三元复合肥 10 kg～30 kg、钙肥 5 kg～10 kg(碱性土壤用过磷酸钙,酸性土壤用钙镁磷肥)、硫酸钾 20 kg～30 kg。

## 7 定植

选择壮苗定植。壮苗的标准是:3 片～4 片叶,10 cm～13 cm 株高,冬春季育苗的苗龄为 30 d 左右,夏秋季育苗的苗龄 20 d 左右,子叶绿色完好,真叶茎叶和叶柄夹角呈 45°,叶片平展,叶色深绿,有光泽,叶片厚,叶缘缺刻多、先端尖,叶脉粗。

黄瓜亩栽 2 200 株～2 500 株,行株距 75 cm×40 cm 或 90 cm×30 cm。定植深度:栽下的苗坨上表面与垄面齐平。

## 8 田间管理

### 8.1 环境调控

#### 8.1.1 生长期对环境要求

黄瓜喜温、光、湿,不耐旱,怕涝,积水易沤根产生涝害。生育期空气适温白天 25℃～32℃、夜间 15℃～18℃,昼夜温差 10℃～15℃为宜;适宜地温 20℃～25℃,不能低于 12℃。适宜土壤湿度为 85%～90%,空气湿度 70%～90%。光补偿点为 1 500 lx,光饱和点为 55 000 lx,在光饱和点以内,随着光照的增加,光合作用增强。

#### 8.1.2 环境调控

越冬茬黄瓜要加强通风换气,一般在卷起保温被后 1 h 可通风 20 min 排湿,然后关闭通风口提温;中午可再次打开通风口通风,通风时间长短视温室内的温度而定,温度高则通风时间长,温度低则缩短通风时间。阴天温度低时,可提早盖上保温被。

早春茬黄瓜根据黄瓜不同的生育阶段灵活掌握,初期宜高,中、后期适当降温,可以通过通风调节温度。

### 8.2 灌溉

#### 8.2.1 灌溉原则

黄瓜根系较浅,宜少量多次。

#### 8.2.2 春提早茬和春茬设施黄瓜

定植水和缓苗水:早春茬黄瓜定植时要浇小水,避免因水量过大造成地温下降、沤根;缓苗水在定植 3 d～7 d 后浇。随着天气转暖,定植水和缓苗水可适当增加水量。

缓苗至根瓜采收前:蹲苗,控制浇水。如果墒情差,酌情轻浇。

根瓜采收后盛果期:需水量增多,根据土壤的干湿情况浇水,保持土壤含水量75%～85%。结瓜早期,气温较低,需水量少。壤土或黏壤土,利用滴灌浇水每7 d浇1次水,每次每亩5 t～7 t。随着温度升高,需水量增加,滴灌浇水每3 d～4 d浇1次水,每次每亩7 t～10 t。

### 8.2.3 夏秋茬、秋延茬或越冬一大茬

定植水:浇大水,亩浇水量30 t～40 t。

缓苗水:定植后3 d浇缓苗水,根据土壤干湿程度决定浇水量,亩浇水7 t～10 t。

缓苗后到根瓜采收之前:控制浇水进行蹲苗,促进根系发育,增强植株抗逆性。如果墒情差,酌情轻浇。

根瓜采收后:气温较高时,每3 d～4 d浇1次水,每次每亩浇4 t～6 t;随着气温下降,浇水间隔时间延长,每7 d～10 d浇1次水,每次每亩浇3t左右。进入11月后,15 d～20 d浇1次水,浇水应选在晴天上午进行。

深冬季节:少浇水、浇小水,连阴天前以及连阴天不浇水,浇水必须在晴天上午进行。气候条件不好的情况有可能1个月都不能浇水。

### 8.3 合理追肥

施肥应符合NY/T 394的要求。黄瓜根系浅,追肥应当勤施轻施。

缓苗到根瓜采收之前一般不施肥,但如果地力差,可以追施一次。应使用N:P:K＝1:1:1的水溶性复合肥或尿素5 kg/亩。

根瓜采收后,结合灌水开始第1次追肥,滴灌每亩施3 kg/亩～4 kg/亩水溶性复合肥,膜下沟灌每亩施5 kg/亩～7.5 kg/亩复合肥。

盛瓜期:盛瓜期需要较多的钾元素,可施用含钾量高的水溶性复合肥。两水之间施1次肥,滴灌每次追施2 kg/亩～4 kg/亩的水溶性复合肥,沟灌每次追施5 kg/亩～7.5 kg/亩复合肥。深冬季节:少施化肥,可冲施腐殖酸、氨基酸类等肥料,促进根系生长。

### 8.4 植株调整

在植株展蔓前开始吊蔓。在每行黄瓜上方顺向拉设铁丝,把尼龙线上端绑在铁丝上,下端缠绕在秧苗子叶下部。随着植株的伸长,不断将瓜蔓缠绕在吊绳上。及时摘除侧枝和卷须,避免消耗养分。

黄瓜进入结果后期,应及时摘除老叶、黄叶和病叶,减少氧分消耗,利于通风透光。

### 8.5 病虫害防治

#### 8.5.1 防治原则

坚持"预防为主,综合防治"的原则,推行绿色防控技术,优先采用农业防治、物理防治和生物防治措施,配合使用化学防治措施。

#### 8.5.2 常见病虫害

主要病害:苗期立枯病、生育期白粉病、霜霉病、细菌性角斑病、灰霉病、枯萎病。

主要虫害:白粉虱、蚜虫、美洲斑潜蝇、蓟马。

#### 8.5.3 防治措施

##### 8.5.3.1 农业防治

选择综合抗逆性强的品种;合理轮作,不与瓜类作物重茬;消除田间杂草,减少病源、虫源;定植前进行土壤和设施内空间消毒;嫁接育苗;培育壮苗;加强通风,降低湿度。

##### 8.5.3.2 物理防治

阳光晒种,温汤浸种,夏季灌水高温闷棚;通风口使用60目的防虫网防虫;使用杀虫灯,悬挂黄色、蓝色黏虫板诱杀白粉虱和蓟马,每亩宜悬挂黏虫板60个(黄色蓝色各30个)。

##### 8.5.3.3 生物防治

提倡利用自然天敌如瓢虫、草蛉、蚜小蜂等对蚜虫自然控制。使用植物源农药、农用抗生素、生物农药等防治病虫,防治方法参见附录A。

### 8.5.3.4 化学防治

农药使用应符合 NY/T 393 的要求。主要病虫害化学防治方案参见附录 A。

## 9 采收与包装

适时早采根瓜,及时分批采收,产品质量应符合 NY/T 747 的要求。采收后应按大小、形状、品质进行分类分级,分别包装。包装应符合 NY/T 658 的要求。

## 10 生产废弃物处理

生产过程中及时清除老叶、病叶等残体。黄瓜落秧前摘除的老叶、病叶以及拉秧后将植株连根拔起的植株残体全部拉到指定的地点处理。拉秧后清理的地膜、杂草、农药包装盒等杂物也要拉到指定地点处理。

## 11 储藏与运输

储藏与运输应符合 NY/T 1056 的要求,适宜的储藏温度为 10℃～13℃,空气相对湿度保持在90%～95%。库内对码应保证气流均匀流通。运输前应进行预冷,运输过程中注意防冻、防雨、防晒、通风散热。

## 12 生产档案管理

生产者需建立生产档案,记录品种、施肥、病虫草害防治、采收以及田间操作管理措施;所有记录应真实、准确、规范,并具有可追溯性;生产档案应有专人专柜保管,至少保存 3 年。

附　录　A

（资料性附录）

绿色食品设施黄瓜生产主要病虫害化学防治方案

绿色食品设施黄瓜生产主要病虫害化学防治方案见表 A.1。

表 A.1　绿色食品设施黄瓜生产主要病虫害化学防治方案

| 防治对象 | 防治时期 | 农药名称 | 使用剂量 | 施药方法 | 安全间隔期,d |
|---|---|---|---|---|---|
| 立枯病 | 苗期病发生期 | 70%噁霉灵可湿性粉剂 | 1.25 g/m²～1.75 g/m² | 喷雾 | — |
| 白粉病 | 发病初期 | 250 g/L 吡唑嘧菌酯乳油 | 20 mL/亩～40 mL/亩 | 喷雾 | 2 |
| | 发病初期 | 250 g/L 嘧菌酯悬浮剂 | 60 mL/亩～90 mL/亩 | 喷雾 | 10 |
| 霜霉病 | 发病初期 | 58%甲霜·锰锌可湿性粉剂 | 150 mg/亩～180 mg/亩 | 喷雾 | 1 |
| | 发病初期 | 50%烯酰吗啉可湿性粉剂 | 35 g/亩～40 g/亩 | 喷雾 | 3 |
| | 发病初期 | 20%乙蒜素乳油 | 70 g/亩～87.5 g/亩 | 喷雾 | 5 |
| 细菌性角斑病 | 发病初期 | 2%春雷霉素水剂 | 140 mL/亩～175 mL/亩 | 喷雾 | 4 |
| | 发病初期 | 77%氢氧化铜可湿性粉剂 | 150 g/亩～200 g/亩 | 喷雾 | 3 |
| 灰霉病 | 发病初期 | 50%啶酰菌胺水分散粒剂 | 33 g/亩～47 g/亩 | 喷雾 | 2 |
| | 发病初期 | 40%嘧霉胺可湿性粉剂 | 63 g/亩～94 g/亩 | 喷雾 | 3 |
| 枯萎病 | 发病初期 | 3%氨基寡糖素水剂 | 600 倍～1 000 倍 | 灌根 | 10 |
| | 发病初期 | 50%甲基硫菌灵悬浮剂 | 60 g/亩～80 g/亩 | 喷雾 | 2 |
| 白粉虱 | 发生初期 | 10%吡虫啉可湿性粉剂 | 10 g/亩～20 g/亩 | 喷雾 | 7 |
| | 发生初期 | 4.5%联苯菊酯水乳剂 | 20 mL/亩～35 mL/亩 | 喷雾 | 4 |
| | 发生期高峰期 | 25%噻虫嗪水分散粒剂 | 10 g/亩～12 g/亩 | 喷雾 | 5 |
| 蚜虫 | 低龄若虫发生期 | 50%吡蚜酮水分散粒剂 | 10 g/亩～15 g/亩 | 喷雾 | 3 |
| | 发生初期 | 1.5%苦参碱可溶液剂 | 30 g/亩～40 g/亩 | 喷雾 | 10 |
| 美洲斑潜蝇 | 产卵盛期至幼虫孵化初期 | 10%灭蝇胺悬浮剂 | 100 mL/亩～150 mL/亩 | 喷雾 | 3 |
| 蓟马 | 发生始盛期 | 20%啶虫脒可溶液剂 | 7.5 mL/亩～10 mL/亩 | 喷雾 | 2 |
| 注:农药使用以最新版本 NY/T 393 的规定为准。 | | | | | |

# 绿色食品生产操作规程

LB/T 039—2018

# 长 江 流 域
## 绿色食品塑料大棚黄瓜生产操作规程

2018-04-03发布　　　　　　　　　　　　　　　　2018-04-03实施

**中国绿色食品发展中心** 发布

# 前　言

本规程由中国绿色食品发展中心提出并归口。

本规程起草单位:江西省绿色食品发展中心、江西农业大学、南京农业大学、萍乡市蔬菜研究所、武宁县农业局、中国绿色食品发展中心、湖北省绿色食品管理办公室、安徽省绿色食品管理办公室。

本规程主要起草人:万文根、杨寅桂、杜志明、肖旭峰、熊晓晖、娄群峰、万其其、王小凤、姚霖、周庆友、刘艳辉、杨远通、高照荣。

# 长江流域绿色食品塑料大棚黄瓜生产操作规程

## 1 范围

本规程规定了长江流域绿色食品塑料大棚黄瓜生产的产地环境条件、主要茬口与品种选择、育苗、施基肥与整地、定植、田间管理、采收与包装、运输与储存、生产档案管理和生产废弃物处理。

本规程适用于上海、江苏南部、浙江、安徽、江西、湖北、湖南、四川和重庆的绿色食品塑料大棚黄瓜生产。

## 2 规范性引用文件

下列文件对于本文件的应用是必不可少的。凡是注日期的引用文件，仅所注日期的版本适用于本文件。凡是不注日期的引用文件，其最新版本（包括所有的修改单）适用于本文件。

GB 3543　农作物种子检验规程

GB 4286　农药安全使用标准

GB 16715.1　瓜菜作物种子　第1部分：瓜类

GB/T 8321（所有部分）　农药合理使用准则

NY/T 391　绿色食品　产地环境质量

NY/T 393　绿色食品　农药使用准则

NY/T 394　绿色食品　肥料使用准则

NY/T 658　绿色食品　包装通用准则

NY/T 1056　绿色食品　贮藏运输准则

## 3 产地环境条件

产地环境条件应符合NY/T 391的规定。选择地势高燥、排灌方便、透气性良好、富含有机质、pH 5.5～7.5、耕作层深30 cm以上的壤土或沙质壤土，前茬1年～2年未种过瓜类作物的地块。

## 4 主要茬口与品种选择

### 4.1 主要茬口

塑料大棚春提早栽培于1月下旬至2月上旬播种，2月下旬至3月上旬定植，4月中旬开始上市；塑料大棚秋延后栽培于7月下旬至8月上旬播种，8月中下旬定植，10月上旬至10月中旬开始上市。

### 4.2 品种选择

#### 4.2.1 品种选择原则

依当地气候条件、栽培季节和市场需求选择适宜品种，并注意保持品种多样性。要求选择抗病、优质、高产、耐储运、商品性能佳的品种。

#### 4.2.2 品种选择

大棚春提早栽培应选择津优10号、津绿3号、津优3号、南水2号、南水3号、中农8号和赣黄瓜2号等早熟、耐寒、单性结实能力强、丰产和抗病的品种；大棚秋延后栽培应选择津优38号、南抗1号、鄂黄瓜1号、华黄1号和德瑞特39等高抗病毒、耐热、耐寒和耐弱光的品种。

## 5 育苗

### 5.1 育苗设施设备与消毒

#### 5.1.1 育苗设施设备

育苗设施一般为连栋温室、日光温室、塑料大棚等;冬春育苗配套加温、补光、通风、灌溉等设备,夏秋育苗配套降温、遮阳、通风、灌溉等设备。

#### 5.1.2 育苗设施设备的消毒

育苗场地、拱棚、棚膜、保温被及整个生产环节所用到的器具都要进行消毒。场地棚膜等用多菌灵烟雾剂密闭消毒;使用过的基质及操作工具用次氯酸钠(0.3%～1.0%)消毒,方法是将基质及操作工具在水池浸泡 0.5 h 以上,然后用清水冲洗,以消除残留氯,并将基质摊开暴晒 2 d 后方可使用。

### 5.2 营养土与基质配制

#### 5.2.1 营养土配制

按无菌土与有机肥 6∶4 或 7∶3 的比例配制肥土,每立方米肥土加钙镁磷肥 3 kg、硫酸钾 0.3 kg,充分混匀,配成育苗营养土。育苗营养土所用土壤采自菜园或肥沃大田,所用有机肥为充分腐熟的畜禽粪便或动植物残体。

#### 5.2.2 基质配制

现代育苗使用草炭与珍珠岩以体积比 7∶3 配制的轻质基质,每立方米基质加入 0.8 kg 40%(N∶$P_2O_5$∶$K_2O$ 为 20∶10∶20)或 1.2 kg 45%(N∶$P_2O_5$∶$K_2O$ 为 15∶15∶15)复合肥,混合均匀。也可根据不同地区育苗实际自行配制育苗基质,如草炭 7 份、珍珠岩 2 份、充分发酵后的有机肥 1 份,充分混匀。

### 5.3 种子处理

种子质量应符合 GB 16715.1 要求。依品种及其千粒重的差异,每亩用种量为 90 g～120 g,浸种前去除瘪粒、小粒、破损粒和杂质,室内晾晒 2 d。

### 5.4 浸种催芽

#### 5.4.1 浸种

温汤浸种:在 50℃～55℃ 热水中浸种 15 min～20 min,不停地搅拌,再用 30℃ 温水浸种 6 h～8 h,反复搓去种子表面上的杂质,清洗干净催芽。

#### 5.4.2 催芽

浸种后保持种子湿润,在 28℃～30℃ 催芽 18 h 左右,其间清洗 1 次～2 次,至种子 70% 露白时播种。

### 5.5 播种

用穴盘或营养钵育苗。播种前准备好苗床,苗床宽 1.2 m,一般用 72 孔的标准穴盘,嫁接育苗用 50 孔育苗穴盘,或用 8 cm×8 cm 营养钵,每亩黄瓜需备苗床 10 m²。营养土或基质装盘(钵)时略低于育苗孔或营养钵,每穴(钵)播种 1 粒,将种子平放,芽尖向下,播完后均匀地浇足底水,再覆盖 0.5 cm～1 cm 的营养土,覆盖薄膜或遮阳网保湿。

### 5.6 苗期管理

春提早黄瓜播种 2 d～3 d 出苗后立即揭去地膜,搭小拱棚保温、保湿,白天控制在 20℃～28℃,夜温控制在 15℃～18℃;夏秋育苗加盖遮阳网降温,保持土壤湿润,浇水宜在清晨进行。幼苗 2 叶时叶面喷0.2%磷酸二氢钾。定植前 7 d 控制水分。春季苗龄 30 d～35 d、3 叶～4 叶 1 心,夏秋季苗龄 15 d～20 d、2 叶 1 心,即可定植。

### 5.7 嫁接育苗

#### 5.7.1 嫁接砧木

嫁接育苗以黑籽南瓜做砧木,采用插接、靠接或贴接进行嫁接育苗。插接法黄瓜晚播 3 d～5 d,采用顶插接;靠接或贴接法黄瓜先播种 5 d～7 d,嫁接后的苗栽植于营养钵中。

#### 5.7.2 嫁接方法

##### 5.7.2.1 靠接

待南瓜播种 10 d 左右第 1 片真叶初展,黄瓜播种 15 d 左右开始嫁接。挖出南瓜和黄瓜幼苗,去掉南瓜顶心,用刀片在南瓜生长点下 0.5 cm～1 cm 处向下斜切一刀,角度 35°～40°,深为茎粗的 2/5,在黄瓜生长点下 1 cm～1.2 cm 处向上斜切一刀,角度 30°左右,深为茎粗的 3/5,然后接合,砧木子叶与接穗子叶交叉成"＋"形,用塑料夹固定,7 d～10 d 接口愈合后,切断黄瓜根。

#### 5.7.2.2 顶插接

待南瓜播种 10 d 左右第 1 片真叶初展,黄瓜播种 8 d～10 d,子叶即将展开时开始嫁接。去除砧木顶心,插入嫁接签,嫁接签紧贴子叶叶柄中脉基部向另一子叶叶柄基部成 45°左右斜插,插孔深度为嫁接签梢穿破砧木下胚轴皮层,嫁接签暂不拔出。拔取接穗苗,距子叶基部下方 0.5 cm～1.0 cm 处,斜削一刀,斜面长 0.7 cm～1.0 cm。拔出嫁接签将接穗斜削面向下插进砧木插孔,接口紧实,砧木子叶与接穗子叶交叉成"＋"形。

#### 5.7.3 嫁接苗移栽

把嫁接苗移栽到直径为 8 cm～10 cm 的营养钵内,靠接苗移栽时将南瓜苗与黄瓜苗分开栽,南瓜苗在营养钵中央,黄瓜苗在边上。将营养钵置于苗床中,扣小拱棚保湿遮阳,棚内温度白天 25℃～28℃,夜间 18℃～20℃,3 d 逐渐撤去遮阳物,7 d 后实行全天见光。健壮嫁接苗要求株高 10 cm～13 cm,茎粗 0.6 cm～0.7 cm,3 叶～4 叶 1 心,苗龄 35 d～40 d。

### 5.8 炼苗

定植前 7 d,冬春育苗,保持白天 20℃～23℃,定植前 3 d～5 d,夜间气温可降至 5℃左右。夏秋季育苗,适当控制水分,逐渐减少遮阳网覆盖率,直到不覆盖。

## 6 施基肥与整地

### 6.1 施基肥

肥料的选择和使用应符合 NY/T 394 的规定。以腐熟的有机肥作基肥,施用量可视土壤营养状况及有机肥的质量而定。每 1 000 kg 商品氮(N)1.9 kg～2.7 kg、磷($P_2O_5$)0.9 kg～1.2 kg、钾($K_2O$)3.5 kg～4.0 kg、钙(Ca)2.9 kg～3.9 kg、镁(Mg)0.6 kg～0.8 kg。通常每亩可施入腐熟厩肥 2 500 kg～3 000 kg 或商品有机肥 500 kg,另加磷酸二铵 30 kg、硫酸钾 20 kg。

### 6.2 整地

定植前清除前茬残留物,深翻晒土 1 周,施入基肥后整地,采用高畦栽培,畦宽 1.3 m～1.5 m,沟深 25 cm～30 cm,整地后沟施化肥,按栽培密度布置滴灌带,覆盖地膜或无纺布。

### 6.3 大棚准备与消毒

#### 6.3.1 大棚准备

定植前 15 d～20 d 及时扣棚膜和防虫网,夏秋季栽培最好在顶膜上加盖遮阳网。

#### 6.3.2 大棚消毒

秋延后栽培可采用高温闷棚消毒,先消除前茬病株残体并彻底清洁温室大棚,再对土壤进行深翻,随后灌大水,然后用聚乙烯塑料薄膜全面覆盖棚内土壤,再在太阳下密闭暴晒 15 d～25 d。

春提早栽培可用熏蒸消毒,先密闭塑料棚膜及放风口,每 100 m³ 用硫黄粉 250 g,加锯末 500 g 放在瓦片或铁片上,从棚内往外依次点燃,然后密闭门口,在 19:00 左右开始,熏蒸 24 h～48 h,定植前打开棚室通风口放风,待药味散尽后方可定植。

## 7 定植

当 10 cm 地温稳定在 12℃以上时可进行定植,每亩密度为 2 600 株～3 000 株,每畦种 2 行,株距 35 cm～40 cm,行距 70 cm～80 cm,定植深度以营养土表面与地面平齐为宜,定植后灌透水,注意保温保湿,促进缓苗。

## 8 田间管理

### 8.1 温度管理

#### 8.1.1 缓苗期

大棚春提早栽培缓苗期白天棚温 25℃～30℃,夜间 12℃～15℃;缓苗前春提早栽培遇阴雨天,要揭除草帘等覆盖物以增强光照,晴天棚温达 32℃以上时需适当通风降温;秋延后栽培要遮阳降温,前期多通风,使棚内温度不超 30℃。

#### 8.1.2 缓苗后至结瓜前

缓苗后至结瓜前控制棚温白天 25℃～28℃,夜间 12℃～15℃;加强放风散湿,夜间在棚顶留放风口,夜间棚外最低温度达 15℃以上时,可昼夜放风。

#### 8.1.3 结瓜期

进入结瓜期,白天温度应控制在 25℃～30℃、夜间温度应控制在 13℃～18℃。

### 8.2 湿度管理

根据黄瓜不同生育阶段对湿度的要求和控制病虫害的需要,最佳空气相对湿度的调控指标是缓苗期 80%～90%。开花结果期空气相对湿度控制在 7:00～13:00 60%～70%,13:00～18:00 60%左右,18:00～24:00 80%～90%,24:00 至次日 7:00 90%。利用滴灌或暗灌,通风排湿,温度调控等措施控制在最佳指标范围。

### 8.3 光照管理

采用透光性好的无滴防老化膜,冬春季节保持膜面清洁,白天揭开保温覆盖物,尽量增加光照强度和时间。夏秋季节定植,初期适当遮阳降温。

### 8.4 肥水管理

#### 8.4.1 水分管理

定值后及时浇水,3 d～5 d 浇缓苗水 1 次,缓苗后至初花期控制灌水,至根瓜坐住后,再浇水追肥,土壤湿度保持 60%～70%,夏秋茬保持在 75%～85%。

#### 8.4.2 追肥

依黄瓜长势状况和生育期长短进行追肥,肥料的使用应符合 NY/T 394 的要求。定植至坐瓜前,不追肥;根瓜采收后,加强肥水管理,前期每隔 10 d～15 d 灌水 1 次,进入盛果期后,采收 2 次灌水 1 次,并结合喷药,用 0.1%～0.2%磷酸二氢钾叶面喷施追肥,后期用 0.2%～0.3%的尿素或磷酸二氢钾进行叶面追肥。地膜覆盖滴灌栽培的结合灌水进行追肥。如遇到低温不便通风情况,应增施 $CO_2$ 气体肥料,使保护地内 $CO_2$ 含量达 800 $cm^3/m^3$～1 000 $cm^3/m^3$。

### 8.5 植株调整

#### 8.5.1 引蔓

当植株高约 30 cm 时,用尼龙绳或塑料绳吊蔓;或用长 2.0 m～2.5 m 的竹竿搭架,每株 1 根竹竿,引蔓上架。

#### 8.5.2 植株调整

黄瓜以主蔓结瓜为主,对非雌性系品种,第 1 雌花以下侧枝全部打掉,7～8 节以下不留瓜,中上部侧枝可留 1 瓜后留 2 叶摘心。当结瓜部位上移后,及时摘除基部老化感病叶片,改善通风透光条件;应摘除卷须和雄花,减少营养消耗。用尼龙绳或塑料绳吊蔓的可解绳盘蔓,使茎顶端始终保持离地面 1.5 m～1.7 m。

### 8.6 授粉

黄瓜人工辅助授粉可提高坐瓜率,开花后采下雄花蕊对准雌花柱头轻抹几次,减少脱落和畸形瓜。单性结实能力强的品种不需进行工辅助授粉。

#### 8.7 病虫草害防治

##### 8.7.1 常见病虫草害

###### 8.7.1.1 常见病害

黄瓜病害有真菌性、细菌性和病毒性病害。其中主要病害有:猝倒病、立枯病、霜霉病、白粉病、灰霉病、枯萎病、炭疽病、疫病等真菌性病害,细菌性角斑病,黄瓜花叶病毒(CMV)、烟草花叶病毒(TMV)和南瓜花叶病毒(SMV)侵染所致病毒性病害。

###### 8.7.1.2 常见虫害

黄瓜主要害虫有蚜虫、白粉虱、瓜实蝇、瓜绢螟、斜纹夜蛾、黄守瓜、红蜘蛛、美洲斑潜蝇。

###### 8.7.1.3 常见草害

黄瓜田间主要杂草有双子叶杂草马齿苋、铁苋菜、荠菜、蒲公英、车前草、夏枯草等;单子叶杂草牛筋草、旱稗、看麦娘、早熟禾等。

##### 8.7.2 防控技术

###### 8.7.2.1 农业防治

a) 品种:针对当地主要病虫控制对象,选用高抗多抗的品种。

b) 种植制度:通过与非瓜类作物轮作,合理选择不同作物实行间作或套作,辅以良好的栽培管理措施,合理的作物布局等。

c) 翻耕整地:采用耕翻整地和改变土壤环境,可使生活在土壤中和以土壤、作物根茬为越冬场所的有害生物经日晒、干燥、冷冻、深埋或被天敌捕食等而被治除。

d) 播种:调节播种期、密度、深度等。

e) 田间管理:包括水分调节、合理施肥以及清洁田园等措施。保持瓜田清洁,发现病株和病叶要及时清除,深埋或烧毁,病株穴要用药剂进行消毒处理。科学施肥,控制氮肥使用,培育壮苗。全膜覆盖棚内地面,降低湿度,减少病害。

f) 采收:及时清理瓜地,移除病叶、虫叶、老叶,保持田园清洁。

###### 8.7.2.2 物理防治

a) 覆盖防虫网、塑料薄膜、遮阳网等,阻止害虫和病原菌进入棚室,从而减轻病虫害发生。

b) 利用害虫对灯光、颜色和气味的趋向性诱杀或驱避害虫,如黄色黏虫板可诱杀白粉虱、蚜虫、瓜实蝇、美洲斑潜蝇等害虫;覆盖银灰色地膜驱避蚜虫等;频振杀虫灯诱杀瓜绢螟、斜纹夜蛾等害虫;糖醋液可诱杀地下害虫。

c) 选择适宜的温度和处理时间,以能有效地杀死病原物而不损害植物。如温汤浸种,杀灭或钝化病原菌;利用覆盖塑料薄膜进行高温闷棚,杀灭棚内及土壤表层的病原菌、害虫和线虫等。

d) 覆盖有色地膜或无纺布防治杂草。

###### 8.7.2.3 生物防治

a) 利用微生物防治。常见的有应用真菌、细菌、病毒和能分泌抗生物质的抗生菌,如微生物农药苏云金杆菌(Bt)制剂、多杀霉素等。植物源农药,如除虫菊酯、苦参碱、苦楝、川楝等。如白粉虱、蚜虫,红蜘蛛等用2%印楝素乳油1 000倍～2 000倍液。

b) 利用捕食性天敌防治。这类天敌很多,主要为食虫、食鼠的脊椎动物和捕食性节肢动物两大类。鸟类有山雀、灰喜鹊、啄木鸟等捕食害虫的不同虫态。鼠类天敌除黄鼬、猫头鹰、蛇等,节肢动物中捕食性天敌除瓢虫、螳螂、蚂蚁等昆虫外,还有蜘蛛和螨类。

###### 8.7.2.4 化学防治

应符合GB 4286、GB/T 8321(所有部分)的要求和NY/T 393的规定,严禁使用剧毒、高毒、高残留农药。化学防治方法参见附录A。

## 9 采收与包装

### 9.1 采收

黄瓜以嫩瓜供食,一般雌花开花后 8 d～12 d 采收,适时采摘根瓜,防止坠秧,及时分批采收,结果盛期 1 d～2 d 采收 1 次。采收时用剪刀把黄瓜剪下,轻拿轻放,防止机械损伤,分级包装上市。

### 9.2 包装

应符合 NY/T 658 的要求。按产品的品种、规格分别包装。

## 10 运输与储存

应符合 NY/T 1056 的要求。

### 10.1 运输

运输工具清洁、卫生、无污染;装运时做到轻装、轻卸、严防机械损伤。运输过程中注意防冻、防雨淋、防晒、通风散热,严禁与有害有毒物质混装。长途运输时应冷藏,可采用加冰制冷或机械制冷方法冷却到规定的温度。

### 10.2 储存

储存时应按品种、规格分别储存。储存温度应保持在 10℃～12℃,储存空气相对湿度保持在 90%～95%。库内堆码应保证气流均匀流通。

## 11 生产档案管理

建立绿色食品黄瓜生产档案。应详细记录产地环境条件、生产技术、肥水管理、病虫害的发生和防治措施、采收及采后处理等情况并保存记录 3 年以上。

## 12 生产废弃物的处理

黄瓜生产中产生的主要废弃物有使用的农药包装袋(瓶)、农膜、架材和植株残体等,应及时进行无害化处理,使用的农药包装袋(瓶)、农膜应集中回收再生加工利用,不可随处堆放。植株残体可集中堆沤充分发酵后作为有机肥回田,增加土壤的有机质,改良土壤,培肥地力。

附　录　A

（资料性附录）

长江流域绿色食品塑料大棚黄瓜生产主要病虫草害化学防治方案

长江流域绿色食品塑料大棚黄瓜生产主要病虫草害化学防治方案见表 A.1。

表 A.1　长江流域绿色食品塑料大棚黄瓜生产主要病虫草害化学防治方案

| 防治对象 | 防治时期 | 农药名称 | 使用剂量 | 施药方法 | 安全间隔期，d |
|---|---|---|---|---|---|
| 猝倒病 | 苗期 | 722 克/升霜霉威水剂 | 3 330 mL/亩～5 328 mL/亩 | 苗床浇灌 | 15 |
| 霜霉病 | 发生期 | 80%波尔多液可湿性粉剂 | 97 g/亩～125 g/亩 | 喷雾 | 15 |
| | 发生初期 | 80%嘧菌酯水分散粒剂 | 10 g/亩～15 g/亩 | 喷雾 | 5 |
| 白粉病 | 发生期 | 50%硫黄悬浮剂 | 160 g/亩～190 g/亩 | 喷雾 | 10 |
| | 发生期 | 70%甲基硫菌灵可湿性粉剂 | 40 g/亩～48 g/亩 | 喷雾 | 10 |
| 灰霉病 | 发生期 | 25%嘧霉胺可湿性粉剂 | 120 g/亩～150 g/亩 | 喷雾 | 7 |
| 枯萎病 | 发生期 | 50%氢铜·多菌灵可湿性粉剂 | 80 g/亩～100 g/亩 | 灌根 | 14 |
| 炭疽病 | 发生期 | 25%吡唑醚菌酯悬浮剂 | 20 mL/亩～40 mL/亩 | 喷雾 | 1 |
| 疫病 | 发生期 | 50%烯酰吗啉可湿性粉剂 | 30 g/亩～40 g/亩 | 喷雾 | 2 |
| 细菌性角斑病 | 发生期 | 2%春雷霉素水剂 | 140 mL/亩～175 mL/亩 | 喷雾 | 4 |
| 蚜虫 | 发生期 | 70%啶虫脒水分散粒剂 | 1.7 g/亩～3.4 g/亩 | 喷雾 | 3 |
| | | 22%氟啶虫酰胺悬浮剂 | 7.5 mL/亩～12.5 mL/亩 | 喷雾 | 3 |
| 白粉虱 | 发生期 | 25%噻虫嗪水分散粒剂 | 10 g/亩～12.5 g/亩 | 喷雾 | 5 |
| | | 4.5%联苯菊酯水乳剂 | 20 mL/亩～35 mL/亩 | 喷雾 | 4 |
| 美洲斑潜蝇 | 发生期 | 80%灭蝇胺可湿性粉剂 | 9 g/亩～14 g/亩 | 喷雾 | 3 |
| 杂草 | | 72%异丙甲草胺乳油 | 15 mL/亩～20 mL/亩 | 喷雾 | 30 |
| | | 10%精喹禾灵乳油 | 32 mL/亩～43 mL/亩 | 喷雾 | 30 |

注：农药使用以最新版本 NY/T 393 的规定为准。

# 绿色食品生产操作规程

LB/T 040—2018

# 长江中下游
# 绿色食品塑料大棚辣椒生产操作规程

2018-04-03 发布

2018-04-03 实施

中国绿色食品发展中心 发布

# 前　言

本规程由中国绿色食品发展中心提出并归口。

本规程起草单位:湖南省绿色食品办公室、湖南省蔬菜研究所、中国绿色食品发展中心、安徽省绿色食品管理办公室。

本规程主要起草人:刘萍、戴雄泽、张志华、汪端华、杜先云、王培根、张勤。

# 长江中下游绿色食品塑料大棚辣椒生产操作规程

## 1 范围

本规程规定了长江中下游绿色食品塑料大棚辣椒的产地环境、栽培季节、品种选择、播种育苗、定植、田间管理、采收、生产废弃物处理、储藏及生产档案管理。

本规程适用于上海、江苏、浙江、安徽、湖北、湖南的绿色食品塑料大棚辣椒生产。

## 2 规范性引用文件

下列文件对于本文件的应用是必不可少的。凡是注日期的引用文件,仅注日期的版本适用于本文件。凡是不注日期的引用文件,其最新版本(包括所有的修改单)适用于本文件。

GB 16715.3　瓜菜作物种子　茄果类

NY/T 391　绿色食品　产地环境质量

NY/T 393　绿色食品　农药使用准则

NY/T 394　绿色食品　肥料使用准则

NY/T 655　绿色食品　茄果类蔬菜

NY/T 658　绿色食品　包装通用准则

NY/T 1056　绿色食品　贮藏运输准则

## 3 产地环境

生产基地环境应符合 NY/T 391 的规定;选择连续 3 年未种植过茄果类作物,土壤疏松肥沃,排灌便利;基地应相对集中连片,距离公路主干线 100 m 以上,交通方便。

## 4 栽培季节

### 4.1 早春茬

大苗越冬,2 月中下旬大棚加小拱棚定植,4 月上中旬始收,6 月下旬结束,以早期产量为主要生产目的。

### 4.2 秋冬茬

7 月上中旬播种,8 月中旬大棚定植,9 月下旬始收,冬季多层保温,可采收至翌年春节前后。据市场价格,采收青椒和红椒供应市场。

## 5 品种选择

### 5.1 选择原则

辣椒有长灯笼椒(泡椒)、牛角椒、线椒、朝天椒四大类型,生产者首先确定辣椒类型并选择品种。早春茬大棚种植,选择早熟、耐低温弱光、抗病、前期产量高、商品性好的品种;秋冬茬大棚种植,选择前期耐高温、后期耐低温、抗病性强、结果集中、高产稳产的早中熟品种。

### 5.2 品种选用

根据目标市场和栽培茬口要求,长江中下游塑料大棚辣椒种植可推荐选用的品种,长灯笼泡椒类型:福湘碧秀、福湘翠秀、早春、订椒薄皮王、大果虎皮、苏椒 15 号、苏椒 16 号、苏椒 17 号、苏椒 14 号等品种,尖椒类型:兴蔬 215、兴蔬 201、皱皮椒、辣天下 8 号、艳椒 11 号等,线椒类型:兴蔬 301、博辣 6 号、博辣 8 号等。

## 6 播种育苗

### 6.1 播种量

辣椒大棚栽培,一般每亩定植 2 500 株～3 000 株,种子量为 30 g 左右。

### 6.2 育苗方法

选择排水良好,通风透光的塑料大棚做育苗棚。早春茬采用 72 孔穴盘或直播分苗等方法,秋冬茬采用 72 孔穴盘、漂浮育苗、苗床育苗等方法。播种前将育苗基质浇透水,播种后用 1.0 cm 厚的基质覆盖。

### 6.3 种子处理

#### 6.3.1 种子质量

种子质量应符合 GB/T 16715.3 中一级良种以上的标准。

#### 6.3.2 种子处理

播种前将种子晾晒 1 d,用 55℃温水浸种 30 min,不断搅拌,转入常温下浸种 4 h～6 h,然后再转移到药水中浸泡:1%的硫酸铜溶液浸种 5 min～6 min,防治炭疽病和疮痂病;10%的磷酸三钠溶液浸种 20 min～30 min,防治病毒病。取出种子,用清水反复冲洗,沥去多余的水分,立即催芽播种。

#### 6.3.3 催芽

浸种和消毒后,将种子放入 28℃～30℃的恒温箱中催芽,并每隔 12 h 翻动种子 1 次,一般 3 d～5 d 出芽,75%的种子出芽(露白)即可播种。

### 6.4 育苗

#### 6.4.1 早春茬

##### 6.4.1.1 播种

9 月下旬至 10 月上旬播种为宜。穴盘育苗,一般用 72 孔穴盘育苗。集中育苗后再分苗的,播种量一般每平方米 10 g,播种后覆盖地膜或遮阳网,70%左右种子出苗后,揭开覆盖物,及时间苗。

出苗前,保持苗床温度 25℃～28℃,齐苗后温度降至 20℃～25℃。2 片～3 片真叶,白天温度保持在 23℃～28℃,夜间可降到 15℃～18℃,用 25%多菌灵 500 倍液喷施 1 次。保持床土见干见湿,防止徒长。幼苗叶片变黄,表现缺肥,可用 0.3%磷酸二氢钾和 0.2%尿素混合液叶面辅助追肥 1 次～2 次。

##### 6.4.1.2 分苗

辣椒幼苗 2 片～3 片真叶为最佳分苗时期。分苗有苗床分苗、营养钵分苗和穴盘分苗等方式。苗床假植密度以每平方米 100 株为宜。辣椒分苗后缓苗期 3 d～5 d,注意保湿,中午前后若温度超过 30℃可短期覆盖遮阳网。

##### 6.4.1.3 越冬管理

长江流域 11 月上旬出现早霜,温度逐渐下降。11 月至翌年 2 月保温是培育壮苗的关键期,一般采用 2 层～3 层塑料膜覆盖,大棚温度不低于 10℃。长时间温度低于 5℃,应考虑补温,防冷害、冻害。

##### 6.4.1.4 炼苗

定植前 10 d,应逐渐加大放风量,培育壮苗。

#### 6.4.2 秋冬茬

##### 6.4.2.1 播种

7 月中旬至 8 月上旬均可播种。以采收红椒为主的,播种期不迟于 7 月 20 日;采用 72 孔穴盘基质育苗或漂浮育苗方法。苗床育苗,播种量一般每平方米 3 g,播种后覆盖遮阳网保湿,70%左右种子出苗后,揭开覆盖物。

##### 6.4.2.2 管理

7 月温度高,通过覆盖遮阳网调节温度,及时防控蚜虫和粉虱,预防幼苗带毒下田。苗龄以 30 d 左右为宜。

## 6.5 壮苗标准

株高 18 cm~20 cm、6~7 片真叶,叶色浓绿、肥厚、无病斑、无虫害;生长健壮,根坨成型,根系粗壮发达。

## 7 定植

### 7.1 定植前准备

#### 7.1.1 整地施肥

在定植前 15 d 整好地,整地分 2 次。第 1 次深耕前每亩施入生石灰 75 kg,第 2 次深耕前每亩施入生物有机肥 300 kg~400 kg 和三元复合肥 25 kg~30 kg,使用的基肥应符合 NY/T 394 规定。采用高畦栽培,畦面根据大棚结构而定,畦宽 0.9 m、沟宽 0.4 m、畦高 0.2 m。

#### 7.1.2 开排水沟

长江流域雨水多,大棚外排水非常关键,宜修好大棚两侧排水沟和周围的围沟,保证大雨后排水顺畅,不渍水。

### 7.2 定植时间

早春茬选择 1 月下旬至 2 月上旬的冷尾暖头晴天定植,秋冬茬选择 8 月中下旬的阴天或晴天下午定植。

### 7.3 定植密度

定植时每畦栽 2 行,株距为 25 cm~30 cm,每亩栽 2 500 株~3 000 株;定植深度以不埋没子叶为宜,定植后及时浇定根水。

## 8 田间管理

### 8.1 温湿度管理

#### 8.1.1 早春茬温湿度管理

长江流域 3 月以前温度低、光照弱,以保温防冻为主,后期注意通风降温。定植后 5 d~7 d 将大棚、内棚和小拱棚围严增温,促缓苗。缓苗后白天温度保持在 25℃~30℃,空气相对湿度 70% 以上。棚内温度高于 30℃ 及时揭开内膜和小拱棚放风,降至 26℃ 时,停止通风;当夜间温度低于 10℃ 时,三层覆盖保温。晴天及时揭开内膜和小拱棚,增加光照。夜间棚内温度在 15℃ 以上时,应昼夜通风,可揭开大棚围膜通风降温,保留大棚顶膜防雨。

#### 8.1.2 秋冬茬温湿度管理

辣椒定植后到 9 月上旬,长江流域气温高、阳光强,以降温和防雨为主。定植后可在大棚顶膜上加盖黑色遮阳网,四周围膜揭开、昼夜通风;下雨时盖好棚膜,防止雨水进入大棚内。中期(9 月中旬至 11 月),气温适宜,也是辣椒生长发育旺盛期,以促进坐果为主。当外界最高温降至 30℃,揭去遮阳网;当夜间气温降至 16℃ 以下,晚上四周围膜放下保温,温度超过 30℃ 通风降温。12 月以后,应加强防寒保温。当夜间气温低于 12℃ 时,在大棚内扣小棚。气温低于 8℃,小棚上加盖草帘或无纺布。气温降至 0℃ 以下时,可在小棚上先盖一层无滴膜,再盖一层无纺布,上面再盖一层旧农膜进行多层覆盖保温。为改善光照,小棚上的覆盖物应每天早揭晚盖。

### 8.2 水分管理

#### 8.2.1 早春茬水分管理

春季雨水较多,应及时清除大棚外沟,防止雨水进入大棚。前期浇足定植水,初花坐果时适量浇水,保持土壤相对湿度 70% 左右。后期干旱时及时灌水。

#### 8.2.2 秋冬茬水分管理

保持大棚内土壤湿润,促进辣椒植株生长是秋延后栽培的关键。定植后到11月上旬,棚内土壤保持湿润。定植后浇足底水,生长期可采用小水沟灌和膜下滴灌相结合的方法保持土壤湿润,但切忌忽干忽湿和大水漫灌。11月中旬后,土壤湿度可适当降低,要保持一定的湿度。

### 8.3 追肥

使用追肥应符合 NY/T 394 规定。定植成活后,可根据植株生长情况追肥,一般每亩用三元复合肥5 kg~8 kg加尿素5 kg。第1次采果后(青果)应重施1次追肥,每亩施三元复合肥15 kg,也可在距植株部最远处打穴深埋。盛果期再次重施1次追肥。根据辣椒苗生长情况,每采摘一批果后用0.2%磷酸二氢钾叶面喷施。

### 8.4 整枝

门椒以下的侧枝及时抹掉,结果期将植株下部的老叶、病叶打掉。四门斗椒坐果后,隔行将上部保留1片~2片叶剪去促进继续抽枝结果。炎热季节,植株生长茂密时,随时剪去多余枝条或已结过果的枝条,疏去病叶病果。

### 8.5 病虫害防治

#### 8.5.1 防治原则

按照"预防为主,综合防治"的植保方针,坚持以"农业防治、物理防治、生物防治为主,化学防治为辅"的原则。

#### 8.5.2 主要病虫害

病害主要有猝倒病、立枯病、疫病、灰霉病、疮痂病、病毒病、炭疽病等;虫害主要有蚜虫、烟粉虱、蓟马、茶黄螨和烟青虫等。

#### 8.5.3 防治措施

##### 8.5.3.1 农业防治

选用抗病品种,实行2年~3年轮作,深耕晒垡,培育壮苗,创造适宜的生育环境条件,增施经无害化处理的有机肥,适量使用化肥,清洁田园,病株残枝及时带出田园,集中处理。全生育期覆盖棚膜,防止雨水对植株冲淋。

##### 8.5.3.2 物理防治

采用晒种、温汤浸种、夏季灌水高温闷棚、防虫网阻隔、银膜驱避、灯光诱杀、施性诱剂等措施防治病虫。每亩大棚内挂黄板40块,均匀挂在棚内离辣椒植株顶10 cm~20 cm处,防治蚜虫和粉虱危害。

##### 8.5.3.3 生物防治

利用自然天敌如瓢虫、草蛉、蚜小蜂等对蚜虫自然控制。使用植物源农药、农用抗生素、生物农药等防治病虫,如苏云金杆菌、枯草芽孢杆菌、苦参碱、浏阳霉素、农抗武夷菌素、印楝素等生物农药防治病虫害。

##### 8.5.3.4 化学防治

农药使用应符合 NY/T 393 的规定。严格按照农药安全使用间隔期用药,具体病虫害化学防治方案参见附录A。

## 9 采收

根据市场需求和辣椒商品成熟度分批及时采收。产品应符合 NY/T 655 规定。包装应符合 NY/T 658 的规定。对于采收后未及时上市的辣椒应放在4℃的冷库中进行短期储藏保鲜。

## 10 生产废弃物处理

生产过程中,农药、投入品等包装袋应集中收集掩埋,绿色食品生产中建议使用可降解地膜或无纺布地膜,减少对环境的危害。生产后期的辣椒秸秆一般采用集中粉碎,堆沤有机肥料循环利用。

## 11 储藏

储藏设施、周围环境、卫生要求、出入库、堆放等应符合 NY/T 1056 的要求。

## 12 生产档案管理

生产者应建立生产档案,记录品种、施肥、病虫草害防治、采收以及田间操作管理措施;所有记录应真实、准确、规范,并具有可追溯性;生产档案应有专人专柜保管,至少保存 3 年。

附　录　A

（资料性附录）

长江中下游绿色食品塑料大棚辣椒生产主要病虫害化学防治方案

长江中下游绿色食品塑料大棚辣椒生产主要病虫害化学防治方案见表 A.1。

表 A.1　长江中下游绿色食品塑料大棚辣椒生产主要病虫害化学防治方案

| 防治对象 | 防治时期 | 农药名称 | 使用剂量 | 施药方法 | 安全间隔期,d |
|---|---|---|---|---|---|
| 猝倒病 | 苗期 | 70%代森锰锌 | 120 mL/亩～240 mL/亩 | 喷雾 | 15 |
| | | 70%甲基硫菌灵可湿性粉剂 | 25 mL/亩～37.5 mL/亩 | 喷雾 | 7 |
| 立枯病 | 苗期 | 30%噁霉灵水剂 | 2.5 mL/m²～3.5 mL/m² | 苗床泼浇 | 7 |
| 灰霉病 | 苗期 | 50%异菌脲悬浮剂 | 2 g/m²～4 g/m² | 苗床泼浇 | 7 |
| | | 50%腐霉利可湿性粉剂 | 67 g/亩～100 g/亩 | 喷雾 | 14 |
| 疫病 | 发生期 | 25%嘧菌酯悬浮剂 | 40 g/亩～72 g/亩 | 喷雾 | 7 |
| | | 80%代森锰锌可湿性粉剂 | 150 mL/亩～210 mL/亩 | 喷雾 | 15 |
| 白粉病 | 发生期 | 43%戊唑醇水悬浮剂 | 12 mL/亩～18 mL/亩 | 喷雾 | 5 |
| 炭疽病 | 发生期 | 25%嘧菌酯悬浮剂 | 32 mL/亩～48 mL/亩 | 喷雾 | 7 |
| 蚜虫 | 发生期 | 10%吡虫啉可溶液剂 | 15 mL/亩～20 mL/亩 | 喷雾 | 3 |
| | | 25%噻虫嗪水分散粒剂 | 7 g/亩～15 g/亩 | 喷雾 | 5 |
| 茶黄螨 | 发生期 | 0.5%藜芦碱可溶液剂 | 120 g/亩～140 g/亩 | 喷雾 | 10 |
| 烟粉虱 | 发生期 | 25%噻虫嗪水分散粒剂 | 7 g/亩～15 g/亩 | 喷雾 | 7 |
| | | 10%吡虫啉可湿性粉剂 | 15 mL/亩～20 mL/亩 | 喷雾 | 3 |
| 斜纹夜蛾、甜菜夜蛾 | 发生期 | 4.5%高效氯氰菊酯乳油 | 30 mL/亩～50 mL/亩 | 喷雾 | 7 |
| 注:农药使用以最新版本 NY/T 393 的规定为准。 | | | | | |

# 绿色食品生产操作规程

LB/T 041—2018

# 西 南 地 区
## 绿色食品露地鲜食辣椒生产操作规程

2018-04-03发布

2018-04-03实施

中国绿色食品发展中心 发布

# 前　　言

本规程由中国绿色食品发展中心提出并归口。

本规程起草单位:四川省绿色食品发展中心、四川农业大学、中国绿色食品发展中心、四川省农学会、遂宁市农业局、贵州省绿色食品发展中心、云南省绿色食品发展中心。

本规程主要起草人:周熙、严泽生、刘艳辉、张中华、杨晓林、张建新、康敏。

# 西南地区绿色食品露地鲜食辣椒生产操作规程

## 1 范围

本规程规定了西南地区绿色食品露地鲜食辣椒的生产基地条件、品种选择、育苗、定植、田间管理、采收、储藏运输、生产废弃物处理、生产档案管理等生产技术。

本规程适用于四川、贵州和云南的绿色食品露地鲜食辣椒生产。

## 2 规范性引用文件

下列文件对于本文件的应用是必不可少的。凡是注日期的引用文件,仅注日期的版本适用于本文件。凡是不注日期的引用文件,其最新版本(包括所有的修改单)适用于本文件。

GB 16715.3 瓜菜作物种子 茄果类

GB/T 23244 水果和蔬菜气调贮藏技术规范

NY/T 391 绿色食品产地环境质量

NY/T 393 绿色食品农药使用准则

NY/T 394 绿色食品肥料使用准则

NY/T 1203 茄果类蔬菜贮藏保鲜技术规程

## 3 生产基地条件

生产基地环境应符合 NY/T 391 的规定;宜选择土壤耕层深厚、透气性好、地下水位较低、排灌方便、理化性状良好、pH 6.2～7.5 的地块;基地应相对集中成片,且距离公路主干线 100 m 以上,交通方便。

## 4 品种选择

### 4.1 选择原则

选用抗病虫能力和抗逆性强、优质、高产、商品性好的品种。拒绝使用转基因品种。种子质量应符合 GB 16715.3 的标准。

### 4.2 品种选用

建议选用四川二荆条(川藤 6 号)、川椒系列、湘研系列、黔椒、黔辣系列、台湾农友九香、台湾农友千里香、法国威迈新红、天宇 3 号、朝天椒、丘北辣椒等品种。

## 5 育苗

根据条件选用大棚、小拱棚等育苗设施,提倡采用穴盘育苗和漂浮育苗等护根育苗技术,并对育苗设施做消毒处理。

### 5.1 种子播前处理

#### 5.1.1 干热消毒

将含水量10％以下的种子放于 50℃～60℃ 恒温箱内处理 48 h,预防病毒病。

#### 5.1.2 温汤浸种

将含水量10％以下辣椒种子在 50℃～55℃ 的温水中浸种 20 min,保持温度在 50℃～55℃。搅拌至水温降至30℃止,继续浸种 4 h～6 h,预防真菌性病害。

### 5.1.3　药剂浸种

在 10％的磷酸三钠溶液中浸种 15 min 后，捞出冲洗干净，预防病毒病。

### 5.1.4　催芽

播前 3 d～5 d 将种子置于 25℃～30℃下保温保湿催芽。

## 5.2　营养土配制

穴盘育苗：用 3 年～5 年未种过茄科蔬菜的熟土或风干的稻田土、河塘泥 6 份～7 份与充分腐熟并筛细的有机肥 3 份～4 份混合成育苗营养土。并按营养土重量 0.1％～0.2％加入过磷酸钙。提倡使用专用育苗基质。

漂浮育苗：选用比例为 5：3：2 的草炭、蛭石、珍珠岩等轻质基质混合使用，亦可就地取材，要求透气性好，吸水装盘沉入水中不超过 1 cm。提倡使用漂浮育苗专用基质。

## 5.3　床土消毒

### 5.3.1　药剂消毒

选用适宜绿色食品生产的苗床消毒剂，如 50％多菌灵可湿性粉剂与 50％代森锌按 1：1 混合后，每 1 m² 苗床用药 2 g～2.5 g，与 20 kg 半干细土混合，播种时 1/3 铺苗床中，2/3 盖在种子上。

### 5.3.2　高温消毒

夏季高温季节密闭棚室 7 d～10 d，棚内温度超过 30℃时敞棚降温，杀灭土壤中部分病原菌，预防猝倒病、立枯病、枯萎病等病害。

## 5.4　播种量

每亩栽培面积用种子 30 g～40 g，每 1 m² 苗床播种 6 g～10 g。

## 5.5　培育壮苗

发芽期苗床温度白天 30℃左右，夜间 18℃～20℃。齐苗后白天 22℃～25℃，夜间 15℃～18℃。2 片～3 片真叶时分苗，苗距 10 cm～12 cm。当夜间温度低于 10℃，增加保温覆盖物，防止低温危害。

壮苗标准：生理苗龄 6 片～10 片真叶。直观形态特征：生长健壮，高度适中，茎粗节短，叶片较大，生长舒展，叶色正常、浓绿；子叶不过早脱落或变黄；根系发达，侧根多，色白；幼苗生长整齐，不徒长，不老化，无病虫害。

# 6　定植

## 6.1　土地准备

秋冬季节将土壤深翻 25 cm～30 cm，改良土壤物理结构和杀灭土中病虫。

## 6.2　基肥

结合整地施足基肥。每亩施腐熟有机肥 2 000 kg～3 000 kg、过磷酸钙 50 kg～70 kg、硫酸钾 10 kg～15 kg。或施用等养分的复混肥，配合施用生物肥。采用撒施、条施、穴施等方式。

## 6.3　栽培方式

宜地膜覆盖，开沟作厢，高垄栽培。一般露地栽培沟深 20 cm～25 cm、宽 100 cm～120 cm。

## 6.4　适时定植

春季地温稳定在 15℃时定植。

## 6.5　合理密植

根据不同品种、栽培方式、栽培目的和土壤肥力合理密植，定植参考行距 50 cm～60 cm，株距 35 cm～40 cm，密度 2 000 窝/亩～3 200 窝/亩，每窝 1 株～2 株。

# 7　田间管理

## 7.1　施肥

### 7.1.1 施肥原则

重施底肥、合理追肥。以有机肥为主,在保障营养有效供给的基础上减少化肥用量,控制氮肥用量,兼顾元素之间的比例平衡,无机氮素用量不得高于当季作物需求量的一半。推行平衡施肥、测土配方施肥。肥料的使用应符合 NY/T 394 的要求。

### 7.1.2 追肥

根据植株生长情况追肥,一般在现蕾时,每亩施用 15%～20% 腐熟人畜粪尿 1 000 kg～1 500 kg、过磷酸钙 50 kg～70 kg。在始花坐果期,每亩施用 40%～55% 腐熟人畜粪尿 3 000 kg～3 500 kg、尿素 5 kg、硫酸钾 3 kg～4 kg。

### 7.2 灌溉

整个生长期中,保持土壤含水量 70%～80%,呈湿润状态,雨季应注意排水,以免沤根,伏旱期应灌溉,以免早衰。水质应符合 NY/T 391 的要求。建议采用浇灌、沟灌,提倡喷灌、滴灌,不应大水漫灌。

### 7.3 病虫草害防治

### 7.3.1 主要病虫害

主要病虫害为猝倒病、立枯病、灰霉病、疫病、炭疽病、病毒病、青枯病及蚜虫、红蜘蛛、烟青虫等。

### 7.3.2 防治原则

应坚持"预防为主,综合防治"的原则,优先采用农业措施,尽量利用物理和生物措施。必要时,合理使用低风险农药。农药的使用应符合 NY/T 393 的要求。

### 7.3.3 农业防治

选用抗病虫品种,严格实施轮作制度,避免与茄科蔬菜连作,培育适龄壮苗,清洁田园,深翻炕土,减少越冬虫源;采用高垄地膜覆盖栽培;合理密植,科学施肥和灌水,培育健壮植株;及时摘除病叶、病果,及时拔除病株。

### 7.3.4 物理防治

田间铺银灰膜或悬挂银灰膜条驱避有翅蚜;安置黄板 30 张/亩～40 张/亩诱杀蚜虫;人工摘除害虫卵块。

### 7.3.5 生物防治

保护利用自然天敌如瓢虫、草蛉、蚜茧蜂等对蚜虫自然控制。使用植物源农药、农用抗生素、生物农药等防治病虫害,如使用苦参碱防治蚜虫、印楝素防治烟青虫、枯草芽孢杆菌防治疫病等。

### 7.3.6 化学防治

根据病虫害的预测预报,及时掌握病虫害的发生动态,严格按照 NY/T 393 的规定选用生物制剂或高效、低毒、低残留、与环境友好的农药,提倡兼治和不同作用机理农药交替使用;采用适当施用方式和器械进行防治。主要病虫害代学防治方案参见附录 A。

### 7.4 田间其他管理

及时打除首花节位下主茎上萌发的侧枝。植株封行后及时清除下部老黄叶、病叶。

## 8 采收

### 8.1 采收时间

根据市场需求和辣椒商品成熟度分批及时采收。在天气晴朗、气温较低的 8:00～10:00 或 17:00～18:00 采摘,避免有晨露时采摘。

### 8.2 采收方法

选择植株中、上部着生的果实,用平头锋利的剪刀带果柄一起剪下;用手摘椒时,建议剪齐指甲,戴上手套,小心托住果实,均匀用力,左右摇晃使其脱落,保留萼片和一段果柄。

### 8.3 采后处理

采后剔除病、虫、伤果,有泥沙的要清洗,达到感观洁净。清洗水应符合 NY/T 391 中加工用水要求。根据大小、形状、色泽进行分级包装。包装储存容器要求洁净、无污染,不得混装混运,避免二次污染。

## 9 储藏运输

### 9.1 储藏

普通冷藏:温度控制在$(8\pm1)$℃、相对湿度控制在 90%～95% 为宜,储期管理按照 NY/T 1203 的规定执行。气调贮藏:温度控制在$(8\pm1)$℃、相对湿度控制在 90%～95%、气体指标为 2%～7% $O_2$、1%～2% $CO_2$ 为宜,储期管理按 GB/T 23244 执行。

### 9.2 运输

运输工具清洁、干燥、无毒、无污染、无异物,要求有通风、防晒和防雨雪渗入的设施。装运及堆码轻卸轻放,通风堆码,不允许混装。

长途运输需要采用冷链系统,运输温度以 10℃～12℃ 较为经济,最高不超过 13℃,运输时间超过 10 d 后或储藏后再运的辣椒,运输温度应保持在 8℃。如有条件,运输工具最好采用冷藏车。

## 10 生产废弃物处理

生产过程中及时清除病株、残叶并集中深埋。及时清理田间废弃地膜和投入品包装袋,集中进行无害化处理。

## 11 生产档案管理

生产者需建立生产档案,记录品种、施肥、病虫害防治、采收以及田间操作管理措施等;所有记录应真实、准确、规范,并具有可追溯性;生产档案应有专人专柜保管,至少保存 3 年。

附　录　A

（资料性附录）

西南地区绿色食品露地鲜食辣椒生产主要病虫草害化学防治方案

西南地区绿色食品露地鲜食辣椒生产主要病虫草害化学防治方案见表 A.1。

表 A.1　西南地区绿色食品露地鲜食辣椒生产主要病虫草害化学防治方案

| 防治对象 | 防治时期 | 农药名称 | 使用剂量 | 施药方法 | 安全间隔期,d |
|---|---|---|---|---|---|
| 猝倒病 | 发病初期 | 50%多菌灵可湿性粉剂 | (16～20)g＋15 kg 土/m²（苗期） | 拌土 | 15 |
| 立枯病 | 发病初期 | 5%井冈霉素水剂 | 100 mL/亩 | 喷雾 | 14 |
| 灰霉病 | 发病初期 | 50%腐霉利可湿性粉剂 | 33 g/亩～50 g/亩 | 喷雾 | 7 |
| | | 40%嘧霉胺可湿性粉剂 | 25 g/亩～90 g/亩 | 喷雾 | 7 |
| | | 50%异菌脲可湿性粉剂 | 50 g/亩～100 g/亩 | 喷雾 | 7 |
| 疫病 | 发病初期 | 58%甲霜锰锌可湿性粉剂 | 150 g/亩～180 g/亩 | 喷雾 | 10 |
| | | 50%异菌脲可湿性粉剂 | 50 g/亩～100 g/亩 | 喷雾 | 7 |
| | | 80%代森锰锌可湿性粉剂 | 150 g/亩～200 g/亩 | 喷雾 | 14 |
| 炭疽病 | 发病初期 | 80%波尔多液可湿性粉剂 | 300 倍～500 倍液 | 喷雾 | 15 |
| | | 50%多菌灵可湿粉剂 | 80 g/亩～100 g/亩 | 喷雾 | 7 |
| | | 80%代森锰锌可湿性粉剂 | 150 g/亩～200 g/亩 | 喷雾 | 14 |
| 病毒病 | 发病初期 | 8%宁南霉素水剂 | 75 mL/亩～104 mL/亩 | 喷雾 | 7 |
| | | 0.5%香菇多糖水剂 | 200 mL/亩～300 mL/亩 | 喷雾 | 10 |
| 青枯病 | 发病初期 | 50%甲基硫菌灵悬浮剂 | 35 g/亩～47 g/亩 | 灌根 | 7 |
| 蚜虫 | 有蚜株率达20%时 | 1.5%苦参碱水剂 | 30 g/亩～40 g/亩 | 喷雾 | 10 |
| 烟青虫、棉铃虫 | 卵孵化盛期至2龄盛期 | 1%甲氨基阿维菌素苯甲酸盐微乳剂 | 10 mL/亩～20 mL/亩 | 喷雾 | 5 |
| | | 5%氯虫苯甲酰胺悬浮剂 | 30 mL/亩～60 mL/亩 | 喷雾 | 5 |

注:农药使用以最新版本 NY/T 393 的规定为准。

# 绿 色 食 品 生 产 操 作 规 程

LB/T 042—2018

# 北 方 地 区
## 绿色食品设施辣椒生产操作规程

2018-04-03 发布

2018-04-03 实施

中国绿色食品发展中心 发布

# 前　言

本规程由中国绿色食品发展中心提出并归口。

本规程起草单位：陕西省绿色食品办公室、中国绿色食品发展中心、陕西省园艺蚕桑工作站、青海省绿色食品办公室、宁夏回族自治区绿色食品办公室、新疆维吾尔自治区绿色食品发展中心、新疆生产建设兵团农产品质量安全中心、河南省绿色食品发展中心。

本规程主要起草人：杨毅哲、张宪、林静雅、李文祥、王周平、倪莉莉、蔡全军、鲍小明、于培杰、王林、樊恒明、许琦。

# 北方地区绿色食品设施辣椒生产操作规程

## 1 范围

本规程规定了北方地区绿色食品设施辣椒的产地环境、设施类型、栽培季节、品种选择、播种育苗、定植、田间管理、采收、储藏、生产废弃物处理及生产档案管理。

本规程适用于北京、天津、河北、山西、山东、河南、陕西、甘肃、宁夏、新疆及内蒙古赤峰、辽宁南部、江苏北部、安徽北部的绿色食品设施辣椒的生产。

## 2 规范性引用文件

下列文件对于本文件的应用是必不可少的。凡是注日期的引用文件，仅注日期的版本适用于本文件。凡是不注日期的引用文件，其最新版本（包括所有的修改单）适用于本文件。

GB 16715.3 瓜菜作物种子 茄果类

NY/T 391 绿色食品 产地环境质量

NY/T 393 绿色食品 农药使用准则

NY/T 394 绿色食品 肥料使用准则

NY/T 655 绿色食品 茄果类蔬菜

NY/T 658 绿色食品 包装通用准则

NY/T 1056 绿色食品 贮藏运输准则

## 3 产地环境

生产基地环境应符合 NY/T 391 的要求：连续 3 年未种植过茄果类作物，土壤疏松肥沃，pH 为 6.5～7.0 的壤土或沙壤土，田间排灌方便；基地应相对集中成片，且距离公路主干线 100 m 以上，交通方便。

## 4 设施类型

北方地区常见的设施类型包括：塑料大棚、日光温室、智能温室、小拱棚（遮阳棚）等。

## 5 栽培季节

温室栽培：早春茬播期在先年 12 月中旬至翌年 1 月上旬；秋冬茬播期在 7 月中旬至 8 月上旬；冬春茬播期 9 月上旬至 10 月上旬。

大棚栽培：早春茬播期在 1 月上中旬至 2 月上旬；秋冬茬播期在 6 月中旬至 7 月中旬。

## 6 品种选择

选用抗病性强、综合性状好、适宜当地种植、品质优良的辣椒品种。可选择金顶大亨、北京四号、大将军等。

## 7 播种育苗

### 7.1 播种量

辣椒每亩用种量 30 g～40 g。

### 7.2 育苗方法

#### 7.2.1 穴盘准备

选用 50 孔(每穴 4.6 cm×4.6 cm×5.5 cm)或 72 孔(每穴 4 cm×4 cm×5.5 cm)穴盘。

### 7.2.2 基质准备

#### 7.2.2.1 基质选择

常用的育苗基质由草炭、蛭石、炉渣灰、珍珠岩、炭化稻壳、腐熟的有机质等材料配制而成;或选择符合绿色食品生产要求的新型育苗专用基质。

#### 7.2.2.2 基质配制

常采用草炭∶珍珠岩∶蛭石＝3∶1∶1 配制,在每 1 m³ 基质中加入氮、磷、钾三元复合肥 2 kg,混合搅拌均匀备用;基质装盘前加入适量水搅拌(200 L/m³～240 L/m³),含水量在 40％～50％,以手握成团、落地即散为宜,然后堆置 2 h～3 h 使基质充分吸足水。

#### 7.2.2.3 播种方法

包衣呈圆粒状的种子,应用全自动机械播种机播种。基质装盘、压穴、播种、覆盖和喷水一系列程序均在播种流水线上自动完成。

未包衣的种子可用手工播种,每穴孔播 1 粒种子,播种深度 0.5 cm～1 cm,播后覆盖基质刮平,然后喷透水,以穴盘底部渗出水为宜。

### 7.3 种子处理

#### 7.3.1 种子质量

种子质量应符合 GB/T 16715.3 中一级良种以上的标准。

#### 7.3.2 种子处理

采用温汤浸种:把种子放入 55℃水中,维持水温均匀浸泡 15 min,不断搅拌,转入常温下浸种 4 h～6 h 后捞出,然后再转移到1％的硫酸铜溶液浸种 5 min～6 min,取出种子,用清水反复冲洗,沥去多余的水分,准备催芽。

#### 7.3.3 催芽

催芽温度 28℃～30℃,催芽室相对湿度 90％以上,每天要检查种子萌芽程度,当苗盘中 60％左右的种子拱出表层时,将苗盘及时转移到育苗室,摆放到苗床架上。

### 7.4 苗期管理

#### 7.4.1 温度

白天温度控制在 25℃～28℃,昼夜温差一般控制在 15℃～20℃。基质相对湿度保持在 60％～80％。

#### 7.4.2 光照

出苗后尽可能增加光照时数。冬春季遇到连续阴雨天气要及时开启补光灯增光补光。

夏秋季出苗前覆盖遮阳网降温保湿,出苗后逐渐增强光照强度,晴天 10:00～15:00 开启外遮阳网遮阳。

#### 7.4.3 湿度

苗盘从催芽室初转移到育苗室适当控制水分,防止秧苗徒长;苗出齐后基质相对湿度保持在60％～80％为宜。苗期喷水量和喷水次数视育苗季节和秧苗大小而定,高温天气多喷水,阴天应适当减少喷水次数及喷水量。

#### 7.4.4 分苗

辣椒幼苗 2 片～3 片真叶为最佳分苗时期。分苗有苗床和营养钵或穴盘等方式。苗床假植密度每平方米 100 株。辣椒分苗后缓苗期 3 d～5 d,注意保湿。

#### 7.4.5 炼苗

定植前 10 d,开始逐渐加大放风量,培育壮苗。用 25％多菌灵 500 倍液喷施 1 次,防治病虫害;幼苗叶片变黄,表现缺肥,可用 0.2％磷酸二氢钾叶面辅助追肥。带肥带药出育苗室。

#### 7.4.6 壮苗标准

株高 18 cm~20 cm、6 片~7 片真叶,叶色浓绿、肥厚、无病斑、无虫害;生长健壮,根坨成型,根系粗壮发达。

### 8 定植

#### 8.1 整地施肥

定植前 20 d~30 d 清理棚内前茬残留枯叶及杂物,深翻地,大棚周边应开沟及破沟,闭棚高温灭菌 10 d~15 d;或使用过氧化物类和含氯类消毒剂(如过氧乙酸、二氧化氯、二氯异氰尿酸钠、三氯异氰尿酸等)进行消毒。每 1 000 kg 辣椒大约需要 N5.19 kg、$P_2O_5$1.07 kg、$K_2O$6.46 kg。深耕前每亩施入腐熟农家肥 1 500 kg~2 500 kg,或腐殖酸 750 kg~2 250 kg,或三元复合肥 25 kg~30 kg,以及 80% 的磷肥、30% 的氮肥和 50% 的钾肥混匀后做基肥。使用的基肥应符合 NY/T 394 规定。

#### 8.2 起垄、铺管及盖膜

起垄成厢高 20 cm~30 cm、厢面宽 60 cm~80 cm、厢沟深 20 cm~30 cm、厢沟宽 53 cm~60 cm,厢面应土壤疏松平整、略为北高南低;有条件的可在厢上铺设并固定 1 道或 2 道塑料滴灌软管;再用厚度大于 0.008 mm 的地膜覆盖压平封严。

#### 8.3 定植方法

定植时膜上打孔,将苗定植于厢面下,浇定根水,再用细土把定植孔封严。

### 9 田间管理

#### 9.1 温度

辣椒定植后 10 d 内不通风,随着外界温度的提高,在缓苗后开始通风。中期是辣椒生长发育旺盛期,以促进坐果为主。当外界最高温降至 30℃,揭去遮阳网;当夜间气温降至 16℃ 以下,晚上四周棚膜放下保温,白天温度高时仍要通风。维持白天棚温 25℃~30℃,夜间 15℃~18℃。当外界气温已稳定在 15℃ 以上时,可昼夜通风。

#### 9.2 湿度

辣椒适宜的棚内湿度为 60%~70%。棚内湿度大于 70% 时,如温度不低于 10℃,可在中午前后采取短时通风降湿措施降低棚内湿度;棚内湿度低于 60% 时,应加强保温措施。

#### 9.3 水分管理

若雨水较多,及时清除大棚外沟,防止雨水进入大棚。根据土壤墒情,按每亩施 1 $m^3$~5 $m^3$ 清水作定根水,初花坐果时适量浇水。干旱时及时灌水。

#### 9.4 追肥

肥料使用应符合 NY/T 394 的要求。20% 的磷肥、70% 的氮肥和 50% 的钾肥都作为追肥来使用。一般从初花到盛花结果主要补充氮肥,盛花至成熟主要补充磷肥和钾肥;采摘成熟后,主要补充氮肥。采用水肥一体化的,先将所需施肥量按 1:10 配成肥液,再将肥液注入滴灌系统,适宜浓度为灌溉流量的 0.1%。

#### 9.5 整枝

门椒以下的侧枝及时抹掉,结果期将植株下部的老叶、病叶打掉。四门斗椒坐果后,隔行将上部保留 1 片~2 片叶剪去促进继续抽枝结果。炎热季节,植株生长茂密时,随时剪去多余枝条或已结过果的枝条,并疏去病叶病果。

#### 9.6 病虫害防治

##### 9.6.1 防治原则

按照"预防为主,综合防治"的植保方针,认真搞好预测预报工作,坚持以"农业防治、物理防治、生物防治为主,化学防治为辅"的原则。

### 9.6.2 常见病虫害

主要病虫害有猝倒病、炭疽病、灰霉病、蚜虫、茶黄螨等。

#### 9.6.2.1 农业防治

选用抗病品种,实行 2 年~3 年轮作,深耕晒垡,培育壮苗。及时拔除重病株,摘除病叶、病果、带出田外深埋。

#### 9.6.2.2 物理防治

用晒种、温汤浸种杀灭或减少种子传播的病害;利用太阳光提高大棚内的温度,利用高温闷棚抑制病害;使用黄板、白板、篮板诱杀蚜虫。

#### 9.6.2.3 生物防治

提倡利用自然天敌如瓢虫、草蛉、蚜小蜂等对蚜虫自然控制。使用植物源农药、农用抗生素、生物农药等防治病虫,如苏云金芽孢杆菌、枯草芽孢杆菌、苦参碱、印楝素等生物农药防治病虫害。

#### 9.6.2.4 化学防治

农药使用应符合 NY/T 393 的规定。具体病虫害化学防治方案参照附录 A。

## 10 采收

根据市场需求和辣椒商品成熟度分批采收,采收过程应清洁、卫生、无污染。产品应符合 NY/T 655 的要求。包装应符合 NY/T 658 的要求。

## 11 储藏

储藏应符合 NY/T 1056 的要求。果品储藏、运输期间不允许使用化学药品保鲜。储藏场所和运输工具要清洁卫生、无异味,禁止与有毒、有异味的物品混放混运。应有专用区域储藏并有明显标识。对于采收后未及时上市的辣椒应放在 4℃ 的冷库中进行短期储藏保鲜。

## 12 生产废弃物处理

生产过程中,农药、投入品等包装袋应集中收集掩埋,绿色食品生产中建议使用可降解地膜或无纺布地膜,减少对环境的危害。生产后期的辣椒秸秆一般采用集中粉碎,堆沤有机肥料循环利用。

## 13 生产档案管理

建立并保存相关记录,为生产活动可溯源提供有效的证据。记录主要包括以病虫害防治、土肥水管理、花果管理等为主的生产记录,包装、销售记录,以及产品销售后的申、投诉记录等。记录至少保存 3 年。

附　录　A

（资料性附录）

北方地区绿色食品设施辣椒主要病虫害化学防治方案

北方地区绿色食品设施辣椒主要病虫害化学防治方案见表 A.1。

表 A.1　北方地区绿色食品设施辣椒主要病虫害化学防治方案

| 防治对象 | 防治时期 | 农药名称 | 使用剂量 | 施药方法 | 安全间隔期,d |
|---|---|---|---|---|---|
| 猝倒病 | 幼苗出土后叶尚未展开前 | 80％代森锰锌可湿性粉剂 | 150 g/亩～210 g/亩 | 苗床喷雾 | 14 |
| | | 30％精甲·噁霉灵水剂 | 30 mL/亩～45 mL/亩 | 苗床喷雾 | 10 |
| 炭疽病 | 果实近成熟时,发病初期 | 50％克菌丹可湿性粉剂 | 125 g/亩～187.5 g/亩 | 喷雾 | 2 |
| | | 250 g/L 嘧菌酯悬浮剂 | 32 mL/亩～48 mL/亩 | 喷雾 | 5 |
| | | 80％代森锰锌可湿性粉剂 | 150 g/亩～210 g/亩 | 喷雾 | 14 |
| 灰霉病 | 12 月至翌年 5 月,发病初期防治 | 250 g/L 嘧菌酯悬浮剂 | 32 mL/亩～48 mL/亩 | 喷雾 | 5 |
| | | 50％腐霉利可湿性粉剂 | 67 g/亩～100 g/亩 | 喷雾 | 14 |
| 蚜虫 | 虫害发生初期 | 1.5％苦参碱可溶液剂 | 30 g/亩～40 g/亩 | 喷雾 | 10 |
| 茶黄螨 | 害螨发生初期 | 43％联苯肼酯悬浮剂 | 20 mL/亩～30 mL/亩 | 喷雾 | 5 |
| 注:农药使用以最新版本 NY/T 393 的规定为准。 | | | | | |

# 绿色食品生产操作规程

LB/T 043—2018

# 西北地区
## 绿色食品食用干制辣椒生产操作规程

2018-04-03 发布　　　　　　　　　2018-04-03 实施

中国绿色食品发展中心 发布

# 前　言

本规程由中国绿色食品发展中心提出并归口。

本规程起草单位:新疆生产建设兵团农产品质量安全中心、中国绿色食品发展中心、内蒙古自治区绿色食品发展中心、青海省绿色食品办公室、陕西省绿色食品办公室、新疆维吾尔自治区绿色食品发展中心、宁夏回族自治区绿色食品办公室。

本规程主要起草人:梁玉、陆新德、薛新福、朱芝玉、张志华、施维新、张玲、王文静、李静、李岩、蔡全军、周永峰、杨毅哲、赵泽、郭鹏。

# 西北地区绿色食品食用干制辣椒生产操作规程

## 1 范围

本规程规定了西北地区绿色食品食用干制辣椒的产地环境、品种选择、播种、田间管理、采收、晾晒、仓储、生产废弃物处理和生产档案管理。

本规程适用于西北地区(包括内蒙古、陕西、宁夏和新疆)的绿色食品食用干制辣椒生产。

## 2 规范性引用文件

下列文件对于本文件的应用是必不可少的。凡是注日期的引用文件,仅注日期的版本适用于本文件。凡是不注日期的引用文件,其最新版本(包括所有的修改单)适用于本文件。

GB 16715.3 瓜菜作物种子 第3部分:茄果类

NY/T 393 绿色食品 农药使用准则

## 3 产地环境

选择光照充足,有效积温较高,≥10℃积温2 800℃以上,土层深厚,保水,保肥,土壤较肥沃,有机质含量>15 g/kg,盐碱轻,通透性良好的土壤。忌连作、轮作周期在四年以上,前茬以小麦、瓜类、豆类等作物为宜。

## 4 品种选择

应选择符合市场需求,优质、高产、抗病、商品性好的制干辣椒品种,包括常规品种和杂交品种。不采用基因工程获得的品种。一般常规品种采取直播种植方式,杂交品种采取育苗移栽种植方式。

### 4.1 种子的选择及处理

#### 4.1.1 种子的选择

选择高产、抗病、优质、耐储运、辣椒红素和可溶性固形物含量高的优良品种,早、中、晚熟品种搭配,确保原料均衡供应。选择符合GB 16715.3质量标准的种子,即常规品种,纯度≥95%,净度≥98%,发芽率≥70%,水分≤7%;杂交品种,纯度≥98%,净度≥95%,发芽率≥85%,水分≤7%。

推荐品种及简单特点:色素椒"红龙13号",果实粗羊角形,亩平均干椒产量达400 kg～500 kg。线椒"红安8号",果实细羊角形,平均干椒产量达350 kg～400 kg。"金线一号",簇生型自封顶,早熟,果实细羊角形,平均干椒产量达350 kg～400 kg。

#### 4.1.2 种子的处理

直播:将干种子置于恒温干燥箱中70℃下高温灭菌24 h。

育苗:用10%磷酸钠溶液浸种20 min,清水淘干净后播种。置于50℃～55℃的热水中烫种,迅速搅拌,水温降至30℃,浸种6 h,捞出晾干用湿布包好,待用。

## 5 播种

### 5.1 直播

#### 5.1.1 播前准备

选择土层深厚,通透性良好,土壤肥沃,秋季经过犁后平整、达到待播状态。秋耕过的土地,开春后经机力平地、土壤消毒,形成待播状态的条田。

### 5.1.2 播种时间

春季当 5 cm 土壤温度连续 5 d 稳定在 10℃以上时开始播种。

### 5.1.3 播种量及方式

采用 70 cm 地膜双膜覆盖,半精量机械滚筒播种,机膜上破膜点播,播种量 3 粒/穴～4 粒/穴。4 膜 8 行,宽窄行播种,行距 60 cm＋40 cm,穴距 25 cm～27 cm,理论穴数为每亩 4 940 穴～5 336 穴,滴水量为 18 m³～25 m³。

### 5.1.4 播种质量

要求下种深度 2 cm 左右,均匀一致。覆膜平整,不错窝,不空穴,下种量 3 粒/穴～4 粒/穴,每亩播种量 150 g～180 g。

### 5.2 育苗

#### 5.2.1 育苗条件

一般采用日光温室,具备加温待温条件,水源便利,适用于辣椒育苗的基质,128 孔穴盘,一穴单株或双株等条件。

#### 5.2.2 育苗播种时间

育苗日历苗龄 50 d～55 d,移栽适期倒推播种时间。一般在 2 月上中旬播种,不晚于 3 月 1 日。

#### 5.2.3 催芽

在有地热的温床或催芽室内催芽,种子袋内温度控制在 25℃～30℃,当有 60％的种子露白时,停止人工加温,等待播种。

#### 5.2.4 成品苗标准

空穴率不超过 5％,每盘苗双株率不低于 95％。苗长势整齐一致,株高 15 cm～20 cm,具有 8 片～10 片以上真叶,茎秆粗壮,根系发达,无黄叶、病斑,出棚前经 7 d 左右放大风炼苗。

### 5.3 辣椒移栽

#### 5.3.1 移栽前准备

模式一:70 cm 地膜 4 膜 8 行,宽窄行配置,行宽 60 cm＋40 cm,膜宽幅 100 cm。

模式二:70 cm～80 cm 地膜,4 膜 8 行,宽窄行配置,行宽 70 cm＋40 cm,膜宽幅 110 cm。

铺膜后滴水至膜边,移栽前 3 d～5 d 打孔,单株穴距 22 cm,双株距 25 cm。投苗后及时上土封洞镇压,要求苗行端直,无空穴,无倒伏,无悬空,每亩栽苗单株 5 512 穴,双株 4 850 穴。移栽后及时滴透水。

#### 5.3.2 移栽后苗期管理

补苗滴缓苗水,移栽后 3 d～5 d 查补苗,以增温,促苗早发防病虫为主。

## 6 田间管理

### 6.1 灌溉

幼苗期植株需水较少,以增温降湿为主。辣椒显蕾后,需水量增加,要适当浇水。初花期要增加水分,果实膨大期是需水高峰,确保水分供应,忌大水灌溉。辣椒全期,视墒情而定,一般头水在 5 月下旬,10 d～15 d 后进二水,主要防封垄前地表板结,以后视墒情 15 d～25 d 一次,8 月下旬停止灌溉。

### 6.2 施肥

掌握"施好基肥,重施生长膨大肥,补施叶面肥"的原则。

定植前整地结合翻耕,每亩施腐熟厩肥 2 500 kg～3 000 kg、磷酸二铵 20 kg～30 kg、硫酸钾 15 kg 作基肥。生育期可结合滴灌一水一肥,视长势情况每亩酌情滴施尿素 7 kg～10 kg。苗期可叶面喷施锌肥,蕾期、坐果期可每亩叶面喷施磷酸二氢钾 200 g、尿素 100 g,或喷施适量硼肥、钙肥等。

### 6.3 病虫害防治

### 6.3.1 防治原则

应坚持"预防为主、综合防治"的原则,优先采用农业防治、物理防治、生物防治措施,在以上措施无法防治病虫害时,可采取化学防治措施。

### 6.3.2 主要病虫害

辣椒主要病害为疫病、病毒病,集中在6月~7月发生;主要虫害为蚜虫、棉铃虫。

### 6.3.3 防治措施

#### 6.3.3.1 农业防治

选用抗病虫品种、培育适龄壮苗,严格实施轮作制度,清洁田园,深翻土壤,减少越冬虫源;合理密植,科学施肥和灌水,培育健壮苗木。及时摘除病株、病果,及时拔除病株,并带出田园或棚室,烧毁或深埋。

#### 6.3.3.2 物理防治

糖醋液诱杀小地老虎,将糖醋盆摆放在临近空地杂草或树林一侧,摆放在近地处,每亩摆放数量10盆~15盆。

频振式杀虫灯诱杀烟青虫等害虫;一般摆放在临近空地杂草或树林或棉花地一侧,摆放位置与上部叶片等高,每亩摆放数量1盏~2盏。

田间铺银灰膜或悬挂银灰膜条趋避有翅蚜,一般每亩悬挂数量40条~60条。

田间悬挂黄板诱杀蚜虫、白粉虱、斑潜蝇等,黄板悬挂在地块四周或临近高秆作物一侧,高度约为植株高度的2/3处,每亩摆放数量20块~30块。

人工摘除害虫卵块和捕杀害虫。初花期前后人工喷2次0.1%的磷酸二氢钾,具有除去棉铃虫卵的效果。

#### 6.3.3.3 生物防治

可用枯草芽孢杆菌制剂预防土传病害,如辣椒根腐病、辣椒枯萎病等,用荧光假单孢杆菌预防立枯病或疫病。

#### 6.3.3.4 化学防治

严格按照NY/T 393规定,选用生物制剂或高效、低毒、低残留与环境相容性好的农药。具体防治方法见附录A。

## 7 采收

根据市场需求和辣椒商品成熟度分批及时采收,采收工具或机具应清洁、卫生、无污染。

### 7.1 采收时间

一般在秋季轻霜出现后开始采收。新疆北部多在9月中上旬开始采收。

### 7.2 机收

机收前10 d~15 d停止灌水,保证辣椒收获,运输车辆正常进入。

### 7.3 采收后处理

采后剔除病、虫、伤果,清除泥沙,根据大小、形状、色泽进行分级包装,包装储存容器应光洁、平滑、牢固、无污染、无异味、无霉变。

不采用废弃肥料和农药包装袋(容器)作为辣椒采收或运输的盛具。

## 8 晾晒

晒场应选择干燥、通风、透气的、周边无污染的场所。采收后的椒果应及时拉运摊晒,摊晒厚度不可超过20 cm,勤翻动。7 d~10 d后起垄晾晒,再晒7 d~10 d,两垄合一垄,逐渐增厚,不用力挤压,保持蓬松透气,达到手握无气、手捻不转、水分达到18%、对折不断,再分别将杂质、花皮、烂果、水椒选出后销售。

干椒的分级：

A 级：色泽深红，色泽一致，无青尖，无虫眼，粗度和长度能达到要求并整齐一致。

B 级：色泽深红，粗度和长度不太整齐，少量果色浅，个别有青尖，无虫眼。

C 级：等外品。

## 9 仓储

干椒仓储要求通风、干燥，温度 6℃～30℃，相对湿度 40%～70%，仓储时间不宜过长，防霉变、防品质下降，最长不超过 150 d。仓储场地要求具备防火、防潮、防虫、防鼠等条件。

## 10 生产废弃物处理

辣椒收获后，将残枝败叶和杂草清理干净，集中进行无害化处理。或将秸秆粉碎后，经充分发酵用于非蔬菜作物的施肥，或用在设施农业温室内挖坑或挖槽填入，致其发酵产生二氧化碳。集中清理废弃的肥料和农药包装袋(容器)，深埋。回收废旧地膜和滴灌带。

## 11 生产档案管理

生产者需要建立生产档案，记录品种、施肥、病虫草害防治、采收及田间操作管理措施；所有记录应真实、准确、规范，并具有可追溯性；生产档案应有专人专柜保管，记录文件至少保存 3 年以上。

附　录　A

（资料性附录）

西北地区绿色食品食用干制辣椒生产主要病虫草害化学防治方案

西北地区绿色食品食用干制辣椒生产主要病虫草害化学防治方案见表 A.1。

表 A.1　西北地区绿色食品食用干制辣椒生产主要病虫草害化学防治方案

| 防治对象 | 防治时期 | 农药名称 | 使用剂量 | 施药方法 | 安全间隔期,d |
|---|---|---|---|---|---|
| 蚜虫 | 蚜虫发生时 | 0.3%印楝素乳油 | 60 mL/亩～90 mL/亩 | 喷雾 | 5 |
| | | 70%吡虫啉水分散粒剂 | 4 g/亩～6 g/亩 | 喷雾 | 5 |
| 棉铃虫 | 害虫卵孵化高峰期 | 30%茚虫威水分散粒剂 | 7 g/亩～8 g/亩 | 喷雾 | 21 |
| | | 5%氯虫苯甲酰胺悬浮剂 | 30 mL/亩～60 mL/亩 | 喷雾 | 5 |
| | | 4.5%高效氯氰菊酯乳油 | 30 mL/亩～50 mL/亩 | 喷雾 | 7 |
| 辣椒疫病 | 发病初期 | 58%劳特(甲霜灵·锰锌)可湿性粉剂 | 100 g/亩～120 g/亩 | 喷雾 | 14 |
| 病毒病 | 发病前或发病初期 | 0.5%香菇多糖水剂 | 200 mL/亩～300 mL/亩 | 喷雾 | 10 |
| | | 8%宁南霉素水剂 | 75 mL/亩～104 mL/亩 | 喷雾 | 7 |

注:农药使用以最新版本 NY/T 393 的规定为准。

# 绿色食品生产操作规程

LB/T 044—2018

# 长 江 流 域
# 绿色食品塑料拱棚韭菜生产操作规程

2018-04-03发布　　　　　　　　　　　　　2018-04-03实施

中国绿色食品发展中心 发布

# 前　言

本规程由中国绿色食品发展中心提出并归口。

本规程起草单位：安徽省绿色食品管理办公室、安徽农业大学、中国绿色食品发展中心、江苏省绿色食品办公室、江西省绿色食品发展中心、四川省绿色食品发展中心、湖北省绿色食品管理办公室、重庆市农产品质量安全中心。

本规程主要起草人：张勤、陈友根、张宪、花日茂、谢陈国、虞伟、郦雪凤、杭祥荣、康升云、周白娟、杨远通、鲜小红。

# 长江流域绿色食品塑料拱棚韭菜生产操作规程

## 1 范围

本规程规定了长江流域绿色食品塑料拱棚韭菜生产的塑料拱棚建设、产地环境、品种选择、育苗、定植、田间管理、病虫草害防治、采收、生产废弃物的处理、储藏及生产档案管理。

本规程适用于上海、浙江、安徽、江西、湖北、湖南、四川和重庆及江苏南部的绿色食品塑料拱棚韭菜生产。

## 2 规范性引用文件

下列文件对于本文件的应用是必不可少的。凡是注日期的引用文件，仅所注日期的版本适用于本文件。凡是不注日期的引用文件，其最新版本（包括所有的修改单）适用于本文件。

NY/T 391 绿色食品 产地环境质量
NY/T 393 绿色食品 农药使用准则

## 3 塑料拱棚建设

适合长江流域韭菜栽培的塑料拱棚有小棚、中棚和大棚 3 种类型，其规格各地不尽相同。小棚一般中高 1 m～1.5 m、宽 2 m 以下；中棚一般中高 1.5 m～1.8 m、宽 2 m～4 m；大棚一般中高 2.0 m～2.5 m、宽 6 m～12 m。

## 4 产地环境

生产基地环境应符合 NY/T 391 的规定；选择 2 年～3 年未种植过葱蒜类作物，pH 为 5.5～6.5，有机含量 13% 以上，具有较好的保水保肥和供肥能力，田间排灌方便；基地应相对集中成片，且距离公路主干线 100 m 以上，交通方便；在绿色食品和常规生产区域之间设置有效的缓冲带或物理屏障。

## 5 品种选择

### 5.1 选择原则

选用适合本地环境条件，抗病虫、抗寒、耐热、分株力强、外观和内在品质好的品种，秋冬茬连续生产应选择休眠期短的品种。

### 5.2 品种选用

选择抗病虫、抗热、分蘖力强、休眠期短且品质优良的品种，如四季青翠 $F_1$、韭霸 8 号、寒青韭霸 $F_1$、细叶韭菜等。

## 6 育苗

### 6.1 种子处理

播前晒种 2 d～3 d，晒后用 40℃ 温水浸种 24 h，捞出洗净沥干，用湿布包好放入 20℃～25℃ 环境中催芽，每天用清水冲洗 1 次～2 次，2 d～3 d 后，待 60% 以上的种子露白即可播种。

### 6.2 苗床选择及整理

苗床选择：育苗地应选土层深厚、土壤肥沃、保水保肥能力强、排灌方便、2 年未种过葱蒜类蔬菜的沙壤土作苗床为宜。

整地：播前土壤深耕 25 cm～30 cm，结合施肥，耕后细耙，整成宽 1.6 m～2.0 m、长 8 m～10 m、高

15 cm～20 cm 的平畦。

施肥:肥料使用应符合 NY/T 393 的规定。结合整地,每亩施无害化处理的优质腐熟有机肥 5 000 kg～6 000 kg、尿素 6 kg、过磷酸钙 10 kg 或使用按此比例折算的复混肥料。

## 6.3 播种

从土壤解冻到秋分可随时播种,拱棚栽培一般多采取春播和秋播。春播地温稳定在 10℃～12℃时播种,秋播尽量早播。每亩苗床播种量 4 kg～6 kg。

播种前,先将畦面土起出一部分(过筛,以备播种覆土用),然后浅锄搂平,先浇一次透水,3 cm～4 cm 深,待水渗下后再浇 3 cm～4 cm 深的水。待水渗下后将种子均匀撒下,然后覆土 1 cm～2 cm,次日用齿耙搂平,保持表土既疏松又湿润,有利于种子发芽出土。播后用地膜覆盖保墒,待有 30%以上的种子出苗后,及时揭去地膜,发现露白倒伏的,再补少量湿润的土。

## 6.4 苗床管理

出苗后,保持土壤湿润,当苗高 4 cm～6 cm 时,及时浇水,以后每隔 5 d～6 d 浇水 1 次,当苗高 10 cm 时,每亩随水冲施沼液 400 kg。苗高 15 cm～20 cm 时,再冲施沼液 400 kg,即应蹲苗。出齐苗后及时拔草 2 次～3 次。

# 7 定植

## 7.1 定植时间

定植时间:春播苗应在夏至后定植,秋播苗应在立秋后定植。

## 7.2 整地施肥

每亩施沼渣 4 000 kg～5 000 kg,草木灰 200 kg,深耕 25 cm～30 cm,耙细,整成宽 1.6 m～2.0 m、长 20 m～25 m 的平畦。移植前 10 d 浇透水,稍干后修整畦垄,耙平畦面待用。

## 7.3 定植密度

适宜的行距为 20 cm～25 cm,穴距 5 cm～6 cm,每穴韭苗 8 株～10 株。

## 7.4 定植方法

韭苗要随起随栽,幼苗起出后,须根前端剪去,仅留 2 cm～3 cm。先将干老叶片去净,再将叶子先端剪去一段。鳞茎要齐,株间要紧凑。鳞茎顶部埋入土中 2 cm～3 cm。韭穴四周用土压实,栽后立即浇水。

## 7.5 定植后管理

定植 3 d 后开始查苗补苗,保证苗齐。定植后 7 d～10 d,结合浇水每亩冲施沼液 300 kg～400 kg,浇水后及时划锄,此后进入生产期管理。

# 8 田间管理

## 8.1 温度管理

棚室密闭后,保持白天在 20℃～24℃,夜间在 12℃～14℃。株高长到 10 cm 以上时,白天保持在 16℃～20℃,棚内温度超过 24℃要放风降湿。冬季栽培应加强保温,夜间保持在 6℃以上。

## 8.2 湿度管理

温室空气湿度控制在 60%～70%,土壤绝对含水量控制在 13%～15%。

## 8.3 光照管理

在韭菜生长期间,每天早晨太阳照到棚顶时,应及时揭开草帘,扫净棚面灰尘,下午阳光离开棚面时,再将草帘盖严。阴雪天气也应照常揭帘采光。

## 8.4 肥水管理

定植后,当新叶出现时,即可追肥浇水,每亩随水追施尿素 10 kg～15 kg,幼苗 4 叶期,要控水防徒长,并加强中耕、除草。当幼苗长到 6 叶期开始分蘖时,出现跳根现象(分蘖的根状茎在原根状茎的上部),这时可以进行盖沙、压土或扶垄培土。当苗高 20 cm 时,停止追肥浇水。

### 8.5 棚室后期管理

三刀收后,当韭菜长到 10 cm 时,逐步加大放风量,撤掉棚膜。结合浇水每亩冲施沼液 400 kg,并顺韭菜沟培土 2 cm～3 cm 高。苗壮的收 1 刀～2 刀,苗弱的不再收割。

## 9 病虫草害防治

### 9.1 防治原则

坚持农业防治为主,综合防治原则。推广绿色防控,优先采用农业防治、理化诱控、生态调控、生物防控,结合总体,开展化学防控。

### 9.2 常见病虫草害

灰霉病、韭蛆等。

### 9.3 防治措施

#### 9.3.1 农业防治

加强土肥水管理,提高韭菜的抗病能力。新栽地块,冬前深翻 20 cm～40 cm,施足腐熟的有机肥。新覆客土采用没有种过葱蒜类作物的深层土。及时清除田间及周围杂草。早春萌芽前及每次收割后都应立即沿行撒施草木灰,可有效防治韭蛆。韭菜收割后,注意应清洁田园,将剩下的病叶、残叶带出田外,深埋处理。

#### 9.3.2 物理防治

大棚栽培,整体罩防虫网,防韭蛆等外部虫害。网内挂黄、蓝板黏杀飞虱、蓟马等害虫。利用成虫的趋光性,于羽化盛期,在田间设频振式杀虫灯,4 亩～5 亩设置 1 盏灯。

#### 9.3.3 化学防治

选择对天敌杀伤力小的中、低毒性化学农药,避开自然天敌对农药的敏感时期,具体防治方法见附录 A。

## 10 采收

### 10.1 采收时期

棚室栽培,一般苗高 30 cm～35 cm 采收,生长期在 20 d～25 d,也可根据市场需求适当早收或晚收。收获时间以晴天早晨为宜。春季,叶片旺盛生长,是主要的收获期。夏季高温多雨,适当收割。秋季叶片再次旺盛生长,又出现一次收获盛期。

### 10.2 采收方法

用韭镰沿地表收割,刀口距地面不超过 2 cm,去掉老黄叶鞘、损伤叶片及根部泥土后,对齐根部,捆扎出售。

### 10.3 收后管理

韭菜收割后立即沿行施草木灰,划锄一遍,待 2 d～3 d 后,待韭菜伤口愈合、新叶快出时每亩随浇水冲施沼液 300 kg～400 kg。

## 11 生产废弃物处理

地膜废弃物:残膜要及时回收。所以在生产中推广使用厚度为 0.010 mm～0.012 mm 抗拉强度性能好的地膜,降低农用残膜的捡拾难度。农药包装袋:分类回收,集中处理。残叶、病叶处理:带到远离大棚的空旷地带,集中无害化处理。也可将其铡碎,拌土壤、人粪尿盖上塑料薄膜后进行高温堆沤,经过 1 个～2 个伏季,待完全发酵腐熟后再作土杂肥、绿肥使用。

## 12 储藏

将收后处理好的韭菜放入 4℃ 环境下储藏。

## 13 生产档案管理

详细记录产地环境变化档案;建立农药、肥料等投入品采购、出入库、使用等档案;建立肥水管理、病虫草害防治、采收等农事操作管理档案;档案应保存 3 年以上。

附 录 A

（资料性附录）

长江流域绿色食品塑料拱棚韭菜主要病虫草害化学防治方案

长江流域绿色食品塑料拱棚韭菜主要病虫草害化学防治方案见表 A.1。

表 A.1 长江流域绿色食品塑料拱棚韭菜主要病虫草害化学防治方案

| 防治对象 | 防治时期 | 农药名称 | 使用剂量 | 施药方法 | 安全间隔期,d |
|---|---|---|---|---|---|
| 灰霉病 | 发病初期或发病前期 | 50%腐霉利可湿性粉剂 | 40 g/亩～60 g/亩 | 喷雾 | 30 |
| 韭蛆(迟眼蕈蚊) | 播种期、韭菜收割后2 d～3 d | 70%辛硫磷乳油 | 350 mL/亩～570 mL/亩 | 灌根 | 14 |
| | 韭菜收割后2 d～3 d | 70%吡虫啉可湿性粉剂 | 29 g/亩～42 g/亩 | 药土 | 14 |
| | 韭菜收割后2 d～3 d | 4.5%高效氯氰菊酯乳油 | 10 mL/亩～20 mL/亩 | 喷雾 | 10 |
| | 韭蛆低龄幼虫盛发期 | 球孢白僵菌颗粒剂(150亿孢子/g) | 250 g/亩～300 g/亩 | 撒施 | — |
| | 初发期 | 21%噻虫嗪悬浮剂 | 450 mL/亩～550 mL/亩 | 灌根 | 21 |
| 草害 | 韭菜播后苗前 | 330 g/L二甲戊灵乳油 | 100 mL/亩～150 mL/亩 | 喷雾 | — |
| 注:农药使用以最新版本 NY/T 393 的规定为准。 | | | | | |

# 绿色食品生产操作规程

LB/T 045—2018

# 北 方 地 区
# 绿色食品塑料大棚韭菜生产操作规程

2018-04-03发布

2018-04-03实施

中国绿色食品发展中心 发布

# 前　言

本规程由中国绿色食品发展中心提出并归口。

本规程起草单位：山东省绿色食品发展中心、中国绿色食品发展中心、济南市农业科学研究院、河南省绿色食品发展中心。

本规程主要起草人：孟浩、张宪、冯世勇、赵西、刘学锋、樊恒明、魏钢。

# 北方地区绿色食品塑料大棚韭菜生产操作规程

## 1 范围

本规程规定了北方地区绿色食品塑料大棚韭菜对产地环境、品种选择、育苗、田间管理、采收及包装、生产废弃物处理、贮藏及生产档案管理的要求。

本规程适用于北京、天津、河北、山西、山东、河南、陕西、甘肃、宁夏、新疆及内蒙古赤峰、辽宁南部、江苏北部、安徽北部的绿色食品塑料大棚韭菜生产。

## 2 规范性引用文件

下列文件对于本文件的应用是必不可少的。凡是注日期的引用文件，仅注日期的版本适用于本文件。凡是不注日期的引用文件，其最新版本（包括所有的修改单）适用于本文件。

NY/T 391　绿色食品　产地环境质量

NY/T 393　绿色食品　农药使用准则

NY/T 394　绿色食品　肥料使用准则

NY/T 658　绿色食品　包装通用准则

NY/T 1056　绿色食品　贮藏运输准则

## 3 产地环境

产地环境应符合 NY/T 391 的要求，选择交通便利、地势高燥、土质肥沃、排灌方便、前茬作物未栽培葱蒜类蔬菜的地块。

## 4 品种选择

### 4.1 选择原则

选择发棵早、叶片肥厚、直立性好、分蘖力强、抗病力强、耐低温、耐储运的品种。

### 4.2 品种选用

适合设施栽培的品种，如雪韭791、廊韭9号、平韭8号、平韭6号、汉中冬韭、寿光独根红等。

### 4.3 种子处理

用40℃左右的温水浸种24 h，去除瘪籽，搓洗3次～4次后用清水冲洗2次～3次，滤净水分用湿布包起来，置于15℃～20℃环境下催芽，每1 h翻动1次，48 h清水冲洗1次，50%的种子露白即可播种。

## 5 育苗

### 5.1 整地

结合整地每亩撒施腐熟优质圈肥5 000 kg，深翻入土。使土肥混合均匀，耕后细耙，整平作畦，畦宽1.5 m。

### 5.2 播种

4月上中旬播种，土壤温度在15℃～18℃为宜，每亩用种4 kg～5 kg。采用条播，行距20 cm，沟宽10 cm～15 cm，深3 cm～5 cm，播种后覆土耙平。

### 5.3 苗期管理

一般播种后7 d出苗，苗高5 cm左右时，间去病弱苗，并用钉耙进行中耕，人工除草。6月上旬进行追肥,每亩追尿素 20 kg、硫酸钾复合肥 10 kg,追肥后灌大水 1 次,每 30 d～45 d 追肥 1 次。11 月上旬灌冬水,韭菜进入冬季休眠。

### 5.4 移栽

一般在 5 月上中旬进行移栽,苗龄 60 d～90 d、单株具有 5 片～6 片真叶、生长健壮、尚未开始分株时为佳移栽生理苗龄。

移栽前 3 d～4 d 浇 1 次水,墒情适宜时起苗,按苗的大小分级。地上部留 20 cm 长剪去叶尖,须根留 7 cm～10 cm 剪齐。将经过整理的苗分撮栽入穴内,大小行丛栽法,大行距 27 cm～30 cm,小行距 20 cm,穴距 15 cm,每穴 20 株左右,栽深以叶鞘埋入土中为宜,保持根系舒展。

### 5.5 移栽后的管理

移栽后要随之浇定植水,适时中耕松土,以后 4 d～5 d 浇 1 次水,直至缓苗,缓苗后的管理同苗期管理。

## 6 田间管理

### 6.1 扣棚

设施采用大拱棚,建棚时注意 2 栋棚之间要间隔 2 m 的距离。紫光膜有助于韭菜根系发育和叶部养分积累,建议选择紫光膜。于 11 月中下旬,外界平均气温低于零度时扣棚膜。

### 6.2 扣棚后管理

扣棚前割掉老韭菜,及时打去嫩薹。拱棚密闭后,棚温保持在白天 20℃～24℃,夜间 12℃～14℃,相对湿度 60%～70%。

在第二年 1 月下旬至 2 月上旬对韭菜进行中耕 1 次,疏松根部土壤,同时每栋大棚铺河沙 1.5 m³,将河沙均匀撒在韭菜根部,保温保墒。

扣棚膜初期一般不用揭膜放风,抓紧提升棚内温度,白天保持在 28℃～30℃,夜间保持在 10℃～12℃,促进韭菜尽快萌发新芽。韭菜萌发后白天温度控制在 15℃～25℃,当气温达到 25℃以上时适当放风排湿,夜间温度应掌握在 10℃～12℃,最低温度不能低于 5℃。在每刀韭菜收割前 5 d～7 d 降低棚温,使叶片增厚,叶色加深。收割后应适当提升棚温 3℃左右,尽快促生新芽。以后每刀韭菜生长期间,其棚内温度可较前茬提升 2℃,但最高温度不能超过 30℃,昼夜温差控制在 10℃～15℃。2 月～4 月韭菜采收期,不需浇水追肥,以免降低地温、增加空气湿度。4 月后视气温情况撤去薄膜,进入露地管理模式。

### 6.3 灌溉

出苗前不浇水,出苗后浇水 1 次,保持土壤"见干见湿"。移栽后灌大水一次,夏季要减少浇水,及时除草,雨后排水防涝。8 月下旬开始,每 5 d～7 d 浇 1 次水。10 月上旬以后减少浇水量。扣棚前再浇 1 次透水,收割后 2 d～3 d 结合追肥浇水。

### 6.4 施肥

肥料使用应符合 NY/T 394 的规定。深翻整地时施足底肥。进入旺盛生长期后,每亩地结合浇水追施硫酸钾复合肥 2 次～3 次,每次 10 kg～15 kg;扣棚前,表面撒施优质腐熟土杂肥 2 000 kg,配合硫酸钾复合肥 30 kg～40 kg;扣棚后,每收割一次结合浇水追施硫酸钾复合肥 25 kg～30 kg。

### 6.5 病虫草害防治

按照"预防为主,综合防治"的植保方针,坚持以农业防治、物理防治、生物防治为主,化学防治为辅。

#### 6.5.1 农业防治

选用高抗多抗品种,播前消毒种子;设施内通风降湿,加强肥水管理,合理温度调控;清洁田园。

#### 6.5.2 物理防治

##### 6.5.2.1 糖醋液诱杀

采用糖醋液诱杀迟眼蕈蚊。糖醋液装入口径为 40 cm～50 cm 的盆内,架在 1 m 高处,每亩放 2 盆～3 盆。隔 2 d～3 d 捞出虫体,添加糖醋液,保持糖醋液不干。

#### 6.5.2.2 设置防虫网

在棚室的放风口覆盖 40 目～50 目防虫网,防止害虫侵入。

#### 6.5.2.3 设置杀虫灯、黏虫板

悬挂频振式杀虫灯诱杀害虫。在韭菜棚内每 20 m² 悬挂 1 块 20 cm×30 cm 的黏虫板,诱杀韭蛆成虫。

#### 6.5.2.4 日晒高温覆膜法

5 月～8 月,在晴天采用厚度 0.10 mm～0.12 mm 无滴膜覆盖在留茬韭菜上,压实边界,使膜下土壤温度超过 40℃持续 3 h 以上,杀灭韭蛆幼虫。

#### 6.5.3 化学防治

农药使用应符合 NY/T 393 的要求。灰霉病可在扣棚后用 50%腐霉利可湿性粉剂,喷雾预防和防治,及时清除发病植株。韭蛆防治应在扣棚后,用高效氯氰菊酯喷雾或噻虫嗪、辛硫磷灌根。韭蛆初发时宜用 21%噻虫嗪悬浮剂灌根,用药时严格控制农药使用浓度。病虫害具体化学防治方案参见附录 A。

## 7 采收及包装

韭菜株高 30 cm～35 cm 即可采收。收割后按统一标准进行分级,将去杂的同一质量等级的韭菜扎捆后,用打孔的塑料薄膜包装,然后放入统一的塑料包装箱内,包装箱内衬薄膜。包装要求符合 NY/T 658 的要求。

## 8 生产废弃物处理

地膜用完后回收,建议使用可降解地膜。及时清理田间地膜、农药、肥料包装物等生产废弃物。

## 9 储藏

按照 NY/T 1056 的规定执行,专库存放,储藏的适宜温度 0℃～4℃。

## 10 生产档案管理

生产者需建立生产档案,记录品种、施肥、病虫草害防治、采收以及田间操作管理措施;所有记录应真实、准确、规范,并具有可追溯性;生产档案应有专人专柜保管,至少保存 3 年。

附　录　A

（资料性附录）

北方地区绿色食品塑料大棚韭菜病虫害化学防治方案

北方地区绿色食品塑料大棚韭菜病虫害化学防治方案见表 A.1。

表 A.1　北方地区绿色食品塑料大棚韭菜病虫害化学防治方案

| 防治对象 | 防治时期 | 农药名称 | 使用剂量 | 施药方法 | 安全间隔期,d |
|---|---|---|---|---|---|
| 灰霉病 | 发病初期 | 50%腐霉利可湿性粉剂 | 40 g/亩～60 g/亩 | 喷雾 | 30 |
| 韭蛆 | 发生期 | 21%噻虫嗪悬浮剂 | 450 mL/亩～550 mL/亩 | 灌根 | 21 |
| | 发生期 | 70%吡虫啉可湿性粉剂 | 29 g/亩～49 g/亩 | 药土法 | 14 |
| | 发生期 | 35%辛硫磷微囊悬浮剂 | 520 mL/亩～700 mL/亩 | 灌根 | 17 |
| | 发生期 | 4.5%高效氯氰菊酯乳油 | 10 mL/亩～20 mL/亩 | 喷雾 | 10 |
| 注:农药使用以最新版本 NY/T 393 的规定为准。 | | | | | |

# 绿 色 食 品 生 产 操 作 规 程

LB/T 046—2018

# 北 方 地 区
# 绿色食品露地韭菜生产操作规程

2018-04-03 发布

2018-04-03 实施

中国绿色食品发展中心 发布

# 前　言

本规程由中国绿色食品发展中心提出并归口。

本规程起草单位:山东省绿色食品发展中心、中国绿色食品发展中心、烟台市农业技术推广中心、河南省绿色食品发展中心。

本规程主要起草人:王凌云、张志华、丁锁、段大海、张晓华、樊恒明、孟浩、王晓娟、魏钢。

# 北方地区绿色食品露地韭菜生产操作规程

## 1 范围

本规程规定了绿色食品韭菜的产地环境、品种选择、播种、施肥与整地、定植、田间管理、采收、生产废弃物处理、储藏和生产档案管理等。

本规程适用于北京、天津、河北、山西、山东、河南、陕西、甘肃、宁夏、新疆及内蒙古赤峰、辽宁南部、江苏北部、安徽北部的绿色食品露地韭菜生产。

## 2 规范性引用文件

下列文件对于本文件的应用是必不可少的。凡是注日期的引用文件，仅所注日期的版本适用于本文件。凡是不注日期的引用文件，其最新版本（包括所有的修改单）适用于本文件。

NY/T 391 绿色食品 产地环境质量

NY/T 393 绿色食品 农药使用准则

NY/T 394 绿色食品 肥料使用准则

NY/T 658 绿色食品 包装通用准则

NY/T 1056 绿色食品 贮藏运输准则

## 3 产地环境

应符合 NY/T 391 的要求。宜选择排灌方便、耕层深厚、富含有机质、保水保肥能力强的地块。

## 4 品种选择

### 4.1 选择原则

选用抗病、耐寒、分蘖力强和品质好的品种。

### 4.2 品种选用

可选用傲东 1 号韭菜、宽叶冬韭、平韭 1 号、平韭 2 号、平韭 6 号、独根红、紫根韭菜、雪韭等地下根茎耐寒的休眠品种。

## 5 播种

以干播种子为主，也可采用温汤浸种催芽播种。采用直播或育苗移栽。直播法一般每亩用韭菜种子 1.5 kg～2.0 kg；育苗移栽一般每亩苗床用种 4 kg～5 kg，可供 2 000 m²～3 000 m² 大田定植用。

### 5.1 温汤浸种催芽

在 55℃ 温水中浸种 15 min～20 min，不断搅拌，然后在 25℃～30℃ 水浸泡 12 h，清除瘪籽，捞出后湿布覆盖，15℃～20℃ 催芽，60%～70% 的种子露白时播种。

### 5.2 播前整地

冬前翻耕，翻耕深度不得少于 20 cm，晾晒 10 d～15 d。播种前浅耕。整地前每亩施入商品有机肥 1 000 kg、氮磷钾复合肥（16-8-18）20 kg，深翻细耙，起垄做成 1.2 m～1.5 m 宽的平畦，畦长因需而定。肥料的使用应符合 NY/T 394 的规定。

### 5.3 播种

直播可以采用干播法，即按沟距 18 cm～20 cm，深 2 cm～3 cm 开沟，将种子洒在沟内，搂平压实后浇水。亦可采用湿播法,畦面搂平浇足底水,水渗后播种,先覆一层 0.5 cm 厚细土,将催好芽的种子分 2～3 次撒入畦内,上盖 0.5 cm～1 cm 厚的细土。育苗移栽时一般采用湿播法。

## 5.4 苗期管理

直播育苗出苗前 2 d～3 d 浇水 1 次,保持土壤表面湿润;苗床育苗,播种后覆膜,苗床上扣 60 目防虫网,70％幼苗顶土时撤除地膜。齐苗后至苗高 15 cm,根据土壤墒情 7 d～10 d 浇水 1 次,结合浇水,追施氮磷钾复合肥(16‐8‐18),每亩每次 10 kg。

直播需要补苗和育苗移栽的时间,应在韭菜长到 5 片～6 片叶,株高 20 cm 时进行移栽。

## 6 施肥与整地

定植前结合翻耕,每亩施入商品有机肥 1 000 kg、氮磷钾复合肥(16‐8‐18)20 kg,细耙后平整作畦。畦向、畦宽因栽培方式而定。

## 7 定植

### 7.1 定植适期

苗高 20 cm,有 5 片～6 片叶时即可定植。

### 7.2 定植方法

定植前 2 d～3 d 苗床浇透水。开沟定植,沟深 10 cm 左右,行距 20 cm～25 cm,穴距 15 cm,每穴 15 株～20 株。剪去过长须根和叶片,保留根长 5 cm～10 cm,株高约 18 cm,用 50％辛硫磷乳油 1 000 倍液蘸根,定植后及时覆土。

## 8 田间管理

### 8.1 第 1 年的管理

定植后及时浇水,3 d～4 d 后再浇 1 次水,然后浅耕蹲苗。新叶发出后,浇缓苗水,之后中耕松土,保持土壤见干见湿。高温多雨季节注意排水防涝。8 月下旬后,每 5 d～7 d 浇 1 次水,结合追施氮磷钾复合肥(16‐8‐18)2 次～3 次,每亩每次 20 kg。10 月上旬以后减少浇水量。土地封冻前浇冻水,在行间铺施加细土混匀的腐熟有机肥 2 m³ 保温过冬。

### 8.2 第 2 年及以后管理

#### 8.2.1 春季管理

及时清理地面的枯叶杂草。韭菜萌芽时,结合中耕松土,把行间的细土培于株间。返青时,结合浇返青水,每亩追施氮磷钾复合肥(16‐8‐18)10 kg。每次收割 2 d～3 d 后,结合浇水,每亩追施氮磷钾复合肥(16‐8‐18)20 kg 或随水冲施沼液 2 000 kg。浇水后及时中耕松土,收割期保持土壤见干见湿。

#### 8.2.2 夏季管理

减少浇水,及时除草,雨后排水防涝。为防韭菜倒伏,应搭架扶叶,并清除地面黄叶,及时摘除韭薹,减少养分消耗。

#### 8.2.3 秋季管理

8 月下旬开始,每 5 d～7 d 浇 1 次水,每次收割 2 d～3 d 后,结合浇水,每亩追施氮磷钾复合肥(16‐8‐18)20 kg。10 月上旬以后,减少浇水,保持土壤表面不干即可,土壤封冻前应浇足封冻水。韭叶枯萎后及时清洁田园,在行间铺施腐熟有机肥 2 m³～3 m³ 保温过冬。

### 8.3 病虫害防治

#### 8.3.1 防治原则

按照“预防为主,综合防治”的植保方针,坚持以农业防治、物理防治、生物防治为主,化学防治为辅。

#### 8.3.2 主要病虫害

虫害以韭蛆(迟眼蕈蚊幼虫)、葱须鳞蛾、斑潜蝇、蓟马为主;病害以灰霉病、疫病为主。

### 8.3.3 农业防治

播种前进行深翻晒垡,合理安排轮作换茬。

### 8.3.4 物理防治

可在韭菜地里每 20 m² 平铺 1 块 20 cm×30 cm 的黏虫板,诱杀迟眼蕈蚊;或设置 40 目~50 目的防虫网,防止迟眼蕈蚊、斑潜蝇侵入危害;或在覆膜前,对韭菜进行预处理,韭菜生长稀疏能直观看到韭菜根部土壤的地块,不割韭菜在地面支起 30 cm 高的拱棚,棚上覆膜。韭菜生长旺盛的地块,覆膜前 1 d~2 d 割除韭菜,韭菜茬与地面持平,在地面上铺上透明保温的地膜。阳光直射到膜上,膜下土壤温度超过40℃持续 3h 以上揭膜。

### 8.3.5 生物防治

可用 1% 农抗武夷菌素水剂 150 倍~200 倍液,或用 10% 多抗霉素可湿性粉剂 600 倍~800 倍液,或木霉菌 600 倍~800 倍液喷雾防治灰霉病。可用 5% 除虫菊素乳油 1 000 倍~1 500 倍液喷雾防治迟眼蕈蚊、斑潜蝇。可用 1.1% 苦参碱粉剂 400 倍液,或 0.5% 印楝素乳油 600 倍~800 倍液,或亩用 1 亿条病原线虫灌根防治韭蛆。

### 8.3.6 化学防治

农药使用应符合 NY/T 393 的规定。交替使用农药,并严格按照农药安全使用间隔期用药。具体防治方案参见附录 A。

## 9 采收

韭菜长至 25 cm~30 cm 时收割,收割宜在清晨进行。

## 10 生产废弃物处理

韭叶自然枯萎后要清理干净,有条件的可在地块边建立植株废弃物发酵池。农药包装要安排专人回收。

## 11 储藏

按 NY/T 1056 的规定执行,专库存放,储藏的适宜温度为 0℃~4℃。

## 12 生产档案管理

生产者需建立生产档案,记录品种、施肥、病虫草害防治、采收以及田间操作管理措施;所有记录应真实、准确、规范,并具有可追溯性;生产档案应有专人专柜保管,至少保存 3 年。

附　录　A

（资料性附录）

北方地区绿色食品露地韭菜生产主要病虫草害化学防治方案

北方地区绿色食品露地韭菜生产主要病虫草害化学防治方案见表 A.1。

表 A.1　北方地区绿色食品露地韭菜生产主要病虫草害化学防治方案

| 防治对象 | 防治时期 | 农药名称 | 使用剂量 | 施药方法 | 安全间隔期,d |
|---|---|---|---|---|---|
| 灰霉病 | 发病初期或发病前期 | 50％腐霉利可湿性粉剂 | 40 g/亩～60 g/亩 | 喷雾 | 30 |
| 韭蛆（迟眼蕈蚊） | 播种期、韭菜收割后 2 d～3 d | 70％辛硫磷乳油 | 350 mL/亩～570 mL/亩 | 灌根 | 14 |
| | 韭菜收割后 2 d～3 d | 70％吡虫啉可湿性粉剂 | 29 g/亩～42 g/亩 | 药土 | 14 |
| | 韭菜收割后 2 d～3 d | 4.5％高效氯氰菊酯乳油 | 10 mL/亩～20 mL/亩 | 喷雾 | 10 |
| | 韭蛆低龄幼虫盛发期 | 球孢白僵菌颗粒剂（150 亿孢子/g） | 250 g/亩～300 g/亩 | 撒施 | — |
| | 初发期 | 21％噻虫嗪悬浮剂 | 450 mL/亩～550 mL/亩 | 灌根 | 21 |

注:农药使用以最新版本 NY/T 393 的规定为准。

# 绿 色 食 品 生 产 操 作 规 程

LB/T 047—2018

# 长 江 流 域
# 绿色食品绿茶生产操作规程

2018-04-03 发布                                    2018-04-03 实施

**中国绿色食品发展中心** 发布

# 前　言

本规程由中国绿色食品发展中心提出并归口。

本规程起草单位：安徽省绿色食品管理办公室、安徽农业大学、中国绿色食品发展中心、江苏省绿色食品办公室、四川省绿色食品发展中心、江西省绿色食品发展中心、重庆市农产品质量安全中心、河南省绿色食品发展中心、湖北省绿色食品管理办公室。

本规程主要起草人：张勤、张正竹、张志华、任旭东、李叶云、万国平、徐继东、周白娟、万文根、廖家富、樊恒明、胡军安。

# 长江流域绿色食品绿茶生产操作规程

## 1 范围

本规程规定了长江流域绿色食品绿茶的产地环境,品种(苗木)选择,整地与种植,灌溉,施肥,病虫草害防治,其他管理措施,采摘与加工,生产废弃物处理,储藏、运输与包装和生产档案管理。

本规程适用于江苏、浙江、安徽、福建、江西、河南、湖北、湖南、四川、重庆、贵州、和陕西的绿色食品绿茶生产。

## 2 规范性引用文件

下列文件对于本文件的应用是必不可少的。凡是注日期的引用文件,仅注日期的版本适用于本文件。凡是不注日期的引用文件,其最新版本(包括所有的修改单)适用于本文件。

GB 11767 茶树种苗

GB/T 14456 绿茶

GB/T 32744 茶叶加工良好规范

NY/T 288 绿色食品 茶叶

NY/T 391 绿色食品 产地环境质量

NY/T 393 绿色食品 农药使用准则

NY/T 394 绿色食品 肥料使用准则

NY/T 658 绿色食品 包装通用准则

NY/T 1056 绿色食品 贮藏运输准则

## 3 产地环境

产地环境条件应符合 NY/T 391 的规定。产地坡度宜在 $10°\sim20°$,避免在易发生冻害的高海拔山地西北坡向或深谷低地种植茶树。土壤有效土层在 80 cm 以上,50 cm 之内无硬结层或黏盘层,土壤 pH 在 4.0~6.5,地下水位低于地表 1.5 m。当地年活动积温不低于 3 000℃,年降水量不少于 1 000 mm,最适宜栽培地区的年降水量为 1 500 mm 左右。

## 4 品种(苗木)选择

### 4.1 选择原则

品种应选择适应本地气候、土壤,对当地主要病虫害有较强的抗性;能满足绿茶产品品质要求。应以早生品种为主,适当配置中、晚生品种,优先选用国家或省级审(认、鉴)定的无性系品种。

### 4.2 品种选用

适合本区域种植的无性系茶树品种参见附录 A。

### 4.3 茶苗繁育与运输

采用苗圃地或穴盘进行短穗扦插繁育,茶苗质量应符合 GB 11767 的要求。茶苗运输中应保湿透气,防止重压和风吹日晒。运到目的地后,应及时种植或假植。

## 5 整地与种植

### 5.1 茶园开垦

**5.1.1** 茶园开垦应注意水土保持,根据基地规模、地形和地貌等条件,设置合理的道路系统;建立完善的水利系统,做到能蓄能排。

**5.1.2** 平地和坡度 15°以下的缓坡地等高开垦;坡度在 15°以上时,建筑内倾等高梯级园地。

**5.1.3** 生荒坡地开垦应分初垦和复垦两次进行。初垦宜夏、冬季,深度一般需 50 cm。复垦应在种植前进行,深度为 30 cm～40 cm。熟地开垦只进行复垦。

### 5.2 种植时间

宜选择茶树休眠期,10月下旬至11月或2月上旬至3月中旬种植。

### 5.3 种植量与种植方法

**5.3.1** 平地茶园直线种植,坡地茶园横坡等高种植。采用单行条植或双行条植方式种植。单行条植行距 1.3 m～1.5 m、丛距 30 cm;双行条植行距 1.3 m～1.5 m、小行距和丛距均为 30 cm,每丛 1 株～2 株。

**5.3.2** 种植前施足底肥,以有机肥和矿物源肥料为主,底肥深度在 40 cm～50 cm。

**5.3.4** 宜与根颈部齐平,茶苗定植的深度以根颈部入土 4.5 cm～6 cm 为宜,根系离底肥 10 cm 以上。

## 6 灌溉

**6.1** 茶园土壤含水量低于田间持水量的 70% 应进行灌溉,达到田间持水量的 90% 应停止。

**6.2** 成年茶园夏季高温干旱每次灌溉不少于每亩 30 m³ 左右,越冬期干旱每次灌溉每亩 10 m³ 左右。

**6.3** 宜采用喷灌、滴灌等节水灌溉方式。

**6.4** 采用地面覆盖等措施提高茶园保土、蓄水能力,植物源覆盖材料(草、修剪枝叶和作物秸秆等)应未受有害或有毒物质的污染。

## 7 施肥

### 7.1 施用原则

肥料种类及使用应符合 NY/T 394 的规定。实行测土配方平衡施肥。基肥和追肥配合施用,两者氮素施用量比例为 4:6。成龄采摘茶园按每亩 100 kg 干茶,每亩施纯氮 12 kg～15 kg(尿素 26 kg～32 kg),全年施氮量不宜超过每亩 30 kg(尿素 65 kg),宜多施有机肥料,有机氮与无机氮比例不低于 1:1。

### 7.2 基肥

基肥于当年秋季采摘结束前后施用。每亩施饼肥 150 kg～200 kg,或施堆肥、厩肥等无害化处理的农家肥 1 000 kg～1 500 kg,配合施用无机氮 2 kg～3 kg(尿素 4 kg～6 kg),磷肥(按 $P_2O_5$ 计)4 kg～5 kg(过磷酸钙 25 kg～32 kg)、钾肥(按 $K_2O$ 计)6 kg～8 kg/亩(硫酸钾 12 kg～16 kg)和其他所需营养,于茶树冠外叶缘下垂处开 20 cm×25 cm 的施肥沟进行深施。

### 7.3 追肥

追肥在各季茶叶开采前 20 d～40 d 施用,一般 2 次～3 次。以固态饼肥计算,每次每亩施用量不少于 50 kg,配合施用无机氮 1 kg～2 kg(尿素 2 kg～3 kg)。饼肥发酵腐熟兑水开沟施入,沟深 10 cm 左右,开沟位置同 7.2,施肥后及时盖土。

### 7.4 叶面肥

根据茶树生长情况合理使用叶面肥,使用的商品叶面肥必须已在农业部登记,采摘前 10 d 停止使用。

## 8 病虫草害防治

### 8.1 防治原则

遵循"预防为主,综合治理"方针,构建良好的绿色茶园生态系统,优先考虑农业、物理防治与生物防治措施,必要时再使用化学防控。坚持茶园虫口调查和测报制度。

### 8.2 防治措施

#### 8.2.1 农业防治

分批、多次、及时采摘,抑制小贯小绿叶蝉、茶橙瘿螨、茶白星病等为害;采用深修剪或重修剪等技术措施,减轻毒蛾类、蚧类、黑刺粉虱等害虫的为害,控制螨类的越冬基数;清理茶树根部附近落叶与秋季深耕,破坏表土中害虫的越冬场所和减少茶树病原菌。

#### 8.2.2 物理防治

8.2.2.1 采用人工捕杀,减轻茶毛虫、蓑蛾类、茶丽纹象甲等害虫。

8.2.2.2 进行灯光诱杀、色板诱杀、昆虫信息素、食诱剂等诱杀。4月~10月,每15亩茶园安装1盏频振式或太阳能杀虫灯,诱杀茶尺蠖等鳞翅目害虫。每亩在高于茶蓬10 cm~20 cm处悬挂25张~30张黄色或蓝色黏虫板诱杀小贯小绿叶蝉、黑刺粉虱、蚜虫和茶黄蓟马,害虫高发期每15 d更换1次。

8.2.2.3 采用机械除草、人工锄草或覆盖防草布等方法防除杂草。

#### 8.2.3 生物防治

8.2.3.1 保护和利用茶园中的草蛉、瓢虫、蜘蛛、捕食螨等。

8.2.3.2 利用天敌防治虫害。每亩释放茶尺蠖绒茧蜂10 000头以上或释放斜纹猫蛛或迷宫漏斗蛛1 000头以上,用以寄生或捕食茶尺蠖;每亩释放叶蝉缨小蜂25 000头以上,用以寄生小贯小绿叶蝉的虫卵;每亩释放白斑猎蛛5 000头以上,用以捕食小贯小绿叶蝉;每亩释放德氏钝绥螨或黄瓜钝绥螨30万头以上,用以捕食茶跗线螨。

8.2.3.3 宜使用生物源农药如微生物农药、植物源农药和矿物源农药。在茶园冬季管理结束后,每亩用45%石硫合剂250 g~300 g,兑水60 kg喷雾进行封园。

8.2.3.4 可采用行间套种豆科作物、鼠茅草等以草抑草。

#### 8.2.4 化学防治

农药使用应符合NY/T 393要求。选用高效、低毒、低残留农药,科学轮换和混配使用。限制使用高水溶性农药,禁止使用国家公告禁限止高毒、高残留农药和已撤销茶树上使用登记许可的农药。具体防治方案参见附录B。

## 9 其他管理措施

### 9.1 茶树修剪

9.1.1 幼龄或改造衰老茶园,要进行定型修剪2次~3次。成年茶园定期采用轻修剪或深修剪进行冠面调整、维持生产力。衰老茶园采用重修剪和台刈,进行树冠再造,复壮树势。

9.1.2 重修剪和台刈改造前要增施有机肥和磷肥,剪后及时追肥,改造后树体宜喷施用0.6%~0.7%石灰半量式波尔多液。

9.1.3 封行茶园每年进行茶行边缘修剪,行间保持20 cm左右的间距。

### 9.2 土壤管理

9.2.1 定期监测土壤肥力水平和重金属元素含量、农药残留量等。根据检测结果,有针对性地采取土壤改良与修复措施。

9.2.2 春茶前、春茶后及夏茶后浅耕,深度10 cm左右;秋季深耕,深度15 cm~20 cm左右。行间土壤深厚、松软、肥沃,树冠覆盖度大,病虫草害少的茶园可实行减耕或免耕。

9.2.3 土壤pH低于4.0的茶园,每亩宜施用白云石粉20 kg~50 kg,调节土壤pH至4.5~5.5;土壤pH高于6.5的茶园,每亩沟施硫黄粉30 kg~40 kg,行间茶树根际60 cm~80 cm表面再撒施硫黄粉20 kg~30 kg。

## 10 采摘与加工

### 10.1 鲜叶采摘

10.1.1 受品种、环境、气候以及栽培管理条件的影响,采摘期一般从 2 月中下旬至 10 月底。茶叶采摘应采取细嫩采与适中采,及时分批留叶采摘。

10.1.2 手工采茶宜采用提手采,保持芽叶完整、新鲜、匀净,不夹带鳞片、茶果与老枝叶。

10.1.3 发芽整齐,生长势强,冠面平整的茶园提倡机采。采茶机应使用无铅汽油,防止汽油、机油污染茶叶、茶树和土壤。

10.1.4 采用清洁、通风性良好的竹编网眼茶篮或篓筐盛装鲜叶,采下的茶叶应及时运抵茶厂,防止鲜叶变质。装鲜叶的器物、运输工具等要专用,防止污染。

10.1.5 采摘的鲜叶应有规范的标签,注明品种、产地、采摘时间及采摘方式等信息。

10.1.6 鲜叶进厂后要有专人负责验收,根据嫩度、匀净度和新鲜度进行分级。

10.1.7 鲜叶应合理储放,摊放厚度不宜超过 20 cm,设备储青按设备要求操作,鲜叶不能与地面接触,储青设备应清洁、干净。

### 10.2 加工

10.2.1 加工工艺应包括杀青、揉捻(或做形)和干燥等工序。

10.2.2 杀青要求叶温在最短时间内升到 80℃左右,杀青适度时叶色由鲜绿转为暗绿,叶质变软,手捏成团,稍有弹性,无生青、焦边、糊叶,清香显露,含水量 60%左右。

10.2.3 揉捻遵循"先轻后重,逐步加压、轻重交替"原则,根据需求进行解块分筛和复揉。揉捻叶细胞破碎率一般为 45%～55%,茶汁附着叶面,有湿润黏手感为度。

10.2.4 干燥一般分毛火和足火两步进行,毛火温度为 120℃～110℃,足火温度为 90℃～80℃,中间需要摊凉。干燥以干茶含水量 4%～6%,手捻叶即成粉末为适度。

10.2.5 加工厂区环境、厂房与设施、加工设备、人员卫生管理等应符合 GB/T 32744 的要求。

10.2.6 茶叶产品分类、理化指标和等级,应符合 GB/T 14456 的规定,卫生指标应符合 NY/T 288 的规定。

## 11 生产废弃物处理

修剪的茶树枝叶应留在茶园行间;使用过的药瓶、药袋和塑料包装袋清出茶园,合理集中处理;加工厂的生产、生活垃圾,应分类送城乡垃圾处理厂处理。

## 12 储藏、运输与包装

运输储藏应符合 NY/T 1056 的规定。严禁茶叶与有毒、有害、有异味、易污染的物品接触或混放。储藏仓库必须清洁、防潮、避光和无异味,周围环境清洁卫生,远离污染源。宜采用低温、充氮或真空储藏。包装应符合 NY/T 658 的规定。

## 13 生产档案管理

茶叶生产应建立生产档案,包括生产投入品采购、出入库、使用记录、农事记录、加工记录等。档案记录保存 3 年以上,内容准确、完整、清晰。建立可追溯体系,生产、加工、储藏、销售等环节,有连续的、可跟踪的生产批号系统,根据批号系统能查询到完整的档案记录。

附 录 A

（资料性附录）

适宜推广适制绿茶的主要无性系茶树品种

适宜推广适制绿茶的主要无性系茶树品种见表 A.1。

表 A.1 适宜推广适制绿茶的主要无性系茶树品种

| 茶区 | 品种 | 主要特性 |
|---|---|---|
| 江苏 | 浙农 113 | 早生种,茸毛多,适制针形、曲毫形名优绿茶,抗寒性、抗旱性、抗病虫性强 |
| | 龙井 43 | 早生种,茸毛少,适制扁形名优茶,抗寒、抗旱性较强 |
| | 迎霜 | 早生种,茸毛中等,适制曲毫形茶,毛峰类名优茶,抗寒性尚强 |
| | 白叶 1 号 | 春梢芽叶白化,氨基酸含量高,多酚含量低,抗性较弱 |
| 浙江 | 龙井 43 | 早生种,茸毛少,适制扁形名优茶,抗寒、抗旱性较强 |
| | 乌牛早 | 特早生种,茸毛中等,适制扁形名优茶,抗逆性强 |
| | 迎霜 | 早生种,茸毛中等,适制曲毫形茶,毛峰类名优茶,抗寒性尚强 |
| | 白叶 1 号 | 中生种,春梢芽叶白化,氨基酸含量高,多酚含量低,抗性较弱 |
| | 中黄 1 号 | 中生种,春梢黄化,氨基酸含量高,抗性较较强 |
| 安徽 | 舒茶早 | 早生种,茸毛中等,适制名优茶,抗寒性、抗旱性强,尤抵御早春晚霜能力强 |
| | 石佛翠 | 中生种,茸毛较多,适制名优茶,抗寒性强 |
| | 乌牛早 | 特早生种,茸毛中等,适制扁形名优茶,抗逆性强 |
| | 迎霜 | 早生种,茸毛中等,适制曲毫形茶,毛峰类名优茶,抗寒性尚强 |
| | 黄山白茶 | 春梢芽叶玉白,氨基酸含量极高,多酚含量低,抗性较弱 |
| 福建 | 福鼎大白茶 | 早生种,茸毛特多,制针形、曲毫形名优绿茶,抗寒性、抗旱性、抗病虫性强 |
| | 霞浦元宵茶 | 特早生种,茸毛尚多,特制名优绿和窨制花的优质原料,抗旱性和抗寒性强 |
| | 霞浦春波绿 | 特早生种,茸毛较多,特制名优茶,抗旱性和抗寒性强 |
| | 福云 6 号 | 特早生种,茸毛特多,适制毛峰,抗旱性和抗寒性较强 |
| 江西 | 赣茶 2 号 | 早生种,适制名优茶,抗寒、抗旱能力强 |
| | 迎霜 | 早生种,茸毛中等,适制曲毫形茶,毛峰类名优茶,抗寒性尚强 |
| | 乌牛早 | 特早生种,茸毛中等,适制扁形名优茶,抗逆性强 |
| | 浙农 113 | 早生种,茸毛多,适制针形、曲毫形名优绿茶,抗寒性、抗旱性、抗病虫性强 |
| 河南 | 信阳 10 号 | 中生种,茸毛中等,适制针形茶,抗寒性强 |
| | 白毫早 | 早生种,茸毛特多,适制针形、毛峰等,抗寒性和抗病虫性强 |
| | 龙井 43 号 | 早生种,茸毛少,适制扁形名优茶,抗寒、抗旱性较强 |
| 湖北 | 鄂茶 1 号 | 中生种,茸毛中等,产量高,适制名优茶,抗逆强,适宜机采 |
| | 鄂茶 5 号 | 特早生种,茸毛特多,适制扁形名优茶,抗逆性强 |
| | 中茶 108 | 特早生种,茸毛较少,适制扁形、烘青等名优绿茶,抗寒、抗旱性较强,较抗病虫,尤抗炭疽病 |
| | 福鼎大白茶 | 早生种,茸毛特多,制针形、曲毫形名优绿茶,抗寒性、抗旱性、抗病虫性强 |
| 湖南 | 白毫早 | 早生种,茸毛特多,适制针形、毛峰等,抗寒性和抗病虫性强 |
| | 乌牛早 | 特早生种,茸毛中等,适制扁形名优茶,抗逆性强 |
| | 龙井 43 号 | 早生种,茸毛少,适制扁形名优茶,抗寒、抗旱性较强 |
| | 福鼎大白茶 | 早生种,茸毛特多,制针形、曲毫形名优绿茶,抗寒性、抗旱性、抗病虫性强 |
| 四川 | 特早 213 | 特早生种,嫩叶背卷,茸毛中等,适制名优茶,抗寒性强 |
| | 巴渝特早 | 特早生种,茸毛较多,适制名优茶,有花香,抗寒性强 |
| | 名山白毫 131 | 早生种,茸毛特多,适制名优茶,抗寒性强,抗茶跗线螨、小绿叶蝉强 |
| | 川茶 2 号 | 早生种,茸毛较少,适制名优茶,氨基酸含量较高,抗逆性强 |
| | 峨眉问春 | 特早生种,适制名优茶 |

表 A.1（续）

| 茶区 | 品种 | 主要特性 |
|------|------|---------|
| 重庆 | 福选9号 | 特早生种,茸毛较多,适制名优茶,有花香,抗寒性强 |
| | 南江1号 | 早生种,产量高,适制名优茶,抗寒性强 |
| | 福鼎大白茶 | 早生种,茸毛特多,制针形、曲毫形名优绿茶。抗寒性、抗旱性、抗病虫性强 |
| 贵州 | 黔湄 601 | 中生种,茸毛多,产量高,适制名优茶,抗寒、抗旱性较弱 |
| | 龙井43号 | 早生种,茸毛少,适制扁形名优茶,抗寒、抗旱性较强 |
| | 名山白毫 131 | 早生种,茸毛特多,适制名优茶,抗寒性强,抗茶跗线螨、小绿叶螨强 |
| | 福鼎大白茶 | 早生种,茸毛特多,制针形、曲毫形名优绿茶,抗寒性、抗旱性、抗病虫性强 |
| 陕西 | 陕茶一号 | 早生种,适制名优茶,抗寒、抗病性强 |
| | 龙井长叶 | 中生种,茸毛中等,适制扁形名优茶,抗逆性强 |
| | 乌牛早 | 特早生种,茸毛中等,适制扁形名优茶,抗逆性强 |
| | 中茶 108 | 特早生种,茸毛较少,适制扁形、烘青等名优绿茶抗寒、抗旱性较强,较抗病虫,尤抗炭疽病 |
| | 陕茶一号 | 早生种,适制名优茶,抗寒、抗病性强 |

# 附　录　B

## （资料性附录）

## 长江流域绿色食品绿茶主要病虫草害化学防治方案

长江流域绿色食品绿茶主要病虫草害化学防治方案见表 B.1。

表 B.1　长江流域绿色食品绿茶主要病虫草害化学防治方案

| 防治对象 | 防治指标 | 防治适期 | 农药名称 | 使用量 | 施药方法 | 安全间隔期,d |
|---|---|---|---|---|---|---|
| 尺蠖蛾类（茶尺蠖、油桐尺蠖、木橑尺蠖等） | 成龄采摘茶园每平方米虫口＞7头 | 喷施病毒制剂应掌握在1龄～2龄幼虫期,喷施化学农药或植物源农药掌握在3龄前幼虫期 | 茶核·苏云菌悬浮剂(茶尺蠖核型多角体病毒:10 000 IB/μL;苏云金杆菌:2 000 IU/μL) | 100 mL/亩～150 mL/亩 | 喷雾 | 3 |
| | | | 0.5%苦参碱乳油 | 75 mL/亩～90 mL/亩 | 喷雾 | 14 |
| | | | 1%苦皮藤素水乳剂 | 30 mL/亩～40 mL/亩 | 喷雾 | 10 |
| | | | 2.5%高效氯氟氰菊酯乳油 | 40 mL/亩～80 mL/亩 | 喷雾 | 7 |
| | | | 20%除虫脲悬浮剂 | 1 000倍～2 000倍液 | 喷雾 | 7 |
| | | | 4.5%高效氯氰菊酯乳油 | 22 mL/亩～40 mL/亩 | 喷雾 | 14 |
| 小贯小绿叶蝉 | 夏茶百叶虫口＞6头,秋茶百叶虫口＞12头 | 5月～6月、8月～9月若虫高峰前期 | 球孢白僵菌可湿性粉剂(400亿个孢子/g) | 20 g/亩～30 g/亩 | 喷雾 | 3 |
| | | | 0.5%印楝素乳油 | 500倍～700倍液 | 喷雾 | 5 |
| | | | 2.5%高效氯氟氰菊酯乳油 | 60 mL/亩～100 mL/亩 | 喷雾 | 7 |
| | | | 2.5%联苯菊酯乳油 | 80 mL/亩～100 mL/亩 | 喷雾 | 7 |
| | | | 25%噻嗪酮可湿性粉剂 | 1 000倍～1 500倍液 | 喷雾 | 10 |
| 茶蚜 | 有蚜芽梢率＞4% | 发生高峰期,一般为5月上中旬和9月下旬至10月中旬 | 10%氯菊酯乳油 | 2 000倍～5 000倍液 | 喷雾 | 3 |
| 毒蛾类（茶黑毒蛾、茶毛虫） | 茶黑毒蛾第1代幼虫量每平方米茶丛4头以上;第2代幼虫量每平方米茶丛7头以上;茶毛虫百丛虫卵块5个以上 | 3龄前幼虫期 | 茶核·苏云菌悬浮剂(茶尺蠖核型多角体病毒:10 000 PIB/μL;苏云金杆菌:2 000 IU/μL) | 100 mL/亩～150 mL/亩 | 喷雾 | 3 |
| | | | 苏云金杆菌制剂(16 000 IU/mg) | 800倍～1 600倍液 | 喷雾 | 5 |
| | | | 0.5%苦参碱乳油 | 75 mL/亩～90 mL/亩 | 喷雾 | 14 |
| | | | 0.3%印楝素乳油 | 120 mL/亩～150 mL/亩 | 喷雾 | 7 |
| | | | 2.5%联苯菊酯乳油 | 20 mL/亩～40 mL/亩 | 喷雾 | 7 |
| | | | 10%氯氰菊酯乳油 | 2 000倍～3 700倍液 | 喷雾 | 7 |

表 B.1（续）

| 防治对象 | 防治指标 | 防治适期 | 农药名称 | 使用量 | 施药方法 | 安全间隔期,d |
|---|---|---|---|---|---|---|
| 黑刺粉虱 | 小叶种2头/叶~3头/叶,大叶种4头/叶~7头/叶 | 卵孵化盛末期,5月中旬、9月下旬至10月上旬 | 2.5%联苯菊酯乳油 | 80 mL/亩~100 mL/亩 | 喷雾 | 7 |
| 卷叶蛾类(茶小卷叶蛾等) | 1代、2代防治指标为每平方米茶丛幼虫量8头以上;3代、4代防治指标为每平方米茶丛幼虫量15头以上 | 发现1龄、2龄幼虫叶苞 | 苏云金杆菌制剂(16 000 IU/mg) | 800倍~1 600倍液 | 喷雾 | 5 |
| | | | 0.5%苦参碱乳油 | 75 mL/亩~90 mL/亩 | 喷雾 | 14 |
| | | | 0.3%印楝素乳油 | 120 mL/亩~150 mL/亩 | 喷雾 | 7 |
| | | | 10%氯氰菊酯乳油 | 2 000倍~3 700倍液 | 喷雾 | 7 |
| | | | 15%茚虫威乳油 | 17 mL/亩~22 mL/亩 | 喷雾 | 10 |
| 螨类 | 有螨芽叶率>30% | 5月中旬、8月下旬至9月上旬,少数枝条有危害状 | 45%石硫合剂结晶粉 | 150倍液 | 喷雾 | 封园防治 |
| | | | 99%矿物油乳油 | 300 g/亩~500 g/亩 | 喷雾 | 5 |
| 茶芽枯病/茶白星病 | 芽枯病叶发病率4%~6%;白星病叶罹病率6% | 芽枯病:春茶初期;白星病:春茶期气温在16℃~24℃,相对湿度80%以上 | 3%多抗霉素可湿性粉剂 | 300倍液 | 喷雾 | 5 |
| | | | 石灰半量式波尔多液(0.6%) | 75 000倍液 | 喷雾 | 封园防治 |
| 茶饼病 | 芽梢罹病率35% | 春、秋季发病期,5 d中有3 d上午日照<3 h,或降水量>2.5 mm;芽梢发病率>35% | 3%多抗霉素可湿性粉剂 | 300倍液 | 喷雾 | 5 |
| | | | 石灰半量式波尔多液(0.6%) | 75 000倍液 | 喷雾 | 封园防治 |
| 茶云纹叶枯病/茶炭疽病 | 成叶、老叶罹病率10%~15% | 云纹叶枯病:6月、8月~9月发生盛期,气温>28℃,相对湿度>80%;炭疽病:5月下旬至6月上旬,8月下旬至9月 | 3%多抗霉素可湿性粉剂 | 300倍液 | 喷雾 | 5 |
| | | | 石灰半量式波尔多液(0.6%) | 75 000倍液 | 喷雾 | 封园防治 |
| | | | 80%代森锌可湿性粉剂 | 500倍~700倍液 | 喷雾 | 20 |
| | | | 250 g/L吡唑醚菌酯乳油 | 1 000倍~2 000倍液 | 喷雾 | 10 |
| 杂草 | 每0.11 m²15株~20株 | 4月~5月,6月~7月,8月~9月;杂草2叶~4叶期 | 30%草甘膦水剂 | 250 mL/亩~500 mL/亩 | 定向喷雾 | 15 |
| | | | 18%草铵膦水剂 | 200 mL/亩~300 mL/亩 | 定向喷雾 | 15 |
| 注:农药使用以最新版本NY/T 393的规定为准 | | | | | | |

# 绿 色 食 品 生 产 操 作 规 程

LB/T 048—2018

# 湖 南 湖 北
# 绿色食品黑茶生产操作规程

2018-04-03 发布　　　　　　　　　　　　　　2018-04-03 实施

**中国绿色食品发展中心** 发布

# 前　言

本规程由中国绿色食品发展中心提出并归口。

本规程起草单位：湖南省绿色食品办公室、湖南农业大学、湖南省农业科学院茶叶研究所、中国绿色食品发展中心、湖北省绿色食品管理办公室、重庆市农产品质量安全中心。

本规程主要起草人：符保军、肖力争、宋建伟、王沅江、陈玲、胡琪琳、周先竹、邬清碧。

# 湖南湖北绿色食品黑茶生产操作规程

## 1 范围

本规程规定了湖南湖北地区绿色食品黑茶生产的产地环境,茶园规划与建设,品种及茶苗选择,茶树种植,树冠管理,土壤管理与施肥,水分管理与灌溉,有害生物治理,鲜叶采摘,茶叶加工,生产废弃物处理,包装、储藏和运输及生产档案管理。

本规程适用于湖北和湖南的绿色食品黑茶生产。

## 2 规范性引用文件

下列文件对于本文件的应用是必不可少的。凡是注日期的引用文件,仅注日期的版本适用于本文件。凡是不注日期的引用文件,其最新版本(包括所有的修改单)适用于本文件。

GB 11767 茶树种苗

GB/T 32744 茶叶加工良好规范

NY/T 391 绿色食品 产地环境质量

NY/T 393 绿色食品 农药使用准则

NY/T 394 绿色食品 肥料使用准则

NY/T 658 绿色食品 包装通用准则

NY/T 1056 绿色食品 贮藏运输准则

NY/T 5197 有机茶生产技术规程

## 3 产地环境

产地环境质量应符合 NY/T 391 的要求。黑茶茶园基地周边应生态环境优良,自然植被丰富,茶园与交通干线、工厂和城镇之间保持至少 500 m 以上的距离,附近及上风口(或河流的上游)没有污染源,并与常规农业区之间有至少 200 m 宽度的隔离带。

## 4 茶园规划与建设

### 4.1 茶园开垦

园区规划、道路和水利系统等建设应符合 NY/T 5197 的规定。合理设置茶园道路网、排灌系统、行道树、防护林。坡度 15°以下的平缓坡地直接开垦,翻垦深度 50 cm 以上;坡度 15°～25°的坡地,按等高水平线筑梯地,梯面宽应在 2 m 以上。开垦时山顶和山下部园地应保留一定的原有植被。绿化带种植林木和隔离林。

### 4.2 道路设置

道路设置应根据茶园规模确定。面积 900 亩以下茶园可不设主干道。900 亩以上茶园主干道设置路宽 8 m～9 m;步道与茶行垂直或成一定角度衔接,路宽 1.5 m,以 10 行～15 行茶树设一条为宜;环园道设在茶园四周边缘,为茶园与农地分界。

### 4.3 水利系统

茶园排灌系统设置时应统筹安排,合理设计,平地茶园以排水沟为主,坡地及梯地茶园以蓄水沟为主,做到遇涝能排,遇旱能灌,路路相连,沟渠相通。每 30 亩茶园附近修建 1 个积肥坑;生产者平时可将各种有机物料(如杂草、秸秆、畜粪、绿肥等)堆积于坑内,经堆制腐熟后,供茶园施用。

### 4.4 茶园生态建设

**4.4.1** 茶园的规划和建设应有利于保护和改善茶区生态环境,便于茶园的灌溉和机械作业。

**4.4.2** 基地周围原有的森林植被应加以保护。凡是不适合种茶的空地、陡坡地(≥25°)应当植树造林,茶园的上风口应营造防护林,在茶园四周或茶园内不适合种茶的空地,道路、沟渠两边、陡坡和沟谷边水土易冲刷的地方种植绿化树,梯坎边种草。

**4.4.3** 低海拔茶区集中连片的茶园应因地制宜四周种植防护树。

**4.4.4** 防护林、遮阳树要选用常绿且与茶树无共同病虫害的经济和观赏树种为主。可种植蜜源植物等作为天敌补充营养来源。为了适应茶园机械化操作,绿化和防护林种植目标将绿色食品茶园建设成以30亩为单元相对独立的区块。

## 5 品种及茶苗选择

### 5.1 选择原则

绿色食品黑茶生产区域应种植适应当地气候和土壤条件、适合加工当地黑茶产品、抗性较强、适制性较广的高产优质茶树品种。

### 5.2 品种选择与搭配

茶树品种质量应符合 GB 11767 规定的要求,要求达到一级、二级苗标准,且茶苗规格基本一致并经植物检疫部门检疫合格。应选择适应性强,产量高、内含物含量高(高茶多酚含量)及低氟含量的优良茶树品种栽培(参见附录 A),实行早、中、晚品种合理搭配。

## 6 茶树种植

### 6.1 定植时间

10 月下旬至 12 月上旬、1 月中下旬至 3 月初为宜。

### 6.2 定植规格

#### 6.2.1 单行条植

一般缓坡平地茶园和梯地茶园以单行条植为主,一般行距 150 cm～165 cm,丛距 20 cm～33 cm,每丛 2 株～3 株;梯田茶园应采用双行条植。

#### 6.2.2 双行条植

双行条植,一般行距 160 cm～180 cm,丛(株)距均以 30 cm～35 cm 为宜,每丛 2 株～3 株,两行茶株交替种植。

### 6.3 定植要求

茶苗定植要尽量做到"五不栽",即:地不平不栽,土不细不栽,土不湿不栽,病苗弱苗不栽,晴天烈日不栽。

### 6.4 定植方式

移栽时,先用黄泥浆蘸茶苗根部,分级把茶苗分放在穴中,一边分发一边种植。种植时要把茶根系舒展开,盖上细土,再用手将茶苗轻轻向上提,使茶苗根系自然舒展,并与土壤紧密相接,然后再覆土,覆土时将须根覆盖好后,将土压紧,使茶苗根系和湿土接触良好。浇足定根水,在茶株两边覆松土。移栽定植后最好及时铺草覆盖,防旱保苗。覆盖材料可用青草、稻草、秸秆等,每亩用量 1 000 kg～1 300 kg。

## 7 树冠管理

### 7.1 定型修剪

#### 7.1.1 第 1 次定型修剪

在茶苗达到 2 足龄时进行,如果茶苗生长良好,可在 1 足龄时进行,但必须达到以下要求:茎粗(离地表 5 cm 处测量)超过 0.3 cm,苗高达到 30 cm,有 1 个～2 个分枝,80% 的茶苗达到以上标准,便可对该茶园进行第 1 次定型修剪。修剪方法:用整枝剪在离地面 12 cm～15 cm 处剪去主枝,侧枝不剪。凡不符合第 1 次定型修剪标准的茶苗不剪,留待第 2 年达标后再剪。

### 7.1.2 第 2 次定型修剪

一般在第 1 次定型修剪的翌年,此时树高应达到 40 cm,剪口高度为离地 25 cm～30 cm,即在第 1 次定型修剪的基础上,提高 10 cm～15 cm。如茶苗高度不达标,适当推迟修剪时间。

### 7.1.3 第 3 次定型修剪

在第 2 次修剪后一年时进行,修剪高度在上次剪口基础上提高 10 cm～15 cm。用篱剪或弧形修剪机剪成弧形树冠。茶树经 3 次定型修剪后,茶树高度一般在 50 cm～60 cm,树幅可达 70 cm～80 cm,就可以开始轻采留养了。

### 7.2 轻修剪

轻修剪对象为成龄茶园。每年可进行 1 次～2 次,时间宜在春茶后 5 月上中旬、秋末 10 月下旬至 11 月中旬进行,用篱剪剪去树冠面 3 cm～5 cm 的枝叶,把冠面突出枝、晚秋新梢剪除。

### 7.3 重修剪

用篱剪将衰老茶树地上部分的枝条剪去 1/2～1/3,重新培育树冠,一般在早春或春茶后进行。

### 7.4 台刈

用台刈铗或锋利柴刀将衰老茶树地上部分枝条在离地 10 cm 左右处全部刈去,重新全面塑造树冠。一般在早春或春茶后进行。

## 8 土壤管理与施肥

### 8.1 土壤覆盖

高温、干旱和寒冷季节到来前的夏初和秋末,在茶树行间用未受有毒、有害物质污染的嫩草、稻草或秸秆等覆盖。除草后留下的杂草、茶树修剪枝叶应返回茶园,并用土覆盖。

### 8.2 绿肥种植

#### 8.2.1 绿肥品种及播种时间

幼龄、重修剪、台刈茶园应间种绿肥,成龄茶园应利用空隙地种植绿肥。应选择合适的绿肥品种进行间种,夏季绿肥选择于春茶采摘后种植,冬季绿肥宜在基肥施用后种植。不同绿肥品种适宜种植时间见表 1。

表 1　适宜黑茶茶园种植的绿肥品种

| 夏季绿肥 | 种植时间 | 冬季绿肥 | 种植时间 |
|---|---|---|---|
| 茶肥 1 号 | 4 月下旬至 5 月中旬 | 毛叶苕子 | 10 月中下旬 |
| 圆叶决明 | 5 月上中旬 | 光叶苕子 | 10 月中下旬 |
| 乌豇豆 | 4 月下旬至 5 月上旬 | 满园花 | 10 月中下旬 |
| 印度豇豆 | 5 月中旬 | 紫云英 | 10 月中下旬 |
| 大叶猪屎豆 | 5 月上中旬 | 黄花苜蓿 | 10 月上旬 |
| 饭豆 | 4 月下旬至 5 月上旬 | 黑麦草 | 9 月下旬 |
| 田菁 | 4 月下旬至五月中旬 | 箭筈豌豆 | 10 月中下旬 |

#### 8.2.2 绿肥收割及覆盖

结合茶园耕作措施进行割青,其割青标准以绿肥生长不影响茶树生长为前提,其割青物在茶行覆盖或翻埋。

### 8.3 土壤 pH 调节

防止土壤酸化,通过多施有机肥,减少无机肥料使用可防止土壤的酸化。土壤 pH 低于 4.0 的茶园,宜施用白云石粉、石灰等物质调节土壤 pH 至 4.5。土壤 pH 高于 6.5 的茶园应多选用生理酸性肥料调节土壤 pH 至适宜的范围。合理施用石灰降低茶树氟吸收。

### 8.4 土壤耕作

#### 8.4.1 深耕翻土

采用合理耕作改良土壤结构;茶园深翻每年或隔年一次,在 9 月底至 11 月秋茶结束后进行,翻耕深度为 20 cm～30 cm。

#### 8.4.2 浅耕除草

在春茶前(2 月下旬至 3 月上旬)、夏茶前(5 月下旬)和夏秋季(7 月上旬至 9 月上旬)进行,深度 15 cm～20 cm。中耕除草时间及要求按表 2 规定。

表 2 耕作时间安排

| 项目 | 时间 | 深度,cm |
|---|---|---|
| 春季浅耕 | 2 月下旬至 3 月上旬 | 5～10 |
| 夏季浅耕 | 春茶采制结束后 5 月上中旬 | 5～10 |
| 秋季深耕 | 8 月中旬至 10 月 | 20～25 |
| 注:幼龄茶园根部周围杂草应用手工拔除。绿色食品黑茶茶园不得使用除草剂。 | | |

### 8.5 肥料施用

#### 8.5.1 施肥原则

肥料使用应符合 NY/T 394 的规定。

#### 8.5.2 施肥时间及施用量

8.5.2.1 黑茶茶园氮肥施用量应根据茶园的产量确定,按每产 100 kg 干茶施用尿素 25 kg 或相当量的有机肥,控制过多使用。追施化学氮肥每次施用量(纯氮计)每亩不超过 15 kg,全年氮肥总用量不超过 60 kg。

8.5.2.2 黑茶茶园基肥一般在 9 月中下旬至 10 底结合中耕施基肥,以有机肥为主,年施厩肥或稻草、山青等沤制的土杂肥每亩 2 000 kg～3 000 kg,以及占全年追肥总量 20%的氮、磷、钾速效肥。农家肥缺乏的地方也可每亩一次施 300 kg 左右菜籽饼等饼粕或商品有机肥 500 kg 替代农家肥。基肥以有机肥为主,于当年秋季开沟深施,施肥深度 20 cm 以上。有条件的地方提倡施用使用微生物肥料或沼肥。

8.5.2.3 黑茶茶园追肥一般每年 2 次～3 次。早春施催芽肥,以速效氮肥为主,每亩用量 10 kg 纯氮左右,以越冬芽鳞初展期(2 月上旬)为适期;春茶或夏茶结束后,分别进行第 1 次～2 次追肥,追肥以氮肥为主,每亩用量 15 kg 纯氮。

#### 8.5.3 施肥方法

结合浅耕、中耕、深耕,沿树冠滴水处开沟深 10 cm～20 cm(冬季 20 cm)施入,并及时覆土。每年追肥 2 次～3 次,一般在春、夏、秋茶开采前 15 d～30 d 沟施。

## 9 水分管理与灌溉

9.1 茶园应建设抗旱保水设施,坡地茶园应开横沟拦蓄地面径流,减少水土流失;雨季注意蓄水池蓄水,供旱期使用。每年在雨季过后或冬季清理水沟与沉沙凼,保持排水畅通。茶园植树造林,茶园行间铺草以增强茶园土壤涵养水分的能力。

9.2 1 年～2 年生幼龄茶园,应特别采取遮阳、铺草、及时浇水等措施抗旱。栽植茶苗成活前每隔 5 d～7 d 应浇水 1 次,遇到高温干旱的气候条件,更应及时灌溉补水。

9.3 夏秋干旱季节,日均气温接近 30℃,最高气温超过 35℃持续一周以上,气象预报仍有一段时期持续高温无雨,茶树根系较集中的土层内含水率低于田间水量的 70%时,安排茶园灌溉。

9.4 茶园灌溉可结合实际采取地面流灌、空中喷灌和地中渗灌。无喷灌条件的,采取地面灌溉(包括沟灌、漫灌等)。有条件的茶园,宜采取喷灌,辅以渗灌。

9.5 每次灌水量和灌水前土壤的储水量之和,不应超过土壤耕作层的田间持水量的范围,使根系较集中的土层含水率接近或达到田间持水量。

## 10 有害生物治理

### 10.1 生态调控

10.1.1 选用抗病虫品种,异地调苗应进行检疫。

10.1.2 茶园四周或茶园内不适合种茶的空地应植树造林,茶园的上风口应营造防护林。主要道路、沟渠两边种植行道树,选择不落叶的杉、棕、苦楝、桂花、玉兰等树种,茶园周边和梯坎保留一定数量的杂草和种草,改善茶园的生态环境。

10.1.3 结合分批、多次、及时采摘与修剪和台刈,抑制危害芽叶、枝干的病虫。

10.1.4 茶园覆盖物选用稻草或者茶树枝叶、山青等材料,铺设厚度 3 cm～5 cm。茶行间种绿肥,抑制茶园杂草生长。

10.1.5 合理管理肥水,增强树势,提高茶树抵抗力,减少病虫害发生。合理修剪,改善密闭茶园通风透光条件。

### 10.2 理化诱控

10.2.1 人工捕杀,减轻茶毛虫、茶蚕、蓑蛾、卷叶蛾类和茶丽纹象甲等害虫的危害。

10.2.2 吸虫捕杀,采用负压吸虫器收集假眼小绿叶蝉、粉虱等茶园小型叶面害虫进行集中处理。

10.2.3 每20亩～25亩茶园安装1只太阳能杀虫灯,诱杀茶尺蠖、茶毛虫、金龟甲等害虫成虫。

10.2.4 每亩挂黄板20块～25块,诱杀黑刺粉虱、蚜虫、假眼小绿叶蝉等。

10.2.5 化学物质诱杀,信息素诱杀(性信息素和昆虫聚集信息素)和糖醋等诱杀害虫。

10.2.6 采用机械或人工方法防除杂草。

10.2.7 深耕施肥和初冬农闲时,将茶园内枯枝落叶和茶树上的病虫枝叶清理出茶园集中销毁,减少越冬病虫基数。

### 10.3 生物防治

10.3.1 通过茶行间种绿肥植物或其他经济作物,结合农事操作为茶园天敌提供栖息场所和迁移条件,保护天敌种群多样性,发挥自然天敌的控害作用。

10.3.2 繁殖、释放和引进害虫天敌,在害虫卵期或幼虫早期,喷施植物源的诱导剂,诱导茶树释放挥发物,吸引天敌,增加茶园天敌种群数量。

10.3.3 推广生物制剂(包括植物制剂和微生物农药),如白僵菌、苏云金杆菌(Bt)和昆虫病毒(核型多角体病毒和颗粒体病毒)制剂。

### 10.4 化学防治

10.4.1 严格遵循 NY/T 393 的规定,具体使用情况参见附录B。

10.4.2 及时检查茶园病虫害情况,科学使用化学农药,抓住害虫的早、小和少的关键时期,采用局部点杀和微喷技术进行防治,减少化学农药的使用,保护天敌,减少茶叶农药残留。

10.4.3 秋末时使用矿物源农药或石硫合剂封园,并对茶丛中下部的叶背喷湿,防治假眼小绿叶蝉和黑刺粉虱。

## 11 鲜叶采摘

### 11.1 采摘原则

根据茶树生长特性和黑茶成品茶对鲜叶原料嫩度的要求,遵循采留结合、量质兼顾原则,按标准适时采摘。

## 11.2 采摘方法

手工采摘应保持芽叶或嫩梢完整、新鲜、匀净,不夹带茶果、老枝叶或非茶类夹杂物。生长势强,芽叶整齐,采摘面平整的茶园提倡机采。采茶机应使用无铅汽油,防止汽油、机油污染茶叶、茶树和土壤。采下的茶叶应及时运抵加工厂加工,防止鲜叶变质。

## 12 茶叶加工

### 12.1 加工厂区要求

加工厂区环境、厂房与设施、加工设备与工具、人员卫生管理等要求应符合 GB/T 32744 的要求。

### 12.2 加工工艺

#### 12.2.1 鲜叶摊放

加工特级、一级黑毛茶时,鲜叶摊放厚度约 10 cm,摊放时间为 4 h~6 h,加工二级、三级黑毛茶时,鲜叶摊放厚度约 20 cm,摊放时间为 2 h~4 h,加工四级以下的黑毛茶或者立夏以后加工黑毛茶时,鲜叶不经摊放即进行杀青。

#### 12.2.2 杀青

手工杀青采用口径 80 cm~90 cm 的平锅,锅温 280℃~320℃,每锅投叶量 4 kg~5 kg。机械杀青采用滚筒杀青机,当锅温达到 350℃~380℃时投叶,依鲜叶的老嫩,水分含量的多少,调节投茶量,以保证杀青适度。

#### 12.2.3 揉捻

要趁热揉捻。按"轻—重—轻"原则加压,应轻压、短时、慢揉。揉捻时间 12 min 左右,待嫩叶成条,老叶大部分成褶皱状时,细胞破损率达 15%~30% 为适度。

#### 12.2.4 渥堆

渥堆应在背窗、洁净的蔑垫上进行,避免阳光直射,室温 25℃ 左右,空气湿度 85% 左右适宜。渥堆时间春季 12 h~18 h,夏、秋季 8 h~12 h。当茶坯叶色由暗绿变为黄褐,带有酒糟气或酸辣气味,茶团黏性变小,时即渥堆适度。

#### 12.2.5 复揉

渥堆适度的茶坯经解决后,上机复揉,压力较初揉要稍小,复揉时间 6 min~8 min。

#### 12.2.6 干燥

采用七星灶烘焙、自动烘干机干燥等方式进行。采用七星灶分层累加湿坯长时一次干燥,烘焙时间为 3 h~4 h。采用自动烘干机干燥时,可分两次进行。初烘温度 130℃~180℃,烘至 8 成干,复烘温度 120℃~130℃,烘至足干。

## 13 生产废弃物处理

茶园修剪等产生的废弃枝叶和间作产生的作物秸秆等应保留在茶园,要作为茶园覆盖物处理;茶园中废弃的地膜、肥料包装袋等应及时专门收集,集中处理;茶叶加工中产生的废弃物如茶末、茶梗等,应收集集中后进行无害化处理,如将茶末堆积作有机肥料还园,或销售给专业公司作为生产吸附剂、活性炭、动物饲料、食用菌培养基等。

## 14 包装、储藏和运输

### 14.1 包装

包装应符合 NY/T 658 的规定。提倡使用由木、竹、植物茎叶和纸制成的包装材料,可使用符合卫生要求的其他包装材料。绿色食品黑茶的包装材料应是食品级包装材料,不得使用含有合成杀菌剂、防腐剂和熏蒸剂的包装材料;不能使用接触过禁用物质的包装袋或盛装。包装应简单、实用,避免过度包装,应考虑包装材料的生物降解和回收利用。可使用二氧化碳和氮作为包装填充剂。

## 14.2 储藏

储藏条件应符合 NY/T 1056 的要求。绿色食品黑茶在储藏过程中不得受到其他物质的污染;储藏仓库(或冷库)应干净、无虫害、无有害物质残留。应在仓库内划出特定区域储藏绿色食品黑茶,不能与常规黑茶混放。

## 14.3 运输

运输工具应清洁、干燥;在运输过程中应避免与常规茶混杂或受到污染。

## 15 生产档案管理

建立绿色食品黑茶生产档案,包括生产投入品采购、出入库、使用记录、农事记录、加工记录等。建立可追溯体系,生产、加工、储藏、销售等环节,有连续的、可追踪的生产批号系统,根据批号系统能查询到完整的档案记录。档案记录应保存 3 年以上。

<br/>

附　录　A

（资料性附录）

**湖南湖北绿色食品黑茶生产的茶树品种及特性**

湖南湖北绿色食品黑茶生产的茶树品种及特性见表 A.1。

表 A.1　湖南湖北绿色食品黑茶生产的茶树品种及特性

| 编号 | 品种名称 | 原产地或选育单位 | 品种特性 |
|---|---|---|---|
| 1 | 槠叶齐 | 湖南省茶叶研究所 | 中生,中叶,叶色黄绿,芽叶生育力和持嫩性强,内容物丰富,产量高,抗逆性强 |
| 2 | 碧香早 | 湖南省茶叶研究所 | 早生种、叶浅绿,茸毛多,产量较高,内含物丰富,香气高,抗旱抗寒性较强 |
| 3 | 槠叶齐9号 | 湖南省茶叶研究所 | 中生,中叶,叶色黄绿,芽叶生育力和持嫩性强,内容物丰富,产量高,抗逆性强 |
| 4 | 茗丰 | 湖南省茶叶研究所 | 中生,中叶,芽叶绿色,茸毛较多,持嫩性较强,芽叶生育力强,抗寒、抗旱和适应性强 |
| 5 | 黄金茶1号 | 湖南省茶叶研究所 | 特早,中叶,发芽密度大、整齐,芽叶黄绿,茸毛中,持嫩性强。内容物丰富,氨基酸含量高 |
| 6 | 尖波黄13号 | 湖南省茶叶研究所 | 中叶类、早生种,芽叶黄绿色,茸毛较多,抗寒性强 |
| 7 | 云台山大叶种 | 湖南安化 | 中生,大叶类,叶色黄绿,内容物丰富,抗逆性较强 |
| 8 | 桃源大叶 | 湖南桃源 | 大叶类、早生种,色黄绿,发芽密度小,芽叶生育力强,持嫩性强。产量中,抗寒、抗旱性强 |
| 9 | 福鼎大白茶 | 福建福鼎 | 中叶,早生,芽叶黄绿色,茸毛特多,持嫩性强,产量高,抗寒、旱性强 |
| 10 | 鄂茶1号 | 湖北农业科学院 | 中叶,中生,芽叶黄绿色,茸毛中等,持嫩性强,产量高,抗寒、旱性强 |
| 11 | 鄂茶2号 | 湖北咸宁 | 中叶,特早生,芽叶黄绿色,茸毛多,持嫩性强,产量高 |
| 12 | 鄂茶3号 | 湖北咸宁 | 中叶,早生,芽叶黄绿色,茸毛较少,产量高 |

## 附　录　B
（资料性附录）
### 湖南湖北绿色食品黑茶生产主要病虫害化学防治表

湖南湖北绿色食品黑茶生产主要病虫害化学防治表见表 B.1。

**表 B.1　湖南湖北绿色食品黑茶生产主要病虫害化学防治表**

| 防治对象 | 防治时期 | 农药名称 | 使用剂量 | 施药方法 | 安全间隔期,d |
|---|---|---|---|---|---|
| 茶尺蠖、茶刺蛾 | 喷施茶尺蠖病毒制剂应掌握在 1 龄～2 龄幼虫期,喷施化学农药或植物源农药掌握在 3 龄前幼虫期;茶刺蛾在 2 龄、3 龄幼虫期防治为宜 | 茶核·苏云菌悬浮剂（茶尺蠖核型多角体病毒:10 000IB/mL;苏云金杆菌:2 000 IU/μL） | 100 mL/亩～150 mL/亩 | 喷雾 | 3 |
| | | 0.5%苦参碱乳油 | 75 mL/亩～90 mL/亩 | 喷雾 | 14 |
| | | 10%氯氰菊酯乳油 | 2 000 倍～3 700 倍液 | 喷雾 | 7 |
| | | 2.5%联苯菊酯乳油 | 80 mL/亩～100 mL/亩 | 喷雾 | 7 |
| 假眼小绿叶蝉 | 施药适期掌握在入峰后（高峰前期）,且若虫占总量的 80%以上 | 球孢白僵菌可湿性粉剂（400 亿个孢子/g） | 20 g/亩～30 g/亩 | 喷雾 | 3 |
| | | 70%吡虫啉水分散粒剂 | 2 g/亩～4 g/亩 | 喷雾 | 7 |
| | | 10%氯氰菊酯乳油 | 30 mL/亩～40 mL/亩 | 喷雾 | 7 |
| | | 2.5%联苯菊酯乳油 | 12.5 mL/亩～25 mL/亩 | 喷雾 | 7 |
| | | 150 g/L 茚虫威乳油 | 17 mL/亩～22 mL/亩 | 喷雾 | 10 |
| 茶毛虫 | 3 龄前幼虫期 | 茶毛虫病毒制剂（0.2 亿 PIB/mL） | 50 mL/亩 | 喷雾 | 3 |
| | | 苏云金杆菌制剂（16 000 IU/mg） | 800 倍～1 600 倍液 | 喷雾 | 5 |
| | | 10%氯氰菊酯乳油 | 12.5 mL/亩～20 mL/亩 | 喷雾 | 7 |
| 茶蚜 | 发生高峰期,一般为 5 月上中旬和 9 月下旬至 10 月中旬 | 70%吡虫啉水分散粒剂 | 2 g/亩～4 g/亩 | 喷雾 | 7 |
| | | 0.5%苦参碱乳油 | 75 mL/亩～90 mL/亩 | 喷雾 | 14 |
| 茶丽纹象甲 | 成虫出土盛末期 | 球孢白僵菌可湿性粉剂（400 亿个孢子/g） | 20 g/亩～30 g/亩 | 喷雾 | 3 |
| | | 2.5%联苯菊酯乳油 | 12.5 mL/亩～25 mL/亩 | 喷雾 | 7 |
| 茶芽粗腿象甲 | 成虫出土盛末期 | 球孢白僵菌可湿性粉剂（400 亿个孢子/g） | 20 g/亩～30 g/亩 | 喷雾 | 3 |
| | | 2.5%联苯菊酯乳油 | 12.5 mL/亩～25 mL/亩 | 喷雾 | 7 |

表 B.1（续）

| 防治对象 | 防治时期 | 农药名称 | 使用剂量 | 施药方法 | 安全间隔期,d |
|---|---|---|---|---|---|
| 茶黑毒蛾 | 3 龄前幼虫期 | 苏云金杆菌制剂（16 000 IU/mg） | 800 倍～1 600 倍液 | 喷雾 | 5 |
| | | 0.5%苦参碱乳油 | 75 mL/亩～90 mL/亩 | 喷雾 | 14 |
| | | 10%氯氰菊酯乳油 | 12.5 mL/亩～20 mL/亩 | 喷雾 | 7 |
| | | 2.5%联苯菊酯乳油 | 12.5 mL/亩～25 mL/亩 | 喷雾 | 7 |
| | | 20%除虫脲悬浮剂 | 1 000 倍～2 000 倍液 | 喷雾 | 7 |
| 黑刺粉虱 | 卵孵化盛末期 | 70%吡虫啉水分散粒剂 | 2 g/亩～4 g/亩 | 喷雾 | 7 |
| | | 50%啶虫脒水分散粒剂 | 2 g/亩～3 g/亩 | 喷雾 | 14 |
| 茶橙瘿螨 | 发生高峰期以前,一般为 5 月中旬至 6 月上旬,8 月下旬至 9 月上旬 | 99%矿物油 | 200 g/亩 | 喷雾 | 7 |
| 茶小卷叶蛾 | 1 龄、2 龄幼虫期 | 10%氯氰菊酯乳油 | 12.5 mL/亩～20 mL/亩 | 喷雾 | 7 |
| 茶白星病 | 春茶期,气温在 16℃～24℃,相对湿度 80%以上,或叶发病率 >6% | 石灰半量式波尔多液(0.6%) | 75 000 mL/亩 | 喷雾 | 封园防治 |
| 茶饼病 | 春、秋季发病期,5 d 中有 3 d 上午日照<3 h,或降水量>2.5 mm～5 mm;芽梢发病率 >35% | 石灰半量式波尔多液(0.6%) | 75 000 mL/亩 | 喷雾 | 封园防治 |
| | | 3%多抗霉素可湿性粉剂 | 300 倍液 | 喷雾 | 5 |
| 茶云纹叶枯病 | 6 月、8 月～9 月发生盛期,气温 >28℃,相对湿度 >80%或叶发病率 10%～15%施药防治 | 石灰半量式波尔多液(0.6%) | 75 000 mL/亩 | 喷雾 | 封园防治 |
| | | 80%代森锌可湿性粉剂 | 500 倍～700 倍液 | 喷雾 | 20 |
| 注:农药使用以最新版本 NY/T 393 的规定为准。 | | | | | |

# 绿色食品生产操作规程

LB/T 049—2018

# 云 南 地 区
# 绿色食品普洱茶生产操作规程

2018-04-03 发布                    2018-04-03 实施

中国绿色食品发展中心 发布

# 前　言

本规程由中国绿色食品发展中心提出并归口。

本规程起草单位:云南省绿色食品发展中心、中国绿色食品发展中心、西双版纳傣族自治州农产品质量安全中心、勐海县农产品质量安全中心。

本规程主要起草人:赵春山、林松、张志华、陈曦、丁永华、周宋芳、李丽菊、康敏、邱纯、李书兵、屈海波。

# 云南地区绿色食品普洱茶生产操作规程

## 1 范围

本规程规定了绿色食品普洱茶的产地环境质量、品种选择、整地和种植、茶园管理、鲜叶采摘和装运、茶叶加工、茶叶包装、贮藏和生产档案管理。

本规程适用于云南省的绿色食品普洱茶生产。

## 2 规范性引用文件

下列文件对于本文件的应用是必不可少的。凡是注日期的引用文件,仅注日期的版本适用于本文件。凡是不注日期的引用文件,其最新版本(包括所有的修改单)适用于本文件。

GB 7718 预包装食品标签通则

GB 11680 食品包装用厚纸卫生标准

GB/T 22111 地理标志产品普洱茶

NY/T 391 绿色食品 产地环境质量

NY/T 393 绿色食品 农药使用准则

NY/T 394 绿色食品 肥料使用准则

NY/T 1056 绿色食品 贮藏运输准则

## 3 产地环境质量

普洱茶茶园对地形地势、土壤条件、气候条件等方面没有特殊要求,选择在远离城市和工矿企业所在地,生态良好,水源洁净,水土不易流失,方便茶园排灌、机械作业和田间日常作业,维护茶园生态平衡,促进茶园的可持续发展的区域,产地环境条件应符合 NY/T 391 的规定。

## 4 品种选择

### 4.1 选择原则

根据作物种植区域和生长特点选择适合当地生长的云南大叶种。

### 4.2 品种选用

茶树品种应适应当地土壤和气候特点,具有较强抗逆性,并适制普洱茶类。主要以勐海大叶种、勐库大叶种、凤庆大叶种、云抗 10 号、云抗 14 号、云茶 1 号、云选 9 号等品种为主。

## 5 整地和种植

具备常规茶园所要求的条件和环境。整地:平地和 15°以下缓坡地等高建园,坡度在 10°～15°的山地建立等高梯级园地,由下而上开挖建园,梯面宽不小于 2 m,熟地建园把底土翻上,表土翻下,打碎土块后平整;开挖种植沟宽 80 cm、深 60 cm;20°以上的陡坡地建议不新发展茶园。

种植:茶苗移栽,6 月中旬至 9 月上旬,单行种植行距 150 cm、株距 30 cm,亩植 1 200 株～1 500 株,双行种植大行距 150 cm～180 cm,小行距 30 cm～40 cm,株距 30 cm,亩植 2 400 株～2 500 株,覆土高于根颈处 3 cm～4 cm;茶籽直播,当年 10 月至翌年 1 月,种植规格与茶苗移栽相同,覆土 5 cm～6 cm。

## 6 茶园管理

### 6.1 灌溉

**6.1.1** 以天然降水为主,具备灌溉条件的茶园自行灌溉。

**6.1.2** 为保证茶园土壤保持水分,可采用地面覆盖等措施提高茶园保土、蓄水能力,植物源覆盖材料(草、修剪枝叶和作物秸秆等)应未受有害或有毒物质的污染。

## 6.2 施肥

### 6.2.1 肥料使用原则

肥料种类及使用应严格按 NY/T 394 的规定执行。

### 6.2.2 基肥

每年 11 月～12 月,结合茶树修剪在距茶苗根部 10 cm～15 cm 开深 20 cm～25 cm 的沟,按每亩施商品有机肥 1 500 kg～2 000 kg 或油枯 800 kg～1 000 kg、配合施用过磷酸钙 20 kg～25 kg、硫酸钾 10 kg～15 kg,同时把种植绿肥及修剪茶枝回填沟内后盖土;有条件的地方建议使用猪牛禽渥堆肥,施用方法与商品有机肥使用相同,辅助以无机矿质肥料和微生物肥料等。

### 6.2.3 追肥

春茶结束后,在茶行间开 8 cm～10 cm 的沟按每亩 15 kg～20 kg 尿素施用盖土。有条件的地方建议使用腐熟后的猪牛禽液肥兑水根际浇施。

### 6.2.4 叶面肥

在茶叶采摘结束后,每亩可用微生物肥(按使用说明书)、商品叶面肥(按使用说明书、使用的商品叶面肥必须已在农业部登记,采摘前 10 d 停止使用)、2 kg～3 kg 尿素、0.8 kg～1 kg 磷酸二氢钾进行叶面喷施。

## 6.3 茶园病虫草害防治

### 6.3.1 防治原则

病虫草害防治应符合 NY/T 393 规定,遵循"预防为主,综合治理"方针,构建良好的绿色茶园生态系统,优先考虑农业防治、物理防治与生物防治措施,必要时再使用化学防控。

### 6.3.2 防治措施

#### 6.3.2.1 农业防治

**6.3.2.1.1** 选择抗病力强的品种进行种植生产。

**6.3.2.1.2** 合理密植,保持茶园的透光性、透气性,降低病害的发生。

**6.3.2.1.3** 适时施肥,保证茶树生长所需养分,增强抗病力。

**6.3.2.1.4** 及时分批多次采摘。在采摘季节及时分批多次采摘,恶化蚜虫、茶细蛾、茶跗线螨、茶红蜘蛛、丽纹象甲等害虫的营养条件,同时也可破坏其产卵场所,减轻病虫为害。

**6.3.2.1.5** 开展植树造林,种植行道树、遮阳树,套种各类绿肥植物,增加茶园周围的植被,创造不利于病虫草孳生和有利于各类天敌繁衍的环境条件,增强茶园自然生态调控能力。

#### 6.3.2.2 物理防治

**6.3.2.2.1** 采用人工捕杀,减轻茶毛虫、蓑蛾类、茶丽纹象甲等害虫。

**6.3.2.2.2** 进行灯光诱杀,每 15 亩茶园安装 1 盏频振式或太阳能杀虫灯,诱杀茶尺蠖等鳞翅目害虫。

**6.3.2.2.3** 色板诱杀,每亩在高于茶蓬 10 cm～20 cm 处悬挂 25 张～30 张黄色或蓝色黏虫板诱杀小贯小绿叶蝉、黑刺粉虱、蚜虫和茶黄蓟马,害虫高发期每 15 d 更换 1 次。

**6.3.2.2.4** 昆虫信息素、食诱剂等诱杀。

#### 6.3.2.3 生物防治

**6.3.2.3.1** 保护和利用茶园中的草蛉、瓢虫、蜘蛛、捕食螨等。

**6.3.2.3.2** 利用天敌防治虫害。每亩释放茶尺蠖绒茧蜂 10 000 头以上或释放斜纹猫蛛或迷宫漏斗蛛 1 000 头以上,用以寄生或捕食茶尺蠖;每亩释放叶蝉缨小蜂 25 000 头以上,用以寄生小贯小绿叶蝉的虫卵;每亩释放白斑猎蛛 5 000 头以上,用以捕食小贯小绿叶蝉;每亩释放德氏钝绥螨或黄瓜钝绥螨 30 万头以上,用以捕食茶跗线螨。期间需避开天敌对农药的敏感期。

#### 6.3.2.4 化学防治

使用的农药应在绿色食品生产允许使用的农药植保产品清单内,农药剂型宜选用环境友好型剂型,提倡兼治和不同作用机理农药交替使用。农药使用方法应按照产品包装标签规定要求执行,严格控制用药量、施药次数和安全间隔期。具体防治措施和推荐用药参见附录 A。

### 6.3.3 草害防治

6.3.3.1 对于茶园恶性杂草一般应在杂草结籽前采取人工或机械除草,一般杂草不必除净,保留一定数量的杂草有利于天敌栖息,调节茶园小气候,改善生态环境。

6.3.3.2 必须使用化学方法清除杂草时,除草剂应在绿色食品允许使用的产品清单内。

## 6.4 茶树修剪

生态普洱茶园因树制宜采用定型修剪,采取轻修剪、深修剪、重修剪和台刈等方法,培养或复壮树势;古树普洱茶园仅剪出病株、枯枝。

### 6.4.1 定型修剪

幼龄茶园、台刈改造茶园,采取 2 次～3 次定型修剪和一次整形修剪,期间要求封园养蓬,杜绝以采代剪。

第 1 次定剪:苗高 30 cm 左右,用整枝剪离地面 15 cm～20 cm 处剪去茶树主枝。

第 2 次定剪:苗高 50 cm～55 cm,用整枝剪离地面 30 cm 左右剪去次生主梢,留养外侧腋芽,促使分枝向外生长。

第 3 次定剪:苗高 60 cm～70 cm,用大平剪或修剪机离地面 40 cm～45 cm 处剪成平形或弧形树冠。

第 4 次整形修剪:新梢半木质化,用大平剪或修剪机离地面 60 cm 处剪成平形或弧形树冠。

6.4.2 轻修剪:茶园投产后,每年于 11 月～12 月对树冠进行 1 次整形修剪。

6.4.3 深修剪:依茶树生长势,隔 4 年～5 年进行 1 次修剪,深度 15 cm～20 cm,剪除"刷把枝""鸡爪枝"。

6.4.4 重修剪:茶园多年投采后,依树势进行重修剪,在高度 1/2～1/3 处进行,改造前要增施有机肥和磷肥,剪后及时追肥,改造后树体宜喷施用 0.6%～0.7%石灰半量式波尔多液。

6.4.5 台刈:依茶树树势进行台刈,离地面 20 cm 左右锯除树冠;改造前要增施有机肥和磷肥,剪后及时追肥,改造后树体宜喷施用 0.6%～0.7%石灰半量式波尔多液;对古茶树应注意保护,合理采摘,建议不进行台刈。

## 6.5 茶园耕锄

耕锄分浅耕和深耕。春茶结束浅耕 1 次,夏茶结束浅耕 1 次,深度为 3 cm～8 cm;秋茶结束深耕 1 次,深度 15 cm～25 cm。

## 6.6 封园

封园一般掌握在立冬之前,日平均气温掌握在 15°以上时封园。亩用 45%晶体石硫合剂 250 g～300 g,兑水 60 kg 喷雾,叶子的正反面喷湿,枝干、茶丛基部受药均匀,这样才能保证效果。

## 6.7 生产废弃物的处理

地膜、农药包装袋等带出园外进行集中无害化处理,减少环境污染。修剪的废弃枝叶、自然落叶可就地覆盖于茶树根部。加工厂的生产、生活垃圾,应分类送城乡垃圾处理厂处理。

# 7 鲜叶采摘和装运

## 7.1 鲜叶采摘

普洱茶鲜叶采收,一般从 2 月中下旬至 10 月底。茶叶采摘应采取细嫩采与适中采,及时分批留叶采摘;一般分春、夏、秋三季。2 月～4 月采收春茶,以清明节后 15 d 内采收的春茶为上品,多以采 1 芽 1

叶、1 芽 2 叶为主;夏茶于 5 月～7 月采收,称雨水茶,茶质相对春茶较低;秋茶于 8 月～10 月采收,称谷花茶,茶质次于春茶;冬茶尽量不采收。

**7.1.1** 手工采茶宜采用提手采,保持芽叶完整、新鲜、匀净,不夹带鳞片、茶果与老枝叶。

**7.1.2** 采用清洁、通风性良好的竹编网眼茶篮或篓筐盛装鲜叶,采下的茶叶应及时运抵茶厂,防止鲜叶变质。装鲜叶的器物、运输工具等要专用,防止污染。

**7.1.3** 采摘的鲜叶应有规范的标签,注明品种、产地、采摘时间及采摘方式等信息。

**7.1.4** 鲜叶进厂后要有专人负责验收,根据嫩度、匀净度和新鲜度进行分级。

**7.1.5** 鲜叶应合理贮放,摊放厚度不宜超过 20 cm,设备贮青按设备要求操作,鲜叶不能与地面接触,贮青设备应清洁、干净。

### 7.2 鲜叶装运

同时生产常规产品和绿色产品茶叶时,鲜叶要分别采摘,分别装运。如无法分别装运,应有明显的标志,并相对隔离装运。

## 8 茶叶加工

### 8.1 加工厂

加工厂应远离垃圾场、医院和粪池,离经常喷洒农药农田 100 m 以上,离交通主干道 20 m 以上,远离排放"三废"的工业企业,需具备足够大的晒场。应符合 GB/T 22111 的规定。

### 8.2 加工设备

所使用设备材料应符合绿色食品的卫生条件。应符合 GB/T 22111 的规定。

**8.2.1** 可使用铁锅杀青,石磨压制的设备加工茶叶。

**8.2.2** 锅炉应设锅炉间。

### 8.3 加工人员

应符合 GB/T 22111 的要求。

**8.3.1** 加工人员上岗前应经过绿色食品生产技术培训。

**8.3.2** 加工人员上岗前和每年度均进行健康检查,取得健康证后方能上岗。

### 8.4 加工技术

**8.4.1** 初制加工:按鲜叶照、萎凋、杀青、揉捻、干燥(太阳晒)、包装顺序进行加工。

萎凋:鲜叶堆放厚度不宜超过 30 cm,鲜叶不宜与地面直接接触,应使用萎凋槽。

杀青:采用人工锅炒,锅温 270℃～300℃,边炒边揉,待炒减去水分到生叶原料全部重量的 20%～30% 左右,将叶子抖散摊开用太阳晒干;机器杀青掌握嫩叶老杀,老叶嫩杀,杀青时间一般把握在 5 min～7 min,减去水分到生叶原料全部重量的 20%～30%,杀青完后将叶子抖散摊开,待凉后进行揉捻。

揉捻:用机器揉捻时,采取轻—重—轻方式进行,待揉为紧条为宜,将叶子抖散摊开用太阳晒干。

**8.4.2 精制加工**

**8.4.2.1** 普洱茶生茶:按晒青茶、分筛、蒸压、成型、干燥、包装顺序进行加工。普洱生茶采用自然发酵。

**8.4.2.2** 普洱茶熟茶散茶:按晒青茶、后发酵、分筛、干燥、检验、包装顺序进行加工。

**8.4.2.3** 普洱茶熟茶紧压茶:按晒青茶、后发酵、分筛、蒸压、成型、干燥、检验、包装的顺序进行加工。

分筛:按比例拼配好的茶叶用风选机进行风选、捡剔,待拼。

蒸压:按生产产品不同的重量称量,用蒸气蒸软,依不同外形等进行成型压制。

成型:外观为饼、沱、砖形状机压成型。

干燥:应用热介质将湿坯加热(烘房干燥,温度 60℃左右,25 h 左右),使水分汽化到足干(含水量在 5% 左右)。在加工过程中不允许使用任何添加剂。

## 9 茶叶包装

9.1 普洱茶包装采用绵纸、纸箱、竹篮等包装材料,不使用报纸等油墨印刷纸张包装茶叶,直接接触茶叶的包装用纸达到 GB 11680。

9.2 包装不准使用聚氯乙烯、聚苯乙烯材料包装茶叶,不准使用盛装过其他物品的食品袋包装茶叶。重复包装茶叶的布袋使用前应清洗干净。

9.3 产品包装标识应符合 GB 7718 标准要求,绿色食品标志使用应规范。

## 10 储藏

### 10.1 空气流通

有适度流通的空气,不能放于风口;周围环境不能有异味,否则茶叶会变味;不可以摆放于厨房中。

### 10.2 温度恒定

以当地环境为主,正常室内温度,不宜太高或太低,最适宜温度 20°～30°;不能被太阳照射,在阴凉处存放为好。

### 10.3 湿度适当

以"干仓"存放,"干仓"指在干燥环境中存放,忌湿。太过潮湿环境往往会使普洱茶"霉变",令茶叶不可饮用。太干燥环境会令普洱茶陈化变得缓慢,又要有一定的湿气,湿度可考虑人为控制。

### 10.4 虫鼠害控制

储藏仓库应具备纱窗、防虫网及挡鼠板等设施防治虫鼠害,建议不使用任何药物防治虫鼠害。

## 11 生产档案管理

建立完善的农事活动、生产技术档案,记载生产过程中如农药、肥料的使用情况及其他栽培管理措施,生产加工管理措施等。建立可追溯体系,生产、加工、储藏、销售等环节,有连续的、可跟踪的生产批号系统,根据批号系统能查询到完整的档案记录。生产技术档案应保存 3 年以上。

## 附 录 A
### （资料性附录）
### 云南地区绿色食品普洱茶生产主要病虫草害化学防治方案

云南地区绿色食品普洱茶生产主要病虫草害化学防治方案见表A.1。

表A.1 云南地区绿色食品普洱茶生产主要病虫草害化学防治方案

| 防治对象 | 防治适期<br>（防治指标） | 农药名称 | 使用剂量 | 施药方法 | 安全间隔期,d |
|---|---|---|---|---|---|
| 茶饼病 | 芽梢罹病率35% | 3%多抗霉素可湿性粉剂 | 300倍液 | 喷雾 | 5 |
| 炭疽病 | 成、老叶发病率10%～15%,4月～9月 | 80%代森锌可湿性粉剂 | 500倍～700倍液 | 喷雾 | 20 |
| 轮斑病 | 芽梢罹病率35% | 1.5%多抗霉素可湿性粉剂 | 150倍液 | 喷雾 | 5 |
| 小绿叶蝉 | 百叶虫口数,夏茶5头～6头,秋茶12头 | 2.5%联苯菊酯乳油 | 80 mL/亩～100 mL/亩 | 喷雾 | 7 |
| 茶蚜 | 有蚜芽梢率4%～5%,芽下2叶有蚜叶上平均虫口20头,2月～5月 | 4.5%高效氯氰菊酯乳油 | 22 mL/亩～40 mL/亩 | 喷雾 | 14 |
| 茶尺蠖 | 成龄采摘茶园虫口密度每亩4500头或每米长茶行10头 | 4.5%高效氯氰菊酯乳油 | 22 mL/亩～40 mL/亩 | 喷雾 | 14 |
| | | 20%甲氰菊酯乳油 | 7.5 g/亩～9.5 g/亩 | 喷雾 | 7 |
| 茶毛虫 | 百丛虫卵块5个以上 | 苏云金杆菌制剂（16 000 IU/mg） | 800倍～1 600倍液 | 喷雾 | 5 |
| 茶小卷叶蛾 | 采摘前每米茶丛虫数＞10头,采摘后每米茶丛虫数＞8头 | 苏云金杆菌可湿性粉剂（8 000 IU/mg） | 400倍～800倍液 | 喷雾 | 7 |
| 茶橙瘿螨 | 百叶虫口＞10头 | 0.5%藜芦碱可溶液剂 | 1 000倍～1 500倍液 | 喷雾 | 10 |
| | | 99%矿物油乳油 | 300 g/亩～500 g/亩 | 喷雾 | 未规定 |
| 杂草 | 根据杂草长势 | 50%禾草丹乳油 | 266 mL/亩～400 mL/亩 | 茎叶喷雾 | 未规定 |
| | | 20%乙氧氟草醚乳油 | 12 mL/亩～25 mL/亩 | 兑细土15 kg撒施 | 未规定 |
| | | 90%二氯喹啉酸水分散粒剂 | 15 g/亩～25 g/亩 | 茎叶喷雾 | 未规定 |
| 注:农药使用以最新版本NY/T 393为准。 | | | | | |

# 绿 色 食 品 生 产 操 作 规 程

LB/T 050—2018

# 西 南 地 区
# 绿色食品红茶生产操作规程

2018-04-03 发布

2018-04-03 实施

中国绿色食品发展中心 发布

# 前　言

本规程由中国绿色食品发展中心提出并归口。

本规程起草单位:云南省绿色食品发展中心、中国绿色食品发展中心、四川省绿色食品发展中心、贵州省绿色食品发展中心、凤庆县滇红茶研究院、凤庆县茶叶办公室、凤庆县农产品质量安全中心、宜宾市农业局茶叶站。

本规程主要起草人:赵春山、陈曦、张宪、丁永华、张成仁、甘丽珠、彭丽媛、杨立云、曾大兵、李丽菊、康敏、邱纯、张剑勇、代振江。

# 西南地区绿色食品红茶生产操作规程

## 1 范围

本规程规定了西南地区绿色食品红茶的产地环境质量、品种选择、整地和种植、灌溉、施肥、病虫草害防治、茶园修剪及耕锄、封园、生产废弃物处理、鲜叶采摘和装运、产品加工、茶叶包装、储藏运输和生产档案管理。

本规程适用于四川、贵州、云南等西南地区绿色食品红茶的生产。

## 2 规范性引用文件

下列文件对于本文件的应用是必不可少的。凡是注日期的引用文件，仅注日期的版本适用于本文件。凡是不注日期的引用文件，其最新版本（包括所有的修改单）适用于本文件。

GB 7718 预包装食品标签通则

NY/T 391 绿色食品 产地环境质量

NY/T 394 绿色食品 肥料使用准则

NY/T 393 绿色食品 农药使用准则

NY/T 1056 绿色食品 贮藏运输准则

## 3 产地环境质量

产地环境条件应符合 NY/T 391 的要求。种植基地宜选择在远离城市和工矿企业，环境良好，水土不易流失区域，茶园应方便排灌、机械作业和田间日常作业，能维护茶园生态平衡，促进茶园生产可持续发展。

## 4 品种选择

### 4.1 选择原则

根据茶树种植区域和生长特点选择适合当地生长的抗逆性强、品质好的品种，优先选用国家或省级审（认、鉴）定的无性系品种。

### 4.2 品种推荐

茶树品种应适宜当地土壤和气候特点，并适制红茶类加工。云南可选用云茶红 1 号、云茶红 2 号、云茶红 3 号、云抗 10 号、云抗 14 号、云抗 47 号等品种。四川可选用福鼎大白茶、白毫 131、福选 6 号、中茶 302、浙农 117 号等品种。贵州可选用黔湄 419、黔湄 502、黔湄 601、石阡苔茶等品种。

## 5 整地和种植

### 5.1 茶园开垦

5.1.1 根据基地规模、地形和地貌等条件，设置合理的道路系统；建立完善的水利系统，做到能蓄能排。

5.1.2 平地和15°以下缓坡地等高建园，坡度在15°~25°的山地建立等高梯级园田，由下而上开挖建园，梯面宽不小于2 m，熟地建园把底土翻上，表土翻下，打碎土块后平整；开挖种植沟宽80 cm，深60 cm；

5.1.3 坡度在25°以上的陡坡地建议不适宜茶园生产。

### 5.2 种植时间

5.2.1 茶籽直播：当年10月至翌年1月。

**5.2.2** 茶苗移栽:6 月下旬至 10 月底。

### 5.3 茶树种植

**5.3.1** 种植前施足基肥,基肥以有机肥和矿物源肥料为主,深度在 40 cm~50 cm。

**5.3.2** 茶苗移栽:单行种植行距 150 cm,株距 30 cm,亩植 1 200 株~1 500 株,双行种植大行距150 cm~180 cm,小行距 30 cm~40 cm,株距 30 cm,亩植 2 400 株~2 500 株,覆土高于根颈处 3 cm~4 cm。

**5.3.3** 茶籽直播:种植规格与茶苗移栽相同,覆土 5 cm~6 cm。

## 6 灌溉

**6.1** 靠天然降雨来满足生产,茶园可不进行人工浇灌。

**6.2** 具备灌溉条件或需灌溉的茶园,宜采用喷灌、滴灌等节水灌溉方式,成年茶园夏季高温干旱每次灌溉不少于每亩 $30m^3$ 左右,越冬期干旱每次灌溉每亩 $10m^3$ 左右。

**6.3** 灌溉水质应符合 NY/T 391 的要求。

## 7 施肥

### 7.1 肥料使用原则

肥料种类及使用应符合 NY/T 394 要求。以"持续发展、安全优质,有机为主、化肥为辅"为原则,减控化肥用量。无机氮素用量按当地同种作物习惯施用量减半使。

### 7.2 基肥

每年 11 月~12 月,结合茶树修剪在距茶苗根部 10 cm~15 cm,开深 20 cm~25 cm 的沟,每亩施有机肥 800 kg~1 000 kg 或油枯 1 000 kg,过磷酸钙 20 kg~25 kg、硫酸钾 10 kg~15 kg 后盖土,有条件的地方建议增施部分无机矿质肥料和微生物肥料。

### 7.3 追肥

在各茶季结束后,开 8 cm~10 cm 的沟按每亩 15 kg~20 kg 尿素施用盖土。有条件的地方建议使用腐熟后的农家液肥根际浇施。

### 7.4 叶面肥

根据茶树生长情况合理使用叶面肥,使用的商品叶面肥必须已在农业部登记,采摘前 10 d 停止使用。每亩可采用 2 kg~3 kg 尿素或 0.8 kg~1 kg 磷酸二氢钾进行叶面喷施。

## 8 病虫草害防治

### 8.1 防治原则

病虫草害防治应符合 NY/T 393 规定,遵循"预防为主,综合治理"方针,构建良好的绿色茶园生态系统,优先考虑农业防治、物理防治与生物防治措施,必要时再使用化学防控。

### 8.2 防治措施

#### 8.2.1 农业防治

**8.2.1.1** 选择抗病力强的品种进行种植生产。

**8.2.1.2** 合理密植,保持茶园的透光性、透气性,降低病害的发生。

**8.2.1.3** 适时施肥,保证茶树生长所需养分,增强抗病力。

**8.2.1.4** 及时分批多次采摘。在采摘季节及时分批多次采摘,恶化蚜虫、小绿叶蝉、茶细蛾、茶跗线螨、茶红蜘蛛、丽纹象甲等害虫的营养条件,同时也可破坏其产卵场所,减轻病虫为害。

**8.2.1.5** 植树造林,种植行道树、遮阳树,套种各类绿肥植物,增加茶园周围的植被,创造不利于病虫草孳生和有利于各类天敌繁衍的环境条件,增强茶园自然生态调控能力。

### 8.2.2 物理防治

8.2.2.1 采用人工捕杀,减轻茶毛虫、蓑蛾类、茶丽纹象甲等害虫。

8.2.2.2 进行灯光诱杀,每 15 亩茶园安装 1 盏频振式或太阳能杀虫灯,诱杀茶尺蠖等鳞翅目害虫。

8.2.2.3 色板诱杀,每亩在高于茶蓬 10 cm～20 cm 处悬挂 25 张～30 张黄色或蓝色黏虫板诱杀小贯小绿叶蝉、黑刺粉虱、蚜虫和茶黄蓟马,害虫高发期每 15 d 更换 1 次;

8.2.2.4 昆虫信息素、食诱剂等诱杀。

### 8.2.3 生物防治

8.2.3.1 保护和利用茶园中的草蛉、瓢虫、蜘蛛、捕食螨等。

8.2.3.2 利用天敌防治虫害。每亩释放茶尺蠖绒茧蜂 10 000 头以上或释放斜纹猫蛛或迷宫漏斗蛛 1 000 头以上,用以寄生或捕食茶尺蠖;每亩释放叶蝉缨小蜂 25 000 头以上,用以寄生小贯小绿叶蝉的虫卵;每亩释放白斑猎蛛 5 000 头以上,用以捕食小贯小绿叶蝉;每亩释放德氏钝绥螨或黄瓜钝绥螨 30 万头以上,用以捕食茶跗线螨。期间需避开天敌对农药的敏感期。

### 8.2.4 化学防治

使用的农药应在绿色食品生产允许使用的农药植保产品清单内,农药剂型宜选用环境友好型剂型,提倡兼治和不同作用机理农药交替使用。农药使用方法应按照产品包装标签规定要求执行,严格控制用药量、施药次数和安全间隔期。具体防治方案参见附录 A。

### 8.2.5 草害防治

8.2.5.1 对于茶园恶性杂草一般应在杂草结籽前采取人工或机械除草,至于一般杂草不必除净,保留一定数量的杂草有利于天敌栖息,调节茶园小气候,改善生态环境。

8.2.5.2 必须使用化学方法清除杂草时,除草剂应在绿色食品允许使用的产品清单内。

## 9 茶园修剪及耕锄

### 9.1 定型修剪

幼龄茶园、台刈改造茶园,采取 2 次～3 次定型修剪和一次整形修剪,期间要求封园养蓬,杜绝以采代剪。

第 1 次定剪:苗高 30 cm 左右,用整枝剪离地面 15 cm～20 cm 处剪去茶树主枝。第 2 次定剪:苗高 50 cm～55 cm,用整枝剪离地面 30 cm 左右剪去次生主梢,留养外侧腋芽,促使分枝向外生长。第 3 次定剪:苗高 60 cm～70 cm 以上,用大平剪或修剪机离地面 40 cm～45 cm 处剪成平形或弧形树冠。第 4 次整形修剪:新梢半木质化,用大平剪或修剪机离地面 60 cm 处剪成平形或弧形树冠。

中小叶品种茶树第 3、4 次定型修剪高度又在上一次基础上提高 10 cm～15 cm(离地 40 cm～55 cm)进行。

### 9.2 修剪方式

9.2.1 轻修剪:茶园投产后,每年于 11 月～12 月对树冠进行 1 次整型修剪。

9.2.2 深修剪:依茶树生长势,隔 4 年～5 年进行 1 次修剪,深度 15 cm～20 cm,剪除"刷把枝""鸡爪枝"。

9.2.3 重修剪:茶园多年投采后,依树势进行重修剪,在高度 1/2～1/3 处进行。

9.2.4 台刈:依茶树树势进行台刈,离地面 20 cm 左右锯除树冠。

### 9.3 茶园耕锄

耕锄分浅耕和深耕。春茶结束浅耕 1 次,夏茶结束浅耕 1 次,深度为 3 cm～8 cm;秋茶结束深耕 1 次,深度 15 cm～25 cm。

## 10 封园

封园一般掌握在立冬之前,日平均气温掌握在 15℃ 以上时封园。亩用 45% 晶体石硫合剂 250 g～300 g,兑水 60 kg 喷雾,叶子的正反面喷湿,枝干、茶丛基部受药均匀,这样才能保证效果。

## 11 生产废弃物处理

茶园中的自然落叶和修剪的废弃枝叶可就地覆盖于茶树根部,量大时,经粉碎、堆沤后,作为有机肥还园或带出园外进行无害化处理。地膜、肥料袋进行回收再利用。农药包装袋统一集中在远离水源的地点深埋。

## 12 鲜叶采摘和装运

### 12.1 鲜叶采摘

12.1.1 根据茶树生长特性和红茶加工要求进行合理采摘。

12.1.2 鲜叶包括单芽、1 芽 1 叶、1 芽 2 叶、1 芽 3 叶及同等嫩度的单叶、对开叶。

12.1.3 手工采摘要提手采,保持芽叶完整、新鲜、匀净,不带夹杂物。

12.1.4 机采应保证采茶质量,保证无害化,防止污染。

12.1.5 采用清洁、无污染、通透性好的盛具,装叶量以不影响品质为宜,并防止鲜叶质变和混入有异味、有毒、有害物质。

### 12.2 鲜叶装运

盛装鲜叶的器具,采用清洁、卫生、通风性好的竹编、网眼茶篮或篓筐。鲜叶在运输过程中不应与有毒、有害物质接触,防治发生二次污染。

## 13 产品加工

### 13.1 加工厂

13.1.1 加工厂环境应符合绿色食品 NY/T 391 的规定及国家相关规定要求。

13.1.2 加工区、生活区、办公区布局合理,并有隔离设施。

13.1.3 厂区内环境应整洁、干净,道路应铺设硬质路面,排水系统通畅。

13.1.4 应有与加工产品规模相适应的厂房、生产设备及配套设施。

13.1.5 加工车间根据加工工艺流程合理设置,进入车间应通过缓冲间进行消毒更衣。车间地面应铺地砖,墙面应贴超过 1.8m 高的瓷砖,顶部应安装天花板,大门、窗户应有防鼠、虫、蝇设施,车间内应安装杀菌紫外线灯。

13.1.5 工作人员应持证上岗。锅炉工、电工、产品化验室人员应获得国家相关资质认可后才能上岗,加工人员应取得健康证后才能上岗。

### 13.2 加工工艺

#### 13.2.1 工夫红茶工艺

初制:按萎凋、揉捻、发酵、干燥、毛茶、检验、称量、包装、入库顺序加工。

精制:按毛茶、毛茶拼配辅付制、筛制、风选、拣剔、检验、成品拼配、匀堆、补火、称量、包装、检验、入库顺序加工。

#### 13.2.2 红碎茶工艺

按萎凋、揉切、发酵、干燥、拣梗、筛分、成品拼配、匀堆、补火、称量、包装、检验、入库顺序加工。

### 13.3 加工技术要求

### 13.3.1 萎凋

#### 13.3.1.1 萎凋槽萎凋

**13.3.1.1.1** 摊叶。将鲜叶摊放在萎凋槽中。嫩叶、雨水叶和露水叶薄摊,摊叶厚度一般在 10 cm~15 cm。老叶厚摊,摊叶厚度一般在 15 cm~20 cm。摊叶时要抖散摊平呈蓬松状态,保持厚薄一致。

**13.3.1.1.2** 温度、湿度。温度宜为 20℃~30℃,湿度以(70±5)%为宜。槽体前后部温度相对一致,鼓风机气流温度应随萎凋进程逐渐降低。

**13.3.1.1.3** 鼓风要求。风量大小根据叶层厚薄和叶质柔软程度适当调节,以不吹散叶层、不出现空洞为标准。下叶前 10 min~15 min 停止鼓热风,改为鼓冷风。

**13.3.1.1.4** 翻抖。鼓风 60 min 后停风 10 min,然后进行翻抖,含水量高的 30 min 翻 1 次。手势要轻,避免损伤芽叶。

**13.3.1.1.5** 萎凋时间。6 h~8 h。

**13.3.1.1.6** 萎凋程度。加工工夫红茶萎凋叶含水率控制在(60±1)%为宜,加工红碎茶萎凋叶含水率控制在(68±1)%为宜。感官特征为叶面失去光泽,叶色暗绿,青草气减退,叶形皱缩,叶质柔软,紧握成团,松手可缓慢松散。

#### 13.3.1.2 自然萎凋

**13.3.1.2.1** 摊叶。摊叶厚度 3 cm~5 cm,嫩叶、雨水叶和露水叶薄摊,老叶厚摊。摊叶时要抖散摊平呈蓬松状态,保持厚薄一致。

**13.3.1.2.2** 萎凋时间。8 h~16 h。

**13.3.1.2.3** 萎凋程度。同萎凋槽萎凋。

#### 13.3.1.3 日光萎凋

**13.3.1.3.1** 避免阳光直射,在 15:00 后进行。

**13.3.1.3.2** 萎凋过程应在竹篾、簸箕上进行,避免与地面直接接触。

**13.3.1.3.3** 摊叶时叶片基本不重叠。萎凋达一定程度,移至阴凉处摊凉散热,反复进行,直至萎凋适度。

**13.3.1.3.4** 萎凋程度。同萎凋槽萎凋。

### 13.3.2 揉捻

装叶量以自然装满揉桶为准。加压由轻到重,再由重到轻。解块后的筛面茶条索不够紧结的可进行复揉,复揉投叶量以揉桶的 2/3 为准。以揉捻叶细胞破损率 80%以上,茶条紧卷,有少量茶汁外溢黏附于茶条表面为揉捻适度。

### 13.3.3 揉切(红碎茶)

常温下快速揉切,茶叶颗粒外形紧结重实,细碎率在 98%以上。

### 13.3.4 发酵

**13.3.4.1** 在常温下进行发酵,发酵车间相对湿度在 80%以上,保持空气流通。

**13.3.4.2** 发酵叶象分为 6 级,详见表 1。

**表 1 红茶发酵叶象**

| 项　目 | 要　求 |
|---|---|
| 叶象Ⅰ | 青色,浓烈青草气 |
| 叶象Ⅱ | 青黄色,有青草气 |
| 叶象Ⅲ | 黄色,微清香 |
| 叶象Ⅳ | 黄红色,花果香、果香明显 |
| 叶象Ⅴ | 红色,熟香 |
| 叶象Ⅵ | 暗红色,低香,发酵过度 |

#### 13.3.4.3 发酵程度

以发酵叶青草气消失,出现花果香味,叶色黄红,发酵叶象达到叶象Ⅲ级～Ⅳ级为发酵适度。

### 13.3.5 干燥

#### 13.3.5.1 干燥方式

干燥方式有热风干燥、微波干燥和冷冻干燥等类型。热风干燥分毛火干燥和足火干燥。

#### 13.3.5.2 干燥程度

毛火干燥:至茶付坯7成～8成干,含水量30%左右,及时摊凉。

足火干燥:至茶坯含水量7%以内,用手指轻捏茶条即成粉末时,下机摊晾,散热后盛装入库。

### 13.3.6 毛茶拼配辅制

按品质类型分别搭配,同一批辅制毛茶外形内质基本趋于一致。毛茶拼配应遵循外形相近、内质相符、品质稳定的原则,综合考虑标准样、待拼茶品质特点及数量拼配辅付制。

### 13.3.7 筛制

筛制是毛茶加工的主要作业,目的是整理茶叶形状,分离茶叶大小、长短、轻重、粗细等,以达到外形一致。主要通过平园筛、抖筛、风选等来完成。

### 13.3.8 拣剔

毛茶先经过筛分、风选或色选,使茶坯基本上均匀一致,然后再进行拣剔作业。拣除茶籽、蒂头、茶梗等不符合成品茶要求的茶类、非茶类杂物。

### 13.3.9 成品拼配

根据各花色等级的质量要求,将各类半成品合理拼合,组合成各花色等级的成品茶。

### 13.3.10 补火

采用烘干机进行补火,以提高茶叶香气和耐储存性。保证茶叶含水率达标。

## 14 茶叶包装

包装包装应符合NY/T 685的规定。不准使用聚氯乙烯、聚苯乙烯材料包装茶叶,不准使用盛装过其他物品的食品袋包装茶叶。重复包装茶叶的布袋使用前应清洗干净。产品包装标识应符合GB 7718标准要求,绿色食品标志使用应规范。

## 15 贮藏运输

### 15.1 贮藏

15.1.1 贮藏仓库要具备防鼠、防虫、防蝇、防尘、防潮功能,有适度流通的空气,温度以当地环境为主的正常室温,不能被太阳照射。

15.1.2 建立出入库管理制度,经检验合格的产品才能入库,入库的产品要单独堆放,与常规产品进行区分。严禁与有毒、有害、有腐蚀性、发潮、有异味的物品混存。

15.1.3 仓库消毒、杀虫处理所用药剂,应符合NY/T 393和NY/T 472的规定。

### 15.2 运输

运输的车辆应清洁、干净,不能与有异味的物品混运。雨天运输车辆应有防雨设施,货物装卸应轻装轻放。茶叶的贮藏运输应符合NY/T 1056要求。

## 16 生产档案管理

建立完善的生产记录,记录包括产地环境、投入品采购及使用、出入库、农事记录、加工记录、产品销售、设备清洗及维修、培训记录等。生产记录应有可追溯性,根据批号系统能查询到完整的生产记录全过程。生产记录档案应保存3年以上。

附　录　A
（资料性附录）
西南地区绿色食品红茶生产主要病虫草害化学防治方案

西南地区绿色食品红茶生产主要病虫草害化学防治方案见表 A.1。

表 A.1　西南地区绿色食品红茶生产主要病虫草害化学防治方案

| 防治对象 | 防治适期<br>（防治指标） | 农药名称 | 使用剂量 | 施药方法 | 安全间隔期,d |
|---|---|---|---|---|---|
| 茶饼病 | 芽梢罹病率 35% | 3%多抗霉素可湿性粉剂 | 300 倍液 | 喷雾 | 5 |
| 炭疽病 | 成、老叶发病率 10%～15%,4 月～9 月 | 80%代森锌可湿性粉剂 | 500 倍～700 倍液 | 喷雾 | 20 |
| 轮斑病 | 芽梢罹病率 35% | 1.5%多抗霉素可湿性粉剂 | 150 倍液 | 喷雾 | 5 |
| 小绿叶蝉 | 百叶虫口数,夏茶 5 头～6 头,秋茶 12 头 | 2.5%联苯菊酯乳油 | 80 mL/亩～100 mL/亩 | 喷雾 | 7 |
| 茶蚜 | 有蚜芽梢率 4%～5%,芽下二叶有蚜叶上平均虫口 20 头,2 月～5 月 | 4.5%高效氯氰菊酯乳油 | 22 mL/亩～40 mL/亩 | 喷雾 | 14 |
| 茶尺蠖 | 成龄采摘茶园虫口密度每亩 4 500 头或每米长茶行 10 头 | 4.5%高效氯氰菊酯乳油 | 22 mL/亩～40 mL/亩 | 喷雾 | 14 |
| | | 20%甲氰菊酯乳油 | 7.5 g/亩～9.5 g/亩 | 喷雾 | 7 |
| 茶毛虫 | 百丛虫卵块 5 个以上 | 苏云金杆菌制剂（16 000 IU/mg） | 800 倍～1 600 倍液 | 喷雾 | 5 |
| 茶小卷叶蛾 | 采摘前每米茶丛虫数>10 头<br>采摘后每米茶丛虫数>8 头 | 苏云金杆菌可湿性粉剂（8 000 IU/mg） | 400 倍～800 倍液 | 喷雾 | 7 |
| 茶橙瘿螨 | 百叶虫口>10 头 | 0.5%藜芦碱可溶液剂 | 1 000 倍～1 500 倍液 | 喷雾 | 10 |
| | | 99%矿物油乳油 | 300 g/亩～500 g/亩 | 喷雾 | 未规定 |
| 杂草 | 根据杂草长势 | 50%禾草丹乳油 | 266 mL/亩～400 mL/亩 | 茎叶喷雾 | 未规定 |
| | | 20%乙氧氟草醚乳油 | 12 mL/亩～25 mL/亩 | 兑细土 15 kg 撒施 | 未规定 |
| | | 90%二氯喹啉酸水分散粒剂 | 15 g/亩～25 g/亩 | 茎叶喷雾 | 未规定 |
| 注:农药使用以最新版本 NY/T 393 为准。 | | | | | |